谁，如何，在我们的餐盘里"下毒"？

La responsabilité de l'industrie chimique dans l'épidémie des maladies chroniques

毒从口入

NOTRE POISON QUOTIDIEN

（法）玛丽-莫尼克·罗宾 著

黄 琰 译

世纪文景
Century Literature

世纪出版集团 上海人民出版社

鸣
谢

　　谨向所有在这本书写作过程中帮助过我的人表示感谢，尤其是：Arte 电视台的皮耶莱特·欧米奈提女士，她允许我拍摄《毒从口入》的记录片；La Découverte 出版社的弗朗索瓦·捷兹先生和 Arte 出版社的伊莎贝尔·巴耶女士，他们在我即将气馁之时给予我支持；还有亨利叶特·苏克、穆德·拉诺、芮玛·玛塔和帕斯卡尔·伊勒缇斯，她们的热忱始终伴随着我。我也同样感谢那些同意与我会面或向我公开他们的档案的那些人们，没有他们，这项艰难的调查就决不可能面世。

献词

献给我的三个女儿，法妮、柯琳娜、索莱娜。

目录

前言：知识就是力量

"这本书是否是《孟山都眼中的世界》[1] 的续篇呢？"自 2008 年我在一次辩论或讲座上宣布我将着手一个计划开始，我就反复问自己这个问题。是，亦不是，这本书既是亦不是"孟山都之续"，即使它的题材显然与我之前的调查有关。事实上，这些书和纪录片——在我看来两者是紧密相连的——就如同一条项链上的珍珠或一幅拼图上的碎片：它们是相连相嵌的，无须我刻意为之。我之前所做的工作引发了一些疑问，由此间接催生并滋养了这些作品，而这些作品最终形成了同一条链条上的链环。在任何情况下，作品形成的过程都是一样的：渴望明白更多的问题，然后将积累的知识传递给更多的人。

有关化学工业的三个问题

《毒从口入》是经过长期工作得来的成果，开始于 2004 年。当时我对生物多样性所面临的威胁感到十分担忧：在 Arte 电视台播出的我的两部关于生物专利注册和小麦历史的纪录片中 [2]，我描述了跨国公司是如何以不正当的手段获得第三世界国家的作物和专业技术的专利。同时，我还在阿根廷拍摄了一部影片，盘点了转基因大豆种植所造成的（灾难性）后果，即孟山都公司著名的抗农达（Roundup ready）转基因大豆 [3]。我为了拍摄这三部影片四处奔波，同时对第二次世界大战后发展起来的、号称以"喂饱整个世界"为目标的农用工业模式进行了思考。我发现正是这造成了单作模式的扩张，侵害了粮食的家庭耕作模式，导致了生物多样性的严重降低，由此将对人民的食品安全和粮食主权构成威胁。我同时也注意到著名的"绿色革命"因为大量使用化学产品（如农药和化肥），引发了自然资源（如土质、水源）的贫瘠化和普遍的环境污染。

拍摄这三部曲必然使我关注到美国的孟山都公司，它是"绿色革命"最主要的倡导者和得益者之一：首先，因为它曾经是（并且后来依然是）20世纪主要的农药生产商；其次，因为它成为了世界第一大种子生产商，并企图依靠获得专利的转基因种子（即著名的转基因生物）插手食物链。这家位于圣路易斯的企业为了持续在市场上出售高毒的产品，能够编造出那么多的谎言、采取那么多卑劣的手段，而不管其代价是对环境、卫生和人类的侵害。我无法形容当我发现这一切时是多么震惊。

并且，在我创作这部"当代恐怖小说"——这是借用为加拿大版《孟山都眼中的世界》作序的社会学家露易丝·旺德拉克的说法——的过程中，有三个问题不停缠绕着我。孟山都是否是工业史上的一个例外，又或者相反地，它的罪恶行为（我斟酌过我的用词）是大部分化学产品生产者共有的特点？然后，一个问题又催生另一个问题，我又问自己：半个世纪以来，这数十万种入侵了我们的环境和餐盘的化合分子是如何被评估监管的？最后，"发达"国家中癌症、神经退行性疾病、生殖障碍、糖尿病和肥胖症的发病率急剧增长，以至于世界卫生组织用"流行病"这个词来讨论它们，而这些疾病的增长是否与化学物质暴露有关呢？

为了解答这些问题，我决定致力于新的研究，调查从农民的田地（农药）到消费者的餐盘（食品添加剂和食品包装用塑料）这条食物链中所涉及的化学物质暴露问题。这本书不会讨论电磁波、手机和核污染，只讨论暴露在我们的环境和我们的食品之中的化合分子——我们"每天吃的面包"大量变成了我们"每天吃的毒药"。要知道这个主题是极具争议性的（考虑到与之相关的经济利害，这并不意外），我选择有条不紊地推进，从最"简单"最无异议的问题入手，即从农民因直接暴露在农药下导致的急性至慢性中毒开始，然后逐渐转向最复杂的问题，即我们每个人体内都有的化学产品小剂量残存的影响。

聚拢拼图碎片

　　《毒从口入》是长期调查研究的成果，其中动用了三种资源。首先，我查阅了一百多本书籍，有历史学家写的，也有社会学家和科学家写的，作者主要都是一些北美的学者。我的调查很大程度上也要归功于一些才学卓越的大学科研人员们所完成的宝贵成果，例如加州大学的劳动与环境医学教授保罗·布朗克、他的历史学家同事杰拉德·马柯维兹和大卫·罗斯纳，以及流行病学家大卫·迈克尔斯——他在 2009 年 12 月被任命为美国职业安全与健康管理局（OSHA）的领导者，这是美国负责劳动安全的机构。他们的著作资料翔实，但很遗憾它们没有被翻译成法语，这些著作让我有机会接触大量全新的资料，帮助我把我的研究对象重置于一个大得多的工业历史背景之下。

　　正因为如此，我追溯到了"绿色革命"之前的"工业革命"，这两者就像同一个贪婪的怪兽的两张面孔：科技进步貌似给全世界带来了幸福和安逸，然而就是这样一位现代的农神，威胁着要"吞噬自己的孩子"。这一历史回顾是必不可少的，否则我们无法明白化学品的规范系统是如何被制定并在今天仍然运行无阻的——这个系统中饱含着工业家和公共职权部门对工人的不断藐视，为了这些所谓"先进"的企业对化学工业的狂热，工厂里的工人们付出了沉重的代价。

　　我还从一些律师、非政府组织、专家，尤其是那些搜集了大量有关化工危害的资料的"顽固分子"那里获取了各种各样的文献，丰富了这本书的素材。例如亚特兰大的奇人贝蒂·马蒂尼，她搜集了有关阿斯巴甜的大量罪证，我向她坚持不懈的精神致敬。当然，所有我在这里所援引的每一个独家或未被公诸于众的文献，我都小心翼翼地保留了一个副本。这本书旨在展现一幅清晰的、甚至是确凿的画面，在我拼凑这幅画面的过程中，这些资料给予了决定性的帮助。

然而，若是少了那五十多次个人访谈，这项工作同样是不完整的。为了我的调查，我走访了十个国家并进行采访：法国、德国、瑞士、意大利、英国、丹麦、美国、加拿大、印度和智利。在我所询问过的那些"重要证人"中，有17个化学产品评估机构显得尤为重要，例如欧洲食品安全局（EFSA）、美国食品药品监督管理局（FDA）、世界卫生组织下属的国际癌症研究机构（CIRC）以及世界卫生组织和粮农组织共同建立以评估农药毒性的农药残留联席会议（JMPR）。我还采访了31位科学家，主要是欧洲和美国的科学家。我想向他们致以崇高的敬意，因为他们仍然努力地为保持独立而奋斗，并捍卫着科学为公共利益而非私人利益服务的理念。

恶魔存在于细节中

最后，《毒从口入》还是来自于信念的成果，我想要分享这种信念：必须夺回我们对盘子里的食物的主权、掌控我们吃下肚子的东西，如此才能拒绝那些对人体没有任何益处的小剂量毒药。如英国学者埃里克·米尔斯顿所言，在现行体制中，"是消费者承担风险，而企业获益"。然而，要能够批判这个"体制"的"种种"缺陷并彻底地重新审视这个体制，必须先明白这个体制是如何运作的。

我必须承认，要解码制定化学风险暴露标准的机制（"化学风险"这个专家们所使用的术语，语气被缓和了），并不是一件容易的事。例如，我们每个人都会接触到的那些毒药的"每日允许摄入量"，或称"每日可接受摄入量"，这个众所周知的所谓标准是如何制定的？要解答这个问题真是项伤脑筋的工作。我对化学毒药的评估监管系统同样深表怀疑，这个复杂的系统总是在幕后运行、密不透风，这也是维持这个系统稳定的手段。谁会真的去窥探每日可接受摄入量，或什么"最大残留量"产生的历史呢？如果，偶然有一名记者或是一位好奇的消费者胆敢提出疑问，监管机构给出的回答通常都是："这是个大概的数据。而且，你们知道，这是非常复杂的，相信我们，我们知道我们在做什么……"

问题在于，当涉及毒理学数据时，这可关系到消费者的健康，包括他们的后代的健康，"大概"在这里是不可接受的。因此，我反而相信"魔鬼存在于细节中"，我决定与他们对峙。我希望读者们能原谅我，若你们觉得我详尽的解释及大量的注释和引文是一种夸张的担忧。然而我的目的是希望，每个人若是愿意的话，都能成为自己的专家。或者，在任何情况下，任何人都能够掌握严谨的理据，尽其所能地行动，对那些摆布我们健康的游戏规则施加影响。因为知识就是力量。

第一部分
农药即为毒药

是否是农药导致了周遭人罹患疾病和过早死亡？我父亲的一个表亲尚未满50岁就患上了帕金森病，还有我的一个叔叔患上前列腺癌，另一个合伙人则在未满六十岁就患上的肝癌，而最近去世的一个邻居所患的是渐冻人症。

第一章
反对农药的集会和斗争

人道主义的精神包括不让任何一个人为了某个目的而被牺牲。
——阿尔贝特·施韦泽

　　那是一个美好的冬日，寒冷而明媚。2010 年 1 月 17 日星期天，那个日期将永远铭刻在我的记忆中，也同样铭刻在法国农业的历史中。那一天，在后代权益保护运动组织（MDRGF）的发起下，30 个罹患癌症、白血病、帕金森等重症的法国农民聚集在一起。这个组织五十多年来始终坚持与农药的危害进行抗争。这一世界性盛事谋划已久，此时首次举行是在夏朗德省的一个只有 3 500 个居民的小镇——吕费克。我在前一天晚上坐高速列车离开巴黎，同行的还有摄影师纪尧姆·马丹和录音师马克·杜普洛耶，他们俩是我的长期合作伙伴，伴随着我走遍世界各地、拍摄这本书的原始调查材料。

　　一坐上火车，我就打开了我的手提电脑，想着可以利用这两个半小时的旅程来工作。但是，看着雾气蒙蒙的车窗外乡野景色飞驰而过，我写不出一行字。我沉浸在回忆之中，向两位同伴解释为何这次旅行对我而言有着特殊的意义，因为这既是我作为调查记者的一次专业探访，也是我作为一个农民的女儿的一次个人探访。整整五十年前，我出生在双塞夫勒省的一个农场里，农场所在的那个叫作伽迪纳的小镇，离吕费克大概一百多公里。

"绿色革命"的"美好承诺"

1960 年，我出生的那一年，"绿色革命"还处于摸索阶段。早些年前，确切来说是 1952 年 4 月 1 日那一天，雷诺的第一台拖拉机取代了家庭农场的耕牛，不久后又出现了第一批农药，包括具有致命毒性的莠去津——我会在后文详细讨论这种除草剂。我的父亲当时是天主教农业青年协会（JAC）的积极分子——该协会是培养农村工会和政治领袖的摇篮，因此他把这些"来自美国的工具"当作是"新机遇"[1]，认为这将能为农民减轻劳苦耕作的负担，并保证法国粮食供应的独立。从此再也没有粮食短缺和饥荒：工业化农业将提供充足且实惠的粮食，"喂饱整个世界"。

我父亲为自己从事着"大地上最美好的行业"倍感骄傲，因为一切人类活动都依赖于这个行业。当二战后婴儿潮一代人享受着战后黄金三十年的富足生活时，农业生产的变革无可避免，并即将彻底颠覆乡村生活。我骄傲的父亲确实是这次变革的始作俑者之一。生产机械化、大量投放化肥和农药、谷物混作技术的滥用、耕作面积的合并和扩大、向农业信用社欠债累累：我祖父家的农场变成了"绿色革命"的实验室，彻底告别了几代人延续下来的家庭耕作模式。

早在 1968 年五月革命之前，农村基督徒协会（CMR）就提出了"改变世界"的口号。我的父母深受天主教农业协会和农村基督徒协会的影响，他们创办了最早的"合作农耕组"（GAEC）之一。这个社团以共用生产工具和平均分配收入为基础，包括三名合伙人和三名雇工，这使得农民能够有机会出门去度假——这可是农民家庭中少有的福利。

在这个保守的地区，这种尝试非比寻常，招致诸多非议，甚至在我们村的学校里，孩子们把我称作"寇勒寇兹① 的女儿"。那几年，在我的幸福童年

---

① kolkhoze，俄语外来词，意为集体农庄。——译注

的回忆中，我记得我站在一帮孩子中间大声高呼，要求承认我的农民出身，因为乡村世界的解放，需要我们毫无顾忌地声明自己的身份。"绿色革命"被当作人类迈向普世进步和安康的必然进程中的一环，多亏了"绿色革命"，那些时常被人们唤作"乡下人"或"乡巴佬"的农民抬起了头，果断地投身于"冒险之旅"——这是雅克·布莱勒1958年应天主教农业青年协会的请求所写的一首不太有名的歌的歌名。

"那是一段了不起的时期，"我父亲最近常对我说，"可我们怎么可能想象得到那种新的农业生产模式竟会播下毁灭和死亡的种子？"在一阵激动的沉默之后，他又补充道，"我们怎么可能想象得到农业合作社卖给我们的农药竟是剧毒产品，会污染环境，还害得农民染病？"确实，只把石头砸向农民是不公平的。不管自愿与否，农民们做了如此之多的努力，都是为了响应农业工会协会和农业部所推广的科技化学农业模式，他们把这种模式当成是灵丹妙药，而代价却是沉痛的农村人口大规模流失，以及数不尽的自取灭亡案例[2]。

在我的家族里，我于2008年完成电影和著作《孟山都眼中的世界》[3]之后，家人们才忽然敢大声提出这些他们心存已久的问题：是否是农药导致了周遭人罹患疾病和过早死亡的案例？这是否导致了我父亲的一个表亲未满50岁就患上了帕金森病？还有我的一个叔叔、前合作农耕组合伙人的前列腺癌？另一个合伙人在未满60岁就患上的肝癌？以及最近去世的一个邻居，前农村基督徒协会会员所患的渐冻人症？而且这一列表还只是冰山一角。

吕费克倡议与农药致病的悲剧

"为什么今天我们要在这里集会？我们已经为化学污染、尤其是农药污染的问题奋斗了十五年了。十五年来我们在法国的乡村到处都能看见染病的农民，或者是说有同事生病的农民。今天集会的目的在于大家可以畅所欲言。

然后，大家所关心的一些关于毒理学、医学或法律问题，今天可以找到一些答案，因为今天我们有一些专家在此为大家服务。"

2010 年 1 月 17 日，后代权益保护运动组织的主席和创始人弗朗索瓦·维耶莱特用这段话拉开了这次会议的序幕，这次非比寻常的会议最后是以"吕费克倡议"落下帷幕的。维耶莱特在瓦兹省居住了二十五年，瓦兹是个集约农业地区，在这里维耶莱特这位教师逐渐发展为一名生态学家。2003 年至 2006 年，他是法国绿色和平组织的主席，之后当选为欧洲生态联盟的庇卡底地区副主席。他是最了解农业档案的法国学者之一。他的著作《农药，关上的陷阱》[4] 有着丰富的科学资料，我在进行我自己的调查前仔细地查阅过这本书。

在被他邀请到吕费克的"专家"中，有化学家安德烈·皮寇，他在加入法国国家科学研究中心（CNRS）之前，在制药业巨人 Roussel-Uclaf 处工作。在一个与企业狼狈为奸是如此常见的领域里，他勇敢的独立使他名声大噪。2002 年他甩上了法国食品卫生安全署（AFSSA）的大门，因为他对该机构处理敏感文件的方式感到不满。还有婕农·金森，健康与环境联盟的主席，这是一个总部位于布鲁塞尔的非政府组织，与包括后代权益保护运动组织在内的 65 个欧洲机构组织合作，在 2008 年 11 月曾发起一场被欧盟所支持的名为"农药与癌症"的运动。最后，还有后代权益保护运动组织的律师斯蒂法尼·柯提诺，以及石棉受害者保护协会（Andeva）的顾问弗朗索瓦·拉佛格，他同时也是退伍军人反核试验协会 (AVEN) 和图卢兹 AZF 工厂爆炸事件受害者协会的顾问。

拉佛格也是保罗·弗朗索瓦的律师，弗朗索瓦是一个农民，他在 2004 年一次意外急性中毒之后，长期忍受着严重的慢性后遗症的痛苦，并成为了农药受害者保护组织的代表人物，这是一个由后代权益保护运动组织于 2009 年创建的组织 [5]。他在距离吕费克几公里处的贝尔纳克经营一个农场，正是他建议在他的地盘上组织这次集会的，因为他的故事已成为了法国到处可见的撕裂了无数农民家庭的悲剧的典型。维耶莱特自然是请他主持有关见证者的会议，那场会议是在吕费克郊区玉米地中间的蜗牛酒店举行的，与会者在酒店的会议厅里进行了宗教默哀仪式。

为了到夏朗德的这个小镇上来与其他人围坐在一起交谈，不少农民夫妇是拖着病体赶了几百公里的路。例如：生于中央大区的让-米歇尔·戴迪昂，他患有多发性骨髓瘤，这是一种骨髓癌；来自孚日省的多米尼克·马夏尔，正在治疗骨髓增生综合症，这是一种白血病；还有歇尔省的农民杰拉德·旺德，他染有帕金森病；以及让-玛丽·博尼，他曾在朗格多克—鲁西荣地区的一个农业合作社工作，直到被诊断出非霍奇金氏淋巴瘤。如我们所见，在经过了漫长的斗争后，他们中某些人所患的疾病已经被农民医疗保险互助协会（MSA）承认为职业病，其他的则仍处在调查阶段。（参见第三章）

我深知这些男人和女人们感到羞耻，不习惯向家庭圈子之外的人抱怨，这项任务对他们而言是很艰难的。我可以想象他们要做出多大的努力才能来参加"吕费克倡议"，向当局呼吁尽快从市场上取缔危害环境和健康的农药，同时也向农民们呼吁拒绝让折磨他们的病痛成为他们的宿命，必要时则应该采取法律手段。

"我对你们的到来感到很高兴，"弗朗索瓦激动地说，"因为我知道这并不容易。农药致病是一个禁忌话题。但现在是我们打破沉默的时候了。对水、空气和食品造成的污染，我们的确要负一部分责任，但不要忘了，我们使用的是当局批准的产品，而且我们自己也是首要受害者……"

农药中毒的受害者

这不是我第一次见到保罗·弗朗索瓦了。2008年4月，受由伊夫·曼居易领导的一个吕费克组织的邀请，我参与了我的电影《孟山都眼中的世界》的一次放映。曼居易曾经是天主教农业青年协会的成员，与我父亲很熟，并且在农民联盟于1987年成立之初，他曾是该工会组织的首席发言人。放映当晚，近五百人涌进了小镇的礼堂，最后以一个我为书签名的环节落下帷幕。

一个男人走近我并要求与我谈话。那就是弗朗索瓦。当时 44 岁的他，在嘈杂的人群中开始向我讲述他的故事。曼居易向我解释了他的事情的严肃性，因此我邀请这个农民，一旦他"上"到巴黎，就到我的巴黎寓所处拜访我。几个星期后他抱着一大卷档案出发了，我们花了一整天时间一起整理这堆档案。

弗朗索瓦居住在一个 240 公顷的农场里，他在那种植小麦、玉米和油菜。他苦笑着承认他是"典型的传统农民"。就是说：一把化学农耕的好手，不假思索地使用合作社推荐给他用来处理谷物的那些化合产品：除草剂、杀虫剂、杀菌剂。直到 2004 年 4 月那个晴天，一起因吸入大量农药引起的"急性中毒"事故后，"他的人生被颠覆了"。[6]

当时这个种谷物的农民刚刚在他的玉米田里喷洒过由美国的跨国公司孟山都生产的除草剂——拉索（Lasso）。在该公司吹嘘这种除草剂功效的电视广告里，一个四十多岁的农民，头戴着鸭舌帽，在列举了"污染"他田地的那些杂草后，注视着镜头总结道："我的答案，就是用化学手段控制这些杂草。只要使用得当，任何人都不会受到影响，除了这些杂草。"这样的电视广告在上世纪 70 年代的美国就是流通货币，通过小屏幕，化工企业说服农民以及消费者们，使用他们的产品对大家都好。

施过肥后，弗朗索瓦就去忙别的活儿了，几个小时后他又回来查看自动清洁系统有没有洗干净他的喷药桶。然而与他所想的相反，桶不是空的，而是装着拉索的残余，尤其是拉索配方的主要成分氯苯。被阳光晒热后，氯苯被蒸发成气态，蒸汽袭击了这个农民。"我感到强烈的作呕、呼吸灼热，"他向我描述道，"我马上通知我的妻子，她是个护士，她立即开车带我去吕费克的急诊室，还带上了拉索的标签。我在到达医院时失去了意识，我在医院待了四天，不停咯血、头疼欲裂，记忆、说话和平衡都有障碍。"

弗朗索瓦的档案里记满了奇怪的现象，其中第一个则是：吕费克的急诊医生在了解了弗朗索瓦吸入的产品后，与波尔多中毒防治中心取得联系，而对方却两次劝他们不要采血样与尿样。原本，通过血样和尿样可以检测出拉

索的活性成分 ① 甲草胺和氯苯的主要代谢物氯酚（即氯苯经过人体器官降解后得出的产物）的残余量，以评估中毒程度。而没有这些取样工作，弗朗索瓦要控诉这家位于圣路易斯市（密苏里州）的著名跨国企业，就缺乏了有力证据。然而我们还没有走到那一步……

出院以后，弗朗索瓦有五个星期的时间无法工作，这期间他口齿不清，还时不时有或长或短的记忆缺失。然后，尽管身体"重度疲乏"，他还是决定"重拾工作"。2004 年 11 月初的一天，即中毒事故半年后，他遭遇了一次"空白时刻"：他正驾驶着联合收获机，忽然他驶离了正在收割的田地，穿过一条马路。他告诉我："我当时完全没有意识。我很有可能会一头撞到树上或栽到沟里。"他的主治医生认为这是 4 月中毒事件的后遗症，于是联系了昂热中毒防治中心，而对方也与波尔多中毒防治中心一样，拒绝为他体检，也拒绝采血样、尿样……

2007 年，弗朗索瓦的律师拉佛格恳求波尔多大学的让-弗朗索瓦·纳博尼教授撰写一份报告。纳博尼教授是波尔多大学生化毒理学研究组的主任，也是法国食品卫生安全署等机构的专家。2008 年 1 月 20 日，他在报告中直言不讳地写道："在此必须着重声明，这几家法国中毒防治中心，在保罗·弗朗索瓦一家的再三要求下，仍然屡屡拒绝检测暴露生物标志物，这种反常的行为是有违科学逻辑的。这种惊人的渎职行为对于一名毒理学者而言是无法理解的，并且引发各种猜想，轻者是严重的玩忽职守，重者则是故意隐瞒可能涉及某种商业产品乃至其生产企业的证据。[……]须以法律程序追究这一严重过失。"

然而，假如波尔多和昂热中毒防治中心的毒理学者们能够尊重他们维护公共健康的职责，做了分内的工作，就可以轻易从拉索的技术说明中查到，法国是在 1968 年 12 月 1 日给孟山都公司授予了第一份"药品经营许可证"。他们还可以查到，这种除草剂的活性成分甲草胺的含量高达 43%，且在各种

---

① 每种农药都含有一种"活性成分"——拉索的活性成分则是甲草胺——以及多种添加剂，又称作"惰性物质"，例如溶剂、分散剂、乳化剂和表面活性剂等，这些惰性成分本身并无杀虫除莠功效，其作用在于优化活性成分的物理化学性质和生物有效性。

被称为"惰性物质"的添加剂中，作为溶剂的氯苯的含量占到产品的50%。虽然孟山都公司在申请许可时说明了这一成分，然而在卖给农民的药桶的标签上却没有标明。而且，即使我们把甲草胺和氯苯的含量相加，仍然算不清这个数：还有7%的成分被"商业机密"所掩盖，如我们所见，这部分成分并没有出现在该除草剂的技术说明上。

中毒防治中心的工作人员若是查阅了法国国家安全研究所（INRS）为了防治生产事故与职业疾病所建立的资料库，则会在氯苯的资料卡上看到：这种用于"生产着色剂与农药"的"有机合成中间体"是"吸入对人体有害的"的，并且"导致长期的有害影响"。此外，它"集中在肝脏、肾脏、肺脏，尤其是脂肪组织。[……]暴露在浓度约为200 ppm（即930毫克/平方米）的氯苯蒸汽中，吸入蒸汽会刺激眼睛和呼吸道。在高剂量下，可观察到神经损伤症状，包括嗜睡、动作失调、中枢神经系统抑制以及意识障碍"。最后，国家安全研究所的专家们建议"测定尿液中4-氯邻苯二酚与4-氯苯酚的量，以对暴露物进行生物监测"。此建议正是这两间中毒防治中心所拒绝实施的。最后请注意，这种溶剂被列在法国社会保障总则的职业病列表中的第9条，因为它会导致急性神经损伤。

至于甲草胺这种使拉索具备除草功效的活性分子，一份撰于1996年的世界卫生组织和粮农组织的资料中记载着："暴露在致死剂量下的老鼠"，死亡前的症状有"吐沫、震颤、昏厥和昏迷"。[7] 关于药桶的包装标签，这两个联合国组织建议标明产品"对人体有致癌危险"，以及使用者应该在操作时佩戴"手套和面罩等防护用品"。最后，他们还明确指出，尽管"尚未有案例记载"，"可能的急性中毒症状有头疼、恶心、呕吐和眩晕。严重中毒可导致痉挛和昏迷"。正因如此，加拿大早在1985年12月31日立法禁用拉索，欧盟则一直拖到2007年。①

---

① 欧盟决定不将甲草胺列入91/414/EEC指令的农业化学注册指导目录。这个决定是在C(2006)6567号令下发布的，具体说明为"产品说明所建议的使用方法和使用比例（即每公顷定量）所造成的暴露，有可能对使用者构成危害"。

法国农业部 2007 年初的一份资料显示，该除草剂的"最终撤回令"原本预定在 2007 年 4 月 23 日，然而"颁布期限"却被推迟到 12 月 31 日，而"执行期限"则被定在了 2008 年 6 月 18 日！这让孟山都和那些农业合作社有时间偷偷倾销存货。《农业工会周报》的一篇文章也证实了这一事件，这篇发布于 2007 年 4 月 19 日的文章宣布了若干以甲草胺为主要成分的农药"即将被撤回"，其中包括拉索、印第安纳（Indiana）和亚利桑那（Arizona）。该报还说道："然而，欧盟 91/414/EEC 指令也允许各成员国自行决定宽限期，以便销毁、销售或使用现有存货。"[8]

有趣的是，文章完全没有解释为何欧盟决定"中止这些产品的经营许可证"，没有说明禁用孟山都的这种除草剂是因为研究显示其活性成分可使啮齿动物致癌。这就好像对农业经济的关注超出了对健康的关注。然而是否要提醒一下，这种除草剂之所以被禁止销售，是因为它对使用者的健康构成危害，而许多《农业工会周报》的读者正是它的使用者！

受害农民的斗争

这起生产事故变成了保罗·弗朗索瓦的噩梦。2004 年 11 月 29 日，他在家中忽然陷入昏迷，他的两个分别为 9 岁和 13 岁的女儿报了急救。他在普瓦捷大学附属医院住了几个星期的院。在他建于 2005 年 1 月 25 日的病历中，急诊医生描述了"意识状态严重退化"、"无法回应简单指令"、"脑电图 [……] 呈现的续发的、急性的、迟钝的活动可使人联想到癫痫症的症状"。在同一天，一名神经科医生也记录道："持续的发音障碍和记忆缺失。"

在接下来的七个月中，他断断续续地住院、从一个科室转到另一个科室、一次次陷入昏迷，当中有 60 天他是在巴黎的硝石矿工慈善医院度过的。奇怪的是，所有为他诊治过的专家都不约而同地刻意回避他这些症状的元凶——拉索中毒。他们通过大量检测反复研究了各种其他猜测：抑郁症、精神性疾病、癫痫症等。弗朗索瓦被迫照了 CT、拍了脑造影片，甚至还做了精神病评估，然而最终所有这些猜测都被排除了。

弗朗索瓦对这种拖延感到厌烦了，在他妻子的推动下，他联系了化学毒理学协会，这个组织是由安德烈·皮寇教授领导的，他也是吕费克集会的特邀专家之一。他建议对拉索进行分析，以便得知这种除草剂的确切成分，尤其是没有标明在技术说明上的那些成分。他们委托一间专业实验室分析研究，结果显示这种除草剂含有 0.2% 的氯乙酸甲酯，这种剧毒的添加剂通过吸入或皮肤接触可引发细胞窒息。①

为了能够更好地治病，弗朗索瓦迫切希望了解造成他神经性障碍的病原，因此他请求向他提供拉索的合作社的副主任联系孟山都公司。这位副主任说他已经向孟山都位于里昂郊区的法国分公司报告了这起事故，但是没有得到回复。弗朗索瓦今天跟我说："我当时太天真了。我以为孟山都会合作，帮助我找到解决健康问题的办法。然而他们什么都没有做。"最终，在合作社副主任的坚持下，弗朗索瓦的妻子西尔维终于第一次与孟山都公司进行了电话交谈，对方是约翰·杰克逊医生，孟山都的前职员，后来成为了该公司在欧洲的顾问。弗朗索瓦如此评论这次电话交谈："我妻子非常震惊，因为对方先是声明他没有听说过任何拉索中毒的先例，然后又提出了经济赔偿，条件是要我们放弃追究孟山都的责任。"这与我在《孟山都眼中的世界》一书中所描述的伎俩如出一辙，用钱来换取受害者的沉默，甚至是恐吓他们，以维持经营，而不管代价是对人体健康或环境造成的危害。

在西尔维的坚持下，好医生杰克逊同意安排一次与圣路易斯总部毒理学部门负责人丹尼尔·戈德斯坦的电话会谈。弗朗索瓦不会说英文，因此他请一位企业家朋友主持会谈。与他的欧洲同事一样，这个美国人一开始就提出经济补偿。"我真的觉得他们完全不在乎我的健康问题，"弗朗索瓦说道，"他甚至否认拉索配方中有氯乙酸甲酯！但是，当我们提出要给他寄分析报告时——这份报告分析了两份拉索样品，两份样品的生产期间隔了两年——他

---

① 分析报告还显示拉索含有 6.1% 的丁醇和 0.7% 的异丁醇。

就改变了策略，转而说之所以会有这种物质的存在，是因为除草剂经过了降解。但如果是这样的话，两份样品中的比例完全一样不就很奇怪！"明白地说：在孟山都的代表看来，氯乙酸甲酯就是除草剂在老化过程中偶然的化学反应的产物。"这是一派胡言，"皮寇教授评价道，他认为"他们使用了氯乙酸，因为氯乙酸有强化作用，可用来提高除草剂的活性"。[9]

农药生产商的"眼中钉"

如《夏朗德自由报》所言，弗朗索瓦就这样成为了孟山都的"眼中钉"。当然这个特点我们所有人都有！但很快，他又成为了"科学家和毒理学家们的教学案例与争议对象"。[10]果然，因为弗朗索瓦的神经健康状态持续恶化，硝石矿工慈善医院决定实施中毒防治中心所不建议的尿样检测。这个检测是在2005年2月23日，也就是中毒事件发生了十个月以后进行的，结果出乎意料，氯苯的主要代谢物氯酚超标，以及甲草胺的降解产物超标。这一切说明了部分除草剂残余留在了弗朗索瓦的器官、尤其是脂肪组织中，且正是这些有毒物质逐渐释放到血液中，造成了弗朗索瓦间歇的昏迷和神经障碍。

然而，以中毒防治中心的毒理学家为首的这些"专家"们，非但没有面对事实并采取措施，反而坚决否认。他们给出的理由是，氯酚和氯苯在人体内停留的时间不超过三天，超出了这个期限就不可能找到任何残留了。这个看似理论的解释是基于农药生产商提供的毒理学数据，然而我们将会看到，他们的数据通常都是不靠谱的。（参见第五章）

以法国国家安全研究所的数据为例（这个数据当然也是以各工厂报告的研究结果为基础的），氯苯的资料卡上可见口服较高剂量（500毫克/千克体重，每日2次，连服4天）后该物质经过器官代谢后排泄物的数据，然而这个数据是通过在兔子身上的实验得出的。当然，啮齿动物也是哺乳动物，跟我们人类有着一定的共同点。然而，就这样闭着眼睛从这些可怜的动物推理到人类的排泄机制，这一步也走得太快了吧！尤其，这些理论、数据是用来否定一个人的长期神经损伤与吸入急性中毒有关的。

对于人类而言，唯一具参考性的数据就是在生产（或使用，资料卡上并没有明确）氯苯的那些工人"结束工作"后，从他们身上取样的数据。国家安全研究所的专家是这样写的："人体一旦暴露在氯苯环境下，尿液中立即可检测出4-氯邻苯二酚和4-氯苯酚，在暴露的末期（接近第八小时时）达到峰值。尿液消除呈双相：4-氯邻苯二酚的半衰期分别为2.2小时和17.3小时，4-氯苯酚则为3小时和12.2小时。4-氯邻苯二酚的排泄量比4-氯苯酚约大三倍。"必须承认这张资料卡写得太简洁了：它没有说明这些工人暴露的程度是多少，如皮寇教授所言，我们可以猜测他们的暴露值低于弗朗索瓦所遭遇的"毒气释放"，否则他们就会全都进医院了！卡上也没有说明观测到的排泄机制是否涉及全部或部分的代谢物，此外，卡上还明确指出残余"主要集中于脂肪组织"。

这多像专家们之间一场实际上很无聊的战役，而实际上却是三个中毒防治中心的那些聪明的毒理学家们得出的一个无耻结论（我可是经过考虑才使用这个词）：之所以2005年2月和5月能在弗朗索瓦的尿液甚至头发中找到氯苯和甲草胺的代谢物，那是因为他在做检测的几天前吸入了拉索！

"我第一次听到这个理由时，我恼火极了。"弗朗索瓦说，"这可是出自丹尼尔·普瓦索医生之口，波尔多中毒防治中心的主任。他言之凿凿地指控我给自己注射拉索！我跟他说，要注意，第一次尿检是在硝石矿工慈善医院做的，当时我已经在那里住院很久了，很难接触到这种除草剂。他却回答，我要想藏一瓶在医院房间里，什么也拦不了我！我真是震惊了，于是我指出某些毒理学家跟化工企业有关联。他笑了，说这是我的幻想，还说，无论如何那些企业的存在是为了生产安全的产品，而不是为了危害地球，更不是为了危害人类。"

提出相同理由的还有帕特里克·哈利医生，昂热中毒防治中心的负责人，他在与西尔维的一次电话会谈中说到弗朗索瓦莫须有的毒物瘾。西尔维在写给昂古莱姆社会保障法庭的证词上着重谈到这件事："他冷冰冰地跟我说，分析结果只能有一种解释，就是自愿吸入产品。"

至于巴黎中毒防治中心的主任罗伯特·卡尼尔医生，他的确没有公开地提到"自愿吸入"的可能性，而是从精神病学的角度来解释弗朗索瓦的问题。"氯苯的确可以解释最初的事故和几小时之内，甚至是之后几天之内的症状。但是这并不是接下来几个星期和之后几个月的症状的直接原因。"他在 2005 年 6 月 1 日写给阿奈特·勒图医生的信中说："这次急性中毒事件让这位农民非常担忧，他很害怕被长期毒害；他反反复复的不适可能是这种忧虑的躯体化症状。"勒图是农民医疗保险互助协会的医生，她在两周后回复了这封信，她强调弗朗索瓦的"症状"是"意识完全丧失"，并且病历"排除了所记录症状的精神病诱因"。然后，显然是因为处境尴尬，她还补充道，病例中缺少"一条主线"。

所有被询问过的毒理学家们都坚持否认拉索及其成分对人体的慢性损害，如此便可以为孟山都的这种毒药恢复名誉。他们为什么要这么做？我们之后便会看到某些毒理学家和化学家们与该化工企业保持着密切的联系，当中的关联包括——这正是问题的症结所在——这些专家身居公职机关职位，在这个案例中公职机关就是中毒防治中心。有时候，这涉及真正的利益冲突，且有关的人都小心翼翼地躲避公众眼光；有的时候，则仅仅是某种"乱伦关系"，用我在美国遇到的环保专家奈德·格罗斯的话来说，这些化学领域和毒理学领域的专家们都是"来自同一个家庭"。（参见第十二及十三章）

例如，从巴黎中毒防治中心负责人卡尼尔身上就可以清楚看到这种由来已久的血缘关系。弗朗索瓦来我家拜访的时候，就给我看过一份他从化学医学学会（Medichem）的网站上打印的资料，[11] 我还存了一份复印件。这个"国际科学组织"建立于 1972 年，创建人是德国化工企业巴斯夫（BASF）的前医务主任阿尔弗莱德·迪耶斯医生，该学会特别关注"与化工产品的生产和使用相关的健康与环境问题"。在该学会的赞助者中，有不少是全球最大的化工企业，大部分这些企业已被证实曾经是——或现在也是——环境污染者。

每年，化学医学学会都会组织一次国际论坛。2004 年的论坛在巴黎举行，主持者正是……卡尼尔医生，他也是该学会的委员会成员。还有，例如巴斯夫公司的高层迈克尔·纳斯特拉克医生，他是委员会的秘书。在这次论坛的与会者中还包括……戈德斯坦医生，孟山都的首席毒理学家，正是他向弗朗索瓦提出经济和解，条件是放弃起诉！然而在某次与卡尼尔医生的见面中，弗朗索瓦曾问过他是否认识在孟山都工作的同行，这位巴黎中毒防治中心的负责人却矢口否认。直到我写这本书的今天，我在化学医学学会的网站上再也看不到弗朗索瓦给我看的这份资料了，它就这样消失无踪了……

漫长的诉讼

"说真的，这件事教会我不要再天真了，"弗朗索瓦叹息道，"于是，我平生第一次站在了法庭上。"因为农民医疗保险互助协会和农业生产事故保险（AAEXA，一个从属于农民医疗保险互助协会的机构，负责农业生产事故）拒绝承认他的健康问题为职业病，弗朗索瓦决定将案件提交给昂古莱特社会保障法庭。

2008 年 11 月 3 日，社会保障法庭判定弗朗索瓦有理，"2004 年 11 月 29 日的病情复发事件与 2004 年 4 月 27 日的生产事故有直接联系，应根据专业的法律审理这起事件"。法庭的审判引证了纳博尼教授的报告，我在前文提到过，他认为弗朗索瓦的症状是因为"有毒物质在脂肪组织中的大量沉积，及 / 或持续的代谢阻滞"。换句话说：当中毒程度极高时，有毒物质的代谢会被阻滞，导致有毒物质在机体里沉积。"这个推测虽然是很特殊的，但完全是合情合理的，"皮寇教授如是评论。利摩日大学附属医院药理毒理科的杰拉德·拉夏特教授也是这样认为的，他是唯一认为弗朗索瓦的反复神经障碍与拉索"毒气施放"有关的专科医生。

对于吕费克的农民弗朗索瓦而言，昂古莱特社会保障法庭的判决是他的第一场胜利。然而他不打算就此止步：他要向里昂高等法院控告孟山都公

司 ①，理由是该公司"没有尽到告知产品成分的义务"。拉佛格律师在 2009 年 7 月 21 日向法庭递交的陈述意见上写道："拉索的包装上只提到该除草剂的成分中包含甲草胺，并未告知其中含有氯苯。吸入氯苯这种极易挥发的物质的风险、产品操作过程中应采取的防护措施，以及因意外吸入所造成的副作用，都未在包装上提及。"

另一边，孟山都向高等法院提交的陈述意见中，竟然恬不知耻地利用尿样和血样的缺失来作为论据，而不采集尿样血样是波尔多中毒防治中心在事故发生不久后决定的。孟山都的律师声称："保罗·弗朗索瓦先生从来没有明确他在 2004 年 4 月 27 日吸入的产品是拉索。事实上，没有任何医疗档案记录了 2004 年 4 月 27 日的拉索吸入事件。［……］显然，弗朗索瓦先生是想用医疗机构的疏忽来解释这一显著事实。"他们的结论更是厚颜无耻："由上述事实可得出，无法确定（甚至推测）2004 年 4 月 27 日的事故与弗朗索瓦先生的健康状况有任何因果联系。"

为了支持他们这份冷酷无情的陈述意见，孟山都还附上了两份资料。第一份出自皮埃尔-杰拉德·彭塔尔医生，他在 2009 年 3 月 27 日撰写了一份"保罗·弗朗索瓦中毒案例医学评估"。如果你上网搜索这名毒理学家的名字，你就不难找到他自己放上网的简历。你就会发现，他曾在巴黎中毒防治中心工作，后来又在 RP 农药化工厂做首席医生，然后才到安万特公司去领导人体风险评估研究组。他跟化工企业的联系是这么明显。总的来说，他的报告很笼统，和所有的传统毒理学观点一样，援引那些"既定的科学知识"，例如帕拉塞尔苏斯那句永恒不变的定律："剂量的多少决定是否是毒药。"我在后面会再谈到这个定律。（参见第七章）

然而，要找到他的评估与事实不符之处，只需看他对纳博尼教授的报告的评论，他认为这份报告"没有就弗朗索瓦所接触的剂量提出疑问"。但我们知道，纳博尼教授明确谴责了中毒防治中心拒绝采样的行为，而原本正是

---

① 直到 2011 年 2 月，诉讼程序仍然未启动。

采样可以测定弗朗索瓦中毒的程度……

　　孟山都的律师提交的第二份材料是由圣路易斯的"产品安全中心"的负责人戈德斯坦医生撰写的，这份材料为那些中毒防治中心辩解，这份材料倒是写得很清晰："考虑到暴露物为原则上能够迅速被排泄掉且不具持久毒性的物质，检测血液和尿液中的浓度对病人没有好处。"他这样写也不怕被嘲笑。然后他还反复地解释，他对中毒防治中心的这种夸张的支持，就好像他们"串通"好了有计划有组织地否定某件事情："我们认同法国中毒防治中心的意见，在暴露不久后分析采样不能提供有用信息，且弗朗索瓦先生在短暂地吸入暴露物后，应该能够轻松复原。"无须评论了，没什么可说的。

第二章
农业中的化学武器

世界不会被作恶的人所毁灭，但会被眼看着别人作恶却毫不作为的人所毁灭。

——阿尔伯特·爱因斯坦

保罗·弗朗索瓦的故事很具代表性，因为这个故事使人联想到化工企业，甚至是某些公职机关想让人们遗忘的事实：农药即是毒药。正如医生吉纳维芙·巴比耶和作家阿尔芒·法拉希合著的《致癌的社会》一书中所言："农药的使用被普及了，以至于人们忘了它原本的用途就是杀生 [1]。"并且："在这些自由销售的产品的包装上，我们找不到像香烟包装上那样的警告，例如：'除杂草可致死'或'杀蚊子蟑螂可致癌'！[2]"

从"害虫杀手"到"植物保护产品"

农药行动网是一个打击农药的国际组织，2007年它在欧盟赞助下出版的一本小册子里写道：农药是一种"独一无二的产品，因为在人类发明并释放到环境里的化学产品中，只有农药是为了杀死或破坏其他的有机生命而造的" [3]。农药家族的成员名称中都带着后缀"cide"，来自于拉丁语 acedere，是"杀"或"打死"的意思。pest 意为有害的动物、昆虫或植物，该词来源于拉丁文 pestis，指祸害或传染病。因此农药（pesticide）这个词从词源上看，是"有害动植物杀手"的意思。在农药家族里有：除草剂（herbicide）、杀虫剂（insecticide）、杀真菌剂（fongicide）、灭螺药（molluscicide）、杀线虫剂（nématicide）、灭鼠药（rodenticide）、灭鸟药（corvicide）。

　　上世纪 60 年代，当农药"莠去津"进入我祖父母的农场时，化学农业的推广者直言不讳：农药有剧毒，甚至可致命。相应地也有关于防护措施的广告。我在美国的视频档案中找到了一则 1964 年的电视广告：一个穿着白大褂的男人——这是典型的科学家形象——站在满桌化学产品的瓶瓶罐罐后面，一本正经地说："千万别忘了，农药是毒药！正确使用有赖于您！请谨慎使用农药！"[4]

　　半个世纪后，农药领域巨头的广告中再也找不到这么直白的警告了。以法国为例，我们可以查看植物保护产业协会（UIPP）的网站，这个协会如今聚集了"19 个在市场上经营农用植物保护产品及服务的企业"。协会成员中包括六大该领域国际巨头的法国分公司：巴斯夫、拜耳、陶氏益农、杜邦、先正达以及孟山都。自 1970 年起，这个组织自我介绍所用的词变得越来越委婉。在农用工业这个虽小却强大的领域里，人们小心地回避"农药"这个词，更亲睐"植物免疫产品"这种说法，最近又换成了"植物保护产品"，听起来更令人放心了。我们来看看植物保护产业协会的网站上给出的定义："植物保护产品的作用是保护农作物，使其免受各种阻碍其健康生长的危害：害虫、真菌、杂草等［……］有助于按时收获、提高产量和质量。"

　　用"植物免疫产品"或"植物保护产品"来代替"农药"一词不过是偷换概念。这一转变实际上是为了愚弄农民，并间接欺骗消费者，把"用来杀生的产品"变成保护植物健康和食品质量的药品。这是典型的企业公关欺骗手段，由最高层的国家机构来更换概念，人们才会把这种弄虚作假当成是有益无害的。

　　法国农业部的网站主页在这方面非常令人受教："农药"这个词一次都没有出现过！相反，主页上有一个版块叫作"植物健康与保护"，我们看到农业部"采取多种措施，预防并治理与植物生产相关的健康与卫生危害"。多厉害的迂回战术啊！读着部级网站的精彩文笔，感觉似乎是植物生产本身导致了"健康与卫生危害",而危害的真正源头,即被使用的农药反而从来没有被提及!且后文也没有让问题更明朗:"负责保护植物健康的部门有三个职能:检测植物健康卫生;检验植物生产条件;推广最尊重植物健康与环境的农耕实践。"

在农民医疗保险互助协会的网站上也能看到类似说法,这个协会是负责保障农民健康的,他们的网站"偷换概念"做得那么好,以至于连他们自己的撰稿人都被搅糊涂了。2010 年 4 月的一篇满是好心的文章介绍了"'植保态度'——专门观测与植物免疫产品相关的危害的机构",文章说道:"**植物免疫产品,又称作农药**,[……] 这种制剂的用途是:抵抗或预防有害有机体对植物或植物产品的侵害;干预植物生长过程、提高植物免疫力;清除生长不良的植物或植物的某些部分。"[5] 我们看这真是颠倒黑白,事实上,应该是"农药又被称作植物免疫产品",而不是反过来!化工企业指定这个词,是为了掩饰产品的危害,如今风头却盖过了原本的称谓。"农药"这个词被化学农业的行家们唾弃,使用这个词被当作环保主义者和其他"和平嬉皮士"的食古不化的特征。

这个信息在乡下却是很好地而且是长期地被接纳了:在我长大的那个镇上,我从来没有听说过"农药",仅仅听说过"植保产品"。人们到"植保商店"买"植保产品",就好像到药店里买药。

从生化武器研究到农药生产

生态学家朱莉·马克在一篇关于孟山都最畅销的除草剂品牌农达(Roundup)的博士论文中说:"农药的使用可追溯到古代"[6],但是直到20 世纪初之前,这些"害虫杀手"都是由天然的矿物质或植物组成的(例如铅、硫磺、烟草、印度楝树叶等)。[7] 这些物质尽管是天然的,但其中的某些物质也是很危险的,例如老普林尼在他的巨著《自然史》中所推荐的砒霜。这种赫赫有名的毒药,自 16 世纪起,在中国和欧洲被用作杀虫剂。

2001年，砒霜的衍生物亚砷酸钠被禁止在葡萄种植中使用。①

农药的使用在过去是相当有限的，而随着19世纪矿物化学的诞生，农药得到了第一次飞跃发展。这一飞跃的标志即著名的"波尔多混合液"，这是一种硫酸铜和石灰乳的混合液，自1885年起用在葡萄种植中，用来对付霜霉病，后来也用作除草剂。同一时期，亚砷酸铜（俗称"巴黎绿"，因为人们用它来消灭巴黎下水道中的老鼠）在美国获得巨大的成功，美国人把它用作果园的杀虫剂。②不久后，人们又发现在谷物田里撒播硫酸铜，能够去除莠草而不损伤谷物。

然而，直到第一次世界大战，得益于战争中有机合成化学的发展和关于毒气弹的研究，才开启了农药的大规模生产。事实上，大多数今天大规模使用的"植物保护产品"都与生化武器有着密切的联系，他们都源自德国化学家弗里茨·哈伯（Fritz Haber）的研究。哈伯出生于1868年，他发明了用氢和空气中的氮合成氨的方法，从此名声大噪，并因此获得了1918年的诺贝尔化学奖。他固定空气中的氮气这一成果，后来被用于氮肥的生产（氮肥后来取代了智利和秘鲁的鸟粪石③，并伴随着工业化农业的发展）以及炸药的制造。一战爆发时，他是柏林凯撒威廉研究院的领导，他的实验室被要求为战争效力。他领导着一个由150名科学家和1 300名技术员组成的团队，任务就是研发刺激性气体，用来将协约国的士兵驱赶出战壕，然而1899年的《海牙公约》早就明令禁止使用化学武器。

实践工作指派给了费丁南德·弗路里，他负责在老鼠、猴子、甚至是马匹身上测试各种毒气的毒理作用和机制。然而有一种毒气从所有的毒气中脱颖而出：氯气。自然中大量存在着与其他物质结合的氯，例如氯化钠，即

---

① 农民医疗保险互助协会在研究了砒霜的致癌作用后，要求将砒霜列入农业职业病列表。

② 巴黎绿同样可用来做颜料，印象派的画家们大量使用这种颜料。它的毒性有可能是造成塞尚的糖尿病、莫奈的失明症、甚至是梵高的精神病的根源。

③ 鸟粪石即海鸟的粪便；鸟粪石被用作天然肥料，它富含的养分和有机物质是任何化肥无可匹敌的，并且，与化肥不同，过量使用鸟粪石不会对环境和土质造成影响。

盐，而在当时，关于氯的工业用途研究尚处于初步阶段。在 1785 年的一次著名的演示中，化学家克劳德－路易·贝托莱介绍了漂白水（巴黎一间工厂发明的一种氯和钾合成的溶液）的漂白作用。从此，氯这种分子作为漂白因子，在纺织业和造纸业中获得巨大的成功，之后，它又被用作消毒因子。然而，它的用途依然很有限，因为在单一形态下，氯这种黄绿色气体（其命名来源于希腊语 chloros 一词，即"浅绿色"之意①）是有剧毒的，有一种令人非常不适的气味，会对呼吸道产生强烈刺激。而且，这种气体比空气重，因此它会沉积在靠近地面的地方——这在壕沟战中非常"实用"，可以说弗里茨·哈伯感兴趣的，正是氯气的毒性"品质"。

1915 年 4 月 22 日，德军在哈伯的指挥下，往比利时的伊珀尔投掷了 146 吨毒气弹，这位科学家甚至移步前线亲自指挥化学攻击。正是他，安排了在 6 公里外秘密放置 5 000 桶氯；也是他，在清晨 5 点下令打开弹桶的阀门。微风吹拂下，毒气散遍协约军的战壕。惊吓中，法国士兵（主要是阿尔及利亚人）、英国士兵、加拿大士兵纷纷如苍蝇般倒地，还一边尝试着用浸了尿液的手帕保护自己。"我永远也忘不了那种夹杂着惊吓的恐怖濒死感，你可以从每一个经历了这第一次袭击的受害者眼中读到这种感觉，"一名幸存的加拿大士兵描述道，"这就像一只狗的眼神，一只什么都没做却被打了的狗。[……] 他们先是喘气、咳嗽、然后倒地，双手捂着脸。[……] 吸入肺里的气体使我咳得无法呼吸，我痛苦地蜷成一团"[8]。

弗里茨·哈伯为这第一场胜利付出了昂贵的代价：就在伊珀尔毒气战几天之后，他的妻子——同样也是化学家的克拉拉·伊美娃自杀了，她用被升为上尉的丈夫的配枪，将一枚子弹打入了自己的心脏。其原因是，她曾经强烈抗议丈夫关于毒气战的研究工作而未果。

然而哈伯仍不止步。观察到协约军在战壕里配备了防毒面罩，使得氯气

---

① 氯气是由瑞典化学家卡尔·威廉·舍勒于 1774 年从氯化钠中分离出来的，却是由英国化学家汉弗里·戴维于 1809 年命名的。

失效，他又开发了光气，这是由两种剧毒气体——氯气和一氧化碳混合而成的。相比起单一的氯气，光气对眼鼻喉的刺激较弱，然而它却是柏林的实验室中炮制出来的最致命的化学武器，因为它强烈攻击肺脏，能让肺脏充满盐酸。能够在当时幸存的极少数法国士兵，也在这场大屠杀的几年之后，陆续死于毒气攻击的后遗症。值得注意的是，直到今天，光气作为农药的一种化学成分，仍然在农药工业中被大量应用。光气是杀虫剂西维因（Carbaryl）的一种成分，而正是这种杀虫剂造成了 1984 年 12 月发生在博帕尔的惨剧。（参见下一章）

到了一战末期，毒气受害者已经有数万人了，德军又投出了哈伯的最后一项新发明：芥子气。芥子气又叫作"伊珀尔气"，因为它也跟氯气一样，是在伊珀尔战壕中首次使用。这种毒气的作用非常恐怖：它会让皮肤起巨疱、灼伤角膜以致失明、攻击骨髓造成白血病。极少有士兵能够幸存于芥子气中毒。

毒气在战争中的使用，无疑德国是始作俑者，然而最终，当毒气的运用转移到化学工业中，所有的参战国都成为了毒气的使用者。总的来说，战争使工业家们获得了意外的好运，他们利用战争的成果为他们真正的王国打造了坚实的基础——这个王国的继承者正是今天专业制造农药和转基因种子的那些跨国企业。赫斯特公司（赫斯特在 1999 年与法国的罗纳普朗克公司合并为生物技术巨头安万特）曾为德军提供芥子气弹。同一时期，美国的杜邦公司（今天是世界上最大的种子供应商之一）为协约军提供火药和炸弹。同样的，转基因生物领域的领航者孟山都，在本世纪初成立之时是生产糖精的，后来它的利润增长了百倍，是因为出售可用于炸弹和毒气弹制造的化学产品，即硫酸和可怕的苯酚。

如何衡量毒药的毒性

"在和平时期，科学家属于世界；然而在战争时期，科学家属于他的国家。"弗里茨·哈伯这位虔诚的爱国者是这样为他的毒气弹研究工作辩解的。因为研发化学武器，停战后，协约国将他列入了要求引渡的战犯名单。他逃到了瑞士，直到引渡要求在 1919 年被正式解除。一年后，他在斯德哥尔摩接受了诺贝尔化学奖，该奖表彰其研发氨的工业合成法的成果。他的提名在国际科学界引发了轩然大波，法国、英国和美国的往届获奖者联合起来拒绝参加颁奖仪式。在这些科学家们看来，哈伯恰恰象征了诺贝尔这位发明了硝化甘油炸药的巨富科学家在遗书中所谴责的事情：科学与战争的关联。

　　然而，即使科学编年史中不再记载"化学战之父"这一角色，哈伯的名字仍然为毒理学家们所熟悉，他们今天依旧使用"哈伯法则"作为评估污染我们环境的化学制品，尤其是农药的毒性的参考标准。戴维斯大学的教授汉斯彼得·维茨奇在《吸入毒理学》期刊上谈道："弗里茨·哈伯不是一名毒理学家，而是一名物理化学家，但是他深深地影响了毒理学。"[9] 事实上，德国科学家哈伯在研发可怕的化学武器的同时，也尝试对比了各种毒气的毒性，由此得出了一条能够衡量毒气"效能"——即毒气致命能力——的法则。这条"哈伯法则"表述了要使一个活人致死，毒气的浓度与暴露时间之间的关系。该法则的创造者给它的定义是："对于每一种毒气，C 代表每平方米空气中所含该毒气的毫克数，T 代表被实验动物吸入 C 含量毒气致死所需要的分钟数，C 与 T 相乘得出的数值越小，该种气体的毒性则越大。"[10]

　　在为了确立这条可怕的法则所进行的一系列观察实验中，哈伯发现在较低浓度毒气中暴露较长时间与在较高浓度毒气中暴露较短时间，通常都有着同样的致命效果。奇怪的是，如我们后面所见到的，那些制定法规的机构，他们广泛运用哈伯的教诲来衡量农药的毒性，却好像忘记了其结论中的这一部分。事实上，他们不难承认"植物保护产品"的急性中毒可造成严重的、甚至致命的后果，但是，却否定低剂量下长期暴露所造成的慢性后果。

　　与此同时，有一件事情是肯定的：哈伯法则"通常被用来制定有毒物质暴露条例"，美国食品药品监督管理局的毒理学家大卫·泰勒如是承认。[11]

事实上，哈伯法则直接启发了半致死量（简称LD50）这一指标的发明，该指标是评估和管理化学品风险的基本工具之一。半致死量是1927年由英国人约翰·威廉·特里万发明的，该毒性指标是指杀死半数实验动物（通常为老鼠）所需的化学物质的剂量，通常测量的是实验动物因吸入暴露物质致死，但也测量食入或因皮肤吸收而致死的情况。该指标的表述单位是暴露物质的质量对比暴露主体的体重（毫克/公斤）。例如：如果某种农药的半致死量为40 mg/kg，那么3 200毫克（即3.2克）的该农药则被认为可以导致半数体重为80公斤的人类死亡。

根据世界卫生组织的一份文件，一种化学产品的半致死量低于5 mg/kg（固态）或20 mg/kg（液态），则可被认为是"极端危险物质"。与之相对的，如半致死量高于500或2 000 mg/kg，则被认为是"轻度危险物质"。[12] 作为参考，维生素C的LD50为11 900 mg/kg，食用盐的为3 000 mg/kg，氰化物为0.5—3 mg/kg，二恶英为0.02 mg/kg，但对犬类则是0.001 mg/kg。

那么齐克隆B呢？它的半致死量为1 mg/kg……[13] 二战中纳粹使用这种毒气，在死亡集中营的毒气室中屠杀犹太人。然而悲剧性的讽刺是，齐克隆B的发明者也是弗里茨·哈伯，而他本人也是犹太后裔。在20世纪20年代间，德国害虫防治公司要求哈伯重拾氢氰酸毒气的研究，以运用到杀虫剂开发中。哈伯很了解这种气体：依据以他的名字命名的哈伯法则的标准，这种气体的毒性非常强，即使是操作过程也是极其危险的，正因为如此一战期间才没有把它作为化学武器。然而现在没关系了，这位科学家又开发了一种方法，能够安全地运输该物质并把它散播到庄稼中。注意，法国于1958年批准使用齐克隆B来处理谷类种子和保存仓储谷物。齐克隆B在法国是由绿色伊甸园公司经销的，而直到1988年才被禁止。[14] 直到1997年，德国害虫防治公司的法国分公司还在开发齐克隆B的派生物，用来为储藏仓库消毒。[15]

而哈伯这位虔诚的爱国者，后来从一名实用主义者转变成了一名新教徒，他的命运最终结局悲惨。1933年，希特勒当权后，纳粹党要求哈伯解雇所有犹太裔的同事。哈伯无法抵抗这个命令，于是决定辞职。"您不可能期待一个 65 岁的男人改变在学术道路上引导了他三十九年的行动和思维方式。"哈伯在他的辞职信上写道，"并且您会明白，正是他终身为祖国德国效力的这种自豪感，迫使他辞去他的职务。"[16]

哈伯的朋友哈伊姆·魏茨曼动员他去巴勒斯坦，但因为饱受慢性咽炎的折磨，他流离至瑞士，打算在动身之前先养好身体。可是这次旅行未能成行。他于 1934 年 1 月 29 日病逝。他永远也不会知道，后来部分他的同族被齐克隆 B 毒死在死亡集中营里。

滴滴涕与工业时代的开端

"谁会相信人们可以在地球表面倾倒如此大量的毒药，却不会伤害到所有的生灵？这些产品不应该叫作'杀虫剂'，而应该叫作'杀生剂'。"美国生态学家蕾切尔·卡森在她的畅销书《寂静的春天》中写道。这本书出版于 1962 年，被认为是生态保护运动的奠基之作（参见第三章）。她还说："这个产业是第二次世界大战的遗子。在开发生化武器的过程中，人们发现实验室里创造的某些化学产品可以杀死昆虫。这一发现并不是偶然的：昆虫被大量用于测试用来杀人的化学产品的毒性。"[17]

实际上，弗里茨·哈伯的氯气研究成果开辟了一条化合农药工业生产的道路，这些农药中最著名的当属滴滴涕（双对氯苯基三氯乙烷），它属于有机氯大家族中的一员。每一种有机氯都是一种有机化合物，其合成是用氯原子取代有机物中的一个或几个氢原子，以构成一种极为稳定的化学机构，因此，有机氯也是极难降解的。某些有机氯被认为是"持久性有机污染物"（POPs），因为它会沉积在动物和人类的脂肪中，而且它的挥发性极强，能够在大气中游移，因而能够污染到地球上最偏远的角落。我在后文中将会再次探讨持久性有机污染物的害处。联合国环境署于 2001 年 5 月 22 日通过了《斯德哥尔摩公约》，将 12 种持续性有机污染物列入禁用名单，这 12 种被禁用的化合物被称为"肮脏的一打"(dirty dozen，命名来源于罗伯特·阿尔德里奇 1967 年的一部电影)。然而时至今日，这些污染物的残留仍然在污染着我们的环境，甚至是母乳。这 12 种持久性有机污染物中，有 9 种是农药，其中包括孟山都的多氯联苯[18]，以及滴滴涕这种"神奇的杀虫剂"。滴滴涕是在二战之后得到迅猛发展的，它将两战间生化武器实验室中创造出来的各种分子播撒到了我们的田野中。

1874 年，奥地利的化学学生欧特马·蔡德勒合成了滴滴涕，然而它被遗忘在试验台的抽屉里，直到 1939 年，嘉基公司的瑞士化学家保罗·穆勒发现了它的杀虫特性。他的这一发现被认为是一大成功，于是九年之后，他被授予了诺贝尔医学奖。滴滴涕的固体不溶于水，要使用它，需用一种油来溶解。1943 年，美军在那不勒斯战争中第一次使用滴滴涕，成功阻止了一场斑疹伤寒的爆发。斑疹伤寒由虱子传播，曾经造成大量盟军死亡。于是，滴滴涕在南太平洋地区被反复大量地使用，根除了造成疟疾的疟蚊。然后，在占领战败国期间，美军又用滴滴涕为死亡集中营的幸存者、朝鲜战俘和德国本土人口消毒。

有机氯杀虫剂反而从来没有在二战中用作军事用途，各国的军事参谋部似乎吸取了一战时的教训。至少，美国空军的军史部门于 1982 年出版的一本书中，威廉·白金汉少校表达了这个意思。他是这样说的："同盟国和轴心国都避免在敌人身上使用这种武器，一是出于法律限制的考虑，二是为了避免对方以牙还牙。"[19] 然而，战争一结束，滴滴涕就化身为能够终结任何害虫的"神奇杀虫剂"，处处闻名。我还看到了一些令人震惊的视频文献：在上世纪 50 年代的美国，整个城市都用滴滴涕来处理。农药撒播机在城市道路上纵横来往，喷洒浓浓的白雾，家庭主妇们也用浸了滴滴涕的海绵来给橱柜消毒。自从滴滴涕于 1945 年被批准用于农业以来，它被大量用于处理庄稼、森林及河流，其用途之广泛相当惊人。

1955 年，世界卫生组织在世界各地发起了大规模抗疟疾运动，包括欧洲、亚洲、中美和北非。通常一开始都能够成功根除，而之后疟疾还是会卷土重来，因为传播疟疾病毒的疟蚊很快就能产生滴滴涕的抗体。尤其是在印度和中美，最后都以疫情的再次爆发告终。[20] 然而，这对于以孟山都和陶氏化学为首的化工产业，却是发财契机：从 1950 年至 1980 年，每年都有超过 4 万吨滴滴涕被倾倒在世界各地，1963 年的生产量竟高达 8.2 万吨，从上世纪 40 年代初到 2010 年，滴滴涕的生产总量达到了 180 万吨。仅仅在美国，1972 年滴滴涕被禁止农用前，就有大约 67.5 万吨已经被撒播在大地上。[21]

如同蕾切尔·卡森在《寂静的春天》一书中所强调的："之所以有滴滴涕对人体无害这个传说，是因为战争期间它被用在士兵、难民和战俘身上，用来杀灭他们身上的虱子。"[22] 而且，它对哺乳动物的急性毒性较弱：世界卫生组织把它归为"中度危险"一类，因为它（在老鼠身上）的半致死量仅为 113 毫克／公斤。然而——我在第十六、十七章还会再详细讨论——它的慢性作用却是非常可怕的：它会干扰内分泌，导致癌症、先天性畸形和生殖障碍，尤其是对于在产前遭受暴露的对象①。

受到滴滴涕及其他有机氯农药的鼓舞，另一大类农药踏着二战的足迹出现了：即有机磷农药。有机磷的开发与战用毒气的研究有着直接的关系，然而也是出于同样的考虑，从来没有被用作军事用途。在法国政府于 2003 年建立的农药残留监测站的官方网站上，简略概括道："它们并未被用于战争中，而是用来对付昆虫。"② 有机磷的创造是用来攻击有害生物的神经系统，它的急性毒性比有机氯强得多，但是它能够更快地降解。有机磷家族中有一些非常危险的农药，例如 1944 年开始使用的对硫磷（半致死量为 15 毫克／公斤），以及马拉硫磷、敌敌畏和毒死蜱，此外还有西维因（博帕尔毒气泄

---

① 最后，滴滴涕仅限于用于消灭疟蚊，但这一用途也是极具争议的。最新的研究证明了滴滴涕与若干癌症之间的关系，可能会促使世界卫生组织下令最终禁用这种杀虫剂（参见 Agathe DUPARC 于 2010 年 12 月 1 日发表于《世界报》的报道：《世卫可能禁止滴滴涕的使用》）。
② 农药残留监测站自 2010 年起由食品、环境与劳动卫生保障局管理。参见其网站：www. observatoire-pesticidese.gouv.fr。

漏惨案的元凶）和沙林毒气。沙林毒气的半致死量为 0.5 毫克 / 公斤，是德国法本公司的实验室于 1939 年研制出的一种剧毒气体，如今被联合国列为"大规模杀伤性武器"。①

橙剂，惊人的死亡之雨

有了化合农药的推波助澜，"绿色革命"拔锚起航，同时二战期间英国和美国的实验室里开发的化学除草剂也出现在了市场上②。40 年代初，研究者们终于成功分离出控制植物生长的激素，并且用化学方法合成激素分子。他们发现，只需注射极小的剂量，人造激素就能刺激植物迅速生长，然而，高剂量却会使植物死亡。有两种非常有效的除莠剂就是这样诞生的，如美国植物学家詹姆士·特洛伊所言，它们的出现真正开启了"农业的革命和除莠科学的开端"[23]。这两种除莠剂是 2，4-二氯苯氧乙酸，以及 2，4，5-三氯苯氧乙酸，它们都属于氯酚家族。③

很快地，研究人员们意识到了这两种强效除草剂在战争时期的潜力，它们可以摧毁庄稼，让敌国的军队和人口遭受饥荒。1943 年，英国农业研究委员会启动了一个机密的实验项目，这个项目后来在 1950 年镇压马来西亚游击队起义时派上了用场：英军用除草剂来摧毁起义军的庄稼，这是历史上的第一次将植物杀伤剂用于军事用途。同一时期，在美国马里兰州的德特里克堡，生化战研究中心正在测试 2，4-D 和 2，4，5-D 混合成的 dinoxol 和

---

① 沙林毒气被用于 1995 年 3 月 20 日东京地铁的一次恐怖袭击事件，造成 12 人死亡、数千人受伤。智利也曾经生产沙林毒气：上世纪 70 年代，独裁首脑奥古斯托·皮诺切特麾下的秘密警察生产这种毒气，用来谋杀反对派。（参见玛丽-莫尼克·罗宾的著作《法国军队，死亡大队》）

② 这次农业的"革命"后来被冠以"绿色"之名，因为人们认为它遏止了某些"落后国家"——尤其是亚洲——的"红色革命"在世界范围的扩张。

③ 氯酚是以酚为核心的有机合成物，其中一个或几个氢原子被一个或几个氯原子所取代。氯酚有 19 种变体，其毒性与其氯化程度成正比。

trinoxol，也就是"橙剂"的前身，"橙剂"这种落叶剂后来被美军在越战中大量使用。

事实上，二战期间同盟国曾反对使用生化武器，因为担心这会使战争升级，从而导致可怕的后果且伤及自身。而到了冷战时期，美国又忘了这一担忧，因为需要不择手段地终结来自苏联的威胁。正因如此，美军于 1962 年 1 月 13 日开始实施"牧工"计划，到了 1971 年，近 8 000 万升落叶剂被洒在了越南的土地上，几十年来持续污染着越南的三百多万公顷土地、三千多个村庄；使用的落叶剂中，60% 是橙剂。即使在战争结束了三十多年后，仍然有因橙剂污染造成严重先天性畸形的婴儿出生。

这种生化武器的极强毒性主要来自于 2，4，5-T，它的特点是含有极少量的二恶英或称"TCDD"杂质[24]。二恶英被认为是人类创造出来的最毒的物质，这是一种工业副产品，并不存在于大自然中，它是于 1957 年在德国汉堡的一间实验室中分离出来的①。现在我们知道了，它的半致死量为 0.02 毫克 / 公斤（鼠），并且，纽约剑桥大学 2003 年发表的一项研究表明，仅需将 80 克二恶英溶入饮用水网中，就可以灭绝一个 800 万居民的城市[25]。然而，据估计，越战中有 400 公斤的纯二恶英被倾倒在了越南南部……[26]

二恶英本是实验室里的机密，后来被公诸于世，是因为 1976 年的"塞维索事件"，这是一起被载入史册的重大工业事故。1976 年 7 月 16 日这一天，意大利一间工厂的三氯酚反应器爆炸了。这间工厂属于罗氏集团，这次爆炸产生了毒性极高的云团，污染了整个塞维索地区，导致大批牲畜死亡，并且据官方统计，183 人因此染上了氯痤疮。氯痤疮是一种典型的二恶英中毒导致的严重疾病，症状是全身爆发脓包，且这些脓包可以持续多年，甚至永不消失。②

氯痤疮这种人类创造出来的疾病，自上世纪 30 年代五氯苯酚面世以来，

---

① TCDD，即四氯二苯并–p–二恶英，是木业研究所的威廉·桑德曼发现的。
② 2004 年，乌克兰总统尤先科遭特务投毒后，正是因氯痤疮而毁容。

氯痤疮的症状就已经激起了医学界的流言。五氯苯酚是 2，4，5-T 的近亲，是孟山都和陶氏都生产的一种杀真菌剂，可以用来处理木材，也可以用在纸浆漂白的过程中。加州大学的劳动与环境医学教授保罗·布朗克于 2007 年发表了著作《日常产品是如何使人们生病的》[27]，为了撰写这本激动人心的书，他曾查阅了美国医学会杂志（JAMA）的文献。他发现，有许多医生曾经写信寻求如何诊治这种可怕的皮肤病，在当时，人们还不了解这种病。来自密西西比州的卡尔·斯汀吉利医生也同样感到震惊，他在美国南方医学会的一次研讨会上说："在医学文献中，我还从来没有见过有哪一种腐蚀性或化学性灼伤能够在不与致病因子长期接触的情况下仍然持续多年的。"[28] 在这次研讨会上，人们热烈讨论有关"新流行病"的话题。来自阿拉巴马州的图尔明·盖因斯医生汇报了一个病例，这是一名伐木场工人、两个孩子的父亲："他的脸、背、肩膀、手臂、大腿都长满了开放性粉刺。他的两个孩子——一名 5 岁的女孩和一名 3 岁的小男孩——脸上也长了这种粉刺。小男孩的脖子上还长了一片结硬的黑头粉刺，就像一般在 30 岁成年男子身上才会看到的那种。我认为孩子们的氯痤疮是与病人衣服接触而感染的。孩子父亲跟我说过，当他穿着蓝色工衣回到家时，孩子们总会抱着他的腿，他会把他们抱到膝盖上亲吻他们。"

1949 年 3 月 8 日，孟山都公司位于西弗吉尼亚州尼特罗市一间生产 2，4，5-T 的工厂发生了爆炸，事后孟山都公司进行了秘密调查，也观察到了相同的症状。事故发生时在场的工人以及事故后清理现场的工人都成了受害者，均有出现恶心、呕吐和持续头疼的症状，并且长了严重的氯痤疮。1953 年 11 月 17 日，类似的事故也发生在巴斯夫公司的一间生产除草剂的工厂里，那种除草剂已然洒满了欧洲和美国的田原。同样也是应肇事公司的请求，汉堡的卡尔·舒尔兹医生进行了秘密调查，发现中毒的工人们也患上了同样的皮肤病，于是他给这种疾病命名为"氯痤疮"。在整个 50 年代期间，在"惊人的死亡之雨[29]"落满美国大地的同时，这个国家的各个角落也都记载下了这种导致高度毁容的疾病案例……

第三章
"致死的长生不老药"

若是保持沉默，我将无法生存。
——蕾切尔·卡森

"寂静的春天从此成为喧嚣的夏天，"1962 年 7 月 22 日的《纽约时报》写道。与此同时，它的竞争对手《纽约客》也发表了蕾切尔·卡森的新书《寂静的春天》的节选，并引起了轰动。到了 9 月底，这本书一面世，立即成为出版界的一个奇迹（一个月内销售了 60 万册）。的确，讨论像环境污染后果这样艰涩问题的科学性著作能够如此流行，是很少见的。而这本书，在几个月内，竟然震动了科学界、报刊界、工业界，甚至是白宫。

《寂静的春天》，卡森的斗争

没有人比较过卡森这本书引起的轰动与达尔文的《物种起源》在他那个时代所引起的轰动。《寂静的春天》的法国版出版于 1963 年，序言是由国家自然历史博物馆馆长、法国科学院主席罗杰·海姆撰写的，他在序言中呼吁："人们逮捕了强盗，击毙了劫匪，砍掉了谋杀犯的头，枪毙了暴行者，人们处决了所谓的坏人，然而，谁来把那些为了自己的利益，不惜每天向公众注射化合产品的投毒犯们关进监狱呢？"这位德高望重的科学家毕业于中央高等工艺制造学校，原本是一名化学工程师，后来成为一名著名的真菌学家、一位自然资源的积极捍卫者[1]。五十年后的今天，《寂静的春天》仍然是一本经典著作，因为它是独一无二的：当化学农业征服世界，当工业化农业生产模式被当作能使全人类富足安康的法宝，第一次有一位科学家敢于站出来质疑这种模式，并且用科学的方法揭露"致死的长生不老药"[2]对野生动物、甚至人类所带来的危害。

蕾切尔·卡森成为这样一本畅销书的作者，并且这本书促使美国国家环境保护局发起禁止农用滴滴涕的生态运动，这一切并非命中注定。卡森于1907年出生于宾夕法尼亚州的斯普林代尔，离匹兹堡不远，匹兹堡后来成为了美国的钢铁之都，污染严重。在母亲的陪伴下，小蕾切尔感受了大自然，学会了沿着阿利根尼河岸漫步、观察鸟儿。她出身卑微，后来获得了奖学金，在霍普金斯大学学习海洋生物学，当时学校里的女性学生很少。如传记作者琳达·李尔在卡森的传记中所写的那样："在战后的美国，科学就是上帝，并且科学是雄性的。"[3]因为对海洋和写作的热爱，卡森被巴尔的摩渔业局聘为实验室助理，并在《巴尔的摩太阳报》上发表她早期的文章。她在报纸上呼吁立法禁止向切萨皮克湾倾倒工业废料，因为工业废料破坏牡蛎生长的海床。为了能够受到重视，她在报纸上署名为"E.L.卡森"，让人们以为她是个男人。

1939年，她被后来的美国鱼类和野生动物管理局聘为海洋生物学家，并被任命为该局所有出版物的主编。两年后，她出版了《海风下》，1951年和1955年又分别出版了《身边的海洋》和《大海之滨》，海洋三部曲取得了巨大的成功，使她成为当时最受瞩目的科学作家。她因此获得了诸多奖项，并当选为美国艺术暨文学学会会员。当她开始撰写下一本书时，一件事情颠覆了她的人生。

1957年，美国农业部开展了根除火蚁的大规模宣传——火蚁是30年代经莫比尔港从拉美传入美国的一种昆虫。征服了南部各州的红蚂蚁立刻就被列入了害虫防控局的黑名单，这是一个新成立的联邦部门，专门负责空中投放杀虫剂。卡森后来在《寂静的春天》中写道："忽然间，火蚁成为了猛烈宣传攻势的靶子，政府发放的各种小册子和漫画把它们描绘成南方农业的破坏者、鸟兽和人类的杀手。"她还详述道："近五年来，美国昆虫学会的主席从来没有收到任何报告，关于火蚁对庄稼和牲口造成的损害。"阿拉巴马州的卫生局长也同样报告说，尽管人们害怕被火蚁毒蜇，但火蚁却从来没有"造成任何一个人的死亡"。

火蚁根除计划预计从 1958 年到 1961 年，空中播洒滴滴涕、狄氏剂和七氯，处理 800 万公顷的土地。在众多科学家——包括生物学家、昆虫学家、动物学家——以及地方协会的所撰报告的基础上，卡森拟出了"死亡之雨"的伤亡报告：自该计划实施第一年起，相当一部分野生动物群被消灭。在乡间，处处可见鸟雀、河狸、负鼠和犰狳的尸体。家养动物也不能幸免于难：家禽、家畜、猫和狗都为这场惊人的灭蚁大战付出了代价。

"从来没有哪个杀害虫计划遭到如此骂名，有如此之多的资料记载了它的伤害，并且除去那些因此意外获利的商家之外，几乎所有人都一致谴责它。"卡森写道，"在害虫防治的领域里，这是完全无益的计划的最佳例证，从构思到执行都很糟糕。这个经验的代价太沉重了，不单是经济上损失惨重，野生动物的生命也遭到了侵害，农业部也丧失了公众的信任，再在此类行动中投放资金是不可理喻的。"而这个计划本身就一败涂地。1962 年，路易斯安那大学昆虫学系的系主任也拟出了一份最终伤亡报告："联邦和地区当局所执行的火蚁根除计划，显然是失败的。今天在路易斯安那州，遭侵害的土地比计划实施前更多。"

"毒药链"

"是谁决定开启这条毒药链，掀起这越来越汹涌的死亡波涛，是谁在不断地推波助澜，就像往平静的池沼中投入石头激起水波？是谁决定，谁有权利在没有问询过大家的意见的情况下就替大家决定，要创造一个没有昆虫的世界？"在卡森为《寂静的春天》做前期调查时，这个问题就不断困扰着她。在反对火蚁根除计划的斗争之后，她开始调查因滥用杀虫剂造成的环境污染，这是一项艰巨的工作。她查阅了许多报告和大学的研究，并且在许多为政府机构（如国立癌症研究所）工作的科学家的帮助下，获得了一些机密材料，积累了关于"死亡毒药链"的数据资料。她带着讽刺地质问："那些聪明的人，想要防控某些他们讨厌的物种，却怎么会使用危害整个环境，威胁其他生灵甚至是人类自己的健康和生命的办法呢？"

半个世纪之后重读《寂静的春天》，就可以看到二战后的人类陷入了何等的疯狂。在辅助材料中，卡森描述了发生在加州克利尔湖的悲剧。克利尔湖位于旧金山以北一百多公里处，是钓鱼爱好者非常喜欢的胜地。但很不幸，这个湖也是幽蚊幼虫的理想栖息地，这是"一种小飞虫，跟蚊子很接近，但是不吸血"，这种虫子对那一带的居民造成了困扰。不要紧：化学杀虫剂能解决这个问题！人们选择了DDD，一种类似滴滴涕的农药，被认为"对鱼类的危害较小"。

唉！在第一次投了"较稀"的剂量之后，虫子还在那。于是人们决定将浓度提高到50ppm（百万分比浓度，即每升溶液中所含有效溶质的毫克数）。其后果是惨重的：几十只鸊鷉——一种吃鱼的水鸟——被发现死在湖边一带。虫子还是没有被消灭，于是又投了第三次药，这一次就像大屠杀过后一样，克利尔湖再也没有一只活着的鸊鷉了。科学家们震惊了，立刻解剖尸体，发现死去的鸊鷉的脂肪组织中含有极高浓度的DDD，竟高达1 600 ppm，而投放的杀虫剂的浓度从来没有超过50 ppm。

对湖中的鱼类进行分析后，生物学家们明白了事发原因，即生物积累现象。"大型食肉动物吃小型食肉动物，小型食肉动物吃食草动物，食草动物吃浮游生物，浮游生物吸收了水中的毒素"。用于消灭飞虫的DDD污染了湖中的浮游生物，并且在各级食物链的生物体中积累，最后聚集在食物链顶端的鸊鷉身上的浓度极高。生物积累现象能够解释为何位于食物链顶端的终极捕食者——人类——受到持久性有机污染物的威胁最大，因为人类的盘子里食物聚集了其下级捕食者积累起来的所有的污染物。

生物积累现象以及生物聚集现象（生物聚集现象指的是一个活着的有机

体将摄入的毒物积累在如脂肪组织中的量）使我们明白了，为何鸟儿会成为这场对卡森所说的"生命生态网"所发起的攻击的首批受害者。

鸟儿的沉默

蕾切尔，这位谙熟鸟类学的生态学家，自童年起就在河边漫步。她曾经想将她的书命名为《鸟儿的沉默》，因为这种无辜鸟儿的命运多么能够象征书中所描绘的破坏过程。为了做调研，她查阅了数百封政府机构和大学研究所收到的来信，例如在美国自然历史博物馆的知名鸟类学家罗伯特·墨菲的档案夹中找到的这封来自伊利诺斯州一位居民的来信："我六年前搬来这里的时候，这里有很多的鸟类。在喷洒了几年的滴滴涕后，这个城市几乎再也没有知更鸟和椋鸟了。两年来我的窗沿上没有看见过一只山雀，今年，红雀也消失了。在整个周边地区，都找不着一个斑尾林鸽或园丁鸟的鸟巢。我很难对孩子们解释鸟儿们都被杀死了，尤其我们在学校里教孩子们，联邦法是禁止杀鸟或捕鸟的。"

这些私人所观察到的现象，这些对化学工业持怀疑态度的人们所谈到的"奇闻轶事"，在整个50年代期间得到了官方机构报告的证实。蕾切尔工作所在的美国鱼类和野生动物管理局的报告记载："所有的鸟类，奇异地从领土中的某些地点彻底消失了。"欧洲也不免遭此厄运，例如英国皇家鸟类保护局的报告证实：种子外层包裹的杀真菌剂和杀虫剂导致了鸟类大批死亡，并由此引发1959年11月至1960年4月间一千三百多只狐狸死亡。狐狸死亡是因为吃了中毒的鸟类，鸟类则是因为吃了蚯蚓，蚯蚓则是吃了包裹在种子外面的毒药。

要理解生物积累和生物聚集的双重现象——我强调，这是我们首当其冲的事情——则不可不提密歇根大学的鸟类学教授乔治·华莱士的研究，他长期跟踪研究校园及周边地区于1954年喷洒过滴滴涕之后的情况。该喷洒滴滴涕的"计划"是为了消灭被疑为荷兰榆树病传播源的欧洲小蠹。喷药过后的第一个春天，一切看起来都很正常：知更鸟纷纷飞到郁郁葱葱的校园里筑巢造窝。然后，忽然间，校园里的公园变成了一片"公墓"。华莱士在报告中写道："尽管技术员们信誓旦旦地保证杀虫剂'对鸟类无害'，知更鸟还是被农药给毒死了。"它们表现出典型的中毒症状：失去平衡、颤抖、痉挛，继而死亡。

华莱士教授对这个现象感到非常困惑，于是他联系了伊利诺斯一个研究中心的医生罗伊·巴克。巴克"追踪了事件发生的复杂循环，发现知更鸟的悲惨命运与榆树有关，而中间者则是蚯蚓"。事实上，滴滴涕在树叶上形成了一层"膜"，从而杀死了所有的虫子，不仅包括目标虫子欧洲小蠹，还包括维持生态平衡、保护庄稼的"好虫子"。秋天，中了毒并将毒物积累在脂肪组织中的虫子掉落在落叶和泥土中，从而使泥土里的蚯蚓暴露在有毒物质中，然而蚯蚓并未直接受到影响。因为农药的作用就像俄罗斯轮盘一样有偶然性：不同的物种对不同的农药反应不一，蚯蚓对滴滴涕并不敏感（然而，孟山都的农达则对蚯蚓是致命的）。到了春天，冒失的知更鸟在觅食蚯蚓时，则注定了死路一条。巴克医生认为，杀死一只知更鸟，仅仅需要 11 条蚯蚓。

故事到这里还没有结束。华莱士教授观察到，密歇根大学校园在喷洒过农药的几年后，幸存的知更鸟失去了繁殖能力。数据明确显示：1953 年，成年鸟的数量是 370 只；五年后，这个数量锐减为"十二分之二到三"。与之伴随的是一个令人担忧的现象："知更鸟筑巢，但是不下蛋。有时候它们下蛋，也孵蛋，但是孵不出雏鸟。我们曾经观察到一只知更鸟小心翼翼地孵蛋孵了 21 天，但是什么都孵不出来。"

即使农药没有杀死所有的知更鸟，幸存的鸟类也被卡森所言的"不育阴云"所笼罩。当时还没有人能够解释是什么问题造成了威胁这个物种生存的生殖障碍。如我在后文还会谈到的（参见第十六、十七章），现在我们知道了滴滴涕的作用如同内分泌干扰物，能在胎儿阶段影响组织的发育。后来，在 1960 年国会的一次听证中，华莱士教授报告了在鸟类的卵巢和睾丸中发现的极高滴滴涕浓度。而卡森则在她的环节中报告了鹰——美国的象征——

数量的锐减。卡森援引了"大量研究",证明鹰的第二代"即使没有直接接触农药,亦受到了影响。毒素沉积在卵中,尤其是在滋养胚胎发育的卵黄中,因此大量雏鸟尚未孵化、或者刚刚孵化几天就死亡了。[4]"

美国企业的傲慢和否认

"蕾切尔·卡森小姐书中的主要陈述是对事实赤裸裸的歪曲。杀虫剂即摧毁我们生活的杀生剂这种暗示明显是荒谬的,因为事实上,这种产品如果没有生物学作用的话则是完全无效的。"在翻译美国氰胺公司(当时的主要农药生产商)的生化学家罗布特·史蒂文斯的这段话时,我不禁想问在1963年4月3日采访他的那名CBS的记者,他是否有提醒他,这段话有多么自相矛盾、多么可笑。[5]这个声音低沉、话语机械的男人是该化工企业的发言人,他是对卡森最怀有敌意的攻击者之一,他把卡森描绘成一个反对"伟大的科技进步"的蒙昧主义者。他说:"如果人类要遵从卡森小姐的建议的话,我们会退回到中世纪,害虫、寄生虫和疾病则会又一次统治这个地球。"[6]

卡森的畅销书出版后仅一个月,孟山都就发表了一首名为"荒芜年代"的拙诗,唱的就是没有农药即是世界末日的调调。今天这段冷漠乏味的诗文已经被丢到历史的垃圾堆里,因此很难找了。这家公司选择了这样一种艰涩的科幻文体,描绘了禁止滴滴涕将会给美国带来的恐怖灾难。他们描绘得多么悲惨啊,我忍不住要给大家翻译一段:"禁止了农药,监控虫害的公司则必须关门。忽然间,某些人明白了燥热的南风是多么严酷。再没有任何办法能够处理衣服、家具、地毯里的螨虫。再没有任何武器能够对付猖獗的臭虫和跳蚤、肆虐的蟑螂和入侵的蚂蚁,除了苍蝇拍。更多的人只能战战兢兢。而荒芜的年代才刚刚开始。"[7]

这是他们"神奇的产品"第一次受到质疑,然而令人吃惊的是,农药的生产商们反应激烈,表现得相当盛气凌人。不同于21世纪最初十年需要依靠广告公司暗中发布微妙的虚假信息,在20世纪60年代,化工企业就是神圣不可侵犯的上帝，备受尊敬和感激，因为他们被当作"文明社会"的进步和富足的保证。孟山都的总裁对自己的权威自信满满，他并不担心像寄给国家的所有决策者的信件中有性别歧视这样的小问题。在他们寄出优雅的"荒芜年代"的同时，也寄出了一封信，信件中把"蕾切尔·卡森小姐"描绘为"歇斯底里的女人"、"小鸟儿和温柔小兔的小女朋友"、"浪漫的老姑娘"和"生态平衡神话的狂热信徒"。

《寂静的春天》的反对者马上获得了持相同见解的媒体的支持，例如《时代》杂志在 1962 年 9 月的一期中，抨击这是一本"满是简单臆想和粗浅错误的书"，其中"过度的荒谬的情感泛滥"[8]。而三十七年后，正是同一本杂志，把蕾切尔·卡森列为"20 世纪最具影响力的 100 个人物"，并且提到了她所面对的"由孟山都、Velsicol 化工、美国氰胺乃至整个化工产业发起并领导的，被农业部和保守媒体所支持的强大反击"[9]。在寄给前总统艾森豪威尔的信中，曾于 50 年代积极推动化学农业发展的前农业部秘书彭苏泰福[①]写道："卡森很可能是一名共产主义者，否则一个单身女子怎么会对遗传学有如此之大的兴趣？"[10]

但是农药支持者的过激反应并不能压制《寂静的春天》所激起的极大反响，即使是在白宫之内。我查到了肯尼迪总统 1962 年 8 月 29 日的新闻发布会的资料，一名记者就"滴滴涕和其他农药喷洒所造成的长期副作用"，对他提问："您是否打算要求农业部或卫生部对此进行更深入研究？"总统答曰："是的，并且他们已经在做了，自从卡森小姐的书出版以来，他们就开始研究这个问题了。"

事实上，自从《纽约客》发表了该书节选以来，肯尼迪就要求他的科学顾问杰罗姆·威斯纳成立一个委员会，专门负责研究"农药的使用"。1963年 5 月 15 日，该委员会呈交了报告[11]。据《科学》杂志的报导，该报告证

---

① 彭苏泰福是从 1953 年至 1961 年间，艾森豪威尔两届任期下的农业部秘书，与工业界和极右反共者的关系密切，也是基督教末世圣徒教会的代表人物之一，是该教会 1985 至 1994 年间的会长。

实了《寂静的春天》的论点，因为该报告建议"逐步取缔持久性农药"[12]。在报告的引言中，作者们承认："直到《寂静的春天》出版前，人们基本上没有意识到农药的毒性。"

在该报告发布的第二天，参议院举行了一系列听证会，讨论卡森所说的环境风险问题。卡森的努力促使美国于1970年9月创建了国家环境保护局。这是世界上第一个国家环境保护机构。两年后，尽管化工企业使尽诡计拖延，这个新成立的机构还是立法禁止了滴滴涕农用，因为这种农药"给环境带来不可容忍的风险，且对人体健康有着潜在危害"[13]。这是属于先驱蕾切尔·卡森的一场漂亮的胜利，可惜她已经于1964年4月14日因乳癌去世，享年56岁。在为促成环境保护局创立的立法投票时，某些美国国会议员肯定想起了卡森说过的话："关键要知道，一种文明是否能够对生命发动无可避免的战争，而又不摧毁文明自身、不丧失文明的资格。"[14]

农药，"第三世界的毒药"

"鸟儿们纷纷从天上掉落。道路和田野上布满了水牛、奶牛和狗的尸体，这些尸体在几个小时中亚高温的炙烤下都肿胀起来。到处都有人窒息而亡，他们死状凄惨——蜷成一团、口吐白沫、僵硬的手死死抠在地上。"这里描述的可不是世界大战，而是《明镜周刊》关于1984年12月博帕尔事件的报道。这家德国的报社为这起"前所未有的、世界末日般的工业灾难"所震惊，头版头条报道了这起事件，标题为"毒药工厂的死亡毒气"[15]。

这场惨剧发生在1984年12月3日至4日的夜间，在美国联合碳化公司四年前建于博帕尔的印度工厂里，这间工厂的任务是年产5 000吨农用化学杀虫剂西维因。西维因是由两种毒气组成的：一种是我前面提到过的、哈伯发明的光气，还有一种是一乙胺。当这两种气体混合，会生成甲基异氰酸酯（MIC）。甲基异氰酸酯是一种剧毒物质，在热作用下会分解为氢氰酸，氢氰酸也是具有致命毒性的。在这个不幸的夜晚，因技术故障导致一个装有42

吨甲基异氰酸酯的储藏罐爆炸，喷射出的毒雾"沉淀后，给 65 平方公里人口稠密的土地覆盖了一层毒物"[16]。事故造成至少 2 万人死亡，25 万至 30 万人受伤。

2004 年 12 月，事故 20 周年的纪念活动时，我来到了博帕尔，同行的有纨坦娜·希瓦，一名获得"另类诺贝尔奖"的遗传学家，反对转基因生物的代表人物。当时我正在拍摄一部纪录片，关于跨国公司在世界各地滥用植物专营许可证的问题。美国化工企业、生产农药的格雷斯公司（W.R.Grace）正是这样于 1994 年 9 月获得了楝树叶的专营许可。楝树在印度被称为"药树"，三千年来，阿育吠陀医学派的论文中记载了许多这种树的药用特性，包括其叶子的杀虫作用。格雷斯公司将该特性当作这种树的"主要用途"，也正是因此而申请独家经营楝树的许可[17]。

希瓦在讲坛上说："正是因为博帕尔惨案，以及格雷斯公司诈取的专营许可，使我投身于反对任何生物私有化行为的战斗中。我们必须拒绝使用农药，而使用我们自己的植物杀虫，我们的楝树不仅更有效，而且对环境和人们的健康不会造成威胁！"之后，一位盲人妇女作为代表发言，要求联合碳化物公司补偿受害者，并清除工厂周边的污染物。我还记得听到她发言时我激动的心情。

博帕尔惨案终于让世人明白了农药就是致命的毒药，但是还是很少有人知道，每年大约有 22 万人死于农药急性中毒的后遗症。这个数字来源于世界卫生组织于 1990 年公布的一项调查结果[18]。这份报告称，每年大约有 100 万至 200 万起与农药喷洒活动相关的非自愿中毒事件发生（非自愿中毒占农药致死人数的 7%）。以及 200 万起农药自杀企图（自杀占农药致死人数的 91%），主要发生在第三世界国家[19]。另外的 2% 农药致死则与食物中毒相关。此外，还有 5 亿"较轻微"中毒事件的受害者，主要是农民或农业工人。

杰里·惹耶勒南医生于 1982 年在斯里兰卡进行的一项研究同样表明：1975 至 1980 年间，在这个总人口仅为 1 500 万的国家中，年均有 15 000 人因农药中毒被送进医院，其中75%是因自杀，而有约1 000人最终死亡。肇事的农药通常为有机磷农药，但也有"百草枯"[20]。在印度尼西亚、泰国和马来西亚，也出现了极其令人担忧的相同的情况，10万个去世的人当中，平均有13人死于职业性中毒，以至于惹耶勒南医生认为"与农药相关的病理已经成为了第三世界的新疾病"[21]。

有时候，中毒事件是大规模的。1976年，巴基斯坦一次疟疾根除活动，2 800名被发动使用马拉硫磷的农业工人严重中毒（某些人因此死亡）[22]。世卫组织的资料也同样表明：在中国四川省，1 000万农业劳动者（占该省人口的12%）与农药有接触；而每年，他们中平均有1%，即10万人，成为农药急性中毒的受害者。为了遏制这一惨况，世卫组织主张为与农药中毒相关的各层人员（从农药使用者到卫生人员）进行各种培训。

为此，2006年专家们拟出了长达332页的手册，旨在支持预防急性和慢性农药中毒的行动[23]。读一读这本手册，就会知道人们是多么的不明智，即使是在世卫组织这种旨在保护人类健康的世界组织内。没错，编撰一本预防手册是一件可嘉的工作，然而，在他们所描绘的这些惨事面前，我们应该能够看到一种更坚决的姿态，应该无限期地禁止一切会置农民于险境的毒药。但事实并非如此：我们可敬的世卫组织，尽其所能地——也就是很差劲地——处理农药造成的可怕污染，而原本这种"为杀生而造"的毒药就不应该被批准用于食品生产。

趁为时未晚，世卫专家们一页页详述了每一种农药急性中毒的临床症状和处理办法。在第六章（《有机磷中毒的急救》）中，我们学到了"中毒者先是出汗和流涎；他可能会呕吐、腹泻，并因胃痉挛而呻吟；他的瞳孔缩小、视线模糊；肌肉颤动、双手战抖；他的呼吸变得不规则，他可能会昏厥并失去意识"。

关于孟山都的除草剂农达，该公司一向声称它像"食盐"一样安全，某些农业合作社甚至向会员们宣称它就算直接喝下去也不会有危险。世卫组织则明确指出这是一种"非常危险的产品，无论是无意还是故意饮用之。摄入草甘膦（农达的活性成分）的临床表现根据中毒的程度而有所不同。轻度中毒表现为：胃痉挛、作呕、呕吐、口喉剧痛、大量流涎；[……] 重度中毒表现为：呼吸和肾功能衰竭、肺炎、心脏病发作、昏迷、死亡。"至于橙剂的成分，直到今天都还大量使用 2，4-D，其急性中毒会导致"心动过速、乏力和肌肉痉挛，可以发展为 [……] 昏迷，乃至 24 小时后死亡"。

最后一个例子：百草枯，一种世界上最畅销的除草剂。写到这种农药时，世卫专家们跳出了惯常的沉闷语气："其影响是灾难性的，死亡率极高。[……] 在严重中毒的情况下，死亡发生得非常迅速，死亡前的症状为肺水肿和急性肾衰竭；在较轻微的情况中，表现为肾功能不全、肝功能损害、焦虑发作、共济失调，并可能伴有痉挛症状。"

智利的中毒者

"如果我给你一个有毒死蟑和其他农药残余的苹果，你会吃吗？"2009 年 11 月 11 日圣地亚哥，当我采访智利卫生部的防毒项目负责人克莱莉亚·瓦勒博纳时，她对我的这个问题非常惊讶。"不！"她在长久沉默后终于松口回答。

她不会说更多的，事实上，在智利，和许多其他地方一样，农药是一个极其敏感的话题。然而，瓦勒博纳可以对她的行动感到非常自豪：1992 年，她与一些"非常积极的同事"决定采用 1990 年世卫组织一封信中的建议，创建一个国家级的农药流行病学监测网络（REVEP），因为智利正面临着严重的健康问题。她解释道："十年前，政府决定发展农产品出口，于是忽然间，数千名农业劳动者毫无防备地暴露在剧毒物质下。我们必须做些什么，因为我们知道中毒的案例非常多，即使我们并没有官方数据。"

于是，从 1997 年到 2005 年，农药流行病学监测网络报道了 6 233 起农药中毒事件（造成超过 30 人死亡），年均 600 起。瓦勒博纳医生给我看了每一年的数据，并评论道："法律强制报告急性中毒事件是从 2004 年才开始的，然而我们相信，真实的数字起码高五倍。涉及最多的农药是毒死蜱、甲胺磷、乐果和氯氰菊酯，这些都是杀虫剂，此外还有除草剂草甘膦；这些农药中，34% 是有机磷农药，12% 是氨基甲酸酯，28% 是拟除虫菊酯。"

"我想，建立农药监测网不是一件容易的事。您有受到什么压力吗？"

"总有一些人质疑我们的统计数据。"瓦勒博纳谨慎地措辞回答。

"那些人，是谁呢？"

"化工企业……"这位公务员疲惫地脱口而出。

"那农业部怎么作为？"

"总会有些困难的……有时候，我们可以合作，但是他们的方式跟我们的完全不同……"

"作为卫生部的官员，您认为农药真的构成公共卫生的问题吗？"

"是的……你若知道这个国家农药使用的总量和潜在影响的严重性，就知道这是一个非常大的卫生问题，从儿童到老人，任何人都会被波及。"

事实上，从 1985 年到 2009 年，在智利，农药的年消费量翻了五倍，从 5 500 吨涨到 30 000 吨。这些化学毒药主要使用在从南部到首都的中央山谷地区，那是为美国和欧洲市场供货的劳动密集型耕种区。2009 年 11 月初，我跟纪尧姆·马丹和录音师马克·杜普洛耶一起，跑遍了安第斯山脉下的这个神奇的地区。与我们同行的还有帕特利西亚·布拉沃和玛利亚·罗莎，她们是国际农药行动网的拉美区负责人。国际农药行动网是一个国际非政府组织，推广可持续的农药替代品。

在去往南部的路上，我们在著名的葡萄种植区圣佩德罗停了一下，看到一名毫无防护装备的农工正在喷洒乐果（一种有机磷杀虫剂，其鼠类半致死量为 255 毫克 / 公斤）。布拉沃跟我说："很不幸地，许多公司并不给他们的员工提供防护装备。这位小伙子可能不会遭遇急性中毒，但是反复暴露在低剂量农药中，会有什么影响呢？"

我跟纪尧姆和马克决定下车，悄悄走到葡萄树中，拍摄他的喷洒过程。我们藏在整齐排列的蔓藤后，拍到了小拖拉机后挂着的喷雾器持续喷出的白雾，而这辆小拖拉机连一个驾驶间都没有。而且，我们离喷洒设备至少有两百米远，都还是能感到呛人的气味刺激我们的喉咙和眼睛。于是我们决定，今后若是没有事先准备防护面罩和眼镜，再也不进行这样的拍摄了……

被农药二级灼伤的智利女工

我们又重新踏上了前往马乌莱地区的路，那里密集生产各种水果（奇异果、苹果、浆果、葡萄等）和蔬菜，其中一些果蔬在巴黎市郊的兰吉市场中转后，被端上法国人的餐桌。在马乌莱，一年中有四个月的丰收季，养活了数万季节性工人（其中三分之一为女性），这些季节性工人就是急性中毒的首要受害者。

这一天，我们约见了两名受害者：63 岁的艾迪塔·法哈多和 39 岁的奥利维亚·巴勒玛，她们的悲惨故事曾是五年前报纸的头条新闻。这次会面是在雅克琳娜·埃尔南德兹的寓所里，埃尔南德兹领导一个季节性工人维权组织，这使她被农业生产巨头列入了黑名单。坐在这所水泥小屋的简陋客厅里，艾迪塔和奥利维亚同意告知她们的惨剧。尽管她们的证词有可能造成严重的后果，"也要让全世界知道"。

2004 年 10 月 22 日的黎明，她俩被一名叫作亚历杭德罗·埃斯帕扎的"工头"雇用，与其他 19 名妇女组成一个 21 人的小组。埃斯帕扎用运牛车把她们拉到佩拉寇地区一个叫作埃尔德斯坎索（意为假期）的地方。她们没有劳动合同，工资以天计算，任务是收割蚕豆。"我们一到达就闻到了化学品的刺鼻气味。"艾迪塔用激动得发颤的声音说道，"蚕豆是湿的。工头说前一天刚喷过农药，但是没有问题。他给了我十个装蚕豆的袋子。当装到第五个袋子时，我感到非常难受，非常想吐"。

"我也感到很难受，"奥利维亚接着说，"我的腿、脚和胳膊都奇痒无比，感觉就像被泼了滚水。"

上午过了一半，大部分妇女都决定要到最近的圣克莱蒙城里的急诊室看病。医生诊断出急性皮炎和严重的皮疹。然而尽管患者们一致表述是因农药造成的，但是医生却表示不明白病因。智利医院和波尔多中毒防治中心一样，都采取否认态度，这其中夹杂着胆怯和狼狈为奸。尽管这些女工们都还持续感到不适，但她们都被劝回家了，除了艾迪塔和奥利维亚，因为她们的情况恶化了。

2004 年的 10 月 22 日当晚，智利 13 频道播出了一个关于那次农药中毒事件的节目。我查看了他们的存档。这个节目终于发出了声音：这是第一次电视节目敢于触及这个禁忌话题，因为在智利，批评能大量创汇的农产品出口，是件很困难的事情。有一组画面拍摄于塔尔卡地区医院，艾迪塔和奥利维亚被救护车转送到了这家医院。画面上，她们躺在病床上无法动弹，因为她们身体的大部分——腹部、背部和腿部——都被二级灼伤。当晚的记者表现得相当的愤慨，但不是针对将农药用于食品生产，而是针对"不负责任的公司领导，毫不尊重劳动法和劳动者的生命，把劳动者像牲口一样运载，还让他们接触危险品，既不提供合同也不提供防护。他们可是人啊，可是收获让我们骄傲的出口果实的人啊！这一切都应该摒弃，责任人应该受到惩罚！"

但没那么容易……在 21 名中毒的季节性女工中，只有艾迪塔和奥利维亚投诉了，其他人"因为害怕报复而选择沉默"。如果一次无法形成惯例：那么感谢媒体，法官们听到了媒体的声音。2005 年 8 月 26 日，智利最高法院判决蚕豆田的所有者安东尼奥·罗哈斯 600 万比索的罚款（约合 1 300 欧元），判决"工头"亚历杭德罗·埃斯帕扎 500 万比索（约合 1 100 欧元）。后来，报纸揭露，在圣克莱蒙市市长胡安·贝尔加拉的帮助下，"工头"没有缴纳罚金，贝尔加拉在这个农商旗舰地区很有影响力。

在国际农药行动网拉美分会和全国农村妇女联合会等机构的支持下，艾迪塔和奥利维亚要求获得至少能支付医疗费的赔偿金，但是她们的民事诉讼一直没有被受理。2005 年 9 月 3 日，她们举行了新闻发布会，胡安·勒特里尔和阿德里安娜·穆诺兹出席了发布会，这两个人是负责草拟一项旨在提高国家农药监管的法案的作者。也是在这次发布会上，人们得悉2004年仅在马乌莱地区就有279起急性中毒事件记录在案。穆诺兹发言说："在21世纪的智利，一个奇异果或一个苹果都还比收获它们的工人更有价值，这是多么耻辱。"今天，艾迪塔和奥利维亚仍然在忍受着过敏症状，主要表现为对阳光的严重过敏。艾迪塔说："一旦我出门而没有戴防护装备，脸上就会起红斑，并且会感到非常疲惫。尽管如此，我还是回去进行采集工作，因为我是个寡妇，我没有别的谋生技能……"

很不幸，这两位智利女工的故事可不是个案。根据泛美卫生组织的调查，中美七国每年约有40万农药中毒受害者。在巴西，这个数字高达30万。在阿根廷，1 600公顷的转基因大豆每年至少喷洒两次农达农药，其受害者以数千计。国际农药行动网拉美分会的主任玛利亚·罗莎强调："急性中毒事件仅仅是冰山的一角。人们看不见的，是小剂量造成的慢性中毒，这会在若干年后导致癌症、出生缺陷和生殖障碍……"

无法进行的预防

"使用植物保护产品时最大的困难，便是学会观察看不见的东西……也就是要明白，原本装在药桶里的'植保产品'，会逐渐渗透到环境中。要明白，它可不像红油漆那样显而易见，它是看不见的……喷药用的设备不是很好用，配方很难调，产品本身很危险，然而这些困难都比不上它看不见的危险性。尽管如此，必须学会自我预防的措施……"

这样不现实的一幕，发生在2010年2月9日埃罗省一间天主教农业中学——好地中学里。杰拉德·贝尔纳达克，农民医疗保险互助协会的医生，来这间中学主持一个关于"植物保护产品风险预防"的讲座。与之一同前来的还有互助协会朗格多克分会的预防顾问艾迪特·卡托涅，以及专门从互助协会巴黎本部前来、负责化学品风险的让-吕克·杜普佩医生。讲座的对象是葡萄种植酿酒专业的三十多个学生，他们全是男孩子，是葡萄种植者的儿子，准备着继承家族的事业。① 这个讲座属于一个培训项目中的一部分，通过培训，这些未来的耕种者们可以获得一张《植保资格证》。有了这个证书，他们就可以使用"植物保护产品"了。根据 2009 年 10 月欧盟发布的关于"农药可持续使用"的指令，从 2015 年起，植保产品使用者必须具备《植保资格证》。在那之前，农民医疗保险互助协会可有得忙的，因为农业部把培训使用者、零售商、批发商，共约 100 万人的任务委托给了互助协会。而在那之前，无论谁都可以不经任何培训就使用这些毒药。

看着年轻的学生们乖乖地坐在这间私人学校漂亮的小礼堂里，我不禁想到他们在将来的职业活动中将会面临多少不可避免的危险。事实上，每年都有约 22 万吨农药洒在欧洲的环境中：10.8 万吨杀真菌剂，8.4 万吨除草剂和 2.1 万吨杀虫剂 [24]。如果再算上 7 000 吨的"生长调节剂"——即用来缩短小麦秸秆的激素——那相当于每个欧洲公民半公斤活性物质。法国的份额最大，每年 8 万吨，是欧洲最大、世界第四的农药消费国，仅次于美国、巴西和日本。喷洒的物质有 80% 用于四种作物，而这四种作物仅占耕种面积的 40%，这四种作物是谷物、玉米、油菜和葡萄，葡萄正是使用"植保产品"最多的一个产业。

好地中学的这次培训是由一出"植保戏"开始的，这是一出由贝尔纳达克医生和他的互助协会同事们一起演出的小短戏，以提醒未来的葡萄农们，"正确的操作"能够让他们避免坏事的发生。到了卡托涅作讲解的环节，她莫名其妙地"招供"了。她列举了所有包含"风险"的劳动环节——打开药桶、调配药剂、给喷桶灌药、清洁喷桶、喷洒（尤其是驾驶间不密封或被污染了），最后，她就像是由心而发，不禁说出："自我保护最理想的办法，就是不要用药，因为这样你就完全不会接触到产品！"

看着这出绝对写实的"植保剧"——这些动作我在家乡的农场里看过千百次了——我感到很不舒服。这些演示都是关于农民们用来自我保护的防

---

① 在该中学的网站〈www.bonne-terre.fr〉上可以看到我们摄制组参加了这次讲座。

护装备组合的使用，这些必要的防毒面具、蛙镜，让农民看起来像天外来物。然而，三周前，即 2010 年 1 月 15 日，法国食品卫生安全署发布了一份非常令人担忧的报告，关于这些防护组合的无效性 [25]。在他们的研究中，专家们详细描述了他们所检测的十种防护组合："被检测的十种防护组合中仅有两种能够达到它所宣称能达到的防护效果。剩下的八种，化学物质几乎能够瞬间穿透所用材料的有三种，还有两种，能够从缝线处渗透。剩下的三种防护组合，则至少会被一种化学物质所穿透。"

专家们还强调，所有生产商所进行的测试"是在实验室里进行的，实验条件与真实的暴露条件相去甚远。那些主要的因素，如暴露时间、外界温度、活动类型、接触时间等，都没有被考虑到。"他们的结论是明确的："必须对市面上所有防液体化学品的防护装备组合进行监控，所有与其标准不符的产品必须立即从市场上撤出。"

"植保态度"——法国农药毒素监控网

农民医疗保险互助协会长期以来一直低估、甚至否认农药的危害，现在他们终于结束了这种不作为，展开了大规模的预防宣传，这当然是一件值得高兴的事情。自 1991 年起，互助协会已经创立了一个毒素监控网，类似于智利的国家农药流行病学监测网络，法国的这个监控网名为"植保态度"。该网络的数据都集中在图尔市的国家农业医学研究所。

1999 年，一项内部研究显示："在过去的一年中，五分之一的植保产品使用者至少感到过一次不适（皮肤炎症、呼吸困难、呕吐、头疼等）。"为了让受害者打破沉默，互助会开通了免费热线（0800 887 887），让受害者可以"匿名报告他们的症状"，这个号码标明在互助会的网站上。

"为何要以匿名的方式？成为中毒受害者，让农民感到耻辱吗？"我的这个问题，负责监督"植保态度"计划的杜普佩医生回答得很干脆，他在好地中学培训的当天接受了我的采访，他回答说："当然！植保产品的潜在危害仍然是一个禁忌话题。而且，对于某些使用者而言，中毒意味着操作失误，是专业上的失当，更让人感到耻辱的是，这让某些人更有理由认为农业是污染环境和食品的根源。"

"2009 年你们收到了多少次报告？"

"271 次。40% 的案例涉及皮肤和粘膜，症状包括发炎、灼伤、瘙痒和起疹；34% 涉及消化系统；20% 涉及呼吸系统；此外还涉及其他系统，包括神经系统，例如 24% 的案例出现头痛症状。报告症状的人当中，13% 的人因中毒而住院，27% 的人不得不停止劳动。据我们估计，每年约有 10 万农民投诉因植保产品造成的不适，但我们的网络智能优先处理急性中毒事件。"

"最常被指控的是哪种产品？"

"通常，头疼问题，即神经系统的症状，是由杀虫剂引起的；皮肤问题通常是杀真菌剂造成的；除草剂则会造成消化系统和皮肤的症状。"

"今天有哪些慢性病被互助协会承认为职业病呢？"

"呃……有一些神经退行性疾病，例如帕金森、肌萎缩、癌症（例如白血病和非霍奇金淋巴瘤、脑癌、前列腺癌、皮肤癌、肺癌和胰腺癌等）。实际上，当我们谈到慢性疾病，更能够让农民产生预防的意识。因为，如果我们只是跟他们说他们可能会有眼部的轻微不适、打喷嚏、流鼻涕，或一天内就会消失的皮肤炎症，这起不到什么作用。然而，当我们跟他们说，农民罹患帕金森、脑癌、前列腺癌的比例比其他人口更高，则会让他们思考，这样，预防的信息就更有效地传递给他们了……"[26]

这看起来好像没什么大不了的，但是这样一个采访，尤其是拍摄的采访，在五年前根本是不可能的。杜普佩医生和互助协会的坦率，与公职机构和企业的专横态度形成鲜明对比，也与农业合作社截然不同。我们稍后还会看到，农业合作社还在否定将毒药用于食品生产对健康所造成的长期慢性危害。

第四章
农药导致的疾病

遭罪的义务赋予我们知情的权利。
——让·罗斯坦

"很抱歉，女士，但我不能让您拍摄……"让-马克·德卡克莱，布列塔尼地区劳动与职业培训中心的主任，身着高级公务员的西服，衣冠楚楚，他看起来很为难。"为什么呢？"我坚持问，"谁反对呢？"这位主任无奈地看了一眼他的同事弗朗索瓦·布丹。布丹是他麾下负责职业风险预防的专员，看着主任的决绝，他脱口而出："法国合作社！"

"这样啊，那我想跟法国合作社的代表谈一谈。"我打趣地说道，而此时纪尧姆正用隐藏的摄像机拍下了难以置信的一幕。

"去找拉孔布！"德卡克莱命令布丹。布丹转身走进了阶梯教室。几分钟前，我成功潜入了雷恩市附近柯兰职业学院的阶梯教室，马上被一只粗鲁的大手给挡了出来。我猜撰我出来的这个人应该是法国西部合作社的一名代表。然而这个名叫艾提安·拉孔布的合作社专员，竟然不屑于向我解释为何不允许我拍摄正在进行的研讨会。这个于 2009 年 12 月 1 日举行的研讨会主题是关于"农民的健康"的，由劳动与职业培训中心和农民医疗保险互助协会共同举办，向所有布列塔尼地区的"植保产品销售者"公开。

一手遮天的农业合作社

这一天非常有趣，这个研讨会属于"植保资格证"计划实施的一部分。我们之前已经说到，2015 年之后，从事所有与植保产品相关的活动，包括销售和使用，都必须具备这一张资格证。我珍藏着一张此次研讨会的邀请卡，上面明确写着："产品并非无害，因为某些配方被列为可致癌、诱发病变、及产生毒性的物质。"

原本一切进行得很顺利。几天前杜普佩医生就告知我有这样一个活动，他要在研讨会上做一次关于农药暴露和癌症之间的关系的演讲，他还帮我联系了弗朗索瓦·布丹。11 月 24 日，我刚刚跟布丹取得联系，他就给我邮寄了所有"与研讨会相关的资料"，让我可以为拍摄做准备。11 月 26 日，我在答录机上听到一条布丹的留言，他听起来有些尴尬，但还是很诚恳。我在此转述这条留言的内容，不是为了为难布丹，而是为了证明农业合作社的权力有多大，竟然可以在自己的利益受到威胁时，胁迫国家的代表为其办事。

培训中心的专员布丹在留言中说："关于植保产品的研讨会，原本，我问过我的同事，而且批发商公司的主持人也算是同意了。我的上级领导，中心的区域主任也同意让您参与。但是，法国合作社的同事却有点不乐意。"然后布丹给我读了一封有点咬文嚼字的邮件，信中这位合作社代表要求我们放弃拍摄研讨会，他的理由很奇怪："主要是时限问题，从现在到 12 月 1 日，时间太短，不够让我们与 Arte 电视台一起准备拍摄纪录片所需的条件。我们还是可以交换一下意见，商榷可以合作的事情，例如组织在合作社内部的参观和访问。"

然而布丹好像还是很有信心，他说："我正尝试着解决他提出的这个问题，这样你们还是可以来。但是在这件事上，我不能欺骗或出卖我的同事。我会在一天内再电话或电邮跟您联系。"的确，几小时后，我收到了一封邮件，最终要我们放弃雷恩之旅。我这部电影的制作——国家视听研究所——和我们一致决定还是要去，想着可能我们到了现场就能解决问题。然而不！尽管杜普佩医生出面调解，尝试说服区域主任让我们至少拍摄他的演讲，也还是不行。我们最终空手回到了巴黎。

一回到家，我马上就法国合作社做了个小调查。我发现，合作社是于1966 年建立的，正是化学农业兴起的时候，这个"农业合作专业中央组织"集合了"3 000 家工商企业和超过 1 500 个分部"，"2008 年的全球营业额达到 800 亿欧元"。法国合作社"有至少 15 万名常任职员"，生意做得很大，涵盖了"法国 40% 的食品农业"，控制了法国绝大部分农业生产，因为"在全法国 40 600 家农业企业中，有四分之三的企业至少是一家农业合作社的会员。"因此，法国合作社的网站没有说明的是，"植保产品"的销售与合作社有着多么密切的关系，对合作社的巨额收入有多么重要。

有趣的是，即使是在农业合作社的网站上，也可以看得出上述产品的影响不好，在那些网站上几乎找不到关于农药的痕迹。例如：布列塔尼的一家很大的合作社 Terrena 的网站，该合作社极力发展"生态集约型农业"，且营业额达到 39 亿欧元。不用费心去找他们从"植保产品"中提取了多少利润，即使是在网上的年报中，也找不到相关信息。若是查阅"农业与农产品供应"的版块，其中有一栏为"畜牧生产和大田作物"，则可以看到"若干数据"："肥料与土壤改良剂"（30 万吨）、"植物健康"（160 万公顷）、"种子"（32 万公顷）、"农业装备"（3 500 万欧元）、"全球营业额"（2.16 亿欧元）。化学毒药隐藏在"植物健康"这个词眼下，然而唯一能够看出来的，就只是合作社卖出的产品被用在多少公顷的土地上……

Terrena 的网站也说明了该合作社占有"Odalis 平台"高达 43% 的股份，该平台的"职责"是"建立农业供应商和分销商之间的联系"。"供应商"主要指农药生产商，在 Odalis 网站上一个介绍其功能的视频里，我们可以看到那些讨人喜欢的瓶瓶罐罐。[1] 我们也可以看到，"每年发出 2.6 万吨产品"，营业额为 360 万欧元。但是仅因农药产生的收入并没有标明，因为标出来的总数既涉及"植物健康产品",也包括"农用种子"。

在进行网络搜索的同时,我也发现法国西部合作社于 2009 年 1 月赞助了一本小册子,名为"草甘膦在农业中的正确使用",而且这看起来并没有孟山都的插手。[①] 而其中一名撰写者正是热忱的艾提安·拉孔布……

农药慢性中毒:一个地狱般的陷阱

"您明白为什么法国合作社不让我拍摄雷恩的研讨会吗?"2010 年 2 月,布列塔尼事件发生了三个月之后,我在佩泽纳农业中学与杜普佩医生见面,于是不禁想要采录他的证词。这个问题显然比较敏感,使得这位在互助协会中负责化学品风险的医生支支吾吾。"呃……"在长久的沉默后,他终于脱口而出,"啊!这个,您把我难住了!我很难给您一个解释……呃……您知道,植保产品的慢性影响还是一个禁忌话题,农业合作社显然是更希望我们用一种私密的方式讨论这个问题,不希望媒体在场……"

"他们是不是担心他们的会员和员工倒戈相向,指控他们是投毒的共犯,或指责他们没有对处于险境的人提供援助,就像最近西尔万·梅达尔所做的那样?"

"呃……"

"您知道谁是西尔万·梅达尔吗?"

"当然知道。他是一个农业合作社里的技术员,得了一种罕见的肌萎缩病,这种病最近被承认为职业病……"

的确,这是全国性报章头版头条的新闻,在农业界引起了不小的骚动。梅达尔在庇卡底农业合作社工作了十三年,1997 年,医生诊断出他患了一种"后天性线粒体脑肌病",这种神经肌肉疾病表现为肌肉组织的退化,没有什么治愈的希望。顾名思义,这个 33 岁的年轻男子所得的肌萎缩跟其他的肌

---

① 小册子是由"布列塔尼农商会、布列塔尼区议会、国家及欧盟"资助的。

病不一样，它不是先天的，而是由药物或化学品中的毒素造成的。然而，这位农业技术员的主要工作就是测试农药新品：当有农药生产商要求进入市场的许可时，他就为他们进行检测。用行话来说，他就是"负责在实验田中测试"的那一个人。化工企业把没有标签、只写了编号的药瓶交给合作社检测。几年间，梅达尔操作了几十瓶毒药，而他仅有的保护只是棉质的套装和纸质的口罩，这样的装备只能够防止灰尘的吸入。

梅达尔决定把他的案子提交给亚眠社会保障法庭。2005年5月23日，法官认定"合作社提供的呼吸保护装备不充分"，判合作社犯有"不可原谅的错误"，理由是其"不应该忽视其员工所面对的有毒产品所造成的健康风险"。米歇尔·勒杜，即梅达尔的律师在新闻通稿中对这一结果表示了满意："这个决定，给了农业职业病受害者一个希望。"[2] 的确，这起案件标志了一个转折，农药引起的恐慌首先波及农业合作社，有人称之为"新的石棉丑闻"[3]。

不过杜普佩医生显然不赞同这一比较："这有点夸张了。我可以跟你说的是，农业合作社的态度正在改变。没错，直到不久前，他们都还是只关心植保产品的农用性能。但是现在，他们也开始讨论健康风险的问题，他们为使用者提供保护装备。就像病人根据医嘱来买药时，药剂师所做的那样……"[4] 作为互助协会的首席医生，杜普佩只能说这么多了。但是他的坦率，以及他打破沉默、勇于面对农药反复暴露的长期后果的行动，是值得赞赏的。互助协会过去一直如同"农业界的哑巴"，而现在的态度尽管还是非常谨慎，但已经与农药商业的受益者划清了界限。而那些农药的批发商（即合作社的成员）、生产商、甚至是一些公职机构，他们还继续从这门罪恶的生意中得益。

承认农药引起的急性中毒是一回事：毕竟，如果一名农民在操作"植保产品"后出现呕吐、二级灼伤等症状，很难否认这其中的因果联系，尽管受害者的雇主和某些企业往往表现得毫无诚信，例如前面谈到过的保罗·弗朗索瓦事件（参见第一章）。然而承认农药——这种化学武器衍生出来的产品——的慢性中毒长期后果则是另一回事了，这是一个更动荡的战场，简直就是陷阱重重。

　　而且，在保罗·弗朗索瓦的案件中，如果不是弗朗索瓦的态度坚决，孟山都很可能还会坚持否认他的急性中毒。孟山都不想承认的是，意外中毒会导致严重的慢性后果，因为这就会打开潘多拉的盒子，导致人们对毒理学名言"剂量的多少决定是否是毒药"的质疑。我在后面还会再探讨这个问题。

　　如国际农药行动网的智利主管玛利亚·罗莎所言，意外中毒只是"冰山一角"，在蕾切尔·卡森的《寂静的春天》中就已经隐约可见："我们知道，如果剂量足够高的话，只须在化学品下暴露一次，就会导致急性中毒。然而这不是主要问题。当然了，农民、农药使用者、喷药飞机驾驶员等在强剂量暴露下忽然死亡是非常可悲的，也是绝不应该发生的。然而，对于广大群众而言，我们更应该关注的是：在小剂量吸收了无形污染我们环境的农药后，所产生的后续影响。"[5]

　　卡森就"广大群众"之所言，对于那些常年操作过许多农药、却从来没有遭遇过急性中毒的农民来说，尤为如此。尽管从未受急性中毒所害，他们却与有毒物质长期接触，会通过呼吸和皮肤吸收这些物质。尤其，如法国食品、环境与劳动卫生保障局的报告所显示，他们所用的防护装备往往不起作用。问题在于，一旦他们生了重病，例如癌症或帕金森症，他们很难证明所患疾病与职业活动之间的关系。确切地说，因为他们暴露在多种可能导致同样后果的物质下，所以很难断定与某种特定物质的因果联系。然而，没有确定的因果联系，没有官方对职业病的承认，就没有人会负责任，也没有人会支付损失赔偿。

　　这一状况使得毒药生产商长期以来免受责罚。魁北克毒理学家米歇尔·杰兰在与他人合作的著作《环境与公共健康》[6]中，将这种状况所产生的后果称为"环境疾病的隐报"，环境疾病首先就包括与农药慢性暴露相关的疾病："承认环境对健康的真实影响是很难的，因为很难在个体基础上确定某种疾病的环境诱因。这个问题在有毒物质暴露的案例中尤其尖锐，有毒物质暴露所造成的影响往往是中长期的，是医生难以鉴定的。主要的障碍在于，暴露事件和可被诊断出的症状之间往往有很大的延迟，于是很难确定其中的因果关系。人们常忘记曾遭遇过的暴露和进行过的操作，或者对暴露事件无法客观描述。另一方面，大多数与环境相关的症状都是非特异性的，因此无法发现造成这些症状的环境缘由"。[7]

事实上，农民的情况与圣戈班工厂工人的情况是很不一样的（圣戈班的工人在制造水泥纤维板时暴露在石棉纤维下）。法布里斯·尼可利诺和弗朗索瓦·维耶莱特作出了很准确的解释："如果有人敢写的话，石棉的惨剧相对于农药的惨剧，有很大的优势。这种致癌纤维是会留下痕迹的，类似犯罪时留下的指纹甚至基因。肋膜的癌变与石棉有着极为密切的关系，因此所有人，包括专家，都把间皮瘤癌称为'石棉癌'。[8]"然而农药则完全不是这样。农药通常由一种活性成分（例如孟山都的拉索所含的甲草胺）和若干其他有毒物质所组成，而且就像弗朗索瓦案件那样，农药企业在申请配方许可时常常不声明其他有毒物质。当一个生病的农民敲响互助协会的大门、以求承认他所患为职业病时，他还需要进行很长一段时间的斗争，而这通常都超出了他的能力范围。

一起苯中毒案例

多米尼克·马夏尔案件最能说明获得承认的过程有多艰难。马夏尔是一名默尔特—摩泽尔省的农民，他也参加了吕费克倡议活动。1978 年，他与三名合伙人成立了一个农耕合作组，在吕内维勒附近经营一家 550 公顷的家庭农场。他们严格地分配工作：他的叔叔和表哥负责畜牧，哥哥负责播种，他则负责"作物健康"，也就是在小麦田、大麦田和油菜地上施加植物保护产品。①2005 年 1 月，在一次膝盖手术中，医生发现他的血小板异常高。在进

---

① 根据法国国家农学研究所的调查，法国人为作物施农药的年平均次数为：小麦 6.6 次，玉米 3.7 次，油菜 6.7 次。（来源于《农药、农业和环境——减少农药的使用及其对环境的破坏》，由国家农学研究所和环境与农业科技研究所应农业渔业部和生态与可持续发展部的要求所撰写的报告，发表于 2005 年 12 月）

一步检查后，医生诊断出他患有"骨髓增生异常综合症"，这是一种骨髓感染症，有可能发展成白血病。马夏尔在吕费克倡议活动上说："因为只有我负责喷洒农药，所以我立即联想到了植保产品。尤其骨髓增生异常综合症是职业病列表中存在的疾病，与苯暴露有关。"

在继续马夏尔的故事之前，必须先解释一下什么是法国的"社会保障职业病列表"，该列表可以在法国国家安全研究所的网站上查阅。列表的起源可以追溯到 1919 年，当时颁布了一项法令，正式将与工农业活动中铅和汞的使用相关的某些病症承认为职业病。[9] 之所以会颁布这一决定，是因为许多工人被诊断出患有疾病，他们在工厂的工作中都使用了铅等重金属，而铅的毒性是人们自古就知道的，而且从 20 世纪起，美国和欧洲都发表了许多关于铅中毒的医学报告。1910 年在芝加哥举办的第一届工业疾病全国学术会议上，爱丽丝·汉密尔顿医生就描述了使用铅白作画的画家所特有的病症，今天我们将这些病症统称为"铅中毒"[10]。直到今天，一般职业病列表中的第一张表格还是关于"与铅和含铅化合物相关的疾病"，例如贫血、肾病、脑病等。这些疾病的名称列在表格的左栏，中间一栏是"诊断时限"，也就是从暴露终止到第一次确诊之间的最大时限。最右边一栏则是有可能造成相关疾病的职业活动，包括"铅、铅矿、铅合金、含铅化合物以及所有含铅产品的开采、加工、配制、使用和处理。"

从 1919 年起，一般职业病列表不断地增加，今天总共有 114 个"表格"。随着医学对工业领域使用的有毒物质认识的逐步加深，越来越多的疾病被承认为法定一般职业病。但是，新"表格"的创建（我将在第六章详述此问题），仍然需要一个漫长的过程，工业企业往往会使用各种手段拖延这个过程：在与企业相关的化学物质和疾病被列入列表之前，先要计算患者和死者①……

---

① 社会保障法第 L.461-6 号法令规定任何医生都必须报告疑似与职业活动相关的疾病。在法国被承认为职业病受害者的人数，从 1989 年的 4 032 人增长至 2008 年的 45 000 人。

1955 年 6 月 17 日，第一批 7 个农业职业病表格被确立，其中包括破伤风、钩端螺旋体病、布氏杆菌病等感染性疾病，也包括一些与砷相关疾病（第 10 号表格的最后一次更新是在 2008 年 8 月 22 日，在"砷与含砷化合物"一栏中加入了皮肤癌、肺癌、尿道癌与肝癌）。目前，农业职业病列表共有 57 个表格是关于与铅、汞、沥青、煤、木屑和石棉尘相关的疾病。而只有 2 个表格与农药有关：11 号表格，涉及"有机磷农药以及氨基甲酸酯类农药"（"用于为作物和蔬菜除草除虫"），以及 13 号表格，涉及"苯酚硝化产物"、"五氯苯酚和林丹"（"用于处理木材和木架"）。如我之前所言，农用毒药在列表中微乎其微，是因为很难确定某种物质与某种特定疾病之间的因果关系，尤其农民在职业活动的过程中会接触多种不同的农药。

然而，马夏尔也强调，"第 19 号表格"是关于"由苯和所有含苯产品所引发的血液病"，例如"贫血、骨髓增生异常综合征和白血病"[11]。我将在第九章中详述苯的历史，苯的历史与铅的历史一样，都可以完美诠释：在生产商和受贿科学家的阻挠否定下，剧毒物质的监管如何被拖延怠慢——这同样也是农药和其他与食物相关的毒药的状况。然而目前，我们只需要知道，苯最初是煤焦油的副产品，煤焦油的生产始于 18 世纪中叶，其用途一直在增加（生产粘合剂和合成染料用的溶剂，给金属去油污的洗涤剂，橡胶、塑料、炸药、农药合成的介质，以及汽油添加剂）。

《柳叶刀》杂志在 1862 年把苯定义为"新的家用毒药"[12]，1981 年国际癌症研究机构又把苯列为"确定对人体致癌物质"。在多年的拖延后，国际癌症研究机构终于开始重视诸多证明长期低剂量暴露引发严重骨髓损伤的研究。事实上，自 20 世纪末起，就已经发表了多篇关于与苯有接触的工人中流行再生障碍性贫血和白血病的医学报告，这些报告主要来自于北美和欧洲。1939 年 10 月，《卫生工业和毒理学》杂志出版了一期特刊，关于"苯的慢性暴露"，集合了 54 项证实苯与骨髓癌的关系的研究[13]。

以一敌百，农民的坚强抗争

"我总是听说植保产品中含有苯，"多米尼克·马夏尔在吕费克倡议的第一场活动中说道，"我以为我应该不难获得职业病的认定。然而这是个严重的错误！"在他身旁，他的妻子卡特琳娜点点头表示理解。事实上，在2002年12月，这对夫妇就向农民医疗保险互助协会递交了申请，并援引了农业职业病列表的第19号表格。互助协会没有跟进他们的档案，理由是马夏尔在1986年至2002年间使用的250种农药产品（他曾留心保存了发票）的安全档案中，没有显示产品含苯。用马夏尔的话来说，假如他是一个"丢三落四的农民"的话，更加只能"欲哭无泪"了。

如我们在保罗·弗朗索瓦的案件中所看到的，农药配方中的添加剂并没有在药瓶标签上标明，即使有标出，也只是含糊地称为"芳烃溶剂"或"石油产品衍生物"。此外，为了佐证这个决定，互助协会还援引了弗朗索瓦·泰斯蒂医生的一份报告，泰斯蒂医生是里昂中毒防治中心的劳动医学和毒理学医生，他的报告称："20世纪70年代中期以来，用于溶解某些活性成分的石油烃溶剂已经不含苯了。"后来《快报》（l'Express）曾就这个严重的"错误"采访过这位专家，他又一次站在了企业的一边，打了个擦边球："这是一个不精准的描述，我应该说明苯含量的比例并不构成对人体的危害。"[14]

最后，互助协会还强调，马夏尔所涉及的职业活动，即农药喷洒，并不属于"有可能致病的职业活动列表"，也没有出现在第19号表格的右列，即"含苯清漆、油漆、釉、胶黏剂、胶水、油墨、以及清洁产品的配制和使用"。

遭到互助协会的拒绝后，夫妇俩决定将案件提交到埃皮纳勒市社会保障法庭。而法庭任命的毒理学家却无法使案情有所进展，因为他总是遇到同一个问题：缺乏关于所用农药确切成分的材料。洛林的农民马夏尔说："当时我气馁了，我想要放弃了。但是我的妻子不愿意放弃！"那怎么办？卡特琳娜的故事震撼了吕费克的听众，这是多么不可思议的一个故事！

首先，她坚信丈夫的重病是因苯而起，于是她决定请求孚日省参议员、参议院议长克里斯蒂安·蓬斯莱的帮助，蓬斯莱联系了国家农学研究所。而研究所所长玛丽·纪茹在 2005 年 1 月 28 日的回信中拒绝介入此案，理由是"植物保护产品的完整配方属于商业机密[15]"！背后的意思跃然纸上：一个公共研究机构，跟农药生产商之间有着不可告人的关系，因此该机构的主席拒绝帮助一个生病的农民，理由竟然是"商业机密"。而"商业机密"除了保护生产商的私人利益外，没有任何意义。

然而卡特琳娜不愿放弃。在夫妇俩的律师玛丽-荷赛·肖蒙的鼓励下，她决定亲自调查。带着丈夫用过的产品的名称，戴着……洗碗手套，她在附近的农场走了一圈，收集产品样品并小心地灌进果酱瓶中。她成功收集到了 17 种"致命的灵丹妙药"。只需将样品进行分析即可。好几间实验室拒绝执行这项敏感的任务，而斯特拉斯堡郊区的 ChemTox 实验室接受了。"大部分农药被分析出含苯。从那一刻起，我们知道案子打赢了！"卡特琳娜·马夏尔话音一落，吕费克倡议活动现场响起了掌声。

的确，2006 年 9 月 18 日，孚日省社会保障法庭的判决将马夏尔所患的骨髓增生异常综合症归因为了职业病。马夏尔是继庇卡底农业合作社技术员梅达尔·西尔万之后，第二个获得此胜利的农药使用者。洛林大区社会保障法庭这个勇敢的决定，为其他罹患白血病的农民打开了先例。据杜普佩医生所言，四年后，有四名白血病农民获得了职业病认可，其中包括雅尼克·舍内，他做出了很大的努力才能够来参加吕费克聚会。他在夏朗德地区的叟戎镇经营一个农场，农场里有 60 公顷谷作物和 6.5 公顷用于酿制干邑的葡萄田。他的发言又一次震动了吕费克的与会者。2002 年 10 月，他罹患了 4 型髓细胞性白血病，之后他接受了"非 100% 匹配的骨髓移植"。他发音困难，很辛苦地说道："我的身体对移植有排斥反应，现在，我有肌腱收缩、皮肤硬化、眼睛干涩以及其他种种问题……"他在 2006 年被承认所患为职业病，当然获得了一笔伤残补助，但是他还得继续经营农场，因此，他必须雇佣员工。"我们在我生病前所攒的所有积蓄，都被投到了农场里，试图拯救这个企业。然而现在，我和我的妻子已经山穷水尽了……我很想知道我要怎么做才能够走出困境……①"

保罗·弗朗索瓦的律师拉佛格回答说："您唯一可以做的事情是向生产商投诉，争取经济补偿，以支付您所需要的员工的酬金。这并不容易，而且结果不确定，但是越多的人来做这个事情，就越有机会获得损失赔偿。石棉的受害者正是这样的，他们联合在一起，系统地投诉，最后终于获得了赔偿……"

"在太平间里清点病人和死者"

目前，患病农民还未能走到这一步。即使是参与了吕费克行动的人也尚未至此。因为他们之中的某些人还在为争取获得承认职业病而奋斗。马夏尔和舍内的经历属于例外，因为他们患的病（骨髓增生异常综合症和白血病）存在于社会保障法附录的职业病列表中。至于其他的疾病，患者需要申请被认可为所谓的"列表外"疾病，申请的流程定于1993年，该流程往往漫长且艰辛。按规定，自认为职业病受害者，而其所患疾病又不在"列表"中的人，可以向职业病认定区域委员会递交认定申请，前提是他必须有至少25%的永久性残疾，或者……他死了（在这种情况下，则由遗孀或遗孤来申请）。这就是梅达尔所经历的流程，尽管不幸，他却"有幸"活着来承受这样一种罕见的疾病，线粒体脑肌病，这种病的化学诱因还不算太难证明。

事实上，每个大区都设有的职业病认定区域委员会一般由三名专家医生组成：一名区域顾问医生或其代表、一名职业调查医生、一名大学教授或（兼）临床医生，他们的任务是检验医疗文件，以确定病理与申请者的职业活动是否有因果关联。事情就是在此变得复杂的，因为，对于比梅达尔的脑

① 2011年1月15日，吕费克聚会差不多一整年后，雅尼克·舍内去世了。

肌病"普通"得多的病理,"专家"们的评估要建立在怎样的基础上呢?

　　要确定某种特定的毒物能够引发特定的疾病,理想的办法是进行实验,让志愿者在一定时间内暴露在一定剂量的毒物中,经过若干年的观察,确定疾病的形成原理。并且,为了避免人体被其他物质污染——毒药生产商有可能以此为借口怀疑实验结果——最好在实验期间把他们关在封闭的空间里,严格控制他们的环境。这显然是不可能的!首先是道德问题:自纳粹在集中营里对受害者犯下滔天罪行之后,纽伦堡审判已将此类人体实验定为犯罪。再者,即使道德允许,要得出最终结论,也需要多次在不同的人(不同年龄、性别、健康状况)身上重复实验不同的剂量、不同的暴露时间,对比不同的观察结果(况且慢性病的延迟时间至少有二十年)。我们知道,自二战末起已经有约 10 万种可能有毒的物质被释放到环境中,那么,这个实验任务之庞大则不难想象。

　　在继续这个话题之前,我想提醒一点,我们之所以要讨论疾病与化学品暴露之间的因果关系的最佳检测方法,是因为在人类历史的某个时刻,人们开始认为他们可以不计后果地用毒药污染他们的田野、工厂、房屋、水源、空气和食物。在这样做的同时,人类实际上把我们这个古老星球的居民变成了试验品。用美国流行病学家大卫·迈克尔斯的话来说,五十年后,我们得"在太平间里清点病者和死者"。他强调说,这是一种"很原始的方法","在今天我们生活的这个时代是耸人听闻的"[16]。

　　并且,我们之所以走到这个境地,也是因为当政者让企业制定他们的法律。吉纳维芙·巴比耶和阿尔芒·法拉希在《致癌的社会》一书中解释道:"法律规定在立法之前需要先证明产品的毒性。这等于将刑法的原则运用到有毒物质中,即在罪行被证实之前,假定其是无罪的。然而,一旦整个生态系统都被污染了,则不可能将这些有毒物质中的单一一种物质的责任分离出来。"[17]

　　与此同时,道德禁止在人体上做的实验是可以在动物身上实现的,这些动物为人类对工业化的狂热付出了沉重的代价。如我们所见(可参见第九章），近三十年来，企业进行了许多毒理学研究，以获得产品上市的许可。这些实验通常在啮齿动物身上进行，测试某些潜在的中毒影响，例如致癌性和神经毒性。问题在于，即使这些实验都是正确执行的——其实远不符合规范（我会在后面着重探讨阿斯巴甜的案例）——研究结果也不能够被认为是可以推理到人类身上的"充分证据"。美国流行病学家德维拉·戴维斯在其权威著作《抗癌战秘史》(*The Secret History of the War on Cancer*) 中也着重探讨了这个奇特的悖论："当存在动物致癌原因的数据时，这些原因通常会被认为不符合人类的情况。相反地，当类似的实验流程被用来证明某种新药或新疗法的疗效时，动物和人类生理学差异忽然间变得微不足道了。"[18]

不可能存在的证据

当要做出一个决定时，立法机关和职业病认定区域委员会的专家们总是要求提供人体实验数据，也就是说：在禁止某种产品或承认生病农民所患病为职业病之前，他们要人们先"在太平间里清点病者和死者"。而这个是流行病学家的工作。杜普佩医生也证实了这一点："流行病学的研究是很关键的，正是在其研究的基础上，互助协会逐渐承认了某些之前被忽视的疾病，例如某些癌症以及帕金森症。"

在米歇尔·杰兰与他人合作的著作《环境与公共健康》中说道："流行病学的传统定义是关于疾病的扩散与疾病在人口中的分布的研究。[……] 流行病学并不试图研究或定义有毒物质暴露对人体的影响机制"，但是"测量暴露的后果"[19]，例如，流行病学会研究为何某些人患上癌症而另一些人没有。为此，我有必要简单地介绍一下流行病学的某些研究工具，因为要理解农业工业化及社会整体工业化之错综复杂，必须了解一些流行病学的基础知识。这些知识也有助于在阅读这本书时更好地看清企业所运用的阴谋诡计，这些化工企业使用各种奸计，让人们迟疑产品是否有毒性，以尽可能拖延对产品的规范和撤回。

流行病学者使用对比的方法，以判定某种疾病出现的原因。例如，要研究非霍奇金淋巴瘤，他们将一组患病人员与一组（相似体型和年龄的）非患病人员进行对比。这种"病例对照研究"是一种回顾性研究，因为其需要依赖人的记忆，研究者需要借助于问卷和访谈重建患者的生活方式和暴露场景。病例对照研究常常被用来测定农药对农业人口中某些疾病出现的作用，这种研究方法通常被企业所诋毁，他们怀疑病人会为了调查的需要篡改他们的记忆。另一种回顾性研究称为"定群研究"，这种研究将一组在特定环境中遭遇相同暴露的人员（例如以化学农业方式生产的谷农）与一组没有遭遇暴露的人员进行对比，以判定什么疾病在被暴露者中出现频率更高。

在这两种研究中，用统计方法计算出"比值比"（Odds Ratio, OR），即遭暴露（例如农药暴露）人员的患病（如非霍奇金淋巴瘤）风险与非暴露人员患病风险的比值。如果研究结果显示比值比高于1，则代表在遭暴露人群中患病风险升高。例如，比值比为4，意味着遭到所研究物质暴露的人群中，患病风险为非暴露人群的四倍①。相反地，如果比值比小于1，则说明暴露能够对相关疾病提供保护。

关于流行病学的这个简短介绍，最后还需要知道，流行病学家偶尔也会借助于第三种研究方法，即"前瞻性研究"。前瞻性研究的成本比回顾性研究高得多，但是结果更可靠，因为它不依赖参与者的记忆。其方法是从某个特定时间开始研究暴露在特定因素下的人群，例如一组使用农药的农民家庭，跟踪其几年甚至几十年，记录疾病出现的时刻，将记录结果与未遭暴露的控制组进行对比。

流行病学研究的主要弱点就在此：无论是回顾性的还是前瞻性的研究，都很难找到一个绝对没有遭到所研究物质暴露的"控制组"，况且还会有别的物质能够造成相似的后果。《致癌的社会》中还说道："对于像癌症这样的

---

① 还需说明，比值比后面通常还跟着两个括弧中的数字，像所有的统计学数据一样，这两个数字用来说明结果的置信区间。

疾病，很难得出一个确凿的结果。一方面，致癌的过程是很漫长的，另一方面，人不可能在完全封闭的环境中生活，所有人都会遭遇许多致癌因素，这就干扰了调查路径。研究还对比了暴露人群的患癌率和一般人群的'预期'患癌率。这是一个可怕的名词，比任何言辞更能传播所谓的流言，让任何人都不能幸免的灾难变得平凡。"而且，"没有研究结果并不意味着没有风险，却往往意味着风险并非显而易见的"。[20]

第五章
农药和癌症：同步研究

遍体鳞伤的她问人们：苦难有什么用？沙漠能结出什么果实？
——维克多·雨果，《大地赞歌》

"为了研究非霍奇金氏淋巴瘤与植物保护产品之间可能存在的关系，我们详细查阅了近期的国际刊物和流行病学研究，而至今未能得出一个肯定的答案。[……]总之，我们未能获得足以证实您的疾病与您的职业活动之间关系的材料。"我记得在吕费克会议上，弗朗索瓦·维耶莱特听到让-玛丽·博尼读出这段话时，脸上流露出的惊讶表情。这段话出自博尼于2003年3月21日收到的一封信，写信人是蒙彼利埃大学附属医院职业疾病科的教授让·洛里欧。"他这样写真让人吃惊。"后代权益保护运动组织的主席维耶莱特评论道，"已经有好几个患有非霍奇金氏淋巴瘤的农民被承认为职业病受害者了。"

事实确实如此。据杜普佩医生所言，到2010年春天，有三名农民通过所在地区的职业病认定委员会获得了这个难得的认定。委员会所作出的决定必须有大量科学研究文献的支撑。美国贝塞斯塔国家癌症研究中心的医生迈克尔·阿拉万贾指出："非霍奇金氏淋巴瘤是目前被研究得最多的与农药使用相关的癌症。"这位流行病学家在2004年发表的一篇后来经常被引用的文章中说道："长期农药暴露对健康的主要影响是：癌症和神经性中毒"，而且在其查阅的二十项研究中有十八项指出"非霍奇金氏淋巴瘤与苯氧基类除草剂、有机氯农药和有机磷农药的使用有关"，会造成致病几率"翻两倍"。[1]

孟山都的报酬和非霍奇金氏淋巴瘤

"这正是我使用了三十多年的产品！"62 岁的让-玛丽·博尼一边向我解释，一边展示他厚厚的卷宗，里面记载着他每年接触到的种种毒药：有机磷、有机氯、氨基甲酸酯、各种（苯、聚乙烯酯、烷基酚聚氧乙基醚、硫酸铵）溶剂，这里只列出几种大类，因为产品本身的资料有十几页。2002 年以前，博尼曾经是普罗旺斯—朗格多克农业合作社的经理，管辖沃克吕兹、加尔、罗纳河口三省的部分地区。这一带"盛产葡萄、果树、蔬菜和谷物"，在"植保产品"的使用上毫不吝惜。

让-玛丽·博尼，这位农民之子从 21 岁起就受聘于合作社。他在吕费克会议上描述道，在他最初接触农药时，"因为当时没有叉车也没有保护装备"，他就"连手套也不戴"徒手搬运过"上千袋泡过药的种子和粉末状的产品，这些产品都是用纸袋装的，有时候还会泄漏"。"我把产品从卡车上卸下来，摆放在店里，还帮农民搬运到他们的车上"。后来他"升职"了，就负责监督喷过药的谷物的回收、提供关于喷雾器调节的建议，并且"在葡萄、果树、土豆、谷物、蜜瓜、西红柿、芦笋、洋葱等作物受到病虫害攻击时"，亲自到农场指导农药喷洒。他辛酸地撇嘴说道："我甚至到田里测试企业送给我们的那些尚未获批准的产品。我把产品喷洒到作物上，徒手摘下叶子检查虫子死了没有……后来，当阿尔代什河和罗纳河泛滥时，农民们不能下地，我则要监督直升机喷洒农药。总之，我什么都做过！"

一阵沉默后，他补充道："我不是想忘恩负义，因为我的确从中获得了利益。我是一个很好的销售，我赚到了很丰厚的回扣，孟山都和欧洲植保公司还付钱让我旅游了好几趟：我去过尼亚瓜拉大瀑布，去加拿大玩摩托雪橇，我游览了希腊和塞内加尔。2001 年，孟山都还组织各农业合作社的领导坐巴士去参观图卢兹的转基因玉米田！但是，最后，我也为此付出了非常沉重的代价，就像我们合作社的主席安德烈那样，他死于白血病……"

1993 年，让-玛丽·博尼因为结肠癌变息肉动过一次手术。九年后，在一次常规检查中，他被诊断出 B 型淋巴母细胞瘤，即一种"严重"的非霍奇金氏淋巴瘤。"化疗过后，蒙彼利埃大学附属医院血液科的主任让-弗朗索瓦·罗西教授建议我申请职业病认定，当时我觉得天都塌下来了！我从来没有想过我使用了多年的农药会使我生病。我曾经那么信任生产和批准销售这些产品的人……"

的确，在 2002 年 10 月 8 日的邮件中，罗西教授认为博尼的疾病"可能与有机磷农药有关"。但他是唯一这么说的专家，因为此后的每个被询问到的专家都给出相反的结论。2004 年 11 月 5 日，互助协会否决了他的申请，理由可想而知："您所患的疾病不在农业雇员职业病列表之列。"博尼于是上诉到阿维尼翁社会保障法庭，该法庭则要求里昂东部医院临床血液科的主任贝尔特朗·科瓦菲耶拟一份报告。他在 2007 年 12 月 3 日提交的报告中断言："没有可靠的研究能够**确凿**证明农药的使用与淋巴瘤的产生之间存在必然联系。"①

在这份声明中，"确凿"这个词格外引人瞩目。然而，科瓦菲耶教授应该很明白，在环境卫生的领域里，"确凿"的证据是不可能获得的，除非——如我们之前所讨论过的那样——把活人作为实验品关在密闭环境中来测试产品毒性。唯一能够代替活人试验的，只有流行病学研究。这当然不是完美的方案，但是，如美国流行病学家大卫·迈克尔斯所言，流行病学的研究方法能够指示疾病的趋势，这便是"可以获得的最佳证明"。[2] 然而，奇怪的是，在科瓦菲耶教授的报告中，丝毫没有提到任何流行病学研究，而实际上已经有许多流行病学论文研究过农药暴露与非霍奇金氏淋巴瘤之间的关系。他要是做过调查的话，是不可能找不到的。也许科瓦菲耶教授不知道 PubMed 检索系统，即美国国立医学图书馆的数据库，集合了全世界发表的医学研究，上面不但有引文和摘要，还有论文所在期刊网址的链接②。当然，该系统是英

---

① 阿维尼翁社会保障法庭将博尼的案件转给了蒙彼利埃职业病认定区域委员会，后者应在 2011 年 2 月前提交意见。

② 读者们可以去查阅一下这个重要的工具，截止 2010 年底它已经收录了超过 2000 万条文献。

文的，但这应该不构成什么难以克服的障碍。

流行病学者的艰难工作

在 PubMed 的搜索引擎中输入"非霍奇金氏淋巴瘤"和"农药"，会检索到 240 条结果。这当然是很多的，但也要会区分良莠——我们稍后将会明白这不是一件容易的事情——因为科学文献中也夹杂着一些不那么严肃的、打擦边球的研究，这些研究通常是为企业所做的，不以寻找真理为目的，相反地，是以混淆是非为目的。

要在 PubMed（或与之类似的 MedLine 数据库）的迷宫中找到方向，最好是参考一些医学文献系统性回顾，一些由信誉可靠的、会对您所关注的研究进行严格筛选的专家所做的研究回顾。例如，前面提到过的，美国贝塞斯塔国家癌症研究中心的迈克尔·阿拉万贾医生所撰写的《农药慢性暴露对健康的影响：癌症与神经性中毒》[3]。

同样地，在 2004 年，一组加拿大癌病专家与流行病学者也做了类似的研究，并发表了《农药对人体健康影响研究的系统性回顾》[4]，这篇回顾调查因其研究方法之严谨而经常被引用。应安大略省医学院的要求，专家们在四个文献数据库（MedLine、Premedicine、CancerLit、Lilacs）中检索了从 1992 年至 2003 年间用法、英、西、葡四种语言发表的关于"非霍奇金氏淋巴瘤、白血病和八种固体癌肿瘤（脑、乳、肾、肺、卵巢、胰、前列腺、胃）"的研究。

他们先从超过 1.2 万篇关于农药的论文中初步选出了 1 684 篇，并对其进行了深入的审查，最后选出 104 篇符合他们所定下的质量标准的论文。在长达 188 页的调查报告中，介绍了每一篇被审查的论文、该论文所研究的人数以及研究的方法（队列研究或病例对照研究），并根据其方法论与是否存在偏差等指标对每篇论文进行了评分。因此，在被筛选出来的 27 篇关于非霍奇金氏淋巴瘤的文章中，"有 23 篇证明了农药暴露与该疾病之间的联系，其中大部分提供了有效的统计结果"。

　　流行病学者的研究对于评估环境风险做出了重大的贡献。因此，为了说明他们是如何工作的，我从中选择了四项研究来为大家做个介绍。第一项是1999 年由瑞典人勒纳·哈德尔和迈克尔·埃里克森在瑞典北部和中部的 7 个郡里所做的一项病例对照研究[5]。作者在前言中强调道：在瑞典，1958 年至 1992 年间，非霍奇金氏淋巴瘤的发生率逐年上升，其中男性的年增长率为 3.6%，女性为 2.9%。

　　我在此提醒大家注意何为"发生率"，通常人们会混淆"发生率"与"染病率"，这两种流行病学的基本工具将会贯穿全书："发生率"指的是某种疾病在特定时间段（通常为一年）内出现的新病例的数量。而染病率则是指某个时刻染病的人数，包括旧的和新的病例。当人们关注某种可能成为流行病的疾病（例如流感）的发展时，跟踪发生率是更有效的，因为它能够提供患病人数大量增加的"尖峰信号"。在癌症领域，发生率每年都在不断上升，这说明致癌因素正在发挥作用，导致越来越多的人染上癌症。

　　瑞典人哈德尔和埃里克森所做的工作正是尝试确定某些"致癌因素"，他们将一组于 1987 年至 1990 年间被确诊患有非霍奇金氏淋巴瘤的 404 名人员与由 741 名没有患病的同龄人（25 岁以上）组成的控制组进行对比。参加者要回答一份长长的问卷，同时还要接受电话采访，以便研究者了解他们的生活方式（如饮食习惯、有无吸烟酗酒等增加患病风险的行为、体育活动等）、疾病史和职业活动。农药使用者还要说明他们工作的领域（林业、农业或园艺）、使用产品的类型（除草剂、杀虫剂、杀真菌剂等）、产品的系列（氨基甲酸酯、有机磷、氯酚等）、产品的活性成分或配方以及他们使用产品的频率和时长。结果证明，暴露于苯氧基（氯酚）系列除草剂的人员罹患非霍奇金氏淋巴瘤的风险最高（比值比为 1.6），并且，如果使用的除草剂为二甲四氯（MCPA），风险则攀升至比值比为 2.7。同时暴露于杀真菌剂则会使风险增至近四倍（比值比为 3.7）。

　　美国罗克维尔癌症研究中心的研究也曾得出相似的结果，该研究在以农业生产为主的内布拉斯加州进行，发表于 1990 年。这项研究证明：每年使用 2, 4-D（橙剂的成分之一，氯酚农药的一种）超过 20 天，罹患非霍奇金氏淋巴瘤的风险增加三倍[6]。

在加拿大的《农药对人体健康影响研究的系统性回顾》里所选出的研究中，有一篇由依阿华大学进行的回顾性队列调查非常特别，因为它是应美国高尔夫球场管理员协会的要求所做的。该协会会员的工作任务就是大量使用农药以维护草坪。因为会员过早死亡的案例不断攀升，协会将他们的死亡记录册交给了流行病学者，后者检查了从 1970 年至 1982 年间美国 50 个州内686 名记录在册的死者情况，其中 29% 死于癌症。将死亡原因与普通人口（仅白人男性）进行了对比。结果显示了四种癌症的超高死亡率：非霍奇金氏淋巴瘤（比值比为 2.37）、脑癌、前列腺癌、肠癌。

最后，我还想列举一项针对丹麦园艺从业者的回顾性研究，哥本哈根大学的学者于 1975 年至 1984 年间跟踪调查了 859 名女性和 3 156 名男性园艺从业者[7]。研究总结出：农药的使用导致罹患非霍奇金氏淋巴瘤的风险倍增，也导致软组织肉瘤和白血病的发病率显著增加（比值比分别为 5.26和 2.75）。

与蒙彼利埃大学附属医院的洛里欧教授和里昂医院的科瓦菲耶教授所得出的草率结论相反，大量流行病学研究都趋向统一结论：农药暴露与非霍奇金氏淋巴瘤，乃至所有淋巴系统疾病（如白血病、多发性骨髓瘤）之间存在联系。

2009 年，一项非常重要的研究为这些流行病学者们所做的观察提供了生物学解释，并终于使他们的统计结果具备效力。法国国家健康与医学研究所下属的马塞吕米尼免疫学研究中心的研究显示：与农药接触的农民具有"肿瘤前兆的分子指纹"。抗癌联盟于 2009 年 2 月 4 日国际抗癌日介绍他们的工作时，是这样解释的："与农药接触的农民基因出现异常，有可能导致淋巴系统癌变。"

为了得出这些研究结果，科学家们对 128 名使用农药的农民进行了队列回顾性研究，跟踪他们九年，同时跟踪由 25 名不接触农药的农民组成的控制组。科学家们通过定期抽血分析农民血液中淋巴细胞的变化，并发现接触农药的农民"易位细胞较控制组高出一百至一千倍"。"易位细胞"是基因中第 14 号和 18 号染色体易位的产物。易位细胞在健康人体中也存在，它可以视作癌变过程的生物标记，尤其当它开始增生。

"尽管控制组中易位细胞的数量也在缓慢增加（增长率为 87%），这可以用衰老来解释，而暴露组中易位细胞的增加速度是急剧的（增长率为 253%）。"学者们在这篇题为《农药暴露农民的癌变前兆分子指纹》的论文中写道。他们还总结道："我们的数据清晰显示：重复的农药暴露与血液中易位细胞出现率的大量提高有着密切的关系。"[8]

关于农药对癌症作用的同步研究

加拿大学者所做的系统性回顾证实了某些以前的荟萃分析结果，例如艾伦·布莱尔（阿拉万贾医生在美国国家癌症研究中心的同事、癌症与农药研究领域最著名的流行病学家之一）于 1992 年进行的一项研究[9]。首先，我们来明确一下"系统性回顾"（例如美国安大略省的玛格丽特·桑伯恩医生的团队或阿拉万贾医生所做的研究）和流行病学的另一种研究工具"荟萃研究"之间的区别。"系统性研究"集合并分析所有与某个主题相关的研究，例如关于"农药与癌症"的研究。"荟萃分析"则是一种统计方法，将相似的研究中的数据集中在一起，相加并得出一个总体结论。荟萃分析常在药剂学研究中用于测量新疗法的效果，通过增加参与比较的对象的总数，荟萃分析能够增强单一统计结果的功效。前提是所有被选来参与新的统计计算的研究必须具备可比性，必须排除所有不太相关的研究，以免影响最终统计结果。

艾伦·布莱尔为他的荟萃分析选取了 28 项符合他所定下的标准的流行病学研究。在引言中，他提到：总体上，农民群体死于心血管疾病的比率较一般人口要低，且他们"罹患肺癌、食道癌、膀胱癌的风险较低"，因为他们较少吸烟。但是，荟萃分析的结果也显示："他们罹患唇癌、皮肤癌（黑素瘤）、脑癌、前列腺癌、胃癌、以及神经组织和淋巴系统癌变的风险明显高于一般人口。"布莱尔还指出："农民群体总体上罹患大部分癌症和非肿瘤性疾病的风险较低，而罹患某些特定癌症的风险明显过高，意味着职业性有毒物质暴露发挥着作用。这可能对人类健康有着更大的影响，因为在农民身上发生率最高的肿瘤也正是在许多发达国家中发生率正在上涨的肿瘤。"

是不是这篇论文的结论让孟山都公司不高兴了？于是孟山都要求他们的"御用"流行病学者约翰·阿卡维拉也做一个荟萃分析。当然了，阿卡维拉找到了他需要的素材，把精心挑选的 37 项研究混作一锅后，他毫无意外地得出一个结论："结果不足以证明农民群体罹患某种癌症的风险更高。"[10]

孟山都定制的这篇荟萃分析（在 PubMed 系统的在线索引中，孟山都的名字出现在作者名字下面）发表在《流行病学年鉴》上。华盛顿的流行病学家萨缪尔·弥尔汉在阅读之后，对孟山都同行所用的统计方法感到很诧异，他于是写信给该年鉴编辑社："你们怎么能把耕种者和畜牧者混在一起？他们所接触的产品是不一样的，造成他们死亡的癌症也是不同的。将如此不同的研究混在一起，会干扰相对风险的计算。不同的农民所遭受的暴露是有差异的，像这样的荟萃分析只会模糊农业癌症这个主题。"[11]

弥尔汉的评价是中肯的，要知道，"农民"这个行业涵盖了许多不同的活动，这取决于他所从事的生产。事实上，"谷物种植者"和"畜牧者"是很不一样的，前者种植小麦、玉米等作物，后者则饲养牲畜。而两者所遭受的农药暴露风险也是很不一样的，前者所使用的"植保产品"大大超出后者。不考虑这些差异，则是对农业世界的无知的表现，让人不得不怀疑这位学者是为了国际农药和种子市场的引领企业工作的。

弥尔汉提出的问题强调了荟萃分析的一个主要缺点：若是所选调查不够严谨，则会影响结果的准确性。布莱尔在进行荟萃计算时，坚持原则避免误差："考虑到农民所遭遇的暴露是不同的，若是把不同程度的暴露混合在一起，则有可能把高程度的暴露淡化，最终的结果可能会低估甚至忽略暴露的危险。最近在依阿华和明尼苏达进行的研究数据可以说明这种淡化效应可能造成的影响[12]。698 名接受实验的农民中，110 名从未用过杀虫剂，344 名从未用过除草剂 [……] 大约 40% 的农民使用苯氧基除草剂，20% 使用有机氯杀虫剂。尽管这些化学产品都是造成某种癌症的重要因素，而该研究在选择对象时的唯一标准是'农民'职业，这样所得出的结果将会严重低估特定农药的危险。"

如果不是与民众的生活息息相关，这一切看起来就只像是专家之间的论战。例如，在让-玛丽·博尼的案例中，问题的关键不在于怀疑洛里欧和科瓦菲耶的公正性，因为没有任何证据证明他们跟某些专家一样与农药生产商有"利益关联"（参见第十章、第十一章）。然而，不难想象，他们工作繁忙，不可能像我一样花两个星期浏览 PubMed 和 MedLine 的网站。他们也有可能偶然查到了阿卡维拉所做的荟萃分析，但却没有意识到若是 PubMed 的摘要中出现了研究定制者的大名，则需要有所警惕。而且，反而在发表了这篇文章的《流行病学年鉴》上，很难找到定制者信息（它是用很小的字体标在第一页的页脚）。因此，若是负责评估博尼档案的专家只查阅了孟山都定制的荟萃分析，自然只会得出农药暴露与非霍奇金氏淋巴瘤甚至是任何癌症之间没有关联的结论。然而数十位与孟山都没有关系的科学家都能够证明关联的存在。

骨癌和脑癌：农民为首要受害者

总的来说，所有研究者都同意的是：总体上，农民较一般人口死于癌症的几率更低，然而死于某些特定癌症的风险明显更高。其中包括血液系统恶性肿瘤，例如白血病和非霍奇金氏淋巴瘤，还有多发性骨髓瘤。多发性骨髓瘤又称作"卡勒氏病"和"骨髓瘤"。阿拉万贾在其系统性回顾研究中说这种癌症"在全世界多地不停增长"，他在这篇回顾研究中援引了一篇集合了1981 年至 1996 年间发表的 32 项研究的荟萃分析，该分析认为农民群体的患病风险高出 23%[13]。

我是在吕费克活动上第一次听说这种占癌症患者 1% 且存活率极低的疾病，讲话人是特地从歇尔省前来的玉米生产者让-玛丽·戴迪昂。他在妻子的陪伴下讲述了他的苦难历程。一切始于 2001 年，他的两根肱骨忽然断裂，随后一半的肋骨坏死。最终诊断为"轻链型多发性骨髓瘤"。他在巴黎主宫医院接受了两次自体骨髓移植，随后又在乔治-蓬皮杜医院进行了一系列很强烈的治疗——化疗、放疗、皮质激素疗法。他说："最后，我接受了干细胞移植。在一间无菌病房里，医生在彻底破坏了我的骨髓后，给我注射了干细胞。这个过程漫长又折磨人……今天，我好些了，但是从专业的角度看，我的处境还很复杂：我着手进行获取职业病认定的步骤，与此同时，我的生活很困难。按照保险合同，我领了三年的每日赔偿金。然后，就再也没有了……问题就是，我的情况两边都不靠：一般来说，在因病停工三年后，人要么是死了，要么是好了。可是我既没死也没好，所以我必须工作，必须经营，这真的是困难极了。"

在他的律师弗朗索瓦·拉佛格——这也是保罗·弗朗索瓦的律师——的鼓励下，戴迪昂决定向孟山都投诉。这位来自歇尔的农民微笑着解释："保罗和我有许多共同之处。我们都是种植玉米的农民，所以我们都大量使用拉索。不同的是，他是急性中毒的受害者，而我是慢性中毒的受害者。但是，我遵守了互助协会的所有建议，他们建议在施药期间尽可能分段喷洒。我喷拉索的时间一般持续三个星期，每天两到三个小时。这是一个根本性的错误……"

我记得，听到戴迪昂这个故事时，一种隐隐的愤怒感向我袭来。重读我那一天记下的笔记，我发现自己在一个问题下面划了两条愤怒的下划线：在法国和纳瓦拉①的农场上，有多少农民死于癌症？我们是否永远也不会知道？"时至今日，已有三十多篇流行病学研究探讨了农民群体罹患脑肿瘤的

---

① 西班牙北部的一个自治区，临近法国。——译注

风险问题，且其中大部分都证明了风险的确增高，增高率为 30%。"两位法国农业医学专家——伊莎贝尔·巴勒迪和皮埃尔·勒巴伊在发表于 2007 年的文章中这样写道[14]。他们也证实了加拿大的系统回顾研究所作出的结论：在"固体"肿瘤中，农民所患最多的是脑癌。

巴勒迪在波尔多大学的劳动环境卫生实验室工作，勒巴伊在卡昂大学的癌症研究集团工作，他们都非常了解这个主题，因为他们都参与了 CEREPHY（脑癌与植保产品）研究项目，该研究于 2007 年发表在《职业与环境医学》期刊上[15]。这是一项病例对照研究，在纪龙德省进行，主题为农药暴露与中枢神经系统疾病的关系，研究了 221 名于 1999 年 5 月 1 日至 2001 年 4 月 1 日期间被诊断出良性或恶性肿瘤的病人，与之对照的是 422 名从该省选民名单中随机抽取的没有罹患相关疾病的人员（年龄与性别等因素当然也考虑在内）。患病者的平均年龄为 57 岁，57% 为女性；他们中 47.5% 患有神经胶质瘤，30.3% 患有脑膜瘤，14.9% 患有听神经瘤，3.2% 患有脑淋巴瘤。

负责调查的心理分析师在患者家里或在医院里采访患者时，仔细地评估了农药暴露的方式，并划分了几个类型：园艺活动、室内植物培养、葡萄喷药，以及仅仅是寓所临近喷药作物。他们也记录了其他可能造成疾病产生的因素，例如家族病史、使用手机、使用溶剂等。结果非常清晰，而且印证了我在访问佩泽纳中学采访时获得的信息：大量使用"植物保护产品"的葡萄种植者，罹患脑癌的风险是一般人口的两倍（比值比：2.16），罹患神经胶质瘤的风险为三倍（比值比：3.21）。而且，定期用农药护理室内植物的人员罹患脑癌的"机会"是其他人的两倍（比值比：2.21）。

早在 1998 年，流行病学者让-弗朗索瓦·维耶勒就已经发表过有关葡萄种植者罹患脑癌的研究，他的博士论文的主题就是"农业界癌症死亡率与农药暴露之间的地理关联"[16]。在这项学院研究中，他使用"农药暴露地理标志"来"测试农药与法国农民癌症死亡率之间可能存在的联系"。从他开始调查的时刻起——即上世纪 80 年代末期——每年约有 9.3 万吨农药被喷洒在法国的土地上。根据法国农业部提供的数据以及农学家安德烈·福治鲁所做的一项研究 [17]，他绘制了一幅各省各种作物农药暴露情况的地图。从中可以看到：96% 的谷物庄稼（共 700 万公顷）被施过除草剂，31% 施过杀虫剂，70% 施过杀真菌剂；玉米庄稼（321.6 万公顷）100% 被施过杀虫剂；97.8 万公顷的葡萄地，80% 施过除草剂，82% 施过杀虫剂，100% 施过杀真菌剂；至于苹果树（共 6.2 万公顷），则是 80% 除草剂，100% 杀虫剂，98% 杀真菌剂。而所有的法国作物面积的总和，则是 96% 除草剂，39% 杀虫剂，56% 杀真菌剂。

维耶勒在了解了法国 11 种主要作物的地理分布和与每种作物相关的农学处理方式（所用农药种类、每公顷施药量、每年施药次数）之后，绘制了法国各省（五个最都市化的省份除外）化学品暴露的点阵图。然后，他还查阅了法国国家健康与医学研究院和法国国家统计与经济研究所的统计数据，尤其是 1984 年至 1986 年与职业类别"10"（即农耕者）和"69"（即农业工人）相关的死亡记录。这是一项"生态"的研究，因为其关注的是群体而非个体。这项工程浩大的研究证实：在耕地面积最广的地区（例如博斯和奥维涅），胰腺癌和肾癌的死亡率超高；在葡萄种植区（例如波尔多地区），膀胱癌和脑癌的死亡率超高。

关于脑癌，还必须提及发表于 1996 年的一项挪威的研究。该研究的作者考察了农药使用者的后代中某些癌症的发生率。这项研究的规模非常宏大，它剖析了出生于 1952 至 1991 年间的 323 292 名儿童的病史，他们的父母都是当时登记在册的在职农民 [18]。结果显示，在 4 岁以下的儿童中，尤其是出生在园艺工作者和耕农家庭中的儿童，脑癌和非霍奇金氏淋巴瘤的发生率超高；以及出生于禽类养殖家庭的青少年中，骨肉瘤和霍奇金病的发生率超高——集约化禽类养殖场大量使用化学消毒剂和杀虫剂。这与许多流行病学研究不谋而合，都证实了父母的农药暴露与儿童中最常见的两种癌症（脑癌和白血病）之间的关联（参见第十九章）。

美国大型《农业健康研究》令人担忧的结果

美国的"农业健康研究"是目前关于农药对健康影响的最大型的前瞻性研究。该项目开始于 1993 年，由三个美国权威公共机构共同主持：国家癌症研究中心、国家环境科学与卫生研究中心、环境保护局。1993 年 12 月 13 日至 1997 年 12 月 31 日，89 658 名依阿华和北卡罗来纳这两个农业州的居民被"征"入该项目，组成一个由 52 395 名使用农药的农民、32 347 名农民妻子以及 4 916 名"专业农药操作员"组成的庞大队列 ①。

在被纳入研究之前，参与者要先回答一份长达 21 页的详细问卷，问题包括过往病史、家族病史、饮食习惯、生活习惯（即是否吸烟、饮酒、进行体育运动等），以及有关使用过的农药的详细描述（即产品种类、详细配方、使用量、施药频率、是否有使用防护装备等）。此外，在被纳入研究后，参与者必须接受定期采访，告知其农业活动中的所有变化，并且一旦被确诊患上某种疾病，则必须第一时间报告。

这项非同凡响的研究填补了案例对比结果分析常常会遗留下的某些空白。首先，在这项研究中，关于农药暴露的数据收集"先于癌症诊断"，这就避免了因记忆模糊造成的偏差——该研究的两位主要负责人迈克尔·阿拉万贾和艾伦·布莱尔强调道。其次，也避免了大多数案例调查会遇上的困难：缺乏有关暴露程度的确切信息，难以鉴定最具危险性的产品。因为该研究的长处之一就是能够了解每一位使用者"每一种农药的暴露程度"，因为记录了每种农药"每年使用的天数、使用的总年数、施药的方法以及使用的防护装备"。这两位流行病学家总结道："研究队列非常庞大，使得统计的效力足够强，因此能够检测特定化学产品的暴露所带来的风险。"[19]

2005 年，即该项目启动十二年后，已经获得了许多成果，发表在约 80 本科

---

① "农药操作员"是专业从事农药喷洒或仓储处理的公司的员工。

学刊物上——所有这些成果概述都可以在该项目的网站上看到，这样的透明度在涉及这个题材时是极为罕见的[20]。在网站上可以查到，2005 年，队列中申报了 4 000 例癌症，其中 500 例乳腺癌，患者主要为女性农民（并非男性农民的妻子）、360 例肺癌、400 例淋巴系统癌、1 100 例前列腺癌。与一般人口的数据对比后，证实了之前的回顾性研究的结论：农民和农民妻子中癌症的总体发生率明显较低（–12% 及 –19%），尤其是肺癌（–50%）和消化道癌症（–19%）。然而，数据也显示：女性农民（非农民妻子）中乳腺癌的发生率略高（+9%），女性农药操作员卵巢癌的发生率高出三倍之多，农民妻子中皮肤癌的发生率也高出许多（+64%）。至于男性，结果显示淋巴系统癌症发生率超高，如多发性骨髓瘤（+25%），前列腺癌的发生率也超高（农民为 +24%，操作员为 +37%）。[21]

阿拉万贾和布莱尔还强调道："前列腺癌是美国和欧洲男性中最常见的恶性肿瘤，但其发病源仍有很多未知。"因此科学家们致力于研究是否有某种特定的农药暴露能够解释农民中的超高发生率。他们于 2003 年发表的论文证明，在 45 种被研究的农药中，溴甲烷①和有机氯的使用大大提高了患病风险（比值比：3.75）。

值得注意的是，美国的回顾性荟萃分析中得出的前列腺癌发生率，与比利时学者范·麦勒-法布里与让-路易·威廉姆斯于 2004 年发表的荟萃分析中得出的结果非常相似。后者在分析了 22 篇回顾性研究的基础上，同样发现了患病风险平均增高 24%（比值比：1.24），但还是没有明确导致这一超高发生率的究竟是哪种农药。[22]

等待 AGRICAN，研究农业界的癌症

在结束这一章之前，我想报告一下 AGRICAN 研究的最近结果。

---

① 因其对臭氧层的影响，1987 年 9 月 22 日的蒙特利尔议定书规定将逐步淘汰溴甲烷，而直到 2005 年，它仍是世界上使用最多的杀虫剂之一。它用来消毒土壤（尤其是温室番茄栽培土）、熏蒸种子、保护饲料储备、清洁粮仓和磨坊。2005 年，法国获得的许可是可以使用 194 吨，理由是它的某些用途是没有其他产品可以取代的。

AGRICAN 是农民医疗保险互助协会于 2005 年发起的、与卡昂大学癌症研究集团和波尔多工作环境卫生实验室合作的研究项目，勒巴伊和巴勒迪分别在这两个研究机构工作。尽管互助协会宣称将在"2009 年底"公布结果，然而一年之后，"最常见的癌症"——即前列腺癌和乳腺癌——的有关数据还没有被公诸于众。受到美国的"农业健康研究"的启发，AGRICAN 项目集合了"世界上最大的队列"，参与赞助的国家癌症研究中心如是说。的确，从 2005 年至 2007 年，互助协会发放了 60 万份问卷，给缴纳了三年以上协会会费并居住在法国 12 个有癌症记录的省份之一的会员。

我查阅了互助协会上的问卷模板。这份问卷有 8 页，首先用一句话介绍该研究的目的在于"更好地了解职业风险、并通过提高预防来改善农业界的卫生安全"。值得注意的是，问卷作者小心翼翼地避免提及"植保产品"，而之所以要展开这样浩大的研究工程，正是因为植保产品对健康的潜在危害。这一禁忌真是根深蒂固！在问卷的其他部分，提了一系列非常详细的问题，关于农业活动的类型（葡萄、谷物、放牧、甜菜、养殖……）、"职业活动中使用到的杀真菌剂、杀虫剂或除草剂"、"生活习惯"以及"健康状况"。

在最后"健康状况"这一栏，我们又看到了另一个"禁忌"。有一个问题是"医生有没有对您说过您患有以下疾病？"，答案列表中有 15 中疾病，包括"花粉症、湿疹、哮喘、高血压、糖尿病、中风、帕金森氏病和阿尔茨海默氏病"，但就是没有癌症！问卷的第 H2 行留有空白，可以填写"当前健康状况"，我想问卷作者是认为参与者可以在这里填写有关癌症的信息，看来这个问题是太敏感了。然而，这样一个名叫 AGRICAN[①]、以研究农业界的癌症为目的的项目，如此地"疏忽"，也未免太惊人了吧。

在整理了从 2005 年至 2007 年收回的问卷后，AGRICAN 项目终于获得了一个 18 万人的队列。巴勒迪和勒巴伊于 2007 年发表的文章上说："预计于 2009 年公布有关发生率最高的癌症（乳腺癌、前列腺癌）的结果，发生

---

① AGRICAN，即 AGRIculture and CANcer，农业与癌症。——译注

率较低的癌症预计于 2015 年公布。"[23] 尽管该研究针对癌症，它也同样提供了一些关于农药暴露与帕金森病之间关联的宝贵信息。后文中我们将看到，农药与帕金森病也是世界上许多流行病学研究的主题。

第六章
农药与神经退行性疾病：难以遏制的增长

> 迟早，现代化带来的危害也会波及它的创造者和得益者。
> ——乌尔力希·贝克，《风险社会》

"谁也别跟我说帕金森病是一种衰老病：我患上它的时候只有 46 岁！"参加了吕费克倡议活动的吉尔伯特·旺代，现年 55 岁，曾经是一名农业雇员。他口齿不清——这是帕金森病的典型症状，极为困难地讲述着他的故事，激起了听众激动的情绪。1998 年，他遭遇了一次农药"高巧（Gaucho）"的急性中毒，当时他是贝里香槟产区一片 1 000 公顷的耕地的主任。

帕金森病与农药高巧中毒案例

正如法布里斯·尼可利诺和弗朗索瓦·维耶莱特所言，喜爱蜂蜜的人一定听说过拜耳公司的这种产品，其主要成分为吡虫啉，已经危害了"上亿的受害者"，即采蜜的蜜蜂 [1]。高巧于 1991 年在法国上市，这种"内吸"杀虫剂是一个可怕的杀手：把它施在种子上，它会通过汁液渗透作物，从而毒杀破坏甜菜、向日葵和玉米的害虫，以及所有与刺吸式口器昆虫多少有些相似的动物，包括蜜蜂。据估计，1996 年至 2000 年，因为高巧和其他杀虫剂的使用，法国约 45 万个蜂群凭空消失 [2]。

多亏了养蜂者工会坚持不懈起诉至法庭，加上两位科学家——法国国家科学研究中心的让-马克·邦马丹和法国国家农学研究所的马克-爱德华·柯林——的辛勤劳动，农业部终于通过国家议会发布了一条通告。尽管一些高级官员使用伎俩坚持维护农药生产者的利益，最终，该通告规定于 2005 年禁用高巧。站在农药企业一边的官员中，有位高权重的玛丽·纪茄，1996 年至 2000 年间的食品总局局长（我们在多米尼克·马夏尔的案件中提到过她，她于 2005 年任国家农学研究所的主席，参见第四章）；还有其继任者，2000 年至 2003 年间领导食品总局的卡特琳娜·杰斯兰-拉内艾尔，她的殷勤值得注意：当李博尔法官下令搜查食品总局的总部时，她拒绝提供高巧的上市许可档案！2006 年 6 月，这位高管被任命为欧洲食品安全局的主席，2010 年 1 月我将在帕尔玛与她相见（参见第十五章）[3]。

在此提及此事，是为了使大家明白，政府领导者的作为——或者不作为——会对他们本该为之服务的公民的生活造成怎样的直接影响：尽管证据确凿，他们依然否定高巧的毒性，使用拖延战术把高巧留在市场上，使近万养蜂者陷入困境①，还让许多农民患上疾病，例如吉尔伯特·旺代。

1998 年 10 月，旺代这名农业雇员在"整日吸入高巧"之后，出现了剧烈头痛，并伴有呕吐。他咨询了医生，医生确认为中毒；不久后他又重拾了工作，"就好像什么事也没发生过一样"。他在吕费克活动上说："几年来，我喷过几十种产品。我当然是关在保护舱中的，但是我没有戴防毒面罩，因为带着面罩几个小时很难受，感觉就像要窒息一样。"中毒事件一年后，旺代开始时时感到肩膀剧痛："疼痛如此剧烈，以至于我从拖拉机上下来，在地上打滚。"2002 年，他决定找图尔市的一名神经科医生看病，后者告知他患有帕金森病。"我永远不会忘记那次看病。"旺代激动地说，"因为医生直接跟我说，我的病可能是我用的农药造成的。"

阿拉万贾医生认为，这名神经科医生很有可能知道"大量科学文献认为农药暴露提高患帕金森病的风险"[4]。阿拉万贾在发表于 2004 年的系统性

---

① 据估计，从 1995 年至 2003 年间，法国蜂蜜的产量从 32 000 吨降至 16 500 吨。与此同时，另一种杀虫剂——巴斯夫公司的锐劲特（Regent）——也在毒杀蜂群。锐劲特于 2005 年被禁用。

回顾中援引了三十多项案例对照研究，这些研究的统计数据证明了这种神经退行性疾病与长期的植保产品（有机氯、有机磷、氨基甲酸酯）暴露之间的关联，尤其是一些很常用的物质，例如百草枯、代森锰、狄氏剂、鱼藤酮等。两年后，他与同事艾伦·布莱尔一起分析了农业健康研究项目的第一批数据，也得出了相似的结论。

在加入这项大型队列研究的五年后，已经有68%的参与者（即57 251人）被采访过。在这段时间内，新增了78例帕金森病例（56名农药使用者和22名配偶），而在项目开始之初，已记录在册的病例有83例（60名农药使用者和23名配偶）。研究结果证明，罹患帕金森病的风险与九种特定农药的使用频率（每年使用天数）成正比，风险增加2.3倍。他们在总结中强调道："风险的增加，与因农药而咨询医生，以及个体暴露事故的事实相关。"[5] 读到这句话时，我想到了旺代的事件，他所遭遇的高巧急性中毒，使他的病情急剧恶化，而他的疾病是因农药慢性暴露造成的。

他这个故事的续篇，与我之前所讲过的几个故事惊人地相似。互助协会拒绝承认他的职业病，理由是帕金森病不在列表里，于是他转向奥尔良职业病认定委员会，后者也给出了否定的回答。然后他起诉至布尔日社会保障法庭，终于在2006年5月获得了承认。这个决定的依据是克莱蒙费朗职业病认定委员会曾给出的认定，看来克莱蒙费朗的委员会与奥尔良同行们所查阅的不是相同的科学文献。

在当时，旺代是第二个获得职业病认可的帕金森患者农民。根据杜普佩医生提供的互助协会统计数据，四年后，有"十几名"农民获得了相同认定。这名贝里香槟产区的农民后来离开了他的"故乡"，定居于巴黎，为法国帕金森协会义务劳动。他在吕费克会议上说："为什么？只因为在巴黎我可以隐姓埋名，我是自由的！如果我还在我的乡下，人们会对我指指点点。我无法生活……"

引发帕金森病的毒素和有毒产品

帕金森这种神经退行性疾病，长久以来被认为是一种因衰老而引起的疾病。1817 年，英国医生詹姆士·帕金森首次对这种疾病进行了描述，他在论文《论震颤麻痹》中列举了该病的症状：颤抖、动作僵硬失控、发音困难 ①。他是一名非凡的医生，热爱地质学与古生物学，他也是一名积极的政客，常用笔名"老赫伯特"写些关于工业历史的批评，他的观点在今天看来十分明智。他在《无血的革命》一文中写道："不应再把聚集起来争取更高工资的工人关起来惩戒，却让那些谋害他们的雇主逍遥法外。"[6]

在《论震颤麻痹》一文中，帕金森医生没有为这种以他命名的疾病给出解释，但他认为该疾病与职业和环境相关。他是正确的，因为，尽管今天大部分病例被认为是"自发性的"——即不明病因的，仍然可以确定一部分和职业与环境因素有关。在第二次世界大战后，研究者们在完全偶然的情况下发现毒素可以引发帕金森症状。如保罗·布朗克教授在其著作中所说的，二战后的研究表明西太平洋马里亚纳群岛上的查莫罗土著中患病率异常高[7]。研究者们假设，这一超高发病率（比美国高出百倍）是因为查莫罗人食用铁树种子粉，而铁树种子中含有一种叫作"BMAA"的毒素。某些科学家对这一假设提出质疑，理由是铁树种子粉中毒素含量过低，不足以引起此类症状。最后，一名夏威夷研究者终结了这一论战：他发现查莫罗人喜爱吃蝙蝠，而蝙蝠喜食铁树种子。通过生物积累（参见第三章），BMAA 毒素在蝙蝠体内积累。然而，也正是因为蝙蝠肉的美味，导致了马里亚纳群岛上蝙蝠的灭绝，帕金森病也随之消失。

工业发展史也证实了有毒产品对于帕金森病原的作用。20 世纪初，劳动医学医生就已经发现锰尘会导致矿工或炼钢工人的帕金森症状。1913 年，《美

---

① 法国医生让-马丹·夏寇将这种病命名为帕金森病。

国医学协会学报》报道了 9 起案例。保罗·布朗克讽刺地强调道，这篇文章是带着"乐观的论调"开篇的，这体现了当时初生的（到现在还一直沿用的）一种意识形态，认为进步必定伴随着"附带损害"。"现代人道主义趋势的标志之一就是人道赔偿金额的不断增加，补偿各种工业活动所造成事故、中毒和疾病。"文章的作者如是写道。他们如此傲慢，试图降低这些病痛的严重程度，因为他们自己永远不会切身体会 [8]。

整个 20 世纪，世界各地都有关于锰暴露（尤其是电焊车间里）所造成的精神疾病的研究问世，这种疾病表现为出现幻觉和动作失调，这些症状被视为帕金森病的前兆。1924 年，一项在猴子身上进行的实验解码了锰对中枢神经系统的作用，锰会导致某些神经元的过早衰竭：神经元的衰竭导致多巴胺产量的降低，多巴胺是控制运动机能所必需的一种神经递质。[9]

直到 20 世纪 80 年代，科学文献还是只关注锰的无机形态，即工业中使用到的简单锰氧化物和锰盐。然而，1988 年，一项发表在《神经学》期刊上的研究显示，负责喷洒代森锰（一种以锰为主的杀真菌剂）的农业工人会出现帕金森病的前兆症状 [10]。六年后，另一项研究也证实了这个结果。这后一项研究主要针对一名 37 岁的男子，他在持续两年使用代森锰为大麦种子施药之后，罹患了帕金森病 [11]。相似的症状也发生在代森锰锌的使用者身上，这是另一种类似的、且目前仍被使用的杀真菌剂。

最后，通过对加利福尼亚吸毒者的一系列观察，也证实了有毒物质对帕金森症的作用。20 世纪 80 年代，注射一种叫作"MPPP"的海洛因会引发该疾病。MPPP 含有一种叫作"MPTP"的杂质，它的其中一种衍生物为"牧草快"（cyperquat），这种物质在结构上与常用的除草剂"百草枯"（paraquat）和"敌草快"（diquat）十分相似。透过"MPTP 模式"，科学家们明白了导致帕金森病的生物学机制，并就此在猴子身上进行了多项实验 [12]，尤其是关于鱼藤酮的作用的测试，这是一种在某些热带植物中产生的天然有毒物质，是许多杀虫剂中所含的成分。研究者们发现，小剂量多次注射鱼藤酮，会使老鼠出现帕金森症状①。

再次强调，与甲基溴一样，鱼藤酮在 2009 年就已经被欧盟委员会所禁用了，而法国获得了特别许可，可以在 2011 年 10 月前继续在苹果、桃、樱桃、葡萄、土豆等作物上使用鱼藤酮②。正如蕾切尔·卡森在《寂静的春天》中所说的，这个问题显得空前的重要："是谁下的这样的决定？"谁决定了一种有毒产品的农学作用高于使用者乃至消费者的健康？尤其是，我们可以想象，在欧洲委员会最后决定行动之前，实验室和太平间里已经躺了多少的死病者。与 2007 年孟山都拉索的禁令颁布时一样，法国也申请了鱼藤酮"宽限期"，这简直就是一个丑闻 [13]。

帕金森，农业工业化的疾病

世界卫生组织在 2006 年的预防手册中写道："鉴于脊椎动物和无脊椎动物的神经系统具有基本相似性，用来攻击昆虫神经系统的杀虫剂，肯定能够对人类造成一些急性或慢性的神经中毒影响。"（参见第三章）世卫组织还明确指出："中毒症状有可能在暴露发生之后立刻出现，也有可能有一定的延迟。症状包括四肢无力或麻痹、记忆力减退、视力下降、智力减退、头疼、意识障碍、行为障碍、性功能障碍等。"[14]

世卫组织的描述带着"专家"典型的冷漠，他们所描述的所有症状是多项流行病学研究所观测出来的，在此无法一一枚举。这些研究涉及帕金森病

---

① 巴黎的一名园艺工人，因为使用鱼藤酮和百草枯，在 2009 年获得了职业病认定。他在一间大型园艺公司工作了三十四年，于 48 岁患上帕金森病。这是 2009 年 6 月 19 日，斯特拉斯堡医学院的玛利亚·冈萨雷斯医生在接受《卫生、安全、环境》的采访时所作出的解释，她是巴黎职业病认定委员会的专家组成员。

② 2011 年 1 月，由后代权益保护运动组织和欧洲农药行动网所发表的一项报告中指出：2007 年至 2010 年间，欧洲针对农药禁令的延缓执行特权申请翻了五倍。欧盟农药指令（91/414）中有一条（8.4 号条款）允许成员国在"预计无风险"的情况下可以获得继续使用被禁农药的"180 天宽限期"。2007 年，被批准的宽限特权有 59 项，到了 2010 年达到了 321 项，其中有 74 项是批给法国的。

和阿尔茨海默氏病（这两种病在法国有 80 万名患者，每年还新增 16.5 万名病例），以及肌萎缩性脊髓侧索硬化症，又称"渐冻人症"。流行病学家伊莎贝尔·巴勒迪在 2001 年发表的一项研究中证实：若干施于葡萄的农药导致波尔多地区葡萄种植者意识功能的减退（选择性注意、记忆、发音、处理抽象数据的能力等）。这项研究命名为"植保者"，调查了农民医疗保险互助协会登记在册的 917 名农民：其中 528 名在至少二十二年间直接接触过农药；173 名通过触碰施过药的葡萄叶子和果实间接接触过农药；216 名从来没有接触过（对照组）。通过对心智能力的测试发现，直接暴露的人员对向他们所提出问题作出错误回答的几率是对照组的三倍。同时，还发现了一个十分令人担忧的事实：间接暴露的人员回答问题的情况与直接暴露者几乎同样糟糕[15]。

这让我联想到佩泽纳好地中学学生们的命运，他们注定要加入家族葡萄种植的事业中，并将会接触到多种毒药。的确，2003 年巴勒迪和勒巴伊联合发表的研究中也证实了：用于葡萄的农药暴露，使罹患帕金森病的风险增至 5.6 倍，罹患阿尔茨海默氏病的风险增至 2.4 倍。这个结果是出自一项前瞻性研究，这项研究跟踪了 1 507 名 65 岁以上的人员十年之久[16]。

2009 年 12 月 11 日，我在加利福尼亚州桑尼维尔市的帕金森病研究所见到了该所的神经病学者卡罗琳·坦纳。她跟我说："令人遗憾的是，所有我们在人类身上得到的数据，其实早在几十年前就已经在动物实验中得出了。"

"你的意思是，动物实验得到的结果可以类推到人类身上，并且应该被用来促成一些行动，例如将可疑产品撤出市场？"我问她。

"完全正确！更理想的是，产品在上市之前就应该经过测试，如此就可以避免人类遭遇一些惨痛悲剧。"这位科学家毫不犹豫地回答。她这种坦率态度，在大洋彼岸的欧洲很难找到。

卡罗琳·坦纳是美国最著名的神经病学家之一，发表了许多关于帕金森病的论文。她在一个"特殊的地方"工作，因为帕金森病研究所"既是一个治疗中心，也是一个研究中心"。在对"农业健康研究项目"所采集到的数据进行分析后，她于 2009 年发表了一项案例对照研究，证实农药暴露显著提高罹患帕金森症的风险[17]。

坦纳说道："我们发现有三种农药的暴露可以使患病风险翻三倍，这三种农药是：除草剂 2, 4-D、百草枯以及杀虫剂氯菊酯。2, 4-D 是橙剂的一种成分，我们的成果为遭遇过橙剂暴露的越战老兵带来了福音。老兵们要求将帕金森病列入能够获取退伍军人事务部赔偿金和公费医疗的疾病列表。我们的研究成果发表后，他们达到了目的①。至于百草枯，我们一点也不感到惊讶，因为帕金森病研究所对 MPTP 做了大量的研究②，这两种物质十分相似。最后，关于氯菊酯，结果十分令人担忧，因为这种杀虫剂被广泛用于预防疟疾。人们用它来处理蚊帐、军服、甚至是普通的衣物，很多人都会通过皮肤直接接触到这种物质……"

"暴露时间是否是一个关键因素呢？"

"根据我们的研究，这不是一个决定性因素。然而，令我们惊讶的是，这些农民的配偶患病的风险也高于一般人口。事实上，她们也遭遇了有毒产品暴露，因为她们偶尔要参与药液的调配，而且她们要清洗丈夫的衣物，或者仅仅是因为她们生活在一个被污染的环境中、并且消费被污染的食物。我参与了火奴鲁鲁的同事的一项研究，对比一个患有帕金森病、而另一个没有患病的男性双胞胎。我们发现，其中一个致病因素是消费奶制品。我们推测，持久性有机污染物，即大名鼎鼎的 POP——其中有几种具有神经毒性，例如二恶英和多氯联苯——能够在乳脂中积累。这个主题值得特别研究，尤其最近的一项实验证明：百草枯和代森锰的化合物显著提高帕金森病患病风险，并且可能使在母体子宫内遭遇过暴露的动物出现病征。"

"人们常说帕金森病在工业化国家中正在大幅增长，这是真的吗？"

---

① 2008 年，该列表中有 7 种疾病，包括五种癌症（呼吸器官癌、前列腺癌、软组织肉瘤、白血病和非霍奇金氏淋巴瘤）、2 型糖尿病和周围神经病变。
② 前面我所援引的那项关于合成海洛因中所含杂质 MPTP 的研究，其作者威廉·兰斯顿也是桑尼维尔帕金森病研究所的员工。

"事实上，关于这一点，我们一无所知！原因很简单，我们没有足够久远的记录能够证实这个论题。我自己也提过这个问题。为了回答这个问题，我在二十多年前去过中国，当时那里的农业工业化程度还很低，帕金森病很罕见。我在那里指导了几项研究，我可以说今天那里的帕金森病变得跟美国一样流行。唯一的解释就是，二十年间这个国家迅速地工业化，并且也使用了与西方国家相同的农药。"

农药瞄不准目标，却殃及人类

几天后，即 2010 年 1 月 6 日，我在巴黎硝石矿工慈善医院见到了阿莱西斯·艾尔巴兹，他是法国国家健康与医学研究院的神经流行病学家。这位年轻的研究者在法国是一名先驱，吉尔伯特·旺代对他感激涕零。2004 年，贝里农民旺代的律师吉尔伯特·库德尔克在阅读《医学日报》时，看见艾尔巴兹医生的一项研究获奖的消息，该研究证明了农药暴露与帕金森病之间的关联[18]。"我们觉得倍受鼓舞。"库德尔克说道。他马上将这本珍贵的刊物交给了职业病认定委员会[19]。

在我采访库德尔克时，他刚刚在《神经学年报》上发表了一项与农民医疗保险互助协会合作的研究[20]。这再次证明互助协会终于决定正视农药的健康隐患。在这项新发表的案例对照研究中，对比了 224 名患帕金森病的农民和 557 名没有患病的农民，他们都是互助协会的成员。"互助协会的职业健康医生起了关键作用，"库德尔克解释道。的确，他们亲自到这些农民家里拜访，并详细地记录了他们整个职业生涯中所遭遇的农药暴露。他们采集了大量的数据，包括耕地面积、作物品种、所用农药、使用农药的年数和每年暴露的频率、甚至施药的方式——用拖拉机或背着药桶。他们所做的是真正的侦查工作，不放过农民所能提供的任何资料：农业联合会或农业合作社的建议（通常农民都会严格遵守）、喷药排期表、发票和空药桶等等。之后，由专家鉴定这些数据、并确定它们是否有效。

"结果如何？"

"我们发现有机氯杀虫剂使罹患帕金森病的风险提高 2.4 倍。其中，滴滴涕和林丹在 50 年代至 90 年代间在法国广泛使用，它们的特点是使用多年后还会长期存在于环境中。

"田里使用的农药会不会也对附近的居民造成影响？"

"我们没有相关数据，但的确，除了职业领域中的高度暴露之外，调查结果也提出了低剂量暴露的问题，这个低剂量是指在环境中——即水、空气和食物中——可以被检测出的剂量。目前，能够给出确切答案的研究只有一项。"

艾尔巴兹所谈到的那项研究发表于 2009 年 4 月，是加利福尼亚大学的一个团队在加州中央谷地所做的 [21]。加州有法国所没有的优势。从上世纪 70 年代起，这个美国最富裕的州就强制所有的农药销售都要在一个叫"加利福尼亚农药使用报告"的系统里登记，记录农药使用的地点和预计日期。这样就可以查到从哪天到哪天、在哪片地域上使用了何种物质。赛迪·科斯特洛的团队依此重建了 1975 年至 1999 年整个地区的"居住环境农药暴露史"。参加研究的 368 名帕金森病患者和 341 名对照者——他们全都居住在加州中央谷地——报告了他们的居住地址，以便研究者计算他们二十五年间的暴露程度。

这是一项了不起的工作，它所得出的结果非常令人担忧。但在此之前，先要明白这项研究的重要性，它关乎我们所有人。早在 1995 年，美国康奈尔大学农业与生命科学学院的大卫·皮门特尔教授就说过："用来对付害虫的农药，只有不到 0.1% 命中了目标，超过 99.9% 的农药流入了环境中，污染了土地、水、大气和生态系统，破坏了公共健康和有益的群落生境。"[22] 某些观察者稍微没那么悲观，例如法国国家农学研究所的农学家哈尤·范德沃夫。他在 1996 年的文章中写道："据估计，每年全世界使用的农药为 250 万吨，接触到需要被消灭的目标有机体的——或被害虫吞食的——分量极微。大多数研究者认为这个比例低于 0.3%，也就是说超过 99.7% 的农药去了别的地方。"[23] 他还补充道："既然这场生化战争无可避免地使目标之外的有机体——即人类——遭受暴露，那么有害的副作用就会伤及这个物种，伤及人类社会以及整个生态系统。"

读到这里，我们该明白化学农业并不科学，百害而无一利。我们不得不自省，这样的一种广泛投毒的机制是怎样、以什么名义降临到我们的土地上："农药，一旦接触到土地或作用，就开始消失：它们降解了、消散了。其中的活性成分可能蒸发了、流散了，或被洗刷掉了。被冲洗掉的农药污染了地表和地下的水，被土地里的植物和有机体吸收了或留在了土地里。整个一季中，施在土地里的农药平均有 2% 被水冲走，极少超过 5% 或 10%。然而，据观察，在施药几天后，80% 至 90% 的农药挥发了。[……] 于是，70年代至 80 年代间，人们开始担心农药的流动对大气的影响。据观察，这些物质可以扩散得很远，人们在大西洋海面的水雾和北极的雪中都曾检测出农药物质。"[24]

读到这一悲惨的局面，我马上想到了一个问题：这些农药至少有些用吧？那些"病虫害"全都被消灭了吗？噢，当然没有！皮门德尔教授从 1995年起就不断解释："据估计，每年侵害全球庄稼的寄生物有 6.7 万种：9 000种害虫和蛀虫、5 万种有害植物、8 000 种杂草。但总的来说，真正对庄稼构成危险的不到 5%。[……] 然而，尽管每年使用大约 250 万吨农药，还使用了其他非化学的防控手段，还是有 35% 的农产品被病虫害所摧毁：13% 因为害虫，12% 因为有害植物，10% 因为杂草。"[25]

简而言之：倾倒到田地里的毒药大多数错失了目标，要么是因为病虫害有抵抗力或是逃脱了，要么是因为农药"跑到别的地方去了"，用范德沃夫的话来说，农药"跑去污染环境了"。加州研究团队提出的问题非常中肯：农药会导致居住在施药土地附近的居民患上帕金森病吗？答案显然是肯定的。农药使用的记录显示，在加州中央谷地居民最常用的农药中，有代森锰（即我之前提到过的以锰为主要成分的杀真菌剂），当然也有百草枯。研究结果证明，居住在离施药区域 500 码（大约相当于 450 米）之内，会使罹患帕金森病的风险提高78%。而且，当所接触的是这两种农药的其中一种，在60岁前患病的概率翻两倍（比值比：2.27），两种农药联合暴露则翻四倍（比值比：4.17），尤其是当暴露发生在1974年至1989年间，也就是相关人员的孩童或青少年时期。

"这项研究证实了之前在动物实验中观察到的两个结果。"曾督导加州大学这项团队研究的贝亚特·丽兹教授说道。她是加州大学洛杉矶分校公共健康学院的流行病学教授。她解释说："首先，多种农药产品的暴露会增强每种产品的作用。这很重要，因为在环境里，人们往往是暴露在不止一种农药中。其次，暴露的时刻也是一个重要的因素。"[26]

农药与免疫毒性：伤及鲸鱼、海豚、海豹

"显示农药损害免疫系统的科学数据多得惊人。一些动物研究表明，农药会破坏免疫系统的正常结构，干扰免疫反应，降低动物对抗原和传染性病原体的抵抗能力。还有一些确凿的证据能够证明这些结果可以类推到人类农药暴露的情况。"罗伯特·雷佩托和桑杰·巴利加在写于1996年的名为《农药与免疫系统：公共健康的风险》报告中这样写道。这篇报告是应世界资源研究所的请求所撰写的。[27]

雷佩托是可持续发展方面的经济学专家，撰写报告时他是世界资源研究所的副主席。他对我说："这份文献激起了化工产业界的勃然大怒。因为，这是有史以来第一项集合了所有有关农药对免疫系统影响的数据的研究。这个主题在当时完全被低估了，而且我觉得现在也仍然不被重视。但这是一个重要的问题，能让我们明白工业国家中癌症和自身免疫性疾病为何如此流行。"[28]

事实上，癌症很少是由单一一个因素引发的：癌症的发生往往是一个有着多种原因的复杂过程。通常，最初引发癌症的是病原体（也叫作抗原）的作用，例如射线、病毒、细菌、毒素或化学污染，然后受到遗传倾向、生活

方式、饮食习惯等因素的促进。如果身体机能健康，机体就能够通过免疫系统抵抗病原体的袭击。免疫系统通过三种功能不同但相互补充的机制来追踪并消灭入侵病原。

第一种机制被生物学家称为"非特异性免疫"，其中巨噬细胞和嗜中性粒细胞负责吞噬入侵病原（即细胞的吞噬作用），NK 细胞（即自然杀伤细胞）负责最终消灭入侵病原。第二种机制称为"体液免疫"，由 B 淋巴细胞分泌抗体。最后一种为"细胞免疫"，T 淋巴细胞（T4 或 T8）通过分泌淋巴毒素，毒死被巨噬细胞吞噬的入侵病原。

在雷佩托和巴利加所撰写的厚厚报告里，有 15 页关于他们所进行的活体实验和试管实验，这些实验证明农药能够干扰免疫系统中的一种或几种机制 [29]。其中，首当其冲的是有机氯农药（滴滴涕、林丹、硫丹、狄氏剂、十氯酮等）。以莠去津为例（这种除草剂于 2004 年在欧洲被禁用，但仍然在美国等地广泛使用，可参见第十九章），研究者发现，给老鼠口服该药后，它会干扰 T 淋巴细胞的运作以及巨噬细胞的吞噬功能 [30]。在另一项发表于 1983 年的研究中，研究者们证明了农药暴露对老鼠胸腺重量的影响——胸腺是免疫系统的重要器官，因为 T 淋巴细胞是在胸腺里发育成熟的，并且胸腺还起到了预防自身免疫反应的作用 [31]。自身免疫是指抗体的形成没有去攻击入侵病原，而是袭击免疫系统的细胞。最后，还有一项 1975 年的实验，显示通过口服或皮肤接触莠去津的鲑鱼，其脾脏重量降低，脾脏参与防御细菌感染，例如肺炎球菌和脑膜炎双球菌 [32]。

雷佩托和巴利加还强调，从实验室中农药暴露后的动物身上观察到的免疫系统异常，也出现在了野生动物群身上。例如在加拿大圣劳伦斯河出海口附近发现的鲸鱼尸体上，检测出了超高浓度的有机氯农药和多氯联苯，以及超高的细菌感染率和患癌率。研究过鲸目动物过早死亡现象的西尔万·德吉斯说："只有两个原因可以解释鲸目动物群体中这些疾病的流行，就是致癌物质暴露和抵抗力的下降。"[33]

此外，上世纪 90 年代初，一场奇怪的流行病导致地中海的海豚大量死亡，其中有几十条海豚的尸体搁浅在了西班牙瓦伦西亚的海滩上。尸检显示，这些海洋哺乳动物是死于病毒感染，而造成它们死亡的病毒是它们一般来说能够抵抗的病毒，例如麻疹病毒。一位英国研究者说："我们查阅了一个世纪以来的科学文献，都没有发现由这种病菌造成的流行病。"[34] 最后，经研究总结：鲸鱼的大规模死亡是因为器官中积累的有机氯农药、多氯联苯和其他污染物造成免疫力的下降。[35]

论证农药的免疫抑制作用的论文不胜枚举，其中有一篇特别突出。一切开始于上世纪 80 年代，一些动物学家发现生活在波罗的海和北海岸边的海豹大量死于麻疹病毒感染。于是荷兰研究者们决定开展一项前瞻性实验。他们在污染程度相对较低的苏格兰西北岸捕捉了一些幼年海豹。这些友善的哺乳动物被分成了两组：第一组用污染较严重的波罗的海的鲱鱼喂养；另一组用在污染较低的爱尔兰捕捉的鲱鱼喂养。值得注意的是，两组海豹的鲱鱼都是在"普通"市场上购买的，就是说，它们是供应给人类食用的鱼……两年后，第一组海豹脂肪中所含的有机氯农药的浓度比控制组高出十倍。研究者们还发现，食用被污染鲱鱼的海豹的免疫力比控制组低三倍，其自然杀伤细胞和 T 淋巴细胞的活性显著降低，抗体应答能力和嗜中性粒细胞水平也都有所下降。

荷兰病毒学家阿尔伯特·奥斯特豪斯在 1995 年 2 月于威斯康星举行的研讨会上介绍了他的团队所做的这项研究 [36]，他评论说："这项实验第一次证明了：接近自然环境中污染程度的污染物暴露能够造成哺乳动物的免疫抑制。"注意该研讨会的主题："化学产品所造成的免疫系统变化——动物与人类的关联"。

过敏和自身免疫性疾病——人类身上的反应

如雷佩托和巴利加所说，"所有哺乳动物（以及鸟类和鱼类）的免疫系统都具备相似的结构"，因此鲸鱼、海豚和海豹的遭遇与我们人类有着直接的关系。关于环孢素的研究可以证明这一点。环孢素是一种免疫抑制药物，用于预防器官移植受者对移植物的排斥反应。研究者发现，当"不同的哺乳动物，如大鼠、小鼠、猴子和人类等"服用环孢素后，所具备的"毒理学和免疫学特征是完全一样的"，正是这些特征构成了癌症生长的温床。美国癌症协会的医务总监、肿瘤学家亚瑟·霍莱卜也曾证明：使用过环孢素的患者罹患淋巴系统癌症的风险高出百倍，尤其是白血病和淋巴瘤[37]。这不正是农民最容易患上的那几种恶性肿瘤吗？

在雷佩托和巴利加的报告中，介绍了好几篇苏联科学家的论文，这些论文非常严谨地清点了农药对免疫系统造成的影响。雷佩托在电话采访中对我说："这些文献非常珍贵。因为在当时，西方研究只关注癌症和神经退行性疾病。而且，共产主义的官僚机制是他们的一个优势：他们不受利益的驱动——资本主义国家保护生产者的利益，为了防止销售额下降而隐瞒农药的毒性——而苏联研究者真正着眼于人体健康，他们仔细记录农业污染所造成的所有影响，目的在于降低因此所带来的医疗成本。"

无论如何，我必须承认，在听到这段话时，我觉得"官僚制"的科学研究——即与私人利益无关的科学研究——是有好处的，而且这种过时的模式应该对我们监管部门有所启发。我们的监管部门在对化学产品进行评估时，常常忘了把这些产品在中长期可能造成的医疗成本计算在内。可能有人会反驳我说，"官僚制"的研究也未能让前苏联的广阔领土（例如咸海）免遭灾难性的污染，这话没错。但是，它避免了慢性疾病爆发给医疗保险系统所带来的沉重压力。医疗保险系统的经费来源于把农业经济利益（农药供应所带来的利润）看得比人身健康（利润所带来的"风险"）更重的管理机制。

与此同时，"官僚制"的科学文献很好地证明了农药暴露会引起自身免疫反应；农药暴露还会干扰嗜中性粒细胞和T淋巴细胞的活动，使肺部和呼吸道的细菌感染得以持续发展。1984年至1995年间，在有机氯和有机磷杀虫剂使用量极高的乌兹别克斯坦产棉区进行了多项研究，证明呼吸道、消化道和肾脏感染在农业工人和居住在施药地区附近的人口中的发病率极高。而此刻的西方，学者们正在证明莠去津、对硫磷、代森锰、敌敌畏等杀虫剂会引起过敏、导致杜普佩医生所说的"皮肤症状"（参见第三章），而皮炎就是免疫系统对化学刺激的一种反应表现[38]。

在世卫组织于 2006 年发表的农药中毒预防手册中，有相当一部分是关于过敏的——过敏的患病率正不断提高，尤其是在孩子身上——关于自身免疫性疾病的篇幅也很大 ①。手册上是这样写的："过敏可以有多种表现方式，包括花粉症、哮喘、风湿性关节炎和皮炎。过敏是人体对职业性或环境性的毒素所产生的过分敏感的反应。引发过敏性反应的抗原被称为'过敏原'。[……] 当免疫系统丧失辨别异体细胞和自体细胞的能力，就会开始攻击自体细胞，导致组织的严重损伤。这种现象叫作'自身免疫'。尽管不像免疫抑制和过敏那样常见，自身免疫反应也与某些化学产品的职业性暴露密切相关。"[39]

在电话采访中，雷佩托告诉我，他为世界资源研究所撰写的报告引起了工业企业激烈反应（过敏反应！），这些企业里的科学家们空前绝后地团结一致，共同在《环境健康观察》学报上签署了一篇"批评"[40]。签署了这篇"批评"的，有陶氏化学、捷利康（Zeneca）、杜邦（Dupont de Nemour）、巴斯夫等公司下属的流行病学家，当然还有孟山都的德尼·弗拉赫提和约翰·阿卡维拉，此人正是前面介绍过的那篇极具争议的荟萃分析的作者！在对报告、尤其是对他们认为"难以评估"的苏联研究进行了一番批判后，这些作者们自相矛盾地总结道："我们没有找到确凿可信的证据能够证明与农药暴露相关的免疫抑制是一个普遍现象。尽管如此，世界资源研究所的这篇报告对我们将来的研究而言是一份重要的文献，因为它引起了西方科学家对丰富的外语研究资料的注意。"他们这样写，也不知道是尴尬的表现，还是

---

① "特应性——即易过敏体质——如今涉及超过 15% 的世界人口，且这个数字在工业化国家中很可能达到 20% 至 30%"。Mohamed Laaidi，《花粉与空气中化学污染物的协同作用：增长的风险》"Synergie entre pollens et polluants chimiques de l'air : les risques croisés"，*Environnement, Risques & Santé*, vol.1, n° 1, 2002, pp. 42—40。

算计好的调解策略。

　　这就是"亦褒亦贬"的艺术。然而，我们将会看到，当需要抹煞对他们不利的研究的影响时，工业企业的态度可以是更暴力的、甚至是邪恶的。并且，在了解进入到食物链中的化学产品是如何接受监管之前，很有必要谈及20世纪工业史，如此才能明白为什么剧毒物质能够一直毒害我们的环境和我们人类。

第二部分
科学与工业：疑惑的产生

"烟草巨头开启了一条新路，现在整个工业产业都用他们这套方法来制造疑虑，因为他们明白普通大众不具备辨别真假科学的能力。创造疑虑和困惑对商业有利，因为可以争取时间，争取很多的时间。"

第七章
科技进步致命的一面

科学负责发现，工业负责运用，人类负责跟随。
——1993 年芝加哥世界博览会的口号

"如果我们在认识到化学品的毒性后马上就采取措施的话，那可以避免多少工厂里的伤亡事故。一想到那些无辜死去的人，我真的觉得很愤慨……"这话是美国流行病学家彼得·因凡特说的。2009 年 10 月，我在他位于华盛顿郊区的家里见到了他。他整个职业生涯都在为捍卫"为科技进步付出了沉重代价的"公共健康和职业安全而斗争。"为了生产消费型社会为我们提供的那些漂亮日用品，蓝领阶层——也就是工人——付出了沉重的代价。"他激动地说道，"公职机构最起码应该尽量减少他们暴露在有毒化学物质下的机会，并且在他们患病时为他们提供保障赔偿。然而，整个产业在这方面却是极尽节省。"[1]

与化工企业分庭抗礼的学者

现年 69 岁的彼得·因凡特很清楚自己在说什么。他曾在美国职业安全与健康管理局工作了二十四年 ①，该机构成立于 1970 年，美国国家环境保护局也是在那个时候成立的。当时，蕾切尔·卡森的《寂静的春天》激起了人们

---

① 因凡特在 1978 年至 1983 年间领导致癌物质分类部门的工作，从 1983 年至 2002 年则负责卫生标准制定工作。

对环境的忧虑，于是美国开创了先河。因凡特说："我于 1978 年来到职业安全与健康管理局，当时该机构还是把分内工作做得很好的。在吉米·卡特局长任命的毒理学家尤拉·宾汉姆的领导下，我们大量降低了铅、苯和棉尘暴露的机会。后来，里根总统上任白宫，他主张放松监管。于是化工企业得以控制职业安全与健康管理局，我也几乎丢了工作……"

因凡特给我看了一封阿尔·戈尔 [①] 写给"索恩·奥科特议员"的信，戈尔时任国会调查监督委员会的主席，奥科特则是职业安全与健康管理局的局长兼劳动部副部长。这封信写于 1981 年 7 月 1 日，信中质疑解雇彼得·因凡特的决定。因凡特的领导指责他将有关甲醛的最新科研成果通报给国际癌症研究机构。该机构隶属于世卫组织，任务是根据致癌程度给化学品进行分类（参见第十章）。甲醛，又称福尔马林，被国际癌症研究机构列为优先管理物质；甲醛水溶液存在于许多常用产品中：胶合板家具的粘合剂、洗涤剂、消毒剂、化妆品（如指甲油）等。因此，甲醛参与了许多工业和手工业制作的程序。1980 年 11 月，一组参与了国家毒理学计划的科学家认为"甲醛对人类有致癌的危害"。因凡特决定将他们的结论通报给国际癌症研究机构的领导者约翰·希金森。此举引发了职业安全与健康管理局领导层的勃然大怒。

戈尔在信中直言不讳："我有理由相信你们机构将要采取的行动是出于政治的动机。此外，你们在陈述了解雇理由后，还附上了来自甲醛研究所的几封信件，信中严厉指责因凡特医生。在我看来，以一个化工组织的信件作为解雇员工的理由是极为可疑的，因为他们的目的在于防止甲醛被认定为致癌物质。［……］如果你们解雇因凡特医生的话，等于向所有负责公共健康保障的公仆发出一个信号，告诉他们履行职责将会令他们丢失工作。"

读完这封难以置信的信后，我问他："你最终没被解雇？"

---

① 1992 年，民主党人阿尔伯特·戈尔被选为克林顿总统（1992—2000 年执政）麾下的副总统。他在 2000 年 11 月的总统大选中不幸败给共和党的乔治·布什。之后，他拍摄了纪录片《难以忽视的真相》(2006 年)，并因此成为了一名反对全球气候变暖的代表人物。

"没有！而且国际癌症研究机构在 2006 年将甲醛列为了'致癌物质'。但是，在当时，职业安全与健康管理局的黑暗时期才刚刚开始。从里根到布什父子，共和党执政期间，我们的机构瘫痪了。受我们监管的产品数量少得可笑，近十五年来只有两种！ 2002 年，我离开了管理局，成为一名独立的顾问。"

这本书的第二部分从彼得·因凡特的故事开始，因为这是一个很好的例子，说明化工企业在整个 20 世纪是怎样使用阴谋诡计使剧毒产品持续在市场上销售，甚至毒害加工和消费这些产品的人们。因凡特强烈推荐《他们的产品就是疑虑》（*Doubt is Their Product*）这本书，他认为这本书很精辟地证明了这一点。这本书的作者就是前面提到过的美国流行病学家大卫·迈克尔斯。就在我于 2009 年 10 月采访因凡特不久之前，奥巴马总统刚刚任命迈克尔斯为美国职业安全与健康管理局的领导。我很希望能够见见这位著名的流行病学家、华盛顿大学环境与职业健康研究所的教授，但这在当时是不可能的。

在我寻求与他见面的机会时，他非常忙碌。他刚刚被任命，这激起了化工企业的强烈反对，这些企业想尽一切办法阻止参议院通过这一决定。但他们徒劳无功。2009 年 12 月 3 日，迈克尔斯走马上任，这对美国来说肯定是一个好消息。因为，这位职业安全与健康管理局的新老板（兼劳动部副部长）做的最正确的事情，就是或近或远地监视化学毒药生产商：在他的著作里，他证明了这些生产商是怎样欺骗和操纵大众、怎样藐视人类的生活，就是他们在攻击我们的健康，从而造就吉纳维芙·巴比耶和阿尔芒·法拉希所形容的那种"致癌的社会"[2]。

癌症，"文明社会"的疾病

在详述化工企业恶心的、邪恶的历史之前，我想先谈谈人类的药物史。我在巴黎的图书馆里花了很长时间查阅各种著作和论文，试图找到这个问题的答案：癌症是否如某些人所说的那样，是一种"文明社会的疾病"？更确切地说：癌症的发展是否与工业活动的发展有关？在阅读了大量文献后，我总结出：癌症无疑是一种非常古老的疾病，但是在19世纪末之前，这种病相当罕见。

《致癌的社会》的作者也是这么解释的："在农业出现以前，没有任何关于人类死于癌症的记载。能够被查出来的死因包括感染性病变、佝偻病、外伤等，但没有癌症。"[3]另一方面，史前史和新石器文明的专家让·吉斯莱纳也说："几乎没有发现肿瘤，恶性肿瘤的例子更是完全没找到过。"当然，他也明确表示"在骨头上找不到肿瘤，不代表软组织部分也没有恶性肿瘤"，因此须了解"史前人类是否也跟现代人一样为癌症付出了沉重代价"[4]。

所有考察得出的结论都是："关于癌症最早的书面记载出现于约公元前1600年。"美国癌症协会的网站上也是这么说的。这段记载出现在一张古埃及莎草纸上，是由英国外科医生埃德温·史密斯于1862年发现的，其内容介绍了八个乳腺肿瘤病例，并把它们定义为"不治之症"。英国毒理学家约翰·纽比和维维安·霍华德也查阅了大量文献，并认为"恶性黑色素瘤"（即皮肤癌）的最早例证发现于一具秘鲁的印加木乃伊上，这具木乃伊有大约二千五百年的历史。而肯尼亚古生物学家路易·李基则在一具直立人残骸上发现了淋巴瘤的痕迹。[5]

证明在古代就已经能够确切识别癌症这种疾病的最好证据就是，"cancer"这个词是希波克拉底（公元前460—前370年）发明的。他观察到肿瘤典型的分支形态，联想到螃蟹（希腊文中为carcinos）的形状。希波克拉底被称为"医学之父"，他的论著中描述了好几种癌症的类型，他把癌症的发生解释为"黑胆汁"过剩①。后来，到了新纪元之初，Carcinos这个词被罗马医生瑟尔修斯翻译成了拉丁文。

---

① 希波克拉底认为，人体由四种"体液"构成：血液、粘液（存在于脑部）、黄胆汁（存在于胆囊）、黑胆汁（存在于脾脏）。

尽管癌症早已被古人所了解，但它在工业发展之前的人类中是极为罕见的，《癌症：文明社会的疾病？》[6]这本书很清晰地证明了这一点。这本书的作者是维尔加穆尔·斯蒂芬森，曾勘探北极的爱尔兰人种学家，他的这本书是业内经典著作[7]。在由洛克菲勒研究所的分子生物学教授勒内·杜博所撰写的前言中谈道："原始人对癌症并不了解，如果他们不改变他们原始的生活方式，他们会一直对癌症一无所知。"斯蒂芬森在书中援引的许多旅行医生的证言也能证明这一点。例如，约翰·巴尔克利医生在1927年发表于《癌症》学报的报告中说道："我在阿拉斯加各个部落中生活了十二年，从来没有遇到过一起癌症病例。"[8]还有，曾被誉为"阿拉斯加最著名的医生[9]"的约翰·罗米格也在1939年说他"在与真正原始的爱斯基摩人和印第安人接触的三十六年间，从来没有遇上一起恶性疾病，然而一旦他们的生活开始现代化，疾病则频频降临"[10]。斯蒂芬森还引用了欧仁·佩恩医生的证言，他"在二十五年间为巴西和厄瓜多尔某些地区的60 000名病人做过检查，从来没有发现一起癌症病例"[11]。还有弗雷德里克·霍夫曼医生，在1923年布鲁塞尔癌症研讨会上谈到了玻利维亚妇女："我没有发现任何一起确切的恶性疾病病例。而且我采访过的所有医生都说从来没有在印第安妇女身上发现过乳腺癌。"[12]

所有说英语的科学家的发现，也能被他们说法语的同行们所证实。例如阿尔伯特·史怀泽在其著作《原始森林的边缘》中谈到了他1914年生活在"赤道非洲土著民"中间的经历："九个月间，我治疗了2 000个病人，并且发现，大部分欧洲疾病在这里也有。然而，却没有癌症和阑尾炎。"[13]《致癌的社会》中还提到了博维斯教授的话，博维斯医生是"最早关注恶性肿瘤之流行的医生之一"，他在20世纪初就写道："原始种族在过去几乎不患癌症。自从我们的文明入侵，他们就开始患癌了。因此我们可以把原始种族的文明化称为'癌症化'。"[14]

有些人可能会提出异议，认为"无法获得有关非文明化种族（如非洲土著和北美南美印第安人）癌症发生率的确凿统计数据"。对此，朱塞佩·塔拉里可医生的话正好可以反驳："所有曾长期在原始族群中行医的医生都一致证明癌症案例极为罕见或见所未见[15]"。这可不是缺乏调查！同样地，法国历史学家皮埃尔·达尔蒙也说，旅行医生发现了某些"奇特的癌症"，例如"岗日炉"癌症，表现为"前腹壁的癌变"。这种疾病"在喀什米尔地区非常流行，那里的居民为了御寒会在长袍下放一个岗日炉，这是一种陶制的罐子，里面装有炭火，会导致慢性的灼伤和炎症"。此外，"唇癌、舌癌和口腔癌在印度相对流行，那里的男人和女人们喜爱嚼槟榔，一种槟榔叶、烟草和石灰混合而成的咀嚼物。"[16]与嚼槟榔的习惯相关的癌症在印度的奥利萨邦一直很流行。我在2009年末去过那里。然而其他癌症在那里几乎不存在，不过这种状况可能持续不了多久了……

读着这些20世纪初的科学家们的游记，我也明白了为何某些人会把这些记载讥讽为"高贵野蛮人的神话"，对之极力斥责、否定、甚至丑化：这些旅行偶然地发现了癌症与"原始人"无缘，这与"文明"国度中的情况形成鲜明对比。在文明国家中，与工业革命接踵而至的，是癌症的辉煌发展。

18世纪的先驱：拉马齐尼和职业病

"与癌症抗争的历史开始于1890年，那一年人们开始集体对这种疾病全面警惕，"皮埃尔·达尔蒙在书中说到了"1880年至1990年间统计数据的激增"[17]。这同样也是感染性疾病激增的时期①，这位历史学家写道："前几次调查的结果十分沉重。癌症一年比一年强势。原始数据是无可争议的。1880至1900年间，每10万名居民中因癌症而死的人的比例似乎在大多数国家都翻了一倍。"例如英国、奥地利、意大利、挪威和普鲁士。根据1896年发

---

① 1906年的法国，19%的死亡是由感染性疾病造成的，同样高居榜首的还有肺结核和白喉；今天，感染性疾病占1.8%，癌症占27%。

表于《英国医学报》上的一篇报告，在工业革命的摇篮英格兰，因癌症去世的人从 1840 年的 2 786 名（即每 100 万名居民中有 177 人），增加到 1884 年的 21 722 名（每 100 万人中有 713 人）[18]。达尔蒙总结：“四十年间，这种疾病的流行程度翻了三倍。”他还举了“瑞典小城弗林斯布罗”的例子，那里“自 19 世纪初以来一直记录因癌症而造成的死亡人数：这个数字从每 10 万人中的 2.1 人涨到了 108 人”①。许多公开发表的研究都认为，癌症不但袭击了旧大陆的国家，也触及了新世界。罗斯威尔·帕克教授在 1899 年发表于《医学新闻》上的文章就曾预言：“如果按照这个速度发展，十年后，因癌症而死的人将会比肺结核、天花和伤寒加起来还多。”[19]

值得注意的是，为了解释这一令人担忧的发展趋势，某些人编造了一些直到今天还被大力鼓吹的理由，试图否定环境改变是致癌的原因，而一个世纪以来，癌症的发病率一直在提高。我在后面的第十章会详细讨论这一点，但现在，我们先来读一下这位法国历史学家是如何描述 20 世纪初恶性肿瘤激增的情况的：“许多人控诉说，是平均寿命的延长、古老统计数据的缺陷和临床医学的进步使癌症的数字显得提高了。”一个世纪后，许多知名癌症学家——例如法国的莫里斯·杜比亚纳教授——也是这么说的，他们不断地试图降低环境作为癌症病因的重要性。必须承认，“平均寿命的提高”确实是一个事实：人类的平均寿命从 1900 年时的 45 岁提高到了 2007 年的 80 岁……但是，正如我们将会看到的，要确定患癌率的增长是不是必然的趋势，唯一有效的数据就是一般人口中患癌率的增长，尤其是各年龄段的增长数值。而法兰西科学院的某些权威学者似乎忽略了这一点。

正如达尔蒙所强调的，这些伪参数“常常绕过了许多学者认为是首要致癌因素的事情：文明的进步”[20]。的确，自 18 世纪中叶以来，许多医生开始将癌症与某些职业活动联系起来。1556 年，德国地质学家乔治·鲍尔发表了一本伟大的著作——《坤舆格致》（De re metallica），其中他描述了采矿和

---

① 弗林斯布罗位于瑞典南部，18 世纪以来因冶金业的发展而著称。

冶金的技术，也谈到了在矿工身上发现的许多肺部感染和肿瘤症状①。

但是第一个对癌症与污染物或有毒物暴露的关系作出系统研究的，是意大利医生贝纳迪诺·拉马齐尼（1633—1714）。他是帕多瓦大学的教授，被誉为劳动医学之父。1700 年，他发表了著作《职业病》，介绍了三十多个有罹患职业病（尤其是肺部肿瘤）风险的行业。其中包括所有与煤、铅、砷和金属有接触的行业，例如玻璃工、画家、镀金工、制镜工、制陶工、木工、鞣革工、织布工、锻工、药剂师、化学工、面粉工、毡合工、制砖工、印刷工、洗衣工等"暴露于硫磺蒸汽"和"使用含汞制剂"的行业，以及"制作或销售烟草"的行业。在他这本两个世纪来一直不断被参考引用的奠基性著作里，他提到尼姑比同时期的妇女更少罹患子宫癌，而在当时人们尚不知道某些性传播病毒对这种恶性肿瘤的作用。相反地，他还观察到，单身女性比已婚女性更容易罹患乳腺癌，四个世纪后人们发现哺乳有助于预防这种激素依赖性疾病，证实了他的观点。

拉马齐尼是一个好奇又细心的人，既是一名社会学家和记者，也是一名医生，总是积极地到工厂去探访。他还是一名人道主义者，对"生病的平民百姓"富有同情心。他在《职业病》的前言里写道："我建议医生们在探访平民病人时，不要一进门就马上把脉，甚至不考虑一下病人的情况。医生应该先坐一坐，就好像坐着的这张简陋的板凳是一张烫金的沙发。然后，用亲切的语气询问所有需要问的问题，医生的信条和良心需要他问的问题。有很多事情是医生需要知道的，关于病人本身和其他相关因素。听听希波克拉底誓言是怎么说的：当您来到病人身边，要询问他的感觉，他的病因，病了多少天，如果他腹泻，要问他吃了什么。然而，在这些问题中，我认为还要加上以下问题：**病人从事何种行业**？"[21]

拉马齐尼的创新之处在于，他证明了某些严重的疾病是由人类活动造

---

① 这本著作在 1912 年由美国矿业工程师赫伯特·胡佛和他的妻子翻译成英文，这名工程师后来成为了美国第 31 任总统（1929—1933）。

成的，尤其是与新兴的工业相关的活动。卡尔·马克思也与拉马齐尼意见一致，并在《资本论》中提到了《职业病》这本革命性的医学著作，他提到："疾病的产生可能是工业制造的隐藏代价"，这也是保罗·布朗克的看法[22]。在《资本论》第一卷《资本的生产过程》中，马克思指出"身体和精神的某些发育不良是与社会分工密不可分的"[23]。这是在引用了《职业病》一书后作出的评论。

19世纪工业革命：未知的流行病的病原

保罗·布朗克还注意到一个奇怪的现象：尽管制造业工人罹患疾病的情况在19世纪的欧洲和美洲越来越普遍，所谓的"进步分子"或者说是"自由主义者"们却并非全都关心这个问题。这说明，尽管所谓进步思想认为工业革命能最终带来普世安康，却忽略了工厂活动对健康和环境所造成的危害。布朗克举了哈丽叶·马蒂诺的例子：马蒂诺（1802—1876）是一名英国女军人、废奴主义者、记者和社会学家，她曾翻译实证主义者奥古斯特·孔德的作品。她认为，制定职业安全条约是没用的，工业的自由主义信条就是"放手做"，因此保障职业安全是企业唯一的职能。人们常常将马蒂诺对美国的研究与亚历西斯·托克维尔的研究作比较，马蒂诺也因为与查尔斯·狄更斯的论战而闻名。狄更斯的观点与之相反，他认为国家应该加以干预、加强职业安全保障。

查尔斯·狄更斯，《大卫·科波菲尔》的作者是一名对人民苦难和工业剥削深恶痛绝的作家，他与许多医生关系密切，因此，维多利亚时期和工业时期英国工人的典型病症给了他的小说很多灵感。澳大利亚神经科学者凯莉·斯科菲尔在2006年发表于《临床神经科学报》[24]的文章中，探讨了狄更斯笔下一个人物的典型的帕金森病症状，即四肢无法控制地颤抖，而在当时，医学界"尚未给此疾病命名，也没有生物学的解释"[25]。

如果执政阶层总是对工业革命带来的健康后果无动于衷的话，医生们只会不断地从劳动阶层身上发现新的疾病。这启发英国外科医生珀西瓦尔·波特进行了一项先锋的研究，并于 1663 年发表了关于阴囊癌的研究，这种癌症在当时还是不为人知的。波特检查了伦敦一家医院里的一些烟囱工人，发现他们常常在阴囊上长有肿瘤，因为他们身体的这一敏感部位沉积了煤灰。波特还注意到，德国和瑞典的烟囱工人比英国工人患病的几率较低，因为他们在工作时习惯穿上皮裤 [26]。一个世纪后的 1892 年，亨利·巴特林医生在皇家外科医学院的一次研讨会上也谈到了"阴囊癌"同样影响到造船厂的工人，因为造船工人用煤焦油来涂抹船体 [27]。

但是，煤的副产品所带来的一大串危害才刚刚开始。不久后，又有不同的临床报告和研究证明：煤砖厂和使用木焦油处理木材的工厂里，工人频频患上皮肤癌。这种癌症在当时还很罕见，这使得船坞工会发起了一项官方调查。这项"详实的流行病学调查"是前所未有的，发表于 1912 年，它证实了造船工人中黑素瘤患病率超高 [28]；而且，如布朗克所说，它还"附带了一项动物实验，证明化学品与癌症的关系，这是化学品致癌性研究领域中最早的实验室研究之一" [29]。

说真的，阅读 20 世纪初的医学文献会让人背脊发凉。从中可以看到，在磷工业发达的德国、奥地利和美国，火柴厂工人们所受到的磨难。1830 年，磷工业已经经历了硕果累累的十年发展，而新的医学报告也揭发了一种新型的可怕疾病的出现：下颌骨坏死，是由黄磷蒸汽造成的，表现为口腔黏膜的严重损伤、颌骨分裂、牙齿逐渐脱落。如布朗克所说，"磷造成的坏死症"很好地诠释了劳动安全领域"放手做"所造成的危害，因为直到 1913 年，火柴工业找到了危险性较低的替代品（例如红磷），黄磷才被禁止用于火柴生产。

使人发疯的毒药

在当时，神经系统疾病极受关注。正因如此，二硫化碳引起了极大的恐慌，类似的案例也很多。保罗·布朗克的著作中有一章题为"使人发疯的工作"[30]，抨击"文明化"国家中工业化的盲目和轻率。二硫化碳是一种可溶解多种有机化合物的剧毒溶剂，是硫化橡胶制作过程中的一种原料，也用于某些药品和农药的制作（在 19 世纪，人们曾用二硫化碳消灭葡萄根瘤蚜）①。

　　1856 年，年轻的巴黎医生奥古斯特·德尔佩奇在医学学会做了一次简短的报告，介绍了一种他认为是由橡胶生产引起的新疾病。他描述了 27 岁的工人维克多·德拉克洛瓦的病例，其症状类似于铅中毒：头痛、肌肉僵硬无力、失眠、失忆、心智混乱和性功能障碍[31]。当克洛德·贝尔纳在准备关于有毒物质和药用物质的作用的课程时，德尔佩奇在两只鸽子身上测试了二硫化碳的毒性，这两只鸽子立即死亡了，他又测试了一只兔子，兔子最后瘫痪了[32]。保罗·布朗克强调："德尔佩奇这项关于二硫化碳毒性的实验，将人体症状的临床描述与实验室内的疾病再现实验相结合，代表了同时期医学工作者的深谋远虑。"

　　当然，除了少数"有远见"的医生，如美国的爱丽丝·汉密尔顿和威廉·休珀之外，很少有医生能够跳出封闭的科学领域，深入民间去揭露在诊所或实验室中诊断出的职业病。这反而说明，所发现的这些可怕病痛，被默认为工业化进程中所必须付出的代价。这也是当时的报刊媒体都认同的观点。1863 年，德尔佩奇医生又发表了一篇很长的论文，详述了 24 例橡胶工厂工人的中毒病例，这些工人用橡胶生产气球和安全套。他们中的大部分人患有歇斯底里症、性兴奋期后阳痿，其中一名女工甚至吸入有毒蒸汽而自杀[33]。他的研究成果非常引人瞩目，《伦敦泰晤士报》评论道："二硫化碳是目前所知最危险的化学物质之一，不幸的是，它也是最有用的之一。"[34]

　　二十五年后的 1888 年 11 月 6 日，著名的让-马丹·夏寇医生（1825—

————————————

① 威百亩（metam sodium）是一种以二硫化碳为基本原料的农药，直到今天仍被广泛用于（在种植草莓之前）消毒泥土、防止发芽和处理种子。

1893）在一次课程中（他每周二于巴黎慈善医院举办的课程也非常著名），在一群穿白大褂的权威人士面前介绍了一位二硫化碳急性中毒的受害者。这位小伙子在一家橡胶厂里工作了十七年，某次在清理了喷药桶后忽然陷入昏迷。"这位可怜人的情况是男性歇斯底里症的特例。"夏寇医生解释道，并提示癔病通常被认为是一种女性疾病。谈到二硫化碳的致病作用时，他的语气带着专家对待奇怪事物所特有的冷静态度："保健医生和临床医生在工人遭遇事故——往往是神经系统受损的事故——的时候应该关注工业活动。"[35]这一"课"载入了史册，1940 年出版的英国医学辞典中将由二硫化碳"毒气"造成的神经系统障碍称为"夏寇氏二硫化碳癔症"。

然而，与人们所想的相反，越来越多的医学数据并没有促使当局禁止二硫化碳的使用，连起码的规范也没有。1902 年，夏寇的门生、英国医生托马斯·奥利弗试图鸣响警钟，揭发放任经济的局限，即企业自己负责生产安全。在一项资料很丰富的研究中，他描述了一家橡胶厂里女工的成瘾现象、癔病以及性功能障碍："早上，她们带着头疼和不适，拖拖拉拉地来到工厂。就像那些酗酒的人一样，她们在重新吸到二硫化碳蒸汽后，才感到轻松、精神稳定。"[36]

但这项新发表的研究并没有改变工厂里的劳动环境。因为，此时，它的用途又多了一项，一种新的神奇产品诞生了：粘纤，又称"人造丝"，带来了纺织工业的光明前途①。这种合成纤维是用木浆中提取的纤维素制成的，而二硫化碳是提取过程的关键成分。保罗·布朗克指出："又一次，医学报告迅速找到了危险所在，却得不到任何的下文。几个世纪以来，工厂里缺乏有效的监管，证明经济和政治的力量可以拖延一切有益于公共健康的干预政策。"[37]

---

① 布朗克说道，在上世纪 30 年代的比利时，"化纤"工厂里的女工要乘坐一种特殊的火车，以避免与他人接触，因为她们"行为放荡"。

1936 年布鲁塞尔：癌症成因研讨会

"这是有史以来最重要的一次关于癌症的研讨会，"以色列生物化学家与肿瘤学家伊萨克·贝伦布朗（1903—2000）说道[38]。美国流行病学家德维拉·戴维斯则在其著作《抗癌战秘史》[39]中谈道："这是抗癌的曼哈顿计划"。这次盛会如此重要，《自然》杂志在 1936 年 3 月，即会议召开前半年，就已经发出了通告。会议最后于 9 月 20 日在布鲁塞尔召开[40]。开幕当天，世界上最优秀的两百多名癌症专家在比利时的首都汇聚一堂。他们来自北美、南美、日本和整个欧洲，很多人坐了几个星期的船才到达。他们在会上交换了关于癌症这种不断发展的疾病的知识。

德维拉·戴维斯在匹兹堡大学创建了第一个环境肿瘤学研究中心，她说："我查阅了七十年前即一战前这次研讨会的资料，以了解当时的科学家对于致癌的社会与环境因素的认识。我惊讶地发现，关于这次研讨会的三本厚厚卷宗涵盖了非常翔实的临床和实验报告，证明了当时广泛使用的大多数化学产品，如砷、苯、石棉、合成染料和激素，都被认为对人体有致癌作用。"[41]

与会者中还有英国学者威廉·克拉默，他在对比了多对同卵双胞胎后得出结论："癌症不是遗传病。"[42]而且，在研究了英国的死亡记录后，这名帝国癌症研究基金会的研究者还发现，癌症的发生率自 20 世纪初增加了30%。他还补充，他所得出的这个数据已经扣除了人口的增长和寿命的增加。因此，考虑到肿瘤的发展可能是二十年前所遭遇的暴露的后果，他建议限制工作场所中致癌物质的使用，并且加强实验研究，因为"癌变通常在啮齿动物和人类身上的相同组织中发生"。

出席布鲁塞尔会议的还有阿根廷学者欧诺里奥·罗佛（1882—1947），他展示了定期暴露于 X 射线和紫外线之后、患上了肿瘤的老鼠的照片，若同时暴露于碳氢化合物，患病风险则更高。还有伦敦皇家肿瘤医院的詹姆士·库克和欧内斯特·肯纳维，他们作了一项集合了三十多项研究的荟萃分析，证明长期接触雌激素会导致雄性啮齿动物罹患乳腺癌。

"1936年的科学家们怎么能够断定某种物质致癌？"德维拉说道，"他们结合了尸检和病历，以及癌症患者的职业历程。他们有理由认为，若是在矿工肺部发现了焦油和煤屑，并证明将这些物质置于动物的皮肤和肺部也能够使它们患上肿瘤，这就足以确定这些渣质的致癌性，并且应该对其加以控制。"[43]

这一切似乎清晰明了、合情合理。然而，在阅读1936年研讨会的文件时，会很自然地提出这样一个问题：既然这些学者们都"已经"了解了化学物质暴露是癌症爆发的主要原因，而且，既然他们"已经"知道该如何采取措施限制这些毒药带来的恶果，那为什么他们的意见没有被听见呢？答案与这个问题本身同样简单：学者们的成果和建议之所以被忽视，是因为自20世纪30年代起，企业界已经开始对有关他们产品的毒性的研究进行监控和操纵。他们掀起了一场战争，无情地攻击那些想要保持独立、捍卫公共健康的科学家们。这场以石击卵的战争中，首位受害者是著名的德裔美国毒理学家威廉·休珀，他被认为是拉马齐尼的继承者。他参加了布鲁塞尔研讨会，几个月后，他被东家美国化工企业杜邦公司给解雇了。

职业病研究者威廉·休珀的孤军奋战

威廉·休珀的故事非常典型，因为这是我在漫长调查中所发现的所有故事的缩影。休珀于19世纪末出生在德国，一战期间被送上凡尔登前线，见识了他的同胞弗里茨·哈伯发明的毒气的杀伤力。这个经历使他产生了坚定的和平信念，他终身以此为志。完成医学学业后，他于1923年移民到美国。他先是在芝加哥一间医学院里工作，然后进入了宾夕法尼亚大学癌症研究实验室，该实验室的财政很大程度上依赖于当时最大的化工企业之一——杜邦公司。1932年，他得知杜邦公司于新泽西的工厂生产用于合成染料制作的联苯胺和萘胺，于是写了一封很天真的信给当时的老板伊雷内·杜邦，告知他工人们有可能因此患上膀胱癌。这封信没有得到任何答复……

威廉·休珀对合成染料非常了解：作为劳动卫生的专家，他时刻关注着与这个繁荣的行业一同而至的病历报告。合成染料的生产方法是在英国一间实验室里意外发明出来的。1856 年，化学专业的学生威廉·亨利·珀金发现他可以将煤焦油（分解煤以生产照明燃气的副产品，在当时被认为是没有价值的）转化为一种紫色的溶液，他把这种溶液命名为"苯胺紫"。这就是史上第一种合成染料。年轻的珀金的这一发现非常重要：合成染料的生产对有机化工的发展起了很大的推动作用。有了芳香胺，例如联苯胺和萘胺，有机化工改变了药品（如阿司匹林、抗梅毒药等）、炸药、粘合剂、合成树脂、农药，当然还有纺织品的生产。德国很快地投身于合成染料市场，并申请了几百项专利。然而，1895 年，德国外科医生路德维希·雷恩报告：在格里斯海姆一间生产品红染料的工厂里，45 名工人中有 3 名患上了膀胱癌。十一年后，患病者达到了 35 名。在接下来的十年中，德国多地查出了几十起病例，瑞士也出现了同样的情况[①]。1921 年，基于多份临床报告，国际劳工局发表了一本关于芳香胺的专题著作，并建议"采用最严格的卫生预防措施"[44]……

　　然而，又一次，这些报告还是没有起到什么作用。一战后，美国将战败的德国的专利据为己有，并低价转售给美国的企业，如美国氰胺、联合化工、染料公司、杜邦公司等。杜邦公司马上在新泽西的深水镇建起了第一间有机化学工厂，并从 1919 年开始生产联苯胺和萘胺。根据大卫·迈克尔斯查到的内部文件，该企业的医生于 1931 年查出了第一例膀胱癌，就在威廉·休珀给伊雷内·杜邦写信前不久。"接下来的几年中，这些医生在全国研讨会和学术论文中都谈到了这种流行病：到 1936 年已有至少 93 宗病例确诊。"——迈克尔斯在一篇关于膀胱癌的职业性病原的文章中这样写道[45]。

　　1936 年，布鲁塞尔研讨会召开的同一年，杜邦公司的首席医生埃德加·埃文斯发表的一篇论文就证明了该公司玩弄透明度的企图[46]。两年

---

①　1925 年，瑞士和德国将膀胱癌纳入了与联苯胺和萘胺相关的职业病列表。而在法国，直到 1995 年，列表 15 中才提到了"芳香胺和相关胺盐造成的膀胱增生病变"。

前，迟迟没有回复休珀信件的杜邦公司，还邀请休珀加入在威尔明顿新创立的毒理学研究所，具体研究膀胱癌。休珀开展了一系列实验，在犬类身上测试萘胺的作用。结果很明确：与人类一样，长期暴露于芳香胺会导致犬类罹患膀胱癌。休珀对此非常忧虑，他深信雇主公司的诚信，于是要求参观深水镇的工厂，看看可以怎样改善工人们的生产安全。

休珀回忆道："经理和他的下属们首先带我参观了位于最大的楼里的生产车间。一道大大滑动门将车间与其他区域隔开，以防止萘胺蒸汽和烟尘的扩散。在我参观的时候，车间并没有在进行生产，异常干净。于是我在陪同参观的人员中找到了工头，对他说车间干净得难以置信。他看着我，回答：'医生，您应该昨天晚上来，我们忙了一整晚打扫车间，就为了迎接您的到来。'我的这次访问一下子就变得毫无意义了。我看到的只是个精心布置的完美场景。我于是向经理要求带我参观联苯胺车间。跟他说了我刚刚听到的话后，他原本假装欢迎我的神情消失了。我们走了一小段距离，来到了隔壁一座小楼里的联苯胺车间。只需一眼，就可以看出工人的暴露程度：地上、载物台上、窗台上，到处都是白色的联苯胺粉末。这就是我这次参观的发现。回到威尔明顿后，我写了一份简报给伊蕾内·杜邦先生，告诉他我的体会，并对他们欺骗我的企图表示失望。这封信也没有得到任何回复，而我也再不被允许参观车间。"[47]

对于威廉·休珀，这是他的结局的开端。不久后，他陷入了与公司的纠纷，公司不允许他发表在犬类身上所做的研究。最后，参加过布鲁塞尔研讨会后，他于 1937 年被开除了。顶着威胁要起诉他的杜邦公司的怒火，休珀最终还是于 1938 年在一本科学刊物上发表了这项研究[48]，四年后他发表的著作中也包含了这项研究。他的这本著作名为《职业性肿瘤与相关疾病》，其分量之重，相当于拉马齐尼的著作在他的那个时代。这本著作总结了半个世纪以来关于癌症和化学品暴露之间关系的重要研究。威廉·休珀在自传中谈道：他原本想把这本著作题献给"所有为了生产带来更好生活的化学品而患上癌症的受害者"。这是影射 1935 年杜邦公司推出的口号"化学带来更好的生活"。由于担心杜邦的报复，他最终选择了比较婉转的题献词："缅怀我所有因职业病而去世的同事，他们为了生产能够让他人更好地生活的产品，献出了自己的生命。"[49]

尽管杜邦公司诋毁他"既是一名纳粹，又是一名共产主义同情者"[50]，他还是在1948年被著名的国家癌症研究中心雇用了，他在那里建立了第一个环境癌症研究部门。就在那里，他遇见了蕾切尔·卡森，他为卡森打开了他的文献，帮助她为《寂静的春天》这本书做准备。而杜邦公司直到1955年还在生产萘胺，1967年还在生产联苯胺，并且从来没有真正修改过生产程序。1947年6月，杜邦公司的首席医生埃文斯写了一封信给美国氰胺的医务主任亚瑟·曼杰斯多夫，他在信中直言不讳地承认："萘胺生产工人的卫生防护问题非常严峻。[……] 我们工厂里最初开始生产萘胺的那一批工人，几乎百分之百患上了膀胱癌。"[51]

我们无从得知今天还有多少受害者因为使用芳香胺而患上膀胱癌。芳香胺中有联苯胺和萘胺，还有邻甲苯胺，一种广泛用于橡胶（如轮胎）生产的抗氧化剂。20世纪90年代初，在工会的警示下，美国卫生机构将固特异（Goodyear）公司一间工厂里的员工定义为膀胱癌高发群体，固特异旗下这间位于水牛城的工厂为杜邦公司供应邻甲苯胺[52]。不用说，杜邦公司绝不是一个特例。同样的故事不断地重复，从一种产品到另一种产品，一个国家到另一个国家，不变的是，企业为所欲为，公职机关则默许他们的行为。用大卫·迈克尔斯的话来说，这些公职机关草菅人命，直到"人类所付出的代价明显到无法接受的地步"[53]。2009年，大卫·迈克尔斯成为了美国劳动部新任的副部长。

第八章
为企业利益服务的法规

披着法律外衣、带着正义色彩的专制是世上最残酷的事物。

——孟德斯鸠

威廉·休珀失去了杜邦公司的青睐，成为了化工企业的眼中钉。与此同时，出现了一门专门为化工产品辩护的科学，德维拉·戴维斯称之为"防御研究"[1]，其学科领袖是另一名毒理学家罗伯特·基欧。休珀和基欧，两位当代劳动医学的代表人物，对比一下他们的职业历程是一件很有趣的事情。他们就像双面神的两副面孔，代表着毒理学的两个截然不同的流派：一派为公共健康服务，另一派为私人利益服务。

1924 年：美国第一宗含铅汽油案件

有一个人，后来成为了美国职业健康研究院和工业卫生协会的主席，而他辉煌的职业生涯，可得归功于 1923 年至 1924 年间几家含铅汽油工厂里死去的无数生命。1921 年，通用汽车公司的一名化学家发现四乙基铅可以作为碳氢燃料的抗爆剂。尽管存在其他的替代品，通用公司的研发部经理查尔斯·柯特林还是决定使用四乙基铅，因为成本低廉。这则新闻激起了世界各地的强烈反对。因为，如杰拉德·马柯维兹和大卫·罗斯纳在他们的著作《谎言与否定——工业污染的谋杀策略》中所言，在当时，"没有人否认铅是一种毒药"[2]。这两位美国历史学家用将近两百页介绍了铅这种"所有工业毒药的鼻祖"[3]，它可以积累在人的器官里，尤其会对儿童造成影响。读一读这本书就知道，人们从罗马帝国时期，就已经对铅的神经毒性和生殖毒性有所了解。

历史可以为铅的毒性作证。然而，尽管美国卫生部提出了"对公共健康构成严重威胁"[4]的警告，含铅汽油还是于1923年2月2日被推出市场。生产这种汽油的公司有通用汽车、美孚，还有杜邦。三家公司专门为此成立了一间名为"乙基公司"的合资公司，在杜邦公司位于深水镇的工厂进行生产，就是前面谈到的生产联苯胺和萘胺的那间工厂。这间十二年后把威廉·休珀拒之门外的工厂，在开始生产含铅汽油不久后，就获得了"蝴蝶屋"的外号。因为这里的工人在吸入含铅气体后，变得"神经兮兮"，被幻觉所困扰[5]。1924年10月31日《纽约日报》刊登了一幅漫画：一名穿着病服的工人，带着惊恐的眼神，拍打着他幻想出来的成群飞虫。

必须说，在那一个星期内，媒体对含铅汽油的攻击特别猛烈。10月27日，《纽约时报》也揭露了深水镇工厂近300名工人严重中毒，其中10人死亡。与此同时，通用汽车在俄亥俄州的工厂里发生了一起事故，40名工人入院，2人成为了"科技进步"的殉难者。美孚在纽约附近的汽油厂里，也发生了同样的悲剧，7名工人死亡，23人发疯[6]。后来，人们发现，这间工厂里一名生产铅液体的工人约瑟夫·莱斯利被秘密关进了精神病院，他的家人被告知他已经死亡，而事实上他是在1964年才死在精神病院里。直到2005年，他的后代才发现了这个悲惨的秘密，他们是从《国际职业与环境健康日报》的一篇文章里看到的。这篇文章的作者威廉·科瓦里克写道："莱斯利一家的故事是一个缩影，反映了公共与环境健康的历史中典型的隐瞒与欺骗手段。"[7]

在莱斯利人间蒸发的这段时间里，围绕含铅汽油的论战非常激烈。根据《纽约时报》1924年10月31日的报道[8]，美国的几个城市，如纽约和费城，决定禁止在辖区内销售含铅汽油。然而禁令没能持续多久，因为含铅汽油有着大好前途①。威廉·科瓦里克的文章中还提到，1984年芝加哥禁止含

---

① 在美国，含铅汽油直到1986年才最终被禁止，而欧洲则直到2000年。

铅汽油时，当时的《纽约时报》称之为"有史以来的第一条禁令"[9]！这不仅仅是一个小细节。如科瓦里克所说，这个故事体现了"公共与环境健康政策的领域内典型的历史健忘症"。

然而，这种"健忘症"不是从天而降的。它是精心设计并逐步实施的。含铅汽油生产商是这种手段的始作俑者。他们编造的这个剧本还比较粗糙，后来是烟草生产商进行了完善。不过，1924 年 10 月上演的这一幕非常关键：这是第一次，代表了三个关键经济产业——化工、汽油、机械——的企业联合起来实施一个欺瞒的计划，干扰政策，愚弄媒体和消费者，限制独立科研。他们所创立的这个模式，后来被以农药、食品添加剂和包装生产商为首的所有的毒药销售者所使用。

以科学之名为化工产品武装

1924 年 10 月 30 日，面对中毒工人的愤怒，通用汽车公司召开了一次新闻发布会。在参会的记者面前，该公司研发部经理托马斯·米吉利展示了一支盛着铅液体的试管，他把液体洒在手上，闻了一分钟。然后他恬不知耻地说，那些生病或死去的工人，是因为"漫不经心，没有遵守安全规程"[10]。他还说："这种产品的含铅量极低，已经在超过一万间加油站和修理站中供应了一年多，目前还没有接到任何有关健康危害的报告。"[11]他们表演的这一堂课很快收到了明显的成效，一个月后，媒体中的意见领袖《纽约时报》开始强烈支持含铅汽油："美孚汽油厂里工人的死亡不构成弃用含铅汽油的充分理由，这种产品能带来丰厚的经济收益。[……]既然它不对公共健康构成明显可见的危害，化学工作者们也不认为必须停止生产。这是科学观点与经济观点的对决，尽管这个决定似乎不太合情，但完全是合理的。"[12]

看吧！1924 年的报刊文章上，白纸黑字地写着两个主要的论据。在接下来的整个 20 世纪，一旦有人提出化学产品对环境和食品安全的危害，这两个论据都会被搬出来。实际上就是说：您不要被"情绪"所左右，因为这个主题非常"复杂"，但请放心，因为"科学家"们是很理性的人，他们很清楚自己在做什么。当然，如果这些"科学家"是独立的人，只以寻找真理和保护公众为工作的目的，那么我们也可以很"理性"。但不幸的是这样的人很少。罗伯特·基欧的故事就是"防御研究"典范。

事实上，自从 1925 年起，毒理学家罗伯特·基欧就被通用汽车和杜邦雇用，领导乙基公司的医学部门和设在辛辛那提大学的工业毒理学实验室。基欧本身就是辛辛那提大学的生理学教授。该实验室被命名为查尔斯·柯特林实验室，取自通用公司研发部经理的名字。基欧的这个职位非常重要：他的年薪为 10 万美金，这在当时是一笔巨额，足以抹杀任何保持独立的想法。德维拉·戴维斯查到的实验室文献也证明，他的任务就是为化工巨头做动物实验，他所服务的公司包括杜邦、通用汽车、美国钢铁、美孚石油、乙基公司，还有……孟山都。

罗伯特·基欧很谨慎地不公布真实的实验结果。如戴维斯所揭露的，实验室与资助者之间的合同规定"辛辛那提大学负责规划和开展调查研究，大学有权公布所有对公共有利的信息。然而，在公开发表科学刊物和报告之前，应当先将稿件交给捐赠者，以便后者提出意见和建议"[13]。注意"捐赠者"这个词：捐赠了什么？他们给的是指令还是美金？或者两者一起给？无论如何，一切都表明基欧很谨慎地遵守了上世纪 20 年代末定下的这些规则，因为到他 1965 年退休的时候，他把一本很重要的备忘录交给了他的同事："我建议你们，在你们想发表的文章中不要引用实验室应赞助商的请求所做的实验。这也是有规定的。因为，如果你们引用了这些实验报告的话，就会有人要求查阅这些报告。但这些报告中包含了一些机密信息，不能对其他相关人员公开。除非赞助商允许，否则不能公开谈论。"文字写得很晦涩，但是意思很明确。德维拉总结得很好，"实验结果能否公开，取决于提供被测试的材料的公司"[14]。

兢兢业业的"科学家"罗伯特·基欧认真地完成了他的使命。自 1926 年起，他解剖了"几十具"死于铅中毒的婴儿尸体。德维拉·戴维斯查到的医学报告使人背脊发凉。"做这个工作的人非常细致，他详细记录了黄种、黑种、白种儿童的大脑、肝脏、心脏、肾脏中检测到的铅含量"[15]。他还发现密西西比州一位 24 岁的母亲痛失了 3 个孩子，最后一个孩子的尸检显示他的血液、肝脏和骨头中铅含量极高。我们只能了解这么多，因为报告中没有任何关于孩子父母职业和他们生活状况的信息。基欧只收集这些恐怖的数据，发表的文章非常狡猾，他的理论是：铅在本质上是一种无害的"自然污染物"，因为，根据著名的帕拉塞尔苏斯法则，"剂量的多少决定是否是毒药"。

毒理学法则的不正当用法

菲利普斯·奥里欧勒斯·德奥弗拉斯特·博姆巴斯茨·冯·霍恩海姆（1493—1541），又称帕拉塞尔苏斯，是一名瑞士炼金术士、占星师和医生，叛逆且神秘。他要是看到 20 世纪的毒理学家怎样滥用他的名义为贩卖毒药做辩护，肯定在坟墓里也不得安宁。这名"被诅咒的医生"[16] 曾放出许多著名的怒言，其中有一句话值得所有理应保护人类健康的医生思考："谁不知道现在大多数医生都极可耻地玩忽职守，让病人承受极大的风险？"[17]1527 年的一天，这位医学教授在巴塞尔大学的课堂上这样怒吼道。他刚刚烧掉了经典医学教材，那些教材肯定让他非常反感。

帕拉塞尔苏斯"反感所有当权机构的说辞"[18]，那些闭着眼睛滥用他的法则的人似乎忘记了这一点。帕拉塞尔苏斯被认为是顺势疗法和毒理学之父，这两门学科在今天似乎彼此相轻。顺势疗法的原理来源于他许多名言中的一句，这句话也启发巴斯德发明了第一支疫苗："能够治愈人类的物品也能够伤害人类，反之亦然。"而毒理学的原理则来源于另一句名言："一切皆非毒，一切皆为毒：剂量决定是否为毒。"

"剂量决定是否为毒"的理念事实上可以追溯到古代。米歇尔·杰兰的著作《环境与公共健康》中提到"密特里达提王定期服用由几十种毒药制成的药汤，以保护自己免遭敌人谋害。这个方法很有效，以至于他在被俘虏时，竟然服毒自尽未遂"[19]。"人工耐毒性"（mithridatisation）这个词就来自于这位希腊国王的名字，指的是"常服逐渐加大剂量的毒物而引起的耐受性和免疫力"。根据自己的观察，帕拉塞尔苏斯认为有毒物质在小剂量的情况下可以是有益的，而反过来，一种理论上像水一样无害的物质，在过高剂量的情况下也可能致命。稍后我们将会看到，"剂量决定是否为毒"这一准则，这条不可动摇的毒性衡量标准，事实上对很多物质无效，不过我们还没有讲到那里……

毫无疑问，罗伯特·基欧是读过帕拉塞尔苏斯的。他之所以不断解剖新生儿的尸体，正是为了找到他认为无害的铅暴露量，以便反击要求禁止含铅汽油的那些人。总之，解剖那些小尸体，不是为了停止污染，而是利用科学的论据，为延长污染找到理由。也就是说，通过一些报告、数据和图表等等这些风险管理者所青睐的手段，延长含铅汽油的使用。基欧提出的理论保证了有毒汽油在市场上销售了五十年之久。他的理论基于四条原则："1. 铅的吸收是自然的；2. 人体机制能够将铅同化；3. 铅在某个剂量下是无害的；4. 公共的暴露程度低于这个下限，因此不足以担忧。"[20] 我们将在第十章看到，毒理学家以他的理论为基础创造了"每日可接受摄入量"的概念，用于农药、食品添加剂等。也就是人体每日摄入而不会致病的剂量。用行话来说，"每日可接受摄入量"是一个绝对标准，专家们以此为依据对污染我们食物链的化学品进行监管。

1966 年，当美国参议院在一项关于空气污染的调查中对他进行审查时，罗伯特·基欧顽固地为他的美妙理论辩解："有史以来人类体内就含有铅。人类吃的食物、喝的水中都含有铅。问题不在于铅本身是否有危害，而在于人体中的含铅浓度是否有危害。"[21] 要定义怎样的浓度可以被认为"无害"，这位毒理学家采用了很激烈的手段：他不惜把"志愿者"关在一间房间里，让他们闻 3 至 24 个小时的铅气体。在乙基公司、杜邦公司甚至国家卫生部的支持下，他孜孜不倦地把这个实验重复了三十年。

"人体实验在美国和其他国家已经有很长的历史了，而他的这些研究尤其的邪恶。"美国历史学家杰拉德·马柯维兹和大卫·罗斯纳写道，"因为这些研究的目的不在于找到铅中毒的疗法，而是收集对化工企业有用的数据，以证明血液中含铅是正常的，不足以说明化工产品会造成铅中毒。"[22]正因如此，直到20世纪80年代初，铸造厂里的铅暴露标准仍然被定在每立方米空气中200毫克，而人体血液中"无害"的含铅水平被定为成人每分升80微克，儿童60微克。这些由基欧秘密设计出来的数据是完全武断的，后来被证明是有谬误的，但仍然被全世界的监管部门毫不怀疑地采纳。"20年代至60年代，在基欧的帮助下，化工企业利用经济手腕制定了铅中毒的科学基础。"历史学家威廉·科瓦里克在著作中引用了同事威廉·格雷伯的话，"化工企业控制了对铅的危险性的研究和了解，他们的垄断是如此之彻底，以至于现在人们对铅和其影响的理解仍然停留在基欧和他的同事们所设计的范式上。"[23]

然而历史是讽刺的：劳动卫生领域里两位对立的代表人物最终有了交集。60年代，三名罹患皮肤癌的工人起诉他们的公司，他们的公司用碳氢化合物生产石蜡。威廉·休珀被原告请来做专家，罗伯特·基欧则站在被告一方。在这次相遇中，休珀发现基欧秘密地继续了关于芳香胺的研究，正是该研究让休珀被杜邦公司解雇的。事实上，柯特林实验室的档案里有许多从未公开的报告，都证明了暴露于联苯胺、萘胺、石蜡油和碳氢化合物会致使动物罹患癌症。

威廉·休珀的回忆录中谈到，在庭上与罗伯特·基欧就此对质时，这位化工企业的御用毒理学家否定碳氢化合物的致癌作用："辛辛那提实验室的主任作为石油公司的顾问来作证，他被迫承认他所做的所有关于石蜡油的研究都没有公开，也没有提供给医学界或工会组织，因为数据是'机密'的，为企业'专有'。一年多后，这些数据终于提交给了法庭，并展示给原告。很明显，柯特林实验室的成员完全了解石蜡油的致癌性，尽管他们的主任在第一次庭审时尖酸地讽刺了我的科学可靠性。"[24]

烟草和肺癌：烟雾的幌子

"烟草的历史不仅仅是香烟的历史。"2009 年 10 月 15 日，德维拉·戴维斯在匹兹堡的卡耐基自然历史博物馆里举行的一次研讨会上说，"这也是化工企业运用的欺骗手段的历史。"这位美国流行病学家曾经在匹兹堡领导第一个实验肿瘤学中心，如今在华盛顿生活，要见她一面不容易。我在 2009 年秋天与她取得联系时，她正在美国各地的阶梯教室里与公众会面，介绍她的著作《抗癌战秘史》，同时正在着手准备一本关于手提电话危害的新书 [25]。

这位 64 岁的女学者口才很好，结合个人经历和科学信息，很懂得怎样赢得公众。在匹兹堡的研讨会上，配合着幻灯片，她讲到她成长在宾夕法尼亚州的德诺拉，那里冶金业很发达。"人们来此定居因为这里有烟，有烟就意味着有工作。整个城市覆盖着煤屑，因为高炉是靠煤供能的。"[26] 她还谈到，1986 年她在国家科学院工作时，曾告诉她的"老板"，弗兰克·普雷斯，她想写一本关于环境致癌因素的书，但是普雷斯建议她不要这样做，因为"这会毁了她的职业生涯"。"然而，"她解释道，"自从 1971 年尼克松总统宣布开展抗癌战起，癌症从来没有停止增长。为什么？因为从一开始，我们就没有使用正确的武器，我们优先研究治疗方法，却没有研究预防措施。我不是说治疗方法不重要，我也很想了解，因为我的父亲死于多发性骨髓瘤，母亲死于胃癌。但我认为，如果我们不解决化学污染、合成激素、农药和辐射等环境问题，就不可能赢得抗癌战。因此，必须勇敢面对工业企业带来的强大利益和他们抛出的谎言，他们隐瞒了产品的危险性，就像长久以来烟草生产商隐瞒烟草危害那样。"

"为什么您说烟草的历史不仅仅是香烟的历史呢？"我在会后问她。

"因为是烟草生产商创造了欺瞒的剧本，后来被所有化工企业用来隐瞒产品的毒性。烟草生产商完善了最初由产铅企业发明的系统，他们用丰厚的利益买通科学工作者，让他们发表一些伪造的研究，让人们对烟草的危害始终抱有怀疑。这是一种难以置信的欺骗手段，把可以采取的预防手段推迟了五十多年！"[27]

这里无法详述德维拉这本书的所有内容，关于她这本书的研究也非常之多[28]。我只能简要复述一下德维拉所谈到的"剧本"，以说明化工企业为了操纵监管机构和公共舆论所使用的一些手段。在我长期的调查中，我明白了一件事：是欺瞒手段的不断完善和重复使用使人们半个世纪以来一直沉浸在对化学品的美好幻想中。

我跟许多我的同龄人一样，在青少年时期就开始吸烟，过早地成为了烟草的受害者。我必须承认，在这方面，烟草的历史使人颇受教化。早在 1761 年，英国医生约翰·希尔就提出了烟草与呼吸道癌症之间的关系[29]。一个世纪之后，法国人艾提安·布伊松发现，他的 68 名口腔癌患者中，63 名是烟斗吸烟者[30]。20 世纪 30 年代起，许多研究都证明了烟草是强致癌物质。其中一项是阿根廷医生欧诺里奥·罗佛的研究，我在前面关于 1936 年布鲁塞尔研讨会的章节中也提到过这项研究：它证明了日光和碳氢化合物的致癌作用，而烟草中所含的焦油就属于碳氢化合物[31]①。上述研究史是布鲁塞尔研讨会时德国流行病学家弗朗兹·穆勒所总结的，他当时正在为首项关于烟草致癌作用的案例对照研究做准备。这篇研究后来于 1939 年发表，证明了"重度吸烟者"死于肺癌的"机会"比非吸烟者高出十六倍[32]。研究还显示，在 86 名肺癌患者的既往史中，三分之一的患者从未吸过烟，但曾暴露于有毒物质中，如铅尘（17 例）、铬、汞和芳香胺。

穆勒是一名德国纳粹党人，他在发表这项研究时，投身于当时最声势浩大的反烟草战。美国科学史研究者罗伯特·普罗克托写了一本激情洋溢的著作《抗癌纳粹战》(*The Nazi War on Cancer*)，这本书带有法西斯注重"种族卫生和雅利安人的人种纯洁"的观念，认为烟草是"生殖毒药，不孕不育、

---

① 罗佛来自布宜诺斯艾利斯，他的这篇文章发表在一本德国期刊上。德国是当时唯一关注烟草致癌作用的国家，因为德国是癌症流行程度最严重的国家（59% 的胃癌和 23% 的胃癌都发生在德国）。

癌症和心脏病的元凶，国家资源和公共健康的深渊"[33]。酷爱烟草的德国宣传部长约瑟夫·戈培尔非常懊恼，因为激烈的禁烟手段雷厉风行，例如禁止在火车和公共场合吸烟、禁止销售香烟给怀孕妇女等。1941 年 4 月，在耶拿成立了第一所烟草危害研究中心。这个研究中心在战后就关闭了，而在它存在的短暂时间里，它完成了 7 项关于尼古丁上瘾后果的研究。其中最重要的一项发表于 1943 年，作者是埃伯哈德·谢勒和埃里希·薛尼格，他们受到弗朗兹·穆勒的案例对照研究的启发，对比了 195 名肺癌患者和 700 名健康人的生活习惯。结果很明确：109 名患者的家人提供了充足的信息，这 109 人中只有 3 人是非吸烟者（某些吸烟者同时也暴露于石棉或其他有毒工业用品中[34]）。

不过，可能是因为第三帝国的罪恶史，最终在抗癌战史册里留芳的并不是德国人，而是英国流行病学家理查德·多尔（1912—2005），尽管后者的成果很大程度上是受到了德国研究的启发。罗伯特·普罗克托在《抗癌纳粹战》中讲道：1936 年，理查德·多尔这名年轻的医科学生、忠实的社会主义者，参加了法兰克福的一次关于放射疗法的研讨会；放射学研究者汉斯·霍菲尔德在会上做了一次演讲，他用幻灯片展示了像"纳粹突击部队"一样的 X 射线如何杀死像犹太人一样的"癌细胞"[35]。1950 年，多尔发表了一项研究，证明患肺癌的几率"随着吸入烟草量的增加而增长"，且"每日吸入 50 支香烟的人患病风险高出 50 倍"[36]。这项调查对比了伦敦 20 间医院里的 649 名男性肺癌患者和 60 名女性患者，也令多尔成为了"公共健康研究领域里的权威"[37]，1971 年他还因此得到女王封爵。然而我们将会看到，不久后，他毫不犹豫地用他的名声为化工企业服务，以此换取金钱利益。（详见第十一章）。

在这段时间里，烟草生产商连受打击：从 1950 年至 1953 年，六项研究（包括理查德·多尔的研究）成为美国和欧洲报纸的头版头条。1954 年的一击相当有力：两名美国癌症协会的流行病学家——凯勒·哈蒙德和丹尼尔·霍恩——发表了第一项关于烟草致癌的前瞻性研究，他们的调查是基于一个由 187 776 名 50 至 69 岁的白种男人组成的庞大队列。22 000 名癌症协会的志愿者（大多数是经过采访培训的女性）被派到国内各地，对每名案例进行至少两次采访，每次采访间隔五年。截至调查结束，吸烟者的死亡率超高，达到了 52%[38]。

"我们生产的就是疑虑"——烟草企业的诡计

面临销量的减退，烟草企业有所行动了。1953 年，他们成立了烟草工业研究委员会，会长为美国癌症协会的前任领导人克拉伦斯·里特尔，他曾经于 1937 年登上《时代》杂志的封面，嘴衔烟斗、笑容灿烂[39]。他一上任就迫不及待地贬低癌症协会同事的研究成果，他所鼓吹的论据后来就成了烟草工业研究委员会的主要论调。"癌症和心血管疾病的病原、属性和发展是很复杂的问题。"他在一次接受《美国新闻》和《世界报道》的采访时说，"因此在我们寻求真相的道路上必须做更多的研究，精心地策划、耐心地执行、大胆地做出公正的解释。"[40]德维拉告诉我："烟草工业研究委员会的策略就是创造疑惑。今后，一旦有研究证明烟草的危害，该机构就斥资百万请大学开展另一项相反的研究，当然这项研究要在他们的控制之下进行。大量的金钱人为地维护着一个科学论战的假象，这样烟草企业就可以说，关于癌症致癌性的讨论仍然没有定论，而事实上结论早就有了！"

一份秘密文件也证明了德维拉·戴维斯的话，这是 1994 年时，加州大学的学者斯坦顿·格兰兹收到的匿名包裹里的一份文件。这个包裹里有几千页来自布朗威廉森烟草公司的资料。这些资料被称为"烟草资料"，在美国控告烟草制造商的大型诉讼中用作罪证。在这一堆信息中，有一项是该公司的领导之一撰写的："我们的产品，就是疑惑，这就是对付公众脑袋中的'事实'的最好办法。这也是制造争论的办法。[……]如果，我们为香烟所做的努力能够建立在有文献依据的事实之上，我们就可以操控争论。因此我们主张鼓励科研。"[41]

很明显地，烟草企业资助了许多关于主动和被动烟瘾的伪造研究，动用了大量资源，使消费者对烟草的危害始终持一个怀疑的态度。为此，他们花大价钱在报纸上刊登广告插页。他们的第一次大规模攻势是在 1954 年 1 月 4 日，包括《纽约时报》在内的 448 种报刊刊登了一则题为"坦诚的声明"的文章："最新的医学研究表明，肺癌的形成是由多种原因造成的，但是关于主要的原因，并没有统一的意见。没有证据证明吸烟行为是原因之一。涉及吸烟与该病之间联系的调查数据也可能适用于现代生活的其他方面。此外，这些统计数据的有效性受到许多科学家的质疑。我们相信，我们生产的产品对人体不构成伤害。我们一直都在、也会一直继续与保护公共健康的机构密切合作。"

《抗癌纳粹战》的作者罗伯特·普罗克托曾作为专家在一桩起诉烟草公司菲利普·莫里斯的诉讼中作证，他在证词中说明了为何"坦诚的声明"是一篇创始性的文章："从历史的角度看，这是第一次，最大的企业之一故意扭曲事实、欺骗群众。烟草工业变成了两面派：一方面生产并销售香烟，另一方面创造并宣传关于烟草危害的疑虑。"[42]事实上，几十年来，烟草商不断声明烟草的致癌作用"并非确定的事实，而只是一个假设"，这是布朗·威廉姆森公司代表 1971 年的说法[43]；或者，按照 1975 年法国烟草火柴工业公司的说法，"烟草危害与癌症和某些心血管疾病之间的关系，从来就没有科学的定论"[44]。烟草火柴工业公司尽管归国家所有，仍然与其他企业"同流合污"[45]，总是叫嚣着需要更多的"证据"，我们却永远也不知道哪个"证据"足以盖棺定论。

美国外科医生埃瓦茨·格雷汉姆曾在 1950 年发表过关于烟草危害的文章，他对烟草企业没完没了的否定和缺乏诚信非常愤慨。他在 1954 年发表于医学刊物《柳叶刀》的文章中讽刺烟草商所谓的证据就是人体试验："要找到志愿者，通过肺瘘管给他们的支气管涂抹烟草焦油。实验至少要进行二十至二十五年，期间实验对象必须待在空调房里，绝对不能走出外界，哪怕一个小时也不行，以免受到大气污染的影响；实验结束时，他们要接受手术或尸检，以检验实验的结果。"[46]他的这个挑衅的建议与我前面谈到的关于农药危害的研究困难一致：在环境健康的领域里，不可能获得有关某种化学产品是造成特定疾病的"唯一原因"的"确凿证据"。然而，美国环境保护局的前任理事克里斯蒂·惠特曼说得很对："确凿证据的缺乏不能成为不作为的理由。"[47]这就是所谓的"预防原则"，1992年于里约热内卢举办的联合国会议中已经明确了这个要求。就在这一刻，施加给烟草商的压力增大了，他们为了避免危险，决定向化工企业求助。

垃圾科学，下毒者的秘密同盟

一切开始于一次令菲利普·莫里斯公司和他的同党们难以容忍的"威胁"。环境保护局于1992年编写的一份报告中将被动烟瘾列为"对人类的致癌源"。对于烟草业巨头而言，这个形势很严峻。莫里斯公司副总裁艾伦·梅尔洛1993年1月17日向总裁威廉·坎贝尔递交了一份备忘录，提出了一个反击计划："我们的首要目标是降低环境保护局这份报告的影响，并从该机构手中获取所有产品毒性评估的标准。与此同时，我们的目的还在于制止各州、各市、各公司在公共场合禁烟。"[48]为达此目的，坎贝尔建议"联合当地同盟，教化媒体和广大群众，警惕'垃圾科学'，抵制未考虑经济成本和人类代价的监管手段"。

说做就做！5月20日，这个烟草巨头与它的传播公司发起了一个组织，名为"健康科学进步同盟"（TASSC），反对他们所说的"垃圾科学"（就好像我们形容工业食品为"垃圾食品"那样）。这简直难以置信！在同盟建立文书中，这个组织恬不知耻地自称为"推广用于公共决策的健康科学的非营利性同盟"。为了使人们认识这个同盟，他们立即斥资32万美金，寄了2万封信件给有影响的人士、政客、记者和科学家。该同盟的官方领导是新墨西哥州的共和党领导人盖瑞·卡拉瑟斯，他们很注意隐瞒莫里斯公司在同盟中的作用，这使情况变得很可笑：当莫里斯公司的前顾问、德克萨斯大学的医学教授盖瑞·休伯收到寄给他的"信"时，他竟然很热心地知会他的老东家，以为"这可能对他们有用"！

这封自我介绍的信件中没有说明的还有，在这项新计划中，莫利斯公司还联合了化学品制造商协会和美国化工协会，后者两年前就已经开始了一项推广"良性的流行病学实践"的计划。这时要掐一掐自己才敢相信，这些毒品制造商竟然能够运用这样的操纵手段！但是事实远比表面上更严重，因为它可能会对真正科学的实践造成巨大的影响，还会让监管机构惧怕同盟的侵扰。在查尔斯·李斯特（一名在重大诉讼中为烟草商辩护的律师）1994 年写给莫利斯公司的一封信中可以得知，"在欧洲，有多家企业推广'良性的流行病学实践'，包括孟山都和帝国化学工业公司①。"

斯坦顿·格兰茨（他曾收到过布朗·威廉姆斯公司寄给他的匿名威胁信）写了一篇关于此阴谋的文章，提醒"公共健康专业人士"注意："健康科学行动并非业内人士为了改善科研质量而发起的，而是化工企业的律师和负责人精心组织的公关攻势，目的在于控制科学证据的影响力，保护化工企业的利益。"[49]

如毒理学家安德烈·西科莱拉（环境健康网的发言人）和科技记者多萝西·布罗维所言，"健康科学进步同盟"的成员自称是"科学正统"，却试图消灭所有对他们不利的研究，为化学品毒性评估设立新的标准[50]。在"良性流行病学实践"的"15 点标准"中，有一点他们特别坚持：他们认为所有测出的比值比低于 2 的研究都被认为"不具有统计学意义"。如我们所见，这实际上等于排除了大多数关于农药和被动烟瘾的案例对照研究（在关于被动烟瘾的研究成果中，肺癌的比值比为 1.2，心血管疾病的比值比为 1.3）。此外，同盟的一份内部文件中，将关于"被动烟瘾"的研究列为"不完整、无根据的不健康科学"的例子。

此外，这些工业巨头还要求，在执行任何针对产品的限制措施（例如撤出市场令）之前，都必须有符合他们条件的动物实验结果：被指控的物质的

① 帝国化学工业（ICI）于 2008 年被阿克苏诺贝尔集团（Akzo Nobel）收购。

作用机制必须"明确",且"动物实验能有效地类推于人体"[51]。若是应了他们的要求,会产生怎样严重的后果?想象一下,若是有一项研究能够证明X产品造成鼠类肝癌。在决定采取措施之前,科学家们必须先明确致癌过程的生理学机制,然后他们要证明这个机制在人类身上也有相同的作用。这等于说该产品在被禁之前还有大把的好日子……

这还不是全部!在化工企业的代表律师们为监管机构立法的同时,进步同盟还诽谤中伤那些顶着他们的压力继续工作的科学家们。他们的名字被列在"垃圾科学"网站上(www.junkscience.com),这个网站的主管是备受争议的福克斯新闻频道明星史蒂芬·米洛伊,他现在是气候变化怀疑论的代表人物之一。自1977年起,所谓"垃圾科学"列表中就包含了超过250个名字,其中就有几个我在调查中见过的科学家,如德维拉·戴维斯。

反"垃圾科学"的运动当然在欧洲也有接力,例如,在伦敦有"欧洲科学与环境运动",在法国有"伪学者"博客(http://imposteurs.over-blog.com),这个博客自2007年起自称"科学与科学唯物主义的捍卫者,反对一切伪科学和知识欺诈"。他的博主是某个名叫"安东·苏瓦尔基"的人。用大卫·迈克尔斯的话来说,这个人更像是在"诋毁所有不利于化工巨头的科学家和科学研究,无论研究质量如何"[52]。这位美国职业安全与健康管理局的新任局长还补充道:"烟草巨头开启了一条新路,现在整个工业产业都用他们这套方法来制造疑虑,因为他们明白普通大众不具备辨别真假科学的能力。创造疑虑和困惑对商业有利,因为可以争取时间,争取很多的时间。"

第九章
科学的枪手

没有良知的科学是对灵魂的毁灭。

——拉伯雷

"坦白说，在这一行工作了五十多年后，我可以告诉你，有些研究做得很好，有一些做得很糟糕……总的来说，那些由工业企业赞助的研究，就是用很难找到恶性后果的方式来构思的。结果就是，科学文献不断被没有任何价值的研究所污染。这真是很可悲……" 2009 年 10 月，我在华盛顿采访了曾为美国职业安全与健康管理局工作的流行病学家彼得·因凡特，他如是表达了自己的悲愤之情。当谈到他的同行为了迎合化工企业所做的那些违背职业道德的小动作，他有说不完的话。他的观点和许多其他人的观点一致："垃圾科学"的确存在，但是真正在做垃圾科学的是发明这个词的那些人。

"贱卖的科学"

"在涉及一项研究的时候，怎样可以避免出现不想要的结果？"我问因凡特。

"方法有很多。比如：你想要测试一样工人接触到的化学品的致癌性。在这项研究中，选取测试组是很重要的，也就是暴露于这样化学品的一组人员，还有控制组，也就是没有暴露的人员，用来对比和评估最终结果。如果你在测试组中加入了没有被暴露的人员，或者反过来在控制组中加入了暴露于这样物质的人员，你得出的结果就是作假，因为在这两种情况下，两组的结果不会有太大的区别，你就可以总结说该产品不会提高致癌风险。这就是我们所说的'稀释效应'，这是流行病学中很常见的一种作假手段。还有一种方法就是低估暴露的程度，或者把不同暴露程度的工人放在一起。如果你把暴露程度很高、极有可能患癌的工人和暴露程度较低的工人混合在一起，也能起到稀释结果、甚至让结果消失的作用。这种手段通常被用来伪造剂量与效应之间没有关系的假象，于是就可以得出结论，若是工厂里的癌症发生率超高，那是因为其他原因，而不是被测试物质。"[1]

听到因凡特的话，我想起了我对孟山都的调查。我在书中说过，20 世纪 80 年代初期，罗伯特·基欧建立的柯特林实验室里的一名医生曾发表了三篇伪造研究，否定除草剂 2，4，5–T（橙剂的成分之一）中所含的二恶英的致癌作用 [2]。他的"诀窍"就是在实验组和控制组中混合暴露与非暴露人群。这样他就可以得出结论，两组人中患癌率相当，二恶英不是致癌因素。接下来的故事就没那么让人高兴了：十年间，因为这几项研究，美国和欧洲的监管部门都认为二恶英不致癌。而那些在越战中遭遇过这种毒药暴露的老兵们，则等了很久很久才获得相应的赔偿。

一切都表明，"稀释效应"是很普遍的一种"工业诡计"，如大卫·迈克尔斯在《疑虑就是他们的产品》[3] 一书中所说。迈克尔斯是克林顿政府下的能源部副部长，负责环境、安全与卫生。他负责管理核武器工厂的档案，于是发现工厂里很多工人因为铍的暴露而患上致命的肺病，即铍肺。化工企业通过低估暴露程度的诡计得出了不实的研究结果。为了帮助受害者获得赔偿，他必须与化工企业对抗。在"化工企业的诡计——科学枪手是如何蒙骗你的"一章里，他谈到了常常用来否定有毒物质危险性的"奸计"之一，选取"范围极小"的一组暴露人员队列，对其进行"为期极短"的研究。迈克尔斯举了一个例子作说明："我们怀疑某种产品的暴露会让患白血病的风险增至三倍：如果我们在一个由 100 名工人组成的队列中发现 3 例白血病，而我们原本预期只有 1 例，那这个结果可以认为不具统计意义，因为另外多出来的 2 例有可能是巧合。但如果这个队列不是 100 名工人，而是 1 000 名，且我们发现了 30 例白血病，而不是预期的 10 例，那超出来的部分就不可能是巧合了。这样就可以得出结论：观察出的结果与预期结果之间的差别 '具有统计意义'，被研究的产品有可能是造成白血病的病原。[4]" 迈克尔斯总结道："魔鬼在细节里。轻而易举就可以看穿科学枪手们是如何炮制毒性评估研究的。只需要在数学模型里改变几个隐藏的参数，一种有害的化学产品就可以奇迹般地变成无害产品。[……] 由化工企业主持或赞助的那些研究，其目的是 '隐藏'，而不是 '发现' 暴露和疾病之间的关系，要保护的对象是这些大企业，而不是工人。"[5]

"工业企业是怎样找到那些愿意为他们伪造这些研究的科学家的？" 这个问题在我做调查时一直萦绕在我脑海。有一天，准备去见彼得·因凡特之前，我先问过德维拉·戴维斯这个问题，她会心地一笑，答道："想象一下，你领导一间实验室，有人提出给你几百万美金来做一个研究，还跟你说你是最棒的最好的！你会怎么做呢？很多人都会受宠若惊，然后笑纳这笔求之不得的财富。然后，事情就一样接一样地来了……"[6] 因凡特给我的回答更直接："工业企业怎样找科学家给他们干这种活儿？收买他们呗！我把这叫作 '贱卖的科学'，这很清楚……问题是，这些伪造的研究还会被提交给监管部门，监管部门会理所当然地采纳！就这样，几十年间，这些剧毒物质污染了我们的环境、食物、田野和工厂。我个人在职业安全与健康管理局跟进的档案中看到，苯就是这样的。最终，很多人因此生病或死去，但这些死亡和疾病本是我们可以避免的……"

苯暴露导致白血病：被隐藏的数据

"毒性测试就像一个被抓住的间谍：如果你拷打他足够久，他最终就会说出你想要的东西。"[7] 美国环境保护局首任局长威廉·鲁克尔斯豪斯的这句话虽然粗糙，但很好地总结了苯的监管的历史，因凡特对这段历史也非常熟悉。苯这种物质无处不在——它可用于化学合成塑料、橡胶、油漆和农药，也可作为汽油的添加剂。我之前在第四章就提到过洛林农民多米尼克·马夏尔因苯暴露而患上骨髓增生，最后获得了职业病认定。我也说过，这种"新的家居毒药"与白血病之间的联系早在 1939 年就被 54 篇论文研究过，且《工业卫生与毒理学学报》中发表的一篇论文曾对这 54 篇论文做过清点总结[8]。如保罗·布朗克所言："这篇文章发表后，就很难用科学数据的缺乏来为监管的缺乏做辩解。"[9] 然而，事情还是没有改变！苯依然在美国和欧洲的工厂里大量使用，最多就是给工人们多一些自我防护的建议而已。布朗克在书中也谈到，1941 年，美国健康部曾向工人和接触到苯的手工业者发放过一本防护手册。手册中讲述年轻女工"克拉拉"的故事，她在美国一家鞋厂里用含苯的粘合剂来粘鞋底。手册的作者丝毫没有提到苯暴露所带来的危害，而是这么说的："只需要小心一点就不会与苯有直接接触。包括克拉拉在内的 3 万名工人在工作中都必须用到某种形式的苯。还有成千上万的人被雇来生产这种具有极高价值的溶剂。如果没有苯的话，很多人都会失去工作。"[10]

必须承认，在做这项调查时，我有好几次都有一种叛逆的感觉，工业企业和政界的厚颜无耻在我看来是那么可恶，而苯的这个事情则超越了我的忍耐度。1948 年，美国石油学会——相当于碳氢化合物领域的烟草工业研究委员会——委托哈佛公共健康学院的菲利普·德林科教授总结"现有的关于苯暴露致白血病的最好的研究"。在列举了所有由苯的慢性与急性暴露造成的不可逆疾病之后，德林科总结道："因为机体无法对苯产生耐受性，且个体的敏感的差异很大，所以基本可以认为苯的可接受暴露剂量为零。"[11] 也就是说：预防这种碳氢化合物的侵害的唯一办法就是禁止它。

但是这份报告还是没有改变化工企业的行为，他们武断地制定了一个工厂内暴露标准：以每日工作 8 小时，空气中苯的含量应低于 10 ppm（ppm 指每百万份空气中含一份被测试物质）。直到 1970 年职业安全与健康管理局成立时，美国的公职机关终于决定关注这份文献。与此同时，在欧洲，当然也包括法国，仍然还是无所作为，因为如我之前说过的，在那个时代是美国领路，欧洲跟随。因凡特跟我说："当我的上级尤拉·宾汉姆让我负责制定苯的监管时，我很热心。我们认为必须降低化工企业制定的暴露标准，但我并不知道这会是件这么难的事情……"

在 2006 年发表于《国际职业与环境健康学报》的文章中，因凡特总结了化工企业为了扼杀监管计划所采取的种种诡计。这些企业不惜违法"隐瞒他们在自己的实验室中得出的关于苯的毒性的数据"[12]。人们还发现，陶氏化学隐瞒的一项研究证明，低于 10 ppm 的暴露程度会导致工人的染色体受损。更糟糕的是：该企业禁止他们的研究员但丁·彼奇阿诺发表这些数据或向职业安全与健康管理局通报。因凡特说："彼奇阿诺对此非常反感，他于是联系了我。最终，他辞职了，并且顶着威胁于 1979 年发表了他的研究。"[13]

但因凡特和他领导的职业安全与健康管理局所遇到的困难还不止于此。在与陶氏化学对抗的同时，他也正在为另一项研究收尾，这一项研究被认为能够终止化工企业的推诿。这项研究是在固特异轮胎橡胶公司的两间生产合成橡胶的工厂里进行的，跟踪研究了 1 200 名曾在 1940 年至 1949 年间遭遇苯暴露的工人，跟踪一直进行到 1975 年。结果非常让人震惊，很明确地证明了暴露剂量与影响之间的必然关系：暴露时间持续一到四年的工人患白血病的几率比控制组高两倍；而暴露时间持续五到九年，患病几率增至十四倍；暴露时间超过十年，患病几率增至三十三倍。

"过去由于对苯的监管欠缺，上百万人并不知道苯的致癌危害，还持续在工作场合中遭受暴露。"因凡特和同事们在书中写道，"我们的研究明确证明了遭暴露工人患白血病的风险超高，我们希望这个结果能刺激对苯的监管力度 [……] 苯一个世纪前就已经被证明是一种对骨髓有害的剧毒物质了。"[14]这个"总结"的语气带有科学出版物特有的那种沉闷，但是他反映了这些研究者们面对大型"健康灾害"的态度。美国职业安全与健康管理局相信必须尽快行动，因此决定于 1977 年颁布新的苯暴露标准——1 ppm，比原来工业企业（理论上）所执行的低了十倍。

然而，由于美国石油学会的起诉，最高法庭于 1980 年 7 月 2 日宣判取消职业安全与健康管理局的这个决定。在长达 65 页的判决书中，最高法庭解释其"拒绝认可 1 ppm 的暴露标准，因为该标准没有充足数据支持。"且认为职业安全与健康管理局"没有证明这个新的暴露标准对保护工人健康和安全是充分必要且恰当的"[15]。根据最高法庭的裁决，职业安全与健康管理局的研究人员没有证明为何新的标准较"10 ppm 的共识标准"能够更有效保护工人健康。看呀，我们卓绝的法官竟敢说"共识标准"！我们知道，这所谓"标准"是化工企业以一种完全武断的方式制定的，他们可没有任何一项研究能够为这个标准提供论据！

最高法庭的这项决定，这项"关于苯的判决书"，被记入了史册，且还有很多后续故事。因为这开启了整个 20 世纪化学品监管的先例。要知道，在环境健康的领域里，应该是公职机关负责举证，而不是企业。应该是由"申诉人"——也就是监管机构或受害者——论证某样产品的毒性，而不是由生产者证明它无害 ①。而在苯的案例中，如德维拉·戴维斯在《抗癌战秘史》中所述："最高法庭要求职业安全与健康管理局提供足够高的伤亡数字以证明苯在过去造成的危害，然后才允许在未来采取预防损伤的措施。"[16]

企业的枪手

在彼得·因凡特看来，关于苯的判决书意味着他必须回到固特异的两间工厂里，把他著作里的内容重新放到行业中研究。他解释说："我跟我的同事罗伯特·林斯基建立了每个职位的'暴露水平矩阵图'。我们所研究的工人都在工厂里工作了超过三十年，所以我们通过他们每个工作时期的生产程序来推断他们的暴露水平，因为工厂当然不会记录这些数据。这项工作非常艰巨，化工企业因此又赢得了七年的时间。"是的，这让人很气愤，尤其我们知道职业安全与健康管理局能运用的手段很有限：在该局新领导大卫·迈克尔斯

---

① 我们在本书末尾将会看到，欧洲 REACH 法规明确逆转了举证责任，这显然是一件好事。

看来，以他的员工数量，每三十三年才能对美国的每家企业进行一次审查！最后，新的研究结果证实，日常暴露水平越接近零，患白血病的几率越低，而当暴露水平超过 10 ppm，患病风险可增至 60 倍[17]。根据这些研究结果，美国职业安全与健康管理局终于在 1987 年得以颁布新的标准，与此同时，世卫组织下属的国际癌症研究机构也宣布苯为"确定对人体致癌物质"[18]。

　　这个故事至此还没有结束，因为化工企业又准备好了下一轮战役：关于微量的战役。微量指的是在环境中可测出的低于 1 ppm 的含量，例如当喷洒农药时，或在加油站附近等环境中，可测到空气中含有 0.17 至 6.59 ppm 的苯[19]。其实关于微量可能造成的危害，化工企业早就知道了：他们曾在 1948 年秘密咨询过哈佛的科学家，后者不是说过"唯一的绝对安全暴露剂量为零"吗？于是美国石油学会联系了美国毅博科技咨询公司（Exponent）的毒理学家丹尼斯·波斯滕巴赫。毅博科技咨询公司的业务，被大卫·迈克尔斯称为"出租科学"[20]。该公司 2003 年公布的业务报告中直言不讳地说："我们签的大多数合同都是受到律师或保险公司的委托，他们的客户即将或已经陷入因产品、设备或服务的缺陷引起的诉讼纠纷中。"报告里还罗列了他们所涉及的领域："汽车、航空、化工、建筑、能源、政府、卫生、保险和科技。"[21]

　　丹尼斯·波斯滕巴赫是一个赫赫有名的人物，被认为是最"有天赋"的"科学枪手"。但是在详细介绍他之前，先说明一下，毅博科技咨询公司和其美国同行对手伟达公关（Hill and Knowlton）以及温伯格集团都在欧洲设有公司，他们所从事的是由毒药生产商的诡计和谎言所滋生出来的行当。这些企业之所以存在，是因为给化工企业的活动"定罪"的过程中化工企业有脱罪的需求，在一篇名为《利益最大化和其对健康的危害》的文章里提到过这些需求，即化工企业需要用越来越精巧的策略来"逃避监管和法律纠纷"[22]。这篇文章的作者大卫·埃吉尔曼和他的同事们强调，这些"策略"可不是新的"阴谋理论"编造出来的胡言乱语，而是化工企业造出来的一个确凿事实，他们"在关于产品毒性的司法程序中散布机密档案"，这说明"他们的行为是故意伤害"。然而，这些学者们也强调，这不是孤立的行为，而是形成了一个系统：

"近几十年来,为了让他们能够继续用这些有害的产品牟利,这些国际化工企业在科学、法律和公共关系的领域里开发了一套战术。如果从整体上看,每个企业在实施这套战术时可能方法各有不同,但是也有相当多的共通点,构成大多数美国企业所使用的一套运作模式。"我还可以补充:这也是欧洲企业的运作模式。虽然模式是美国发明的,但因为现代资产结构和企业观念的国际化,旧大陆也不甘落后。作者还明确:"这套战略旨在达到两个目标:一是使监管环境尽可能松懈,二是避免承担所有工人或消费者伤亡的法律责任。"

为了达到目的,这些跨国化工企业直接与擅长这一活计的企业合作,例如毅博,他们的任务就是开发全套可循环使用的策略:1. 聘请外部科学家并指挥他们进行特别构思的研究,证明某种产品或生产程序的"安全性";2. 组织"第三方"科学家和与企业交好的人士,在监管机构、法官和公共舆论面前为企业提供科学的支持,这些人的组合通常被称为"科学顾问团";3. 创造或运用压力团体、工业组织和智囊团,以营造一个合法的表象;4. 运用媒体的影响力来领导公共舆论。[23]

这一整套战略部署非常坚固,成功地打入了负责我们安全的机构,例如美国食品药品监督管理局和欧洲食品安全局,而科学在其中扮演了最重要的角色。然而,用美国历史学家杰拉德·马克维兹和大卫·罗斯纳的话来说,愿意把自己的才学用来为企业提供"非法同谋"的科学家不在少数[24]。丹尼尔·波斯滕巴赫就是这样的一个例子,他的职业就是"在进行为预定目标而设计的研究时,预计可能出现的问题"[25]。

这位毒理学家有着不择手段的名声,即使在泰晤士河滩和拉乌运河这样重大的环境污染丑闻中,他依然坚持为二恶英辩护,这使他名声大噪①。而与

---

① 参见玛丽–莫尼克·罗宾的《孟山都眼中的世界》,我在该书第41—46页谈到了泰晤士河滩事件。泰晤士河滩是密苏里州的一个小城,因为孟山都等化工企业制造的多氯联苯和二恶英等产品污染,这个镇的居民被驱散,并且整个镇在1983年被夷为平地。而拉乌运河位于纽约州内,距离尼亚瓜拉大瀑布不远,1978年在胡克尔化学公司的工厂附近发现了被填埋的21 000吨有毒产品,于是运河周边的居民被遣散。

他的名声尤为相关的是辛克利案件。辛克利是加州一个被六价铬 ① 污染的小镇，史蒂芬·索德伯格的电影《永不妥协》就是以这个小镇的故事为原型。茱莉亚·罗伯茨饰演的女主角的原型是一间律师事务所的员工，她于 1996 年成功告倒了对该地区饮用水造成污染的太平洋瓦斯电力公司，660 名受害者因此获得了总额 3.3 亿美金的赔偿金。为了准备这起超大型诉讼，该电力公司求助于时任 ChemRisk 咨询公司首脑的波斯滕巴赫。他的任务就是消除 1987 年中国的一项研究的影响，该研究证明了六价铬对水土的污染会造成癌症 [26]。这个任务很紧急，因为这项研究已经被环境保护局所掌握，并以此为依据勒令清除新泽西一处废料填埋场。但这没关系！波斯滕巴赫决定联系这项研究的作者张建东，后者接受了 2 000 美金并同意在《职业与环境医学学报》上发表"新结果"，重新解释他的实验数据 [27]。新的这项伪造的研究在之后的十年中，被化工企业在多桩关于六价铬的诉讼中引用。直到《华尔街日报》发现了其中的猫腻 [28]，《职业与环境医学学报》才正式撤销了这篇论文 [29]。

当苯的微量暴露成为众矢之的时，美国石油学会也联系了波斯滕巴赫。1977 年，一项由美国癌症研究中心和中国预防医学会联合在中国工厂内进行的研究证明：中国工厂内的白血病发生率比彼得·因凡特团队测出的水平高 2 倍 [30]。抨击这项研究是很困难的，因为在流行病学家看来，中国是一个理想的实验场所：每个岗位的暴露水平都有精细的记录，且工人可以被长期跟踪，因为他们的职业流动性几乎为零。

为了维持公众的疑虑，美国石油学会让波斯滕巴赫重新检查因凡特和同事们在固特异工厂中测定的暴露水平。在此提醒一下，因凡特团队是根据重构工人于 1940 年至 1950 年的生产过程来推断出暴露水平的。波斯滕巴赫的诀窍在于规律地重新评测不同岗位的高水平暴露，于是总结出只有高于 10 ppm 的暴露水平才会导致白血病 [31]。如大卫·迈克尔斯所言："在

① 六价铬是铬的氧化物。暴露于这种剧毒物质可能造成胃癌、肺癌、肝癌和肾癌。

监管法规的角斗场里，这一类研究（对化工企业）很有用，不是因为这类研究质量很高、值得监管部门的重视，而是因为它能制动、拖慢法规制定的过程。"[32]

化工企业能够花这么大的精力面面俱到地捍卫他们的产品，却丝毫不考虑他们的激烈行为可能造成的可怕后果，这实在是让人惊异。我坚持要剖析关于苯的故事，是因为这是个很好的例子，诠释了这种只顾眼前利益、不考虑无数无辜生命的冷酷行为。孟山都、陶氏化学、杜邦、巴斯夫、圣戈班，这些企业从不手软，不惜斥巨资"维持疑虑"。这让人很惊异，也很担忧：谁能想出那么多"故意伤害"的手段[33]？凡是能够解出这个谜题的人都有可能被指控为严重妄想症患者，甚至被冠以新的"阴谋论"。一旦有机灵的人揭穿了这种种"阴谋诡计"，化工企业就会搬出这些论据。这些企业的优势就在于此：通过不断地运用双重语言，运用"欺骗和隐瞒"[34]的技巧，他们暗中操作监管规则，他们的那些欺瞒方法很难被识破，因为根本就是"难以想象"的。

苯的案件的（暂时的）结局就是一个例证。2003年波斯滕巴赫的伪研究被披露后，一篇新发表的文章又重启了化工企业的这台操纵机器。2004年，《科学》杂志刊登了中国工厂里进行调查的补充数据。杂志上标着"一点点已经太多"，内容中报告遭到低于 1 ppm 的苯暴露的工人其白细胞和血小板被破坏[35]。这一次，美国石油学会搬出了重型炮，各石油公司根据产量分摊份额，一起凑出了 2 200 万美金[36]！其目的就在于在中国资助一项新的研究，能够推翻前面那项研究的恼人结果。大卫·迈克尔斯查到了马拉松石油公司高层克雷格·马克撰写的一份机密文件，上面白纸黑字地写着："如果监管部门采纳了中国的这项苯微量报告毒理研究结果，从此必须修改石油配方、限制油厂和销售点的排放、并对已污染地方进行清理，那这将是石油工业的噩梦，并会带来许多法律纠纷。"[37]在备忘录里，帕克清清楚楚地写明了"研究"的目的："找到确凿的科学数据，以证明环境中存在的苯含量不会对普通大众造成白血病和任何血液病的患病风险，且证明现行标准

（1—5 pmm）不会导致暴露于苯的工人患病率提升。"

大声反对利益冲突

目前，这项"研究"的结果还没有发布，但很肯定的是这个结果一定与他们的目的相符合。可以看看到发表的时候，资助者的名字会不会出现在论文中，因为这样的情况极少。事实上，正如苏珊娜·伯梅在其著作中所言，直到 21 世纪初期，科学枪手之间的利益冲突一直都不明显，且"他们的研究成果发表时，从来都不透露研究是为了一个预先定好的结论而进行的，也不说明研究成果在发表前已被化工企业审核过"[38]。

第一个揭露这种常见的匿名资助、并且对科学刊物上发表的文章质量提出质疑的是阿诺德·雷尔曼，著名的《新英格兰医学报》的主编。1985 年，他发表了一篇引起轰动的社论，关于一个当时还属于禁忌的话题，"骄傲的企业"已经"开始对医学界指手画脚"。他写道："这在过去只是一种边缘行为，如今却变成了潜规则。医生越来越会从医院、设备供应商那里捞钱，[39]最近，手还伸到了医药实验室那里。"为了摆正医学文献的方向，他建议强制论文作者说明其研究有可能带来的利益冲突，和与论文内容相关的企业。他这个原本只是针对新药研究论文的建议，后来扩展到了所有的生物医学领域。《新英格兰医学报》采纳了这一建议后，2001 年又有 13 种科学刊物实施了同样的措施。这些刊物的责任编辑签署了联合声明，承诺"财政关联（如雇佣关系、私人咨询、持有股份、领薪的专家顾问等）是最容易被发现的利益冲突，同时也最容易对刊物、作者和医学本身的可信度造成恶劣影响。然而，有一些利益冲突有可能是因为一些别的原因，例如私人关系、学术竞争或求知欲"[40]。在这项很有意义的诚信声明发布之后，作者如要向这 13 种期刊中的一种提交想要发表的论文，则必须附上一张利益冲突声明表。

对于这一创举，我们当然感到欣喜，尽管这只关乎很小一部分科学刊物。然而，如公共利益科学中心 ① 所言，"利益冲突声明政策只有在被很好地执行时才是有效的。"因为如果没有任何监管对作者是否遵守规范进行审核的话，强制令没有任何作用。因此，2004 年，公共利益科学中心曾对签署了联合声明的刊物中的四家（《新英格兰医学报》、《美国医学会杂志》、《环境健康观察》、《毒理学与应用药理学》）进行了调查，这四种刊物都是出了名地对利益冲突声明非常严格的。该中心检查了 2003 年 12 月至 2004 年 2 月间发表的 176 篇论文，其中 21.6% 是企业资助的研究（《新英格兰医学报》是 40.8%，《环境健康观察》是 5.4%）。在 163 篇论文中，作者声称没有利益冲突；然而，在仔细调查了文章主要作者的资料后，中心发现有 13 篇文章（即 8% 的文章）"漏了"声明与企业的关系 ②。例如，这些作者中包括宝洁公司的威廉·欧文斯，他在发表的论文中鼓吹他的东家赞助的一项毒理学研究，在自我介绍中却只写了"经济合作与发展组织的代表"！在调查报告的总结中，中心建议这些期刊"采取严厉的惩戒措施，例如一旦发现有未声明的利益冲突，则在三年内禁止作者再在该刊物发表论文。在这个领域内，自觉性非常重要，惩戒的威胁将会提高人们对规则的尊重。[41]"

然而，即使人们一致同意利益冲突声明是"第一小步"[42]，但这却不是万灵药，因为即使知道了作者与企业之间的财政关系，也解决不了这种关系带来的种种问题。《美国医学会杂志》每年收到近六千篇论文，其责任编辑凯瑟琳·德安吉利斯说："声明能够提醒人们注意可能存在的诡计，然而却解决不了冲突本身。"[43] 她还补充道："我不是联邦调查局，我也没有能力看穿作者的良心和灵魂。"[44] 如我们所见，企业资助的研究中常见的"花招"可以是多种多样的：刻意编造能够避开恼人结果的试验程序、用隐瞒的方式选择实验

---

① 公共利益科学中心建立于 1971 年，是美国一个非政府组织，专门为消费者和食品与健康领域的独立研究者提供保护和支持。

② 科学论文通常会标注团队中若干名作者的名字，按照惯例排名第一和排名最末的作者为主要作者。"遗漏了声明"的文章包括《美国医学会杂志》(53 篇中) 的 6 篇、《环境健康观察》(35 篇中) 的 3 篇、《毒理学与应用药理学》(33 篇中) 的 2 篇和《新英格兰医学报》(42 篇中) 的 2 篇。

组和控制组、选择性地解释实验结果等。为了侦破这些诡计，《美国医学会杂志》在 2005 年又迈出了新的一步，要求在研究中收集数据和分析数据的必须是两个不同的人；尤其，分析数据的人"不能是资助研究的企业的雇员"[45]。

这项新的规定执行了一年后，《美国医学会杂志》的责任编辑德安吉利斯在一篇文章中报告了某些"牵涉到营利性企业的不合规行为，例如拒绝提供全部数据、在为期十二个月的研究中只提供前六个月的结果、不完全报告所有恶性影响、隐瞒显示有害影响的临床数据等"。具体来说就是："化工企业可以通过控制实验数据和统计分析、篡改结果、监督准备阶段、指定作者选择某种刊物发表其论文等手段，达到对科学研究施加不当影响的目的。最近，我发现，当《美国医学会杂志》决定要求数据分析者必须是大学学者而不是企业员工后，某些企业会要求他们的研究者不要把稿件寄给我们。这种做法不仅会让人们怀疑企业有什么事情要隐瞒，还会损害同意这种要求的学者的声誉。"[46]

企业对高校的控制

潜在的利益冲突不只牵涉到作者，还牵涉到"审阅者"，也就是对稿件进行筛选的人。在那些有"审阅委员会"的大型科学期刊里（审阅委员会被公认为是期刊严肃性的保障），稿件会被送给业内人士审核，审阅者的身份通常是保密的，（理论上）是为了避免遭到各种压力。一篇文章的审阅者通常有 3 个，是根据他们的能力选出来的，通常来自高校。然而，大卫·迈克尔斯说得很准确："随着高校与企业的关系越来越密切，学术机构的利益冲突问题亦变得令人担忧。"[47] Medline 网站上一篇 1980 年 1 月至 2002 年 10 月的系统性回顾研究表明："约四分之一的学者与企业有联系，且三分之二的高等教育机构持有资助其研究的新兴企业的股份。"研究总结道："企业、学者和高校之间的财政联系是很普遍的。这种联系所带来的利益冲突可能对生物医学研究造成非常严重的影响。"[48]

因为意识到供职于高校或学术机构也不能够保证作者的独立性，英国期刊《柳叶刀》于 2003 年决定，再也不把二审的工作交付给"有丰厚经济利益"的高校。"大学可以选择：要么发展企业创收能力，要么继续他们以科学为公众利益服务的承诺。我们不认为这两个选择是可以并存的。"这本可敬的刊物的总结如此干净利落，他们这种坦率在学术出版界是罕见的 [49]。

最后，一个会对我们这些消费者带来沉重后果的"细节"：美国食品药品监督管理局和欧洲食品安全局等监管部门，在"评估他们赖以做决定的研究的可靠性"时，并没有考虑利益冲突的问题。事实上，虽然最近这些监管部门开始要求他们自己的专家填写利益冲突声明，却没有对论文的作者做出类似的要求。美国法学家温迪·瓦格纳和托马斯·麦嘉利蒂说道："利益冲突声明不仅显示了监管机构的权威性，对其使命也是至关重要的。"他们还指出："监管机构还应该要求研究者提供研究的原始数据。"[50] 然而，事实往往不是这样的，监管机构常常只根据企业的实验室提供的数据总结就做出决定。更严重的情况是如迈克尔斯在 2003 年发表的一篇文章中所说的："当制定对某种产品的监管需要参考科学文件时，对公共资金资助的研究的质量审核通常比私人研究要严格得多。大多数递交给监管机构的私人研究都不用被外界审核，因为通常企业都会宣称送检产品涉及商业机密。"[51] 我们将会看到，不仅对农药是这样，对转基因生物也是这样 [52]。

确切来说，企业拒绝向任何独立组织透露他们的毒理学研究的原始数据，不管是向一个组织或是一个大学里的实验室，即使这些数据关系到成千上万消费者的健康，他们的理由就是保护"商业机密"！如果他们没有什么可隐瞒的，且很肯定他们的产品无害的话，我们就有权要求解释，也有权怀疑他们的数据显示了某些问题……

本章节非常重要，因为这一章明确阐述了在怎样的监管背景下，有毒的产品能够污染我们的食物链。因此，我在这一章的最后再次引用迈克尔斯的话："我相信，我们不可能解决利益冲突的问题，但我们应该根除这个问题，因为代价太大了。收受钱财的科学家所承受的压力太大了。即使合约中注明了不许资助商控制研究成果的发表，害怕失去新的合约的担忧也限制了科学的独立性。我更青睐一个研究和评估都是以真正独立的方式进行的系统。所有企业委托的研究，以及勒令企业进行的研究，都应该由企业付款，但由独立的学者在公职机关的监管下进行。相关的文章发表应该完全独立于资助研究的企业。[……] 反对监管的人肯定会认为这样的一个系统是一个噩梦。然而真正能够保护公共健康和环境的监管系统，应该建立在最好的科学之上，最好的科学只能是由独立的学者进行的。"[53]

在这一天到来之前，有一件事情是肯定的：企业用来隐藏产品毒性的种种诡计收到了他们想要的成效。因为，我们将会看到，那些睁一只眼闭一只眼的学术机构和政府机构也跟着含糊其辞、帮着毒药制造商完善他们的谎言……

第十章
权威机构的谎言

若想要未来与过去不同，先要学习过去。
——史宾诺莎

"总统先生，2009 年的美国，约有 150 万男人、女人和儿童被诊断出患有癌症，有 56.2 万人死于癌症。[……] 我们研究小组发现了一个非常令人担忧的情况，由环境因素造成的癌症的真实数值被严重低估了。如今市场上有八万多种化学产品，许多化学产品是美国人每天都在使用的，而这些产品却没有被全面检测过，或者甚至完全没有检测过，监管也极不完善，人们与这些致癌物质的接触非常普遍。[……] 美国人民甚至在娘胎里就已经遭到各种危险物品的狂轰乱砸。因此，我们研究小组恳求您行使您的职位赋予您的权力，将所有致癌物质和其他增加医疗费用、降低国家生产力且破坏国民生活的有毒物质撤出我们的食物、水和空气。"这封写给"美国总统"，即巴拉克·奥巴马的信，并非来自绿色和平组织或某个默默无闻的生态保护组织，而是来自 2008—2009 年的"总统癌症研究小组"组长拉萨尔·勒佛尔医生和玛格丽特·克里普克医生。

自 1971 年尼克松总统宣布发起"抗癌战"起，"总统癌症研究小组"就是一个真正的机构。每年，该小组在卫生秘书处和国家癌症研究中心的支持下，以大型报告的形式向总统提交"抗癌战"总结。2010 年的报告题为《减少环境癌症：今天就可以做的事情》[1]，这份报告大胆地谈及禁忌话题，反对所有故意隐瞒情况的行业。这是第一次，总统癌症研究小组不再婉转地把癌症爆发的主要责任归咎于吸烟、酗酒、缺乏运动和其他不良生活习惯，而只关注环境因素。为了这份报告，小组召集了来自"高校、政府、企业、环境保护组织、病人群体和普通群众"的 45 人专家组，分四个主题讨论：工业与职业暴露、农药暴露、室内外空气污染与水污染、核辐射与电磁波的影响。这份长达 240 页的报告的结论很明了：要想降低"癌症产生的费用"，就必须从这些病因上入手，否则所谓"抗癌战"就只是可笑又无效的游戏。

法国的致癌原因（2007）：一份"不值得重视"的报告

读完这份报告让我松了一口气。在官方报告人的笔下读到"科学证据证明多重环境暴露对癌症的起因和发展有所影响 [……] 这些证据尚未被恰当地运用到国家预防政策中"，这使人感到安心。而就在三年前，法国一份同样"官方"的报告所说的却完全相反！这篇名为《法国的致癌原因》的文章是由法兰西医学院和科学院与世卫组织下属的国际癌症研究机构（CIRC）联合撰写的 [2]。

我永远也忘不了 2007 年 9 月的那个早上，法国和纳瓦拉的所有电台都在以宣布"好消息"的方式报道这份更应该被当作近代科学史上最大欺诈案的报告："报告证实，在法国（与其他工业化国家和大部分发展中国家一样），烟草在 21 世纪初仍然是主要的致癌原因（造成 29 000 名男性死亡，为死于癌症男性的 33.5%；5 500 名女性死亡，为死于癌症女性的 10%）。[……] **与其他某些研究的结论相反，因为水、空气和食品污染造成的癌症比例在法国仍然极为微弱，为 0.5%，若是大气污染的影响被确定的话，这个比例可能达到 0.85%。**" [3] 哎哟！在这些可敬的"专家"看来，只有 0.5% 的癌症是由化学污染造成的，那这样法国可是一个令全世界羡慕、却又毫不起眼的"特例"了！这份报告里通篇都是这样的论调，偶尔有几个精彩片段让人怀疑："生活方式的西方化带来了某些可能是激素性的变化：身高的显著提高（法国人的身高比 1938 年高了 10—15 厘米）、鞋码的增大、月经初潮的提早（法国女性初潮年龄比 1950 年提早了大约两年）。细胞增生速度的提升可能是受到西方食物中所含的激素和营养素的刺激，或者是因为儿童和孕妇的食品中富含卡路里，这可以解释新生儿的体形和成年后患乳腺癌风险之间的关联……"[4]

这份报告谈到农药问题时态度如此不容置疑，植物保护产业协会立马把这篇美文当作"目前没有任何科学数据说明植保产品与癌症发生率增高有关联"[5]的证据放到了他们的网站上。报告中写道："若干种农药被指控为人类致癌的原因，然而目前被使用的农药中没有一种会使动物或人类致癌。某些发表的案例对照研究证明了农药暴露与癌症之间的关联，但是这些研究结果无疑是基于以下几个因素：1. 由于统计数据起伏的原因，在大量实验中，有若干实验呈阳性结果是正常的；2. 由于记忆的主观性偏差，关于癌症的主题中，人们更容易记住与农药暴露相关的研究，而忘记其他的主题。[……]总之，没有任何确凿数据能够支撑农药与癌症有关的推论。"[6]

如果"法国的特例"没有引起大洋彼岸的注意，那 2007 年的这份学院报告则激发了不少冷嘲热讽。我在波士顿大学采访美国公共健康方面的流行病学专家理查德·克拉普时，他对我说："我认为这份报告是腐坏的，不应该被重视。看起来，报告的作者要么是没办法找到完整的科学文献，要么就是没有好好阐释这些文献。"

"那您怎么解释像法兰西医学院和科学院这样权威的机构竟会如此否定化学品暴露与癌症之间的关系呢？"我问他。

"这需要更仔细地探究这些机构的某些代表与化工企业之间的关系。"这位与总统癌症研究小组合作的美国科学家直接对我说破，"在美国，我们有一句话：有钱能使鬼推磨[7]……"

腐败的学院研究：以二噁英和石棉的为例

我同意：这个指控非常重，而且若要核实这两所著名的学院的财政来源，需要写一整本书。然而，我们可以说，这两家机构一直与相关产业的企业保持着非常密切的关系，甚至常常被后者的利益和谎言所蒙蔽。我引用安德烈·西科莱拉和多萝西·布罗维的《健康警报》一书中关于二恶英的一章为证。他们在书中说道，1994 年，法兰西科学院和其应用委员会（CADAS）曾"发布一份如今已经绝版的报告，这份报告如今不仅在出版商那里找不到了，甚至连法兰西学院的网站上都没有记录和引用，而且奇怪的是学院网站上只收录了 1996 年以后发表的报告。"[8] 我也曾尝试在网上查阅这份名为《二恶英及其相似物》的报告。我也明白了作者的后顾之忧，在 1994 年他们竟敢大胆宣称："鉴于当前对二恶英的了解，以及所涉及的二恶英含量极其微弱，人们是可以辨别并控制与该物质相关的风险的，这种物质不会对公共健康造成严重问题。"[9]

西科莱拉和布罗维也谈到了曾参加吕费克倡议活动的毒理学家安德烈·皮寇（参见第一章），他曾被邀请加入法兰西学院应用委员会的工作小组，我在巴黎见到皮寇本人时他也证实了这件事。他和同事安娜-克里斯汀·马歇雷在提交给委员会的文章中曾写道："有许多数据确切证明二恶英的免疫毒性。这种化合物在极小剂量下就能够造成恶性影响，因此在衡量这种物质可能对公共健康造成的危害时，必须要考虑到这个极为重要的事实。"2009 年 6 月，我在巴黎见到皮寇时，他告诉我："应用委员会拒绝将我的观点纳入给学院的报告中。这并不奇怪，因为大多数委员会工作组的成员都从化工企业那里领取津贴，例如罗纳普朗克公司、阿托化学公司。"[10]

《健康警报》中也强调，这份报告为监管的缺失找到了理由，也麻痹了人们的担忧，1997 年 5 月这份报告被环境部当作安全通知发送给各省省长[11]。这样的报告可给化工企业带来了福音：顶着法兰西各个科学院的光环，这样的报告即使谬误百出，仍然常常被官方档案、报刊文章和司法程序所援引。就在法兰西科学院这份报告发表三年之后，国际癌症研究机构（CIRC）宣布二恶英为"对人类致癌物质[12]"；七年后，2001 年 5 月 22 日签署的斯德哥尔摩公约将这种现代毒药列为持久性有机污染物，即

"POP"，并下令紧急清除。

而让法兰西医学院引人注目的，则是 1996 年发表的一份关于石棉的报告，报告中医学院的专家极力缩小"被动暴露"于这种物质的危险性，而这种物质早在 1987 年就已经被国际癌症研究机构列为"确定对人类致癌物质"。我就不详细介绍这种被认为是"白色金子"的物质的历史了，它曾被人类滥用，至今仍然在第三世界国家造成危害，人们早在 20 世纪 30 年代就已经了解并确切记录了它与间皮瘤之间的关系 [13]。我仅提醒，在 1982 年，法国企业圣戈班和瑞士企业埃特尼特成立了石棉常委会（CPA），这个组织的模式是受到了美国烟草企业创立的烟草工业研究委员会的启发。石棉常委会集合了各企业家、许多国家部门（如卫生部、环境部、工业部、劳动部、住房部、交通部）的高层、各工会干部、许多医生以及一些公共科研机构的代表，用记者兼作家弗雷德里克·丹赫兹的话来说，这个组织就是"绝对科学欺诈"的化身，他还说："在石棉问题上，石棉常委会是唯一的国家发言人，它可以在几年间用大量文献淹没决策者和媒体，以很狡猾的方式告诉人们不能禁用石棉，而应该'有控制地使用'。"[14]

甚至我本人都曾经微微地帮助过这一大型欺诈手段。我刚从学校毕业出来做记者时，曾为一家专为企业做媒体公关的公司做过兼职。20 世纪 80 年代末，我曾被叫去为埃弗里特公司的内刊写报道，埃弗里特是圣戈班旗下的一间主要生产石棉水泥板的子公司。为了见证公司为保护工人免受石棉的（致命）伤害所做的保护措施，我多次去到位于达马里莱利斯、笛卡尔①、甚至哥伦比亚的马尼萨莱斯的各个工厂。我记得我曾经采访一名为石棉常委会工作的科学家，他头头是道地向我解释如果每立方米空气中石棉纤维的含量不超过某个界限的话，暴露就没有风险。他还提供了几项"能够消除任何疑虑"的科学研究作为证明，我理所当然地在报道中引用了这几项研究……当

---

① 达马里莱利斯的工厂于 1993 年停止生产，笛卡尔的工厂于 1996 年停止生产。不久后，这些工厂里罹患间皮瘤的工人与石棉受害者保护协会一起起诉了圣戈班。

时的我怎么能想象这是谎言和诡计。用法国工会一个情报小组于 2005 年写的一份辛辣的报告中的话来说，这是石棉常委会雇来"为其提供不容置疑的科学保障"的权威人士的谎言和诡计 [15]。

法国于 1997 年 1 月 1 号禁止了这种"神奇的纤维"，（这比美国晚了整整二十年！）然而在这之前几个月，法兰西医学会还付钱请时任职业风险预防高级委员会主席的艾提安·富尼耶教授写了一篇报告①。只有极为少数的间皮瘤病例无法明确证明是由石棉暴露造成的，以至于间皮瘤已被公认为"石棉癌"，尽管如此，这份报告还是武断地宣称"目前 20%—30% 的间皮瘤没有明确的病因，且没有科学报告证明其与石棉的关系。[……] 吸烟即使不是因外因引发的肺癌的唯一病因，也是主要病因，即使在现役石棉工人群体中亦是如此，负责公共健康的医生在提供医嘱时不应该混淆对象。" [16] 然后作者做了一番非常符合石棉推广广告的混乱论证："媒体报道三十年内有可能因此死亡的人数累计为数万。然而在这样一段时间内，将会有 1 800 万法国人死于其他原因（30 万人死于车祸，100 万人死于烟草所致的肺癌）。而且无法用职业性的、过往的、大量持久的暴露来解释的间皮瘤病例的数量极低，因此难以区分自发性的间皮瘤和因空气中低剂量石棉造成的间皮瘤。"

人们在被发现没有诚信之后通常会说"无可奉告"。注意这份报告中，参与项目的专家名单下面有一条备注："比侬、布罗夏、拉佛莱斯特三人因参与了法国国家健康与医学研究院的一个关于石棉的委员会，因此不愿意在本报告被法兰西医学会采纳后联合签署本报告。"其原因是：1996 年 7 月 2 日，法兰西国家健康与医学研究院的这个委员会向阿兰·朱佩总理提交了第一份总结报告，揭露了石棉造成的健康危害的严重程度，估计到 2025 年，因此造成的死亡人数可高达 10 万人 [17] ②……

① 艾提安·富尼耶，巴黎中毒防治中心的主任，石棉常委会的创始人之一。
② 这份报告后来被一个叫克洛德·阿莱格尔的法兰西医学院院士强烈批评，他宣称："这毫无用处。这份报告不科学。"（参见 1997 年 10 月 16 日的 Le Point 杂志）。

国际癌症研究机构的困境

"因石棉引起的全球性癌症流行是公共健康保护政策的一次标志性的失败。"《国际职业与环境健康学报》的创始人之一、美国医生约瑟夫·拉杜在2004年发表的一篇文章中写道。他估计，在目前仍然广泛使用石棉的发展中国家最终禁用这种致命纤维之前，这种"白色金子"有可能在全世界造成1 000 万人受害 [18]。而法兰西医学院当然要重审自己的判决：在关于石棉的这份备受争议的报告出版了十年之后，法兰西医学院又与法兰西科学院和国际癌症研究机构共同发布了一份《法国的致癌原因》的报告，将石棉列为"法国职业暴露致癌"的主要病原。这张很简略的列表只列出了 14 种化学产品，包括我已经提到过的几种毒药，例如苯、六价铬和芳香胺 [19]。但是里面没有提到任何一种农药……

国际癌症研究机构的这一"疏忽"令我感到很惊讶，于是我决定亲自上门询问。该组织的创立是 1965 年由戴高乐总统发起的，地点设在里昂。从此，这个世卫组织下属机构成为了肿瘤学领域的国际权威，因为它的任务是编撰"专题论文集"，即化学品致癌性的分类目录。为此，专家们需要查阅有关有可能致癌的物质的科学文献，即所有发表在科学刊物上的研究。化学品被分为三类。第一类是"确定对人类致癌物质"：这是非常特殊的一个类别，因为要将一种物质列入这一类别，需要有流行病学数据，而如我们之前所谈到的，流行病学数据是非常难以获取的。到 2010 年，仅有 107 种物质被列入了第一类①，包括我们之前提到过的石棉、苯、联苯胺、萘胺、二恶英、甲醛、烟草、环孢素和芥子气，此外口服避孕药也在此列，我将在第十九章详述。

---

① 这些信息全部来源于国家癌症研究机构的网站上可查阅到的一份文件："安全与预防。致癌物质预防的相关风险。遗传毒性产品分类表修订版"（最后更新时间为 2010 年 8 月）。

然后是 2A 类，"很有可能对人类致癌物质"（2010 年该类别包含 58 种物质），以及 2B 类"有可能对人类致癌物质"（249 种），这两类的物质中，已经有一些较有效的流行病学数据或动物实验数据说明其致癌性。第三类（512 种物质）是"尚不能确定其是否对人体致癌物质"，即当前数据较为散乱、或不足以将其定性的物质。最后第四类是"对人类基本无致癌作用物质"，到 2010 年这一类中只有一种物质，即己内酰胺（合成尼龙需要用到的一种有机化合物）。

二战后入侵我们环境的化学品有约 10 万种，而国际癌症研究机构自 1971 年开启"专题论文集建设计划"之后仅评估了 935 种。这个数字非常小。于是，于 2010 年 2 月我在里昂见到该计划 2002 年的负责人、美国流行病学家文森特·科里亚诺时，这是我提出的第一个问题。

"国际癌症研究机构的这个计划实施了三十年，却只确立了 935 个专题，为什么这么少呢？"我问他。

"答案很简单，因为要知道，在您提到的 10 万种产品中，仅有 2 000 至 3 000 种被测试过致癌可能性。我们的计划完成了三分之一……"

"一种化学品没有被国际癌症研究机构纳入列表，这是否就意味着它不具危险性呢？"

"不，当然不！基本上这意味着没有人研究过它的致癌可能性。有时候则是已经被测试过，但我们还没有计划评估它。"

"若是被列入第一类会有什么后果？是否会导致这种产品被禁？"

"完全不！这只说明国际癌症研究机构的专家组看过了相关发表文献，并确定该物质对人类有致癌性。这些信息会提供给各个国家的监管机构，由他们自行采取他们认为合适的监管措施。一般来说，这些监管机构会权衡对比产品带来的利益和危险。往往会通过一些措施将产品的使用收紧一些，例如，更严格的暴露标准、更低的食物中残留水平。然而，无论如何，国际癌症研究机构都没有权利禁止某种化学品，只能够对现有的毒理学研究和流行病学研究做一个总结，让政府部门能够有所行动。"

"您知道有哪些产品被列入第一类后仍然存在于环境中吗？"

"坦白说，所有被国际癌症研究机构列为'确定对人类致癌'的物质都还在使用，只是有的限制非常严格……"

"这个分类列表对化工企业来说是不是很重要？"

"当然了，这个分类对产品的使用是有或长或短的影响的。"

"也就是说：化工企业会尽可能避免他们的产品被列入第一类？"

"是的……以及第二类，因为这意味着产品会被高度监督……"

"有多少种农药被国际癌症研究机构评估过？"

"我没有怎么数过，但我想，在我们整个计划中，我们应该评估了二十多或三十多种农药。"科里亚诺带着尴尬的微笑回答了这个问题。

"这简直等于没有！"

"这确实不多，相对于被使用的农药的数量……事实上，我们要想认真评估一种农药是很困难的事情，因为大多数关于农药的实验研究都是非公开的。的确，化工企业貌似把他们生产的农药的毒理学数据提交给了国家卫生部门，并且卫生部也做了测试。研究结果也交给了政府部门，但是从来没有发表过。我们是很难获得这些资料的，因为它们作为'商业机密'被保护着……我们评估过的农药都是一些很古老的产品，这些产品因为备受争议，因此有许多相关的独立研究。例如滴滴涕、林丹（Lindane, 俗称 666），现在都已经被禁止农用了。"[20]

我必须说，采访进行到这个阶段，这位国际癌症研究机构的专题文集负责人放出的这个"爆炸性信息"让我无比震惊：他确定国际癌症研究机构之所以无法评估农药的致癌可能性，是因为绝大多数农药是基于"非公开"的毒理学数据被投入市场的，也就是说谁也无法核实产品的质量。这简直难以置信！我接着问："在您看来，为什么农药企业的研究不在有审阅委员会的科学刊物上发表？"

"呃……也许结果显示了他们的产品可能有害，发表的话，可能不符合企业的利益。"科里亚诺明显是在努力措辞回答，"再说了，也没有人要求他们一定要发表……"这就清楚了：农药生产商有做"测试"，因为监管机构要求他们做，但是他们尽量避免在科学刊物上发表研究结果，因为科学刊物会对论文进行审核。这就让国际癌症研究机构难以评估，也让化工企业能够大声高呼"农药不致癌"！多妙的花招啊……然而采访接下来的部分更加让人震惊。

"您知道吗？ 2007 年法兰西医学院和法兰西科学院与国际癌症研究机构联合发表了一份题为《法国的致癌原因》的报告。报告中写道：目前被使用的农药中没有一种会使动物或人类致癌。我查阅了您的专题论文集，并在里面找到了至少两种目前被使用的农药，被列为 2B 类，一种是杀虫剂敌敌畏，还有一种是杀真菌剂百菌清。既然被列入 2B 类，那至少说明有研究证明它们会对动物致癌吧？"

"是的，这两种产品一直被使用，而且我确定它们对动物有致癌性。"科里亚诺一边小声说，一边检阅着我递给他的这两本专题论文集的复印件。

"那就是说这份报告所言不实？"

"是的，我想是的……"这位专题论文集建设项目主任最终只能带着紧张的苦笑承认。

我决定捅破这份报告的毒瘤，于是追问："我在波士顿采访过理查德·克拉普教授，他跟我说这份报告'是腐坏的，不应该被重视'，您是否同意他的看法？"

"呃……事实上，要明白这份报告的结论，就必须分析其作者所用的方法论：他们只关注被国际癌症研究机构列入第一组的化学品。而且这一类所含的物质也很少，因为很难获取确凿的流行病学数据。对于农药尤为如此，因为如我们所知，很难证明某一种特定的农药能够让人类致癌。因此没有任何一种农药被列入了第一类……然而，在第二类中有若干种农药，例如滴滴涕，还有您刚才提到的敌敌畏和百菌清，这也很少，因为，如我向您解释过的，没有公开发表的研究，国际癌症研究机构无法对绝大多数农药进行评估……这就是为何报告的作者能够宣称目前被使用的农药中没有一种会使动物或人类致癌……"[21] 总之，说白了，《法国的致癌原因》这份报告是有谬误的。这可不是一位生态保护战士所说的，而是国家癌症研究机构的代表说的，并且国际癌症研究机构还联合签署了这份大名鼎鼎的"报告"！

国际癌症研究机构的利益冲突

文森特·科里亚诺的坦率让我很感动。我必须明确，尽管在这份报告发表时，他也在国际癌症研究机构工作，但他没有参与签署这份报告。以该联合国下属机构的名义签署了这份报告的是意大利人保罗·博菲塔和英国人彼得·博伊尔，博菲塔于1990年至2009年在国际癌症研究机构工作，而博伊尔则是2003年至2008年的主任。这两位流行病学家的行为即使是在研究机构内部也备受争议，他们于2009年与莫里斯·杜比亚纳一起在《肿瘤学年报》上发表了一篇文章，杜比亚纳是一名法国肿瘤学家，因否定环境因素在癌症爆发中的作用而闻名，也以法兰西科学院的名义联合签署了上述报告。他们一起在发表的文章中重申"在法国癌症致死病例中，只有不到1%是由化学污染物致病的"[22]。

但是，在详细探讨国际癌症研究机构的历史、尤其是被人称为"黑暗时期"的这段历史之前，我想先了解一下该机构2009年1月起新上任的主任克里斯托弗·王尔德对他前任所签署的这份报告有何看法。2010年2月，我在里昂见到了这位英国流行病学家，他小心措辞地向我承认："说真的，这份文献里有两件事情让我很吃惊。首先，作者认为有50%的癌症是起因不明的，而在我看来，真正的挑战应该是尝试弄清楚造成二分之一的癌症的确切起因。"[23] 很正确！在这份报告里，我们可以读到这样一个晦涩的句子："我们只找到法国一半癌症的确切起因。我们预计将来能够找到另外的一半的病因，然而我们必须尽力加快这一进程。"[24] 很奇怪的是，许多记者在评论这一"好消息"的时候竟然没有提到这句坦白的供词。不过，要为他们辩护一下，这个句子在报告的第47页，而媒体需要紧急地准备新闻，通常像这样一份冗长的报告，他们只会读摘要和结论。王尔德接着说："第二件让我吃惊的事情就是，报告的作者完全排除了2A组和2B组里的产品，这让结论的影响小了很多……"

王尔德没有再说什么了，但是这已经够了，尤其是他承认了这个世卫组织下属机构里的不透明性——世卫组织本身也缺乏透明度，从而导致了杜撰2010年甲流疫情的丑闻。王尔德医生在2008年5月被任命的时候，肯定也读过了《柳叶刀》杂志上的社论，如我们所知，该杂志是带头反对利益冲突的。社论中写道："国际癌症研究机构正在任命新的主任。一直以来，正式候选人的姓名是不被公开的。在该机构上一次任命主任时，即2003年，我们曾经批评过这种任命过程缺乏透明度，并呼吁他们另外采取一种能够避免政治和商业因素对选举过程产生影响的任命政策。然而五年后的今天，什么都没有改变，[……]机构新主任人选的产生仍然像在中世纪那样神秘。"[25]

事实上，五年前，《柳叶刀》杂志就利用上一任主任任命的时机报道了"关于企业对国际癌症研究机构施加影响的指控。尤其是产品被列入较低风险类别，或企业外部的观察者难以加入该机构的工作会议，都是因为企业对机构施加了压力"。[25]该杂志还说道："该机构前任主任保罗·哈莱姆和世卫组织前主席格罗·哈莱姆·布伦特兰都否认企业的影响。"[26]

必须说，这两位"前任"在卸任时都有一些非议，这在联合国组织这种默默无闻的领域里是比较少见的。"论战"是由一位叫洛伦佐·托马蒂斯的医生掀起的，他可不是一个闲杂人等，他在1972年至1982年间管理专题文集建设项目，且领导国际癌症研究机构直到1993年退休。2002年，他在《职业与环境医学学报》上发表了一篇论文，题为《国际癌症研究机构的专题论文集建设计划：背向公共健康的态度转变》，文中他写道："国际癌症研究机构的专题论文集建设计划自其开创以来[……]就必须抵抗来自四面八方的各种直接或间接的强势压力，以保护其独立性。我们以能力和没有利益冲突为条件，筛选外部专家加入到负责编撰论文集的工作组中。国际癌症研究机构不使用未公开的或是被认为机密的数据，以便读者能够查阅原始研究，从而理解工作组的论理。最初的计划的优点在于其坚持科学公正性和透明度。然而，1994年起，国际癌症研究机构似乎开始不那么重视旨在保护公共健康的研究，论文集建设计划也丧失了部分的独立性。"[27]

须注意，这篇文章的论调在形式上很节制，但在内容上很坚决。这篇文章是一封由 29 名国际科学家写给世卫组织主席布伦特兰的信件的后续，这 29 名发信人中包括托马蒂斯和 1977 年至 1979 年的论文集建设项目负责人詹姆斯·赫夫。这封写于 2002 年 2 月 25 日的信中说道："我们对跨国企业和未申明的利益冲突的影响问题感到非常担忧，世卫组织各下属机构发布的文件普遍存在利益冲突的问题，尤其是关于主要工业产品和污染物的致癌性问题的文件。我们也对世卫组织下属机构专家组工作会议中'观察者'的角色感到很担忧。在 1998 年的国际癌症研究机构工作组会议中，评估丁二烯致癌性时，原本以 17 票对 13 票决定将丁二烯列为'确定对人类致癌物质'，却又极反常地在第二天举行了第二轮投票。一名与大多数人意见一致的投票人在第一轮投票后就离开了，第二天没有回来参加第二轮投票。而且在第二轮投票前一晚，与石油和橡胶企业有关的观察者和工作组成员成功地说服了两名专家改投另一边，而没有人讨论第二轮投票是否合法的问题。最终在第二天举行的第二轮投票中，15 票对 14 票将丁二烯列为 2A 类，即'很有可能对人类致癌物质'。[……] 要保障世卫组织各机构的公正性，就必须尽力保证财政利益冲突被完全公开和详尽分析。"[28]

这封信引起了极大的骚动，且被发表在了《职业与环境医学学报》上，该学报用一整个卷宗讨论了国际癌症研究机构的利益冲突问题。在写这封请愿信的作者中，特别要提出詹姆斯·赫夫医生，他在领导了 1977 年至 1979 年的专题论文集建设之后，被任命为美国国家环境卫生研究中心（NIEHS）的化学致癌性研究部副主任。

为科研独立所做的抗争

毫无疑问，詹姆斯·赫夫是一名非比寻常的科学家。2009 年 10 月 27 日，他带着热情的欢笑、穿着牛仔裤和印有切格瓦拉头像的 T 恤衫接待了我们。

在帮助我们填妥了"反恐"所需的安保表格之后，他带我们参观了美国国家环境卫生研究中心，这是位于北卡罗来纳州的三角研究园内的一组建筑。三角研究园是"美国最大的研究园"，建于 1959 年，面积是 2 200 公顷。该园区的网站介绍，园区内有 50 000 名雇员，170 所公立或私立研究中心，美国国家环境卫生研究中心是其中最重要的研究中心之一。

该中心是环境卫生领域的权威，它主持的《环境卫生观察》杂志令其闻名于世。该中心还管理国家毒理学项目，该项目的任务是评估化学物质的毒性，供政府监管部门参考使用，例如负责食品药品安全的食品药品监督管理局、负责农药立法监管的国家环境保护局等。

在参观了这个有数百名科学家工作的庞大机构后，赫夫把我们领进了他的办公室。进入他的办公室困难重重，因为他办公室的杂乱难以形容，乱糟糟地堆满了近几年来的几千份各种档案、报纸、杂志。在我尝试着找个地方坐下时，他用一种谜一般的语气对我说："我对我在国际癌症研究机构工作的那段时期感到非常骄傲。因为我成功地把'对人体致癌'的术语变成了'对人类致癌'。从专业的角度看，我在国际癌症研究机构的经历改变了我的专业方向：从药理学和毒理学转成了化学致癌性研究。三十年来，尽管困难重重，我只专注于这项研究，因为我认为这是绝对紧急的卫生问题。"

赫夫是国家毒理学项目的创始人之一，开创了一套被称为"生物测定"的研究程序。"生物测定"是一种在啮齿动物身上测试化学品致癌作用、跟踪实验动物直至其自然死亡的实验研究。1979 年，关于苯的毒性的论战正在胶着时，他通过这种研究方法证明了这种物质能够导致"多点"癌症，就是说，它会导致被暴露的鼠类多种器官癌变 [29]。

注意到他说这些话的语气后，我问他："您为什么说'困难重重'呢？"

"乔治·布什两届任期的管理对公共健康的捍卫者而言简直是噩梦。就像我的朋友彼得·因凡特那样，我差点就丢了工作……"赫夫的语气忽然郁结，最后没忍住呜咽了起来 [30]。说真的，看到这位在最具声誉的科学刊物上发表了三百多篇文章的 71 岁男人在镜头面前崩溃，让人非常动容。在遇见他之前，我曾在网上查询并发现，用《科学》杂志的话来说，他已经成为了一个"著名的案例"。

事实上，2001年，他曾公开反对环境卫生研究中心与美国化工协会签署的一项财政协议的条款，该协议预计将400万美元的预算（其中四分之一由化工企业支出）用于测试化学产品对胎儿的孕育和生长的影响。《科学》杂志上说，2002年7月，赫夫收到了一封"禁言令"，禁止他"向媒体、科研组织、研究者、管理机构以及任何环境卫生研究中心以外的组织或个人发送关于环境卫生研究中心及其科研工作的信件、邮件和评论"[31]，否则将于五日内开除他。这件事在国际科学社群中引起了不小的骚动，国际癌症研究机构前主任洛伦佐·托马蒂斯声称"禁令的语气就好像独裁制度中的语气"[32]。后来，在俄亥俄州民主党代表丹尼斯·库西尼奇的干预下，这件事一直传到了国会，国会则要求环境卫生研究中心"专注于研究化学污染品导致的人类疾病，不要去管一名最优秀的科学家的嘴巴"[33]。

我问赫夫："这件事是不是在几年之后仍然让您感到痛苦？"

"是的，这件事对我打击很大。"他长长地叹了一口气，回答我，"我一直在努力斗争，让我们的机构保持独立于化工企业，但我明白了化工企业可能会找到我头上。长期以来他们一直试图攻击我，因为我确实从未妥协：如果我认为一种产品很危险，例如苯，我就会说出来，因为我认为保护公共健康就是我的使命。跟化工企业作战，就是我们工作的一部分。但如果我们自己的体系跟化工企业统一战线了，那真的让人很沮丧……结果就是：我不得不在2003年1月退休，但是六年后我依然在进行着保护公共健康的研究，尽管某些人想要毁了我为之骄傲的职业生涯……"① 他还补充道："总的来说，问题在于，共和党执政期间，尤其是布什执政期间，各政府机构的领导人并不是根据能力选举的，而是根据他们的政治关系，尤其是与企业的友好关系。这很可怕，因为为此付出代价的是公共健康。国际癌症研究机构的黑暗

---

① 2002年，55 000名成员组成的美国公共卫生协会给詹姆斯·赫夫颁发了"大卫·拉尔"奖，该奖表彰"通过科学研究为公共健康做出了杰出贡献的人"。

时期也是这样的。"[34]

国际癌症研究机构的"黑暗时期"：有谬误的专题论文集

"国际癌症研究中心和国家毒理学计划的作用很简单：就是保护人类健康。这是最重要的事情。因此，他们的作用不应该是估测生物机制，或设想某种致癌产品能够怎样以'保险'的方法使用，或是预计某项毒理学评估会带来的经济、监管和政治上的后果，而应该是仅以公共安全和健康为目的对现有信息进行评估。这是唯一的目的。"[35]这是詹姆斯·赫夫于2002年9月发表的一篇论文的总结。这篇论文发表在前面我提到过的《职业与环境医学学报》一个关于国际癌症研究机构利益冲突问题的专题里。发表这篇文章时，正好是他与环境卫生研究中心的冲突发生了一个月之后，于是我们更明白为何这位学者如此乐于展示切·格瓦拉这位阿根廷反抗者戴着红星贝雷帽的形象……

"化工企业对国际癌症研究机构专题论文集的影响达到了一个前所未有的高度"，他的这篇论文写得非常详细，说明了从1995年起（即洛伦佐·托马蒂斯离开之后），该组织在外部决策的影响下给12种产品降了级：1种从2A类降到2B类，11种从2B类降为第三类，包括莠去津这种极为有害的除草剂（参见第十九章）。"这是前所未见的！"赫夫告诉我，"要明白，通常化学品的危险性是被低估的，因为专家们非常谨慎；随着越来越多的新研究证明学者们长久以来的猜想，国际癌症研究机构会时常提高产品的类别，这才是合乎逻辑的。正因如此，1972年至2002年，有46种物质被提高了类别，例如二恶英就在1994年从2A类提到了第一类。然而，自从保罗·克莱修斯执掌该机构后，形式忽然发生了逆转。我估计这一时期内建立的某些专题论文集就是有谬误的。"

"您怎么解释这件事？"我问赫夫，但其实我已经知道他会怎么回答了，因为我当然会在见他之前先读过他的文章。

"我查了一下从 1995 年至 2002 年间编纂专题论文集的专家组构成，组长是我的继任者道格拉斯·麦格雷戈和杰里·里斯，我把专家组成员根据来历分为三组：'公共健康'组、'企业'组、'未知'组。'未知组'是为了谨慎起见，说明我没有足够的个人信息能够把这些人划到'企业'组。研究结果证明企业的影响非常大。"

赫夫在文章中说明，29% 的专家组成员来自"公共健康"领域，32% 是企业的代表，38% 的未知其来历。然后，赫夫还关注了著名的"观察者"的来历问题，"观察者"是被允许参与专家组讨论、但不参与投票的人：69% 的观察者来自企业界，12% 来自"公共健康"领域，20% 来历未明。如果我们把被拉拢的专家组成员和观察者相加，那么企业界就会占了绝对优势：118人（38%）属于企业组，99 人（26%）代表公共组织，119 人（35%）则"未知"。

我问赫夫："您怎样评价现在国际癌症研究机构的工作？"

"我们很明显已经走出了黑暗时期了。"他毫不犹豫地回答我，"我非常了解文森特·科里亚诺，我知道他会尽其所能捍卫公共健康。"

我在里昂见到科里亚诺时，他也说他很了解赫夫的这篇文章，但他马上补充说："时代已经变了。""什么变了呢？"我追问。

"国际癌症研究机构在对利益冲突的理解上有了改变。"这位专题论文集项目的负责人回答我。"现在，当我们计划评估一种物质，我们会在开会的一年前'召集专家'。候选人是根据他们对相关产品的专业知识进行选拔的，我们也要求他们填一张利益冲突声明表。存在利益冲突不会直接排除候选人，但是会告知给专家组的其他成员。"

"这些声明是公开的？"

"不……但我们会做一个简介，附在我们发表的专题论文集的附录中。然后，专题论文集的综述会发表在《柳叶刀》杂志上，该杂志对利益冲突问题非常严格，会仔细核实我们的信息。我真的觉得事情在往好的方向发展……"

"那现在观察者是一个什么角色？"

"他们的角色更清楚了。他们不能参加专家组的讨论，除非专家组在最后的环节邀请他们发表意见。我只是很遗憾，工会组织和消费者保护组织不能更多地参与会议。很不幸地这是一个资金的问题。最近，我邀请了一个患卵巢癌妇女援助协会作为观察者参加我们的某次会议。协会回复说没办法派人到法国一个星期。很显然，企业就没有这种问题……"

"最后一个问题：你们会重新评估莠去津吗？这种除草剂奇迹般地从 2B 类降到了第三类。"

"我确认莠去津不在我们要优先重新评估的列表之内。"科里亚诺总结道，对此没有进一步的评论 [36]……

虚假的论据：癌症的"作用机制"不可从啮齿动物推及人类

"国际癌症研究机构凭什么给某些化学品降级？"这个问题让詹姆斯·赫夫笑了，但他的语气却忽然变得强硬："这个呀，凭他们最后的救命稻草！1999 年我曾参与一次企业代表占上风的会议，会议上他们称啮齿动物在化学品暴露后所患的某些癌症——例如肾癌、甲状腺癌、膀胱癌——是这种哺乳动物所特有的，因为这些癌症的生物学机制在人类身上是无效的！我向我的同事罗纳德·梅尔尼克提出了强烈抗议，强调这一论断是毫无科学依据的猜测，但是没有用。国际癌症研究机构采纳了他们的论据，并且在好几年间都忽视在鼠类身上进行的毒理学研究，理由是无法证明其致癌机制能够推及人类！"

这不是一个简单的技术细节。因为，正如大卫·迈克尔斯所言，"魔鬼在细节里。"化工企业非常明白这一点，它们不留下任何的机会。化工企业的代表所用的这个论据非常严重：如果遵其所言的话，许多最危险的物质都能够继续留在市场上，因为国际癌症研究机构和监管机构再没有任何可以用来评估这些产品的工具了。一方面，化工企业不断强调流行病学研究不可信，因为流行病学研究通常基于证人的回忆，且结果可能有偶然性——2007年《法国的致癌原因》报告中就是这么说的。流行病学研究就这样退场了。如果另一方面，因为研究结果不能推及人类，在动物身上进行的实验研究也起不了任何作用了，那么毒药就可以长盛不衰了……

这种说法不仅是理论上的，它影响了与我们所有人都有关的决策。例如，正因如此，甲醛的致癌性曾在很长的一段时间内被忽视——这种物质无处不在，尤其是在许多家庭里的胶合板家具中大量存在。然而，很多实验研究都曾证明吸入甲醛会导致鼻窦癌和鼻咽癌（还有白血病和脑癌）。但如在安德烈·西科莱拉和多萝西·布罗维的报告中，这些研究结果被排除了，因为"其结果从鼠类身上得出，而鼠类的口鼻面积比例大于人类"[37]！最后，甲醛终于在2004年被列入了"确定对人类致癌物质"，但这对于患鼻窦癌的木匠而言已经太晚了，鼻窦癌又被称为"木匠癌"①。

出于这一虚假论据，国际癌症研究机构在2000年把DEHA（即二乙基羟胺）从2B类降为第三类，这是一种威力极强的有毒物质，属于邻苯二甲酸酯家族。这种物质通常被用作塑化剂加入到PVC（聚氯乙烯）中，增加塑料的柔韧性。我们可以在所有柔软的或半硬的塑料物品中找到这种物质，例如气球、桌布、雨靴、沐浴帘、雨衣、医疗用品（例如血袋、导管等）、食品包装（如保鲜膜），在欧洲直到2005年前，化妆品和玩具中也使用这种物质。欧盟于2006年将其列为"对生殖和发育有毒性"物质。DEHA是最常用的邻苯二甲酸酯：作为污染物，我们可以在空气、房屋里的灰尘、水、甚至母乳中找到它。然而，目前，我们只需要知道，已经有许多实验研究证明DEHA暴露会导致癌症，尤其是肝癌和胰腺癌。其中某些研究是自从1982年起，詹姆斯·霍夫在为国家毒理学计划做了一项"生物测定"后发表的，2003年他在一篇名为《国际癌症研究机构与DEHA的困境》[38]的文章中也提到了这项研究。

---

① 木屑同样也有可能导致鼻腔癌和鼻窦癌，这两种疾病在法国被承认为职业病（列表47）。

在国际癌症研究机构的专家组决定给 DEHA 降级的同时，一项新的研究证明邻苯二甲酸酯会导致鼠类患胰腺癌[39]。这项研究的作者雷蒙·大卫作为观察者参加了讨论，却不得不看着自己的研究被直接排除在最终的评估之外！这件事情在《职业与环境医学学报》上激起了极大的愤慨，该报揭露了"排除"和"删除关键研究"的丑闻[40]。研究中心主任保罗·克莱修斯在2003年4月8日寄给抗议者之一夏洛特·布罗迪的信中坦白："专题论文集未必列出所有现有的相关文献，而只列出工作组觉得恰当的研究。"他也承认鼠类的致癌机制被认为"在人类身上无效"[41]……

化工企业的"双面语言"

"与曾领导国家环境卫生研究中心二十年、并创立了国家毒理学项目的大卫·拉尔一起，我们发现，在一百多种被列为确定对人类致癌的产品中，有超过三分之一曾经在实验研究中被证明对动物有致癌性。"詹姆斯·赫夫告诉我。"同样的，所有我们怀疑对人类致癌的产品，都被证明对动物致癌。与企业想让我们相信的相反，人类与动物间的相似性大于差异性。"

国际癌症研究机构的专题论文集建设计划主任文森特·科里亚诺也完全同意他的看法。当我向他提到他的前任的话时，他毫不犹豫地回答："我完全同意詹姆斯的说法。哺乳动物有许多相同的生理学、生物化学、毒理学机制。因此，除了已确切证明的特例之外，我们应该认为在动物身上观察到的信号是可以推及人类的——制药业就一直都是这样做的。"

这最后一点也常常被我的采访对象作为企业的"双面语言"的证明。德维拉·戴维斯就说过："当企业要开发一种新药时，首先要在动物身上测试。之所以这样做，就是因为他们认为通过在啮齿动物或其他哺乳动物身上得出的结果，可以预测这种物质在人类身上产生的影响。值得注意的是，当没有观察出什么副作用时，企业就会推断这种新产品没有副作用，并急于申请上市许可。然而，当观察到有负面作用时，企业就会以'啮齿动物的特殊机制不可推及人类'作为理由。管理化学污染物的机构很少注意到他们前后不一致的言辞，这很让人震惊。"[42]

流行病学家彼得·因凡特则谈得更深入："几十年来，现代实验医学就是基于动物实验。这种研究方法的有效性已经被广泛证实了，那么在测试我们的食物和环境中存在的化学品的毒性时，为什么要排斥这种方法呢？必须终结这些诡辩，它们唯一的目的就是干扰监管程序！"[43] 大卫·迈克尔斯也说："科学家不可能给人类喂有毒的化学品来看看它是否致癌。[……] 如果必须要在有了确凿的证据之后才有所行动，那我们的监管计划不可能有效。只要有最好的证据就足以行动了。"[44]

"最好的证据"就是从活体实验（即在动物身上进行的实验）和试管实验（即在培育细胞上进行的实验）中得出的结果。同样也身为流行病学家的理查德·克拉普说："流行病学研究总是来得太迟。当我们到了要在太平间里数病死者的地步时，监管程序就已经失败了。"当我向科里亚诺逐字读出他的波士顿同行的话时，他也说："我完全同意克拉普教授的话。每次我们把一种致癌产品列入第一类时，就证明我们的预防措施已经失败了。因为，当一种产品列入了这一类，就是因为它已经在人类身上造成了癌症。理想的情况当然是我们能够在人类遭受长期暴露之前就确认有害产品，避免不可逆转的危害[45]……"

然而，我们将会看到，"不可逆转的危害"已经无法避免了。因为，与化工企业领导和他们的研究机构同谋所言相反，近五十年来，慢性病从来没有停止增长，我们甚至可以称之为真正的流行病。

第十一章
癌症等慢性病的盛行

我们正处在危险之中，而敌人不是别人，正是我们自己。
——埃德加·莫兰

2010 年 1 月 13 日星期三，我到理查德·佩多爵士在牛津大学的办公室里采访他，当时他看起来非常焦躁。在我整个漫长的调查过程中，我从未见过一名显得如此紧张的科学家。但是，这位英国流行病学家可不是一个普通人：他在著名的牛津大学主讲医学统计学和流行病学课程，他是英国皇家学会会员，在 1999 年因"对癌症预防的贡献"被女王授予爵位。获得这项在大英帝国非常尊贵的荣誉，主要是因为他在 1981 年与他的导师理查德·多尔爵士共同发表的一项研究。用德维拉·戴维斯的话来说，这项研究就是"癌症流行病学的圣经"[1]。理查德·多尔曾证明吸烟与肺癌之间的关联，并也因此获得女王封爵，他于是成为"公共健康领域的杰出权威人士之一。[2]"（参见第八章）

一部过时的癌症研究"基础参考书"

1978 年，吉米·卡特总统的卫生部长约瑟夫·卡利法诺发起了一次反对吸烟的行动，他把吸烟称为"头号公敌"，并在国会做了一次演说，宣称在不久的将来，20% 的癌症将会由职业活动中的有毒物质暴露引起。"这个惊人的比例让化工企业的公关部门马上进入了备战状态。"德维拉·戴维斯说道，看到一位政府高官敢说真话，她感到很高兴[3]。于是国会的技术评估委员会要求因与烟草生产商不懈斗争而闻名的理查德·多尔进行一项关于职业性癌症病原的研究。

在"杰出青年流行病学家"理查德·佩多的协助下，多尔于1981年上交了一份长达一百多页的文献，名为《癌症的原因：美国目前可避免的癌症风险定量评估》[4]，这个主题与原本国会下达的要求其实没有太大的关系。为了这项研究，这两名流行病学家仔细检查了美国1950年至1977年间死于癌症的65岁以下白种人的死亡记录。他们总结出，70%的癌症是因个人行为造成的，其中首要的是饮食习惯，造成了35%的死亡，其次是吸烟（22%）和酒精（12%）。在他们的病因列表里，化学物质职业性暴露所导致的死亡只占4%，污染物占2%，比感染（病毒、寄生虫等）所占的10%低得多。

吉纳维芙·巴比耶和阿尔芒·法拉希在《致癌的社会》一书中也强调："三十多年来，大局已定。多尔和佩多的研究被所有的相关主题研究引为参考文献，他们所列的表格被当成金律，直到现在还一直引导着人们的意见。"[5]事实上，所有的官方文件都把"多尔与佩多的研究"当作烟草作为主要致癌原因的证明，而化学污染物只是极为边缘的领域。因此，在法国，负责主持希拉克总统大力推广的"国家抗癌动员计划"的癌症指导委员会，在2003年的报告中引用了这项研究不下七次[6]。此时距离这项研究初次发表已经过去了二十多年，就好像关于癌症的研究在那时候就已经停滞不前了一样……另一方面，前面提到的《法国的癌症原因》报告当然也参考了这本"基础参考书"[7]，集合了19家农药生产商的植物保护产业协会也在其网站上贴出了这些研究结果。法国并不是一个例外，大多数西方国家都与它一样，例如英国的卫生与安全执行局，也在2007年把这两位受勋国民的研究列为关于化学致癌的"现有最好的评估"[8]。

与《癌症的原因》作者的一次意外相遇

1981 年的这项著名研究，因其研究方法的偏差和理查德·多尔的利益冲突问题而受到了严厉的批判，然而在详细讲述为何批判这项研究之前，先来听听多尔的同事理查德·佩多是怎么说的。2010 年，在牛津大学佩多的办公室里，我遇见了他。他的办公室所在的这栋楼就命名为"理查德·多尔"楼，为了纪念这位逝世于 2005 年的伟人。佩多 67 岁，头发花白，风度翩翩。他总是重复着相同的话语，在滔滔不绝中忽然仰头以作强调。好几次，当我的问题明显让他感到不适时，他干脆从桌子边站起来，在房间里踱来踱去，我的摄影师都不知道该如何拍摄了。在重看采访画面时，我寻思他的这种身心的激烈反应是他的一贯表现，还是尴尬的表现？是因为理查德·多尔和他们合著的那项著名研究受到了质疑，从神坛上跌了下来？如安德烈·西科莱拉在《现代流行病的挑战》中所说，多尔和佩多的这项研究长久以来被认为是"圣经福音"[9]。

"人们普遍相信今天的癌症比过去要多，而且认为这是因为世界上有许多化学产品。"佩多说，"有一些人甚至说，我们能够在这个化学的世界中生存下来是一件非常幸运的事情。但这都是假的。的确，我们每天都暴露于多种化学分子。例如，植物就会产生很有害的毒素，像土豆皮和芹菜，因为这是它们保护自己不受虫害的唯一方法。植物不能逃跑，它们就会长期生产防卫性的毒素。还有奇异果也是这样的。几十年前我们还不认识奇异果，但是今天我们吃很多奇异果，但是这种水果含有很多在实验室中被测出毒性的化学物质。植物长期生产毒素，然而，我们发现常吃蔬果的人比其他人更少患癌。您看，很难说化学品会产生怎样的作用。但无论如何，我们所暴露的化学物质主要还是来源于我们所吃植物中的天然成分。"

佩多说这段话的时候一直盯着桌面，说完后他停了下来并抬起了头，似乎要确认我是否听懂了他刚才说的话。他的话让我很吃惊，所以我一直沉默，让他继续他难以让人信服的讲解。他重新低下头看着桌子，继续说："当然，有几个重要的例外，首先当然是烟草，烟草导致了极大的危害。一旦某个地方的吸烟率剧增，那里的死亡率就会立刻剧增。反之，一旦吸烟率剧减，死亡率也会剧减。所以，除了真正造成了很多问题的烟草的巨大影响外，我们还可以说得出什么高致癌的原因吗？如果好好查阅数据，答案就是否定的。"

"我想您经常去里昂的国际癌症研究机构，应该了解他们的文件。"我小心翼翼地说。"根据该机构发表的一项研究，在过去三十年间，欧洲的幼儿癌症发生率每年增加 1% 至 3%，主要涉及白血病和脑癌[10]。那这一显著增高也是因为吸烟？"

"我不一定同意国际癌症研究机构的说法，"佩多一边摇晃着他的座椅一边回答我，"这要取决于他们提供的数据的质量……但是，烟草与儿童癌症和成年初期发现的癌症关联不大，甚至完全没有关联。这些癌症通常是因为胎儿期发育不良造成的。"

"您怎样解释这些发育不良？"我问道，我确信这位流行病学家最后不会再含糊其辞。

但是不！他没有正面回答问题，而是拿出早就想好的说辞，重复老的论据，然而我们将会看到，这些论据丝毫经不起考验。"我想这些表面上的改变是因为癌症测试和记录的方法提高了。"他一边回答我，一边在一张纸上草草地写着什么，"忘了"我的问题是关于他刚刚提到的"胎儿期发育不良"。他说："例如，20 世纪 50 年代和 60 年代，我们不太能够诊断白血病，于是当人们死亡时，就说是死于感染，而不是白血病。现在，我们能够更好地诊断白血病了，就感觉白血病好像更多了。然后，还有一些假象，在婴幼儿时期探测到一些类似癌症的东西，后来又消失了。"

采访进行到这个阶段，我怀疑佩多是否真的知道自己在说些什么，他的话语是这么缺乏条理。我差点就想就此罢休了，因为我觉得这是在浪费我的时间。然而，他抬起头来继续他的长篇大论："总的来说，癌症死亡率呈下降趋势，尽管与某些癌症相关的死亡率是提高的。某些比率下降，某些比率提高，因此很难得出最终的结论。"

我反驳说："确实，在发达国家中，癌症的总体死亡率在下降。这是因为治疗效果的提高。然而，癌症的发生率一直不断提高，这您怎么解释？"

"发生率是很难测量的。"佩多忽然从座椅里站起来，递给我一张纸，上面草草地写着"诊断"一词。他继续回答我："我们生活的这个时代里，人们对癌症的关注度不断提高，忽然间报纸和电视越来越多地讨论这个话题。而且，人活得越来越久，自然就会有越来越多的癌症，这种病自然也会吸引越来越多的关注。把这些因素加在一起，我们就会明白，导致癌症增加的致癌产品多成一片海的画面，实际上完全是个假象，这个假象只会转移人们对主要原因的关注，真正的原因仍然是烟草致死。"

"所以您认为，你们在1981年所做的研究，直到三十年后的今天仍然是有效的？"

"没错！我们的研究面世时我们所说的话，到今天仍然是正确的。"[11]

不靠谱的论据

"怎么可以断言三十年前的研究到现在还能帮助我们作出正确的决策呢？"美国流行病学家德维拉·戴维斯对理查德·佩多的话感到很震惊。三个月前，即2009年10月，我与戴维斯会面时，我们曾就多尔和佩多的研究讨论了很久[12]。她跟我说："而且他们所用的研究方法也是有偏差的，因为这种研究方法有很大的局限性，会大幅削弱得出的结果。他们查阅了从1950年至1977年的死亡记录，但只涉及死亡年龄不到65岁的白种人。因此他们排除了非洲裔的美国人，这些人才是最常遭遇化学物质暴露的人群，因为工作和居住地的缘故。他们也排除了患癌但是还活着的人。他们忽略了发生率，只关注死亡率。然而，癌症是有潜伏期的，所以从1950年至1977年死于癌症的人是在20世纪30至40年代遭遇致癌物质暴露的，那个时候化学品还没有开始大规模入侵我们的日常环境。所以，如果想要确切测量癌症的发展并确定可能的病因的话，最好是检查发生率的变化。

德维拉在霍普金斯大学工作时，研究的就是癌症的发生率，尤其是 45 岁至 84 岁人的多发性骨髓瘤和脑肿瘤。与她一起工作的是后来成为哈佛大学著名流行病学家的统计学家乔尔·施瓦茨，他们一起发现这两种致命癌症的发生率在 1960 年至 1980 年间提高了 30%。他们的研究于 1988 年发表在《柳叶刀》[13]上，两年后又收录进了《纽约科学院年鉴》[14]，并引起了理查德·多尔爵士的关注。在《抗癌战秘史》中，戴维斯表达了她激动的情绪：20 世纪 80 年代，她曾在国际癌症研究机构举办的座谈会中有幸与这位著名科学家"喝了一杯"。她在书中写道："他的资料卡上写着交谈是他的一大爱好。的确，与这位有魅力、和蔼又聪明的男人谈话是一件乐事。"[15]

那天晚上，理查德·多尔摆出一副高高在上的姿态，向这位"为之倾倒"的女崇拜者指出她的研究犯了一个"根本的错误"：她所观察到的癌症发生率增高只是一个简单的视觉效应，与医生诊断癌症的能力提高有关。他解释说，在过去，当一个老人去世，医生如果不了解确切死亡原因则会在死亡证明上鉴定死因为"衰老"；有时候，他们会指出死亡原因为"未知器官癌变"。多尔建议这位年轻的同行核查被定义为"衰老"或"未知器官衰变"的死因的变革，并确信这些死因一定大幅减少了。戴维斯的确这样做了，但是她发现多尔所言是错的！事实上，她在四年间仔细检查了国家癌症研究中心的记录，该中心从 1973 年 1 月开始系统地统计癌症资料。在她的导师，霍普金斯大学教授、美国流行病学泰斗亚伯·利林菲尔德和生物统计学家艾伦·吉特尔森的帮助下，她证明了年长白人因"衰老"或"未知器官癌变"而去世的死亡证明并未减少。甚至有所提高！同时，她还发现癌症的发生率和某些特定癌症的死亡率显著提高[16]。

我问戴维斯："关于癌症发生率提高是因诊断方法改善导致的错觉这种说法，您怎么看？"

"这一论据经不起分析。"她回答，"我在书中甚至证明了这种论据已经被使用了一个多世纪！以婴幼儿白血病和脑肿瘤为例，发生率的确增高了，且无论如何不能用诊断方法的改善来解释。与结肠癌、乳腺癌和前列腺癌不一样，我们对于婴幼儿白血病和脑肿瘤并没有系统的筛查计划。因此当在一个孩子身上查出癌症时，是因为他生病了，人们想要找到病因，三十多年来一直是这样的！"

美国的总统癌症研究小组的报告撰写者们也与戴维斯意见一致，他们曾仔细考察了被称为"粗糙论据"的这种说法的准确性。他们的论证把死亡率和发生率这两种非常不同的概念分得很清，不像某些专家，例如理查德·佩多爵士，常常忘了这一点。他们在报告中写道："1975年来，婴幼儿癌症死亡率有所下降。这主要是因为儿童对新疗法临床试验的参与度较强，使治疗手段得到提高。然而，在同样一段时间内（1975年至2006年），美国20岁以下年轻人的癌症发生率一直不停攀升。这不能用如CT和核磁共振成像这些诊断技术的诞生来解释。因为，新技术的诞生能够导致癌症发生率在某一个点上忽然增高，但不能解释我们观察到的三十年来的稳定攀升。"[17]

2007年发表在《生物医学与药物疗法》杂志上一个长达百页的专题《癌症：环境的影响》[18]里的一篇文章也彻底否定了"更好的诊断方法"这一论据。这篇文章的作者包括理查德·克拉普、法国人多米尼克·贝尔波姆与吕克·蒙塔尼，他们的研究以在欧洲17个国家都设立有筛查计划的乳腺癌为例[19]。他们指出，及早发现乳腺癌可能对死亡率有一定影响，但不会对发生率有所影响，因为这种癌症即使是在三十年前也能够被诊断出来，现在只是更早检测出而已。他们引述了挪威的经验，挪威是欧洲最早设立癌症记录的国家之一（1955年）①，并从1992年开始引入乳腺癌和前列腺癌的筛查手段（即乳腺造影术和前列腺特异性抗原检查）。数据研究证明，从1955年至2006年，乳腺癌和前列腺癌的发生率从未停止增长，在1993年曾出现一

---

① 法国的第一个癌症记录建于1975年。2010年，法国有13项癌症记录，统计了法国96个省中的11个省的各种癌症发生率，仅覆盖全国人口的13%。

个轻微的尖峰信号，那就是引入筛查技术的时候。同样的情况还能够在甲状腺癌的发展史中发现。同样在这段时间内，甲状腺癌的发生率增至六倍，攀升现象在引入超声成像技术前就已经开始了。

人口老龄化不是癌症变多的理由

"另一个常被用来解释慢性病增加的论据是人口老龄化，您对此有什么看法？"我问戴维斯，她在听完我的问题后露出了一丝会心的微笑。"很不幸，这种说法也是一个谬论。"她回答，"寿命的延长当然会导致有可能患癌的老人增加。然而，要检查的应该是不同年龄段的癌症和神经退行性疾病的发生率变化。我们发现某些癌症的发生率在 65 岁以上人口中增了一倍。例如，年长女性的非霍奇金性淋巴瘤就增了一倍。人口老龄化不能解释为何美国患脑癌的男人和女人比日本多五倍，或者为何越来越多的西方国家青年患上睾丸癌和甲状腺癌。更不用说婴幼儿癌症了，婴幼儿癌症的增高不可能与寿命的延长有关！"

法国癌症学家多米尼克·贝尔波姆和他的同事们也在 2007 年发表于《国际肿瘤学学报》的文章上强调："年龄不是决定性因素，因为癌症的发生率在各个年龄层都有提高，包括在儿童中。"[20] 同样，英格兰和威尔士所做的一项研究也证明，从 1971 年至 1999 年，前列腺癌、乳癌和白血病出现的平均年龄不断降低，这说明癌症的受害者越来越低龄。这项研究的作者还谈到，同样在这段时间内，前列腺癌的发生率翻了一倍，而且这是在前列腺特异性抗原检查引入之前 [21]。

"如果老龄化是癌症发生率提高唯一的原因，那么各种癌症、各种性别间的提高率应该是差不多的，但事实绝非如此。"安德烈·西科莱拉在《现代流行病的挑战》一书中如是说。这位法国化学家与毒理学家强调："生于 1953 年的女性相对生于 1913 年的女性，患乳腺癌的风险增加了差不多两倍，而患肺癌的风险增了四倍。[……] 生于 1953 年的男性相对于生于 1913 年的男性，患前列腺癌的风险增了一倍，患肺癌的风险则是一样的。"[22]

烟草：职业性癌症的替罪羊

"那么吸烟呢，是否仍然是癌症增高的罪魁祸首？"这显然是一个非问不可的问题，因为在探讨了之前我们质疑的这些问题后，我们应该思考一下人们所共有的这个根深蒂固的观念，这种观念使我们的癌症预防仅限于对抗烟草。德维拉本人也是一个坚决的反烟战士，她回答说："吸烟导致唇癌、咽喉癌、肺癌和膀胱癌，这是很明确的。但是需注意：吸烟与许多癌症毫无关联，例如前列腺癌、乳腺癌和睾丸癌，这些癌症目前正在大爆发！"

事实上，许多观察证明"近二十年来，因烟草和酒精所造成的癌症发生率和死亡率有所降低，而与烟草和酒精无关的癌症发生率一直在攀升。这种趋势逆转现象是欧美工业化国家所特有的"[23]。根据卡特琳娜·希尔和艾格尼丝·拉普朗什的研究[24]，从 1953 年至 2001 年，法国长期吸烟者在男性中的比例从 72% 降至 32%，这本该使"20 世纪 80 年代后呼吸系统癌症下降"。然而，吉纳维芙·巴比耶和阿尔芒·法拉希也谈到："从 1980 年至 2000 年，肺癌发生率不停攀升。这是为何？又如何解释增长最快的是与烟草没有太大关系的癌症（黑素瘤、甲状腺癌、淋巴瘤、脑癌）？"[25]

烟草被称为"上个世纪和下个世纪的祸害"，在所有预防癌症的战役中被视作最大的敌人。正因如此，2003 年法国癌症指导委员会的报告中（正是该报告启发了希拉克总统的"国家抗癌动员计划"）[26]，有"35 页关于烟草，11 页关于酒精，6 页关于营养，7 页关于职业性癌症，3 页关于环境，2 页关于药品"。这两位《致癌的社会》的作者寻思："烟草真的需要对我们国家里一大半的癌症负责？新闻通稿称，在每年因癌症去世的 15 万人中，有 4 万人是死于'与烟草相关的癌症'，这句话会让认真阅读的人注意到一些东西。首先，与烟草相关不意味着因烟草造成，但读者不一定注意到这当中的细微差异。这个数字被到处转载，还被写入法规。然而为何是 4 万？如果我们把 2000 年所有死于唇癌、咽喉癌、肺癌和膀胱癌的人数相加，总数不到 3.9 万。他们全都是吸烟者？就没有人接触过化学溶剂、苯或石棉？在此须提醒，被统计入上呼吸消化道癌症的鼻咽癌和唾腺癌，几乎与酒精和烟草没有任何关系，但是与木屑和电离辐射有很大关系。[……] 上呼吸消化道癌症还有许多职业性的病因：仅仅是硫酸、甲醛、镍和染剂的暴露，就涉及不下 70 万人。而且，如果有 40% 的膀胱癌是因烟草造成的话，其余的就是由染料、橡胶、金属和化学溶剂工厂造成的。最后，呼吸系统癌症往往是最常见的职业性癌症。然而，因为往往不区分吸烟者的癌症和职业性癌症，且法国的职业性癌症认证欠发达，烟草就成了替罪羊，吸引了全部的关注，粉饰了大屠杀，且为癌症计划提供资金。"[27]

我还补充一点：烟草是一个非常实用的借口，可以遮掩化学产品的作用，让化工企业可以推卸对慢性病增长的责任，多尔和佩多的那项满是谬误的研究就是这样做的。

为孟山都效劳的科学家

"当你们进行关于癌症原因的研究时，您是否知道理查德·多尔秘密地为孟山都做顾问？"这个问题让理查德·佩多爵士直接从座椅上跳了起来，他在办公室里踱了一会儿，然后坐下来，用微弱的语气说："这不是个秘密……这不是个秘密……他是曾经为孟山都做顾问，而且他为孟山都工作的那段时间里，每天有 1 000 美金的收入，后来还提高到了 1 600 美金。事实上，他帮助孟山都整理评估该公司的毒理学数据，让他们能够更方便地鉴别有某些危害的产品……我们做完研究时，美国政府曾提出给我们一些钱，但是我们不想拿。我就建议把钱捐给国际特赦组织（Amnesty International），但是政府说那是一个共产主义组织，所以没有同意。于是，多尔就决定把他赚来的所有钱都捐给牛津大学格林学院①。他从来没有为自己留下任何东西……"

"调查显示多尔爵士不但从孟山都领薪，还从陶氏化学和其他一些生产氯乙烯或石棉的化工企业领薪，但这些薪酬从来都不公开。您怎么证明他的薪水都捐出去了？"

"那个时期，还没有申报此类薪酬的惯例，但是，他曾立誓宣称从未拿过烟草企业任何东西。"

事实上，鉴于多尔证明了吸烟与肺癌之间的关系，我们也很难想象烟草生产商会付钱给他……2007 年，美国历史学家杰弗里·特维戴尔写了一篇名为《英雄或恶人？》的文章，指出"多尔显然不可能接受烟草企业的钱，但收到他并未申报的其他致癌产品生产商给的钱时，他为什么又用了双重道德标准？"[28]

"他曾为企业有偿服务这件事，常常被利用来毁坏他的清誉。"佩多怅叹道。他似乎没有察觉到他的话有多荒谬。

我反驳说："这可以理解，尤其他受贿帮孟山都说二恶英没有致癌性，后来被证明这是一个严重的错误……"

"这不是一个错误。我认为没有确凿的证据证明二恶英会使人类致癌。"佩多爵士厚颜无耻地这样回答。我甚至怀疑他是否真的相信他自己所说的话，还是他为了捍卫他的导师已失的荣誉，就选择了说谎……

我们知道，二恶英已经在 1994 年被国际癌症研究机构列为"确定对人类致癌物质"。这个决定姗姗来迟，很大程度上就是因为理查德·多尔对二恶英专题档案的干预。我在《孟山都眼中的世界》里曾谈到过这个让人难以置信的故事，它充分说明了某些科学泰斗决定为化工巨头服务时，会产生怎样的巨大影响，使公共利益蒙受怎样的损失。一切始于 1973 年，一位名叫勒纳·哈德尔的瑞典青年学者发现除草剂 2，4-D 和 2，4，5-T 会导致癌症，

---

①　格林学院开设于 1979 年，是牛津大学最年轻的学院之一。该学院是由理查德·多尔创立的，他想要发展医学和企业界之间的关系，学院以其资助者——德州仪器公司的老板、美国工业家塞西尔·格林——的姓氏命名。2008 年，格林学院与坦普尔顿学院合并。

这两种除草剂都是橙剂的成分，主要由孟山都公司生产。一位 63 岁患肝癌和前列腺癌的男人曾向哈德尔咨询，并告诉他，自己二十年间的工作就是用这两种除草剂的混合药剂给瑞典北部的森林喷药。哈德尔于是与另外三位科学家一起进行了一项长期的研究，并于 1979 年在《不列颠癌症学报》上发表了研究结果，证实了软组织肉瘤、霍奇金氏淋巴瘤和非霍奇金氏淋巴瘤等几种癌症与 2, 4, 5-T 的污染物二恶英之间的关联[29]。

1984 年，哈德尔被邀请去参加一个澳大利亚政府组织的调查委员会，评定越战老兵的索要赔偿金申请。一年后，这个关于"越战中化学产品的使用与对澳籍人员影响"的皇家委员会提交了报告，该报告掀起了一场激烈的论战[30]。1986 年发表于《澳大利亚社会》杂志的一篇文章中，卧龙岗大学的布莱恩·马丁教授揭露了"为橙剂脱罪"的种种欺骗手段[31]。

委员会提交的报告以一种惊人的乐观态度总结："没有一名老兵因为越战中使用的化学品而患病。委员会很高兴地向千家万户宣布这个好消息并送出诚挚的祝福！"马丁教授在文章中描述了越战老兵协会列出的专家怎样遭受了孟山都澳洲分公司律师的"猛烈攻击"。更严重的是：该报告的作者几乎全文照抄孟山都提供的几百页文献，以此诋毁勒纳·哈德尔和同事奥拉夫·亚克塞尔松所发表的研究[32]。"该报告直接抄袭孟山都的观点作为委员会自己的观点。"马丁教授评论说，"例如，在关于 2, 4-D 和 2, 4, 5-T 致癌性的主要章节里，除了把孟山都所说的'有可能'改成'委员会认为'之外，其他全部都是直接抄的。"

该报告对哈德尔提出强烈控诉，影射他伪造了研究数据，于是哈德尔决定反过来审查这份报告。他"惊讶"地发现"理查德·多尔曾于 1985 年 12 月 4 日写了一封信给委员会主席菲利普·伊瓦特教授，并表示支持委员会的观点"，他在 1994 年发表的一篇文章中也揭露了这件事。这位杰出的英国流行病学家在写给委员会主席的信中说："我认为，哈德尔医生的结论是靠不住的。他的这项研究不应该再被列为科学文献证明。很显然 [……] 没有任何理由认为 2, 4-D 和 2, 4, 5-T 对实验室动物致癌，甚至没有理由认为这两种杀虫剂中所含的二恶英是对动物轻微致癌的有害污染物。"[33]

一直到 2006 年的某一天，哈德尔又有了惊人的发现。得知这位诋毁他的名人（多尔已于 2005 年去世）把个人档案放在了伦敦的维康信托基金图书馆（维康信托基金是资助改善人类与动物健康的杰出研究的慈善基金），他决定前往查阅。该图书馆负责人克里斯·贝克特曾在 2002 年的一篇文章中称"理查德·多尔教授的个人资料已被归档且可供查阅。这些档案展现了他为流行病学研究服务的一生，呈现了这位流行病学家的历史连贯性和公共责任心，以及他根深蒂固的社会伦理观念"[34]。在这篇颂词中，这位维康基金的图书馆长只字未提档案夹里好几份文件显示了这位"杰出流行病学家"与毒药生产商之间的财政关系，但是哈德尔发现了。在这些文件中，有一封日期为 1986 年 4 月 29 日、抬头为孟山都的信。写信人是一位孟山都的研究人员，名为威廉·加菲，他曾与雷蒙·萨斯坎德医生一起签署了好几项关于二恶英的伪造研究（参见第八章）。这封信确认更新公司与多尔教授的合同，承诺其薪水为每日 1 500 美元。多尔教授还在档案里保留了一份自己的回信，信中回复："非常感谢您延长我的合同并提高我的薪酬。"

所以，当多尔教授发表他关于"癌症原因"的著名研究，并蓄意低估化学污染物对癌症病原的作用时，他还收到了"工业史上最大的污染环境者之一"的巨额酬劳[35]！

知名学者与化工企业的同谋，科研机构的尴尬

2006 年 12 月，英国《卫报》揭露了多尔与孟山都之间长达二十年（1970 年至 1990 年）的合作关系[36]，这件事在帝国内引起了极大的反响，有些人捍卫这位曾获女王封爵的科学家，另一些人则认为他的利益冲突问题严重影响了他的研究成果的可信度。美国历史学家杰弗里·特维戴尔分析了所有报导了这起事件的报纸。《观察家》报写道"多尔是英雄，不是罪人。[……]他生活在牛津南部一所简陋的房子里"，还说"每个时代都有它的习

俗，我们不能要求过去的伟人按我们现在的方式生活"[37]。特维戴尔则强调："事实上，多尔住在牛津市最好的地段。"[38]

特维戴尔还称多尔得到了所有科研机构的支持，理由有五个：1. 因其对吸烟与肺癌关联的研究，理查德·多尔爵士拯救了成千上万的生命；2. 在他的那个时代里，没有申报利益冲突的惯例；3. 他将薪酬捐赠作慈善用途；4. 攻击一个已经不能为自己辩护的人是极不庄重的行为；5. 对其声誉的攻击是由一些"环境保护者"和某些有特定目的的人发起的。

在一封写给《泰晤士报》的信中，理查德·佩多夸张地说："多尔的研究成果挽救了世界上几百万的生命，将来还将挽救几千万的生命[39]"。特维戴尔则反驳："没有人否认这一点，但是这与关于多尔利益冲突问题的讨论没有任何关系。"《周日镜报》也同意这个观点，认为"他绝对中立客观的形象从此尽毁[40]"。尤其这位英国流行病学家还热衷于给别人上职业道德课，他曾在 1986 年说"接受企业资助的科学家应该意识到他的研究成果可能被化工企业为其自身利益而利用"，而就在一年前，他曾密信诽谤哈德尔的研究成果[41]。

好多年之后，多尔爵士与化工企业之间的同谋关系，仍然使曾经引用过他 1981 年关于癌症原因的研究的科学家们感到非常尴尬，例如美国癌症协会的负责人们。美国癌症协会是癌症学领域的一个权威组织，他们与制药企业之间的关系常常遭到揭发。2009 年 10 月，我见到了该协会于 1998 年至 2008 年任职的副会长迈克尔·图恩医生，他在协会中负责癌症的流行病学研究，目前仍然保留着一个荣誉性的职位。就在我访问该协会位于亚特兰大的奢华大楼前不久，这位流行病学家刚与其他人一起在《癌症临床医生学报》上发表了一篇文章，用一种有点自相矛盾的方法侃侃而谈"环境因素与癌症"的问题[42]。他们一方面说"某些工业和商业产品没有可用的致癌性试验数据，应该在产品上市前就进行研究，而不是等人类被大量暴露以后"；另一方面，他们又搬出了多尔这项阴魂不散的研究："尽管环境污染和职业性污染对癌症的发生有非常大的作用，但还是比烟草的影响小得多。

[……] 根据 1981 年的研究，只有约 4% 的癌症死亡病例是由职业性暴露造成的。"

"现在我们知道理查德·多尔曾有偿为孟山都做顾问，那您怎么还能继续引用他的研究呢？"我这样问图恩，而他显然没有料到这个问题。

"我不认为多尔需要这笔钱来生存，"他很尴尬地回答，"因为他是一个非常富有的人，他的妻子拥有一家公司。而且，他总是说化工企业给他的钱都用来资助牛津大学格林学院了。"

"您怎么知道？"

"我一向这么听说的……"这位美国癌症协会的流行病学家让步了。

"公共健康领域的知名学者为化工企业服务，这是不是很普遍的现象呢？"

"很不幸，这在医学界非常普遍，但这是不应该发生的事情。"图恩松口了，"要是研究药品的学者不接受制药企业的钱，研究化学污染物作用的学者不接受生产这些产品的企业的酬金，那会是很理想的事情。"

"然而理查德·多尔收钱了？"

"是的，这非常让人惋惜。"[43]

德维拉·戴维斯也同样感到"惋惜"，但她的表达方式更直率，她告诉我："得知整个一代流行病学者的楷模、伟大的理查德·多尔曾经秘密为化工企业工作，我真的非常失望。的确，他不是唯一的一个：还有斯德哥尔摩卡罗林斯卡研究所的汉斯-奥拉夫·阿达米和哈佛大学的迪米特里·特里切普鲁斯①，但是多尔的情况尤为严重，因为他的声誉极高，所有人都把他的话当作圣经。他的专业意见推迟了针对慢性病环境病因的政策，也推迟了对二恶英、氯乙烯等剧毒物质的监管政策。"

---

① 环境保护局重审二恶英毒性时，汉斯-奥拉夫·阿达米曾受雇于毅博科技咨询公司的丹尼斯·波斯滕巴赫（参见第九章），并撰文低估二恶英的毒性（Lennart HARDELL, Martin WALKER, "Secret ties to industry and conflicting interests in cancer research", *American Journal of Industrial Medecine*, 2006-11-13）。

致命的氯乙烯

氯乙烯的事件很有代表性。如历史学家杰拉德·马柯维兹和大卫·罗斯纳所言，氯乙烯事件是"化工企业的非法同谋的罪证"[44]，为了让剧毒产品继续在市场上销售，化工企业与著名科学家理查德·多尔同谋。在这件事上，化工企业所用的欺骗和操纵手段达到了一个难以匹敌的高度，让我对化工企业的最后一丝幻想破灭，终于相信他们为了捍卫他们产品，真的可以不择手段，且手段之狠毒程度与他们生产的毒药一般。多氯联苯的案例也是一个很好的例子，孟山都不惜一切代价也要保证这种致命产品的销售，1970年孟山都的一位高管就此所说的一句话我总也引用不够："我们不能允许自己在生意上丢一个美金。"[45]

氯乙烯是1835年被法国塞夫勒皇家瓷器厂的厂长亨利·维克多·雷诺（1810—1878）第一个合成出来的。氯乙烯是一种有毒气体，被压缩后可用作各种气雾剂（如发胶、化妆品、杀虫剂、室内除味剂等）的推进剂。这种化合物既有效又危险。在德维拉·戴维斯的《抗癌战秘史》一书中就讲到过朱迪·布莱曼的故事。这位年轻女子在1965年被诊断出肺癌，并紧急入院治疗。她的肺里有一层氯乙烯膜，因为她为了做出那个时代的明星的那种无可挑剔的造型，每天使用大量喷发胶。朱迪·布莱曼活了下来，成了美国消费者权益保护运动的一个代表人物，但是一直到20世纪70年代中期，氯乙烯才被禁止用于化妆品。可是并未被禁止用于塑料的生产，尤其是最常见的聚氯乙烯（即PVC）①。

氯乙烯聚合后就会形成聚氯乙烯，这是现代工业史上一种里程碑式的产品，我们在多种日常用品中都能找到PVC，尤其是包装袋、容器和保鲜膜。PVC是20世纪20年代由固特异公司的化学家沃尔多·塞蒙（1898—1999）

---

① 一个三角形里标注着数字"3"就是PVC的识别标志。

合成的，氯乙烯的聚合是一个极其危险的过程，需要一系列风险极高的工序，还会挥发出有毒物质。1954 年，美国化工协会（MCA）武断地决定将工厂里的暴露标准定在 500ppm。马柯维兹和罗斯纳在美国化工协会的档案中找到了一本联合碳化公司高层亨利·史密斯的备忘录，他在备忘录中承认"暴露标准是矿务局定的，但是只进行了动物吸入的实验"[46]。

20 世纪 60 年代初，先是在意大利，然后是法国、美国，奇怪的事情出现在了生产 PVC 的工厂里：肢端骨质溶解，表现为指骨头逐渐坏死，最后变成非常可怕且痛苦的指头萎缩。1964 年，古德里奇公司一间位于肯塔基州的主要生产轮胎的工厂里，工厂医生约翰·克里奇发现了第一宗病例，后来马上又发现了三宗，全部都是负责手工清洗聚合反应槽的工人。"四个在同一地点从事同样工作的人患上了同一种古怪的疾病，作为一名科学工作者，自然会把这个情况与工厂和工作岗位联系起来。"克里奇医生在后来的报告中说[47]。

克里奇医生马上通报了古德里奇管理层，管理层立刻对这件事进行掩盖，所有 PVC 生产商，包括孟山都、陶氏化学以及其他欧洲同行都是这样做的。这些企业私底下咨询了科特林实验室的罗伯特·基欧（参见第八章），基欧研究了几个病例后，在写给孟山都的医学主任埃米特·凯利的信中总结这是"一种全新的职业病"[48]。孟山都还秘密地沿用了多氯联苯事件中使用的手段，把数据集中在一间工厂中：要求公司里的尼塞尔医生为所有的员工做手部 X 光检查，但并没有告知他们做这次非例行检查的原因。埃米特·凯利在写给工厂负责人的信中说："我相信尼塞尔医生能够找到一个办法，让这些人来做检查但又不引起他们的关注。"[49]

古德里奇公司那边也采取了同样的做法：1964 年 11 月 12 日，该公司的医学部主任雷克斯·威尔逊要求俄亥俄州埃文莱克工厂的纽曼医生"检查员工的手部"，还明确地说："我希望您能够尽快完成这个要求，但是是在常规员工体检中加入这项检查。我们不希望员工知道这个事情，我要求您为这件事保密。"[50] 最后，纽曼医生在总共 3 000 名员工中发现了 31 例这个奇怪病症[51]。

先是肢端骨质溶解症，然后是癌症，美国和欧洲的化工企业逐渐同流合污，共同隐瞒 PVC 生产过程和产品本身的剧毒性，并阻挠一切监管措施。

围绕着 PVC 的同谋

"我们完全相信，长时间内每周 7 天、每天 7 小时 500 ppm 的吸入暴露，会产生恶劣的后果。您应该明白，最好不要散布这个消息。您可以在您的工厂中随意使用这个信息以进行您的工作，但是，如果您能够保守这个机密，我将非常感激。"[52] 这是陶氏化学毒理学家维拉德·罗维在 1959 年 5 月 12 日写给古德里奇公司的同行威廉·麦考密特的信中说的话。这封信是罗维在进行了一项秘密研究之后写的，该研究证明兔子在接受 200 ppm 的暴露后肝脏会轻微受损。与此同时，化工企业的暴露标准定在 500 ppm，这个标准一直沿用了十五年之久。

1970 年 5 月，第十届国际癌症研讨会在休斯敦举行，会上意大利学者皮耶路易吉·维奥拉引起了骚动。他在会上展示了一项研究：暴露于氯乙烯蒸汽（每天 4 小时，每周 5 天，持续 12 个月，浓度为 30 000 ppm）的大鼠罹患了皮肤癌（65%）、肺癌（26%）和骨癌。他总结："氯乙烯是一种对鼠类致癌物质，尽管这篇文章中的研究模式无法推论出任何与人类的关联。"[53] 很快，以意大利蒙特爱迪生公司为首的欧洲生产商就要求切萨雷·马尔托尼教授进行一项关于氯乙烯挥发物的影响的研究。马尔托尼是一名著名的博洛尼亚癌症学家，于 1987 年创立了拉马齐尼研究所，研究所的命名是向贝纳迪诺·拉马齐尼致敬。马尔托尼运用了一套使拉马齐尼研究所闻名的研究程序，他将 500 只大鼠暴露于不同浓度，他选用的浓度比维奥拉使用的要低，介于 10 000 ppm 至 250 ppm 之间。这项大型生物测定研究一直进行到所有实验动物自然死亡，其结果非常明确：仅仅 81 周后，10% 暴露于最低剂量的老鼠罹患了血管肉瘤，一种很罕见的肝癌，还有肾肿瘤。对于化工企业来说，情况更严重，根据古德里奇公司的一本秘密备忘录，250 ppm 只是工厂所用的暴露标准的一半，且这个浓度也是我们在当时的发廊里测到的浓度[54]。更令人担忧的是：马尔托尼解释他不排除更低剂量也会导致类似的后果。

面对这个紧急情况，欧洲的化工企业——包括意大利的蒙特爱迪生、英国的帝国化学工业有限公司、法国的罗纳普朗克和比利时的索尔维——组织了一次与美国同行的会谈，并共同签署了一项始于 1972 年 10 月的"保密协议"[55]。美国化工协会的几份目前已解密的文件揭露，欧洲化工企业打算向美国同行通告马尔托尼的研究数据，条件是美方承诺绝对不在未经事先协商的情况下公开这些数据[56]。

美方遵守了他们的承诺，甚至策动了一起针对国际癌症研究机构的阴谋。1973 年 1 月，国家职业安全与健康研究所（NIOSH）联系了美国化工协会，就氯乙烯的危害和 500 ppm 的"惯例标准"进行讨论。并定下于 1973 年 7 月 11 日在研究所的所在地罗克韦尔与该所主任马库斯·奇面谈。为了遵守与欧洲同行的协议，美国的化工企业组织了多次秘密会议，拟订了一个真正的作战计划，这几次会议的笔录都被列为"机密"：他们决定，如果国家职业安全与健康研究所的主任自己不谈及这个话题，他们就不向他透露马尔托尼的研究[57]。而如果他自己提起这项欧洲的研究，他们就说手上只有初步的资料，并保证"一旦得知最终结果将主动告知[58]"。

化工企业的担忧不仅关系到工厂里的暴露标准，这个标准可能会被下调，还关系到 PVC 制作的食品容器的污染，例如塑料瓶。陶氏化学的毒理学家西奥多·托克尔森说："我们所面临的一个问题是：氯乙烯是否残留在食品中？是否会与食物发生相互作用？以什么方式作用？"[59]他同时承认，没有进行过任何可以证实这个假设的试验……最后，这次会面进行得很顺利，因为职业安全与健康研究所的主任马库斯·奇没有提任何令人不悦的问题。联合碳化公司的代表所写的会议记录中说："危机实际上解除了，NIOSH（美国职业安全健康研究所）不太可能采取针对氯乙烯的紧急措施。"[60]但是，我们将会看到，化工企业的平静没有持续多久……

PVC 生产企业联合作战

"1967 年 9 月至 1973 年 12 月，古德里奇公司肯塔基州工厂的聚氯乙烯聚合车间里，诊断出了 4 例肝脏血管肉瘤。[……] 肝脏血管肉瘤是一种极其罕见的肿瘤，据估计，美国每年诊断出约 25 例。因此，在一间工人数量很少的工厂里发现 4 例是一起非常特殊的事件，使人联想到可能存在某种职业性致癌产品，很有可能就是氯乙烯本身。"[61] 这是古德里奇的医生约翰·克里奇于 1974 年发表在《发病率与死亡率周报》上的一篇文章中的一段，该周报是亚特兰大疾病防控中心的出版物。正是这名克里奇医生在十年前发现了 4 例"极其罕见"的肢端骨质溶解症，并拉响了警钟。在这篇文章发表前不久，克里奇已经把事情告知了美国职业安全与健康管理局，该局马上紧急组织了一系列听证，重新审查氯乙烯的监管制度[62]。

于是，职业安全与健康研究所的马库斯·奇主任也发现，他在 1973 年 7 月 11 日的会谈中，被化工企业联合起来欺骗了。他在为一起诉讼作证时仔细讲述了他"冤情"。这起诉讼的被告是古德里奇和陶氏化学，原告是霍莉·史密斯，一位死于肝脏血管肉瘤的工人的遗孀。马库斯·奇的证词被拍摄于 1995 年 9 月 19 日，他的证词很有意思，因为它揭露了化工企业怎样通过职业与个人的技巧欺骗监管机构的代表。我们发现，马库斯·奇与陶氏化学的毒理学家维拉尔·罗维其实认识很久了，而后者在 1973 年 7 月的会议中是企业一方的指定发言人。马库斯·奇之所以被欺骗，仅仅是因为他无法想象罗维会背叛他的信任、故意对他撒谎。

对马库斯·奇的盘问是由死者家属的律师史蒂芬·伏特加执行的，在场的还有哥伦比亚区属法庭的执达员莫琳·多纳尔森，以及古德里奇和陶氏化学的律师们。在审讯的第一部分，马库斯·奇解释，美国化工协会的代表们只向他介绍了皮耶路易吉·维奥拉的研究，维奥拉发现了极高浓度

（30 000 ppm）氯乙烯的致癌作用，代表们还告诉他另一项"较合理"暴露水平的欧洲研究正在进行中，结果还未可知。

"在与包括罗维先生在内的化工协会代表团的会议中，您是否被告知这项新的欧洲研究证明了 250 ppm 暴露水平会导致肿瘤？"史蒂芬·伏特加问道。

"不。"马库斯·奇回答。

"您曾告诉我们，您因为职业的关系，已经认识罗维医生很多年了？"

"是的……"

"开会的时候，您是否像相信同事一样信任罗维医生？"

"是的……"

"在开会的时候，您是否认为，如果罗维医生知道 250ppm 的暴露会导致肝脏血管肉瘤，他就一定会告诉您？"

"反对！"化工企业的律师之一打断了。

"您可以回答。"伏特加说。

"是的……[63]"这位职业安全与健康研究所的主任回答道。

看完审讯，我们就明白马库斯·奇有多"冤"：为了掩盖化工企业的谎言，维拉德·罗维竟然篡改会议记录，谎称他们已经向马库斯·奇通报了马尔托尼的研究结果！

无论如何，1974 年 2 月，第一系列听证会结束后，职业安全与健康管理局把新的氯乙烯暴露标准定在了 1 ppm，大卫·迈克尔斯说，这"相当于 80 000 加仑杜松子酒中含 1 盎司苦艾酒"[64]。为了做出最终裁决，管理局宣布于 1974 年 6 月进行新一轮听证。化工企业于是需要做新一轮的作战计划。为了这场新的战役，他们求助于伟达公共关系顾问，该公司最拿手的就是"制造疑惑"，已经为铅、石棉和烟草的生产商提供过服务[65]。伟达在职业安全与健康管理局对面的一间酒店了订了一套房，作为作战指挥部，并拟出了一套战略方案。伟达组织了一系列的训练，让化工企业联系"公共关系专家"为他们准备好的证词。在一份目前已经解密的名为《职业安全与健康管理局听证准备》的文件里，可以读到四个主要论点，这四个论点后来也被

191

各大报纸广泛转载："1.PVC 产品在我们的社会里有非常重要的作用；不必要的过于苛刻的标准会让我们国家失去很多种有效益、高价值的产品；2.如果取消 PVC，会带来生产的下降、失业的增高，造成对经济和社会的影响；3.在技术上不可能实现将暴露标准降低到管理局制定的水平；4.没有证据证明塑料产业协会建议的暴露标准会造成危害。"[66]

这份文件很有意思，因为，只需把"PVC"字眼换成"双酚 A"或"阿斯巴甜"，就会发现，"传播"专家，或者说"欺瞒"专家们，为了捍卫工业毒药，炮制出来的总是同样的借口，这些陈词滥调与科学和卫生没有任何的关系。这份文件的总结也同样很有意思，强调了这场难以置信的战争中真正的关键："很有可能出现的严重危机是，消费者中可能产生对家中 PVC 产品——即所有塑料用品——的危害性的反应。"最后，需注意，总有些知名媒体愿意发布化工企业的信息，例如我们之前看到的《纽约时报》关于含铅汽油的报导（参见第八章）。《财富杂志》也曾于 1974 年冷冰冰地写道："如果政府允许工人暴露于这种气体，某些工人会死去。如果禁止任何暴露，一个有价值的产业将会消失。[……] 医学隐患和经济隐患进入了对峙状态。"[67]

"理查德·多尔最终名誉扫地"

但是化工企业所有的挣扎都是徒劳的：1974 年 6 月的听证结束时，职业安全与健康管理局确定将新的标准定为 1 ppm，并于 1975 年 4 月 1 日开始正式执行。而且，与业内的预言恰恰相反，PVC 并没有就此消失。"经济灾难"非但没有发生，它反而因此获利。化工业杂志《化工周报》1977 年 9 月 4 日发表了一篇题为《PVC 走出了危机走入了繁荣》的文章。"美国乙烯生产商已经解决了困住他们两年的'职业安全与健康管理问题'"作者在文章中报导 PVC 的需求和价格从未如此之高。"他们安装了新的设备，以适应职业安全与健康管理局要求的暴露标准，由此带来的生产成本增加并没有高得使 PVC 停止增长。"[68]

看他这份供词后，我们本以为氯乙烯生产商终于可以收起武器了，即使有新的数据质疑这种当代有毒产品的安全性，也应该停止他们那些阻挠监管的阴谋诡计，但事实并非如此。1979 年，国际癌症研究机构对这种产品进行了第一次评估，并暂时将其定为"确定对人类致癌物质"："被袭击的器官是肝脏、脑部、肺脏、血液系统和淋巴系统。"八年后，第二次评估确认了第一次评估的结果，同时"聚氯乙烯（即 PVC）"也最终加入了国际癌症研究机构致癌物质列表的第一类[69]。

化工企业的作战机器又开动了！这一次，美国化工协会要求理查德·多尔进行一项荟萃分析，研究关于 PVC 致癌性的论文。他的这项荟萃分析于 1988 年发表在《斯堪的纳维亚职业与环境卫生报》，结论是只有肝脏血管肉瘤可能与 PVC 暴露有关，其他任何癌症都与之无关[70]。许多观察家，如大卫·迈克尔斯、保罗·布朗克、德维拉·戴维斯和詹妮弗·萨斯都认为这位流行病学泰斗的分析有谬误，詹尼弗·萨斯还在 2005 年发表了一篇关于此事的文章[71]。他们认为：为了得出这个结论，多尔排除了好几项证明氯乙烯导致脑癌的论文，他武断地判断这些研究"不具统计意义"。

詹尼弗·萨斯在文章中说："多尔没有说明他写这篇论文是否有资金来源。"然而他应该说明的是：2000 年，当他作为企业的专家出席一起由一名患脑肿瘤的工人提起的诉讼时，他终于承认，为了 1988 年的这项荟萃分析，美国化工协会付给他"12 000 英镑"（约为 18 000 欧元）[72]。但他没有说的是，同时期他还收了孟山都的钱……

"氯乙烯事件是对理查德·多尔的名誉的致命一击，"波士顿流行病学家理查德·克拉普对我说。"这件事最终玷污了他在环境卫生领域的权威性。是时候睁开眼睛，看看化学污染物对癌症、神经退行性疾病和生殖障碍症起了怎样的主要作用，这些疾病的空前爆发就是工业化世界的特点。"

工业化国家的流行病

"我们这些科学工作者、医生、法律工作者、人道主义者、公民，都相信情况很紧急很严重，我们认为：许多现有疾病的发展，是环境被破坏的后果；化学污染物是对儿童以及人类生存的严重威胁；我们的健康、我们孩子的健康、我们后代的健康都处于危险之中，整个人类正处于危险之中。"这是《巴黎倡议书》中的内容，一项"关于化学污染物对健康的危害的国际声明"，于 2004 年 5 月 7 日由联合国教科文组织发出，当时多米尼克·贝尔波姆教授创立的抗癌疗法研究协会（ARTAC）① 正在举办"癌症、环境与健康"研讨会。倡议的签署者中有好几位我们在本书中谈到过的人物：理查德·克拉普、安德烈·皮寇、让-弗朗索瓦·纳博尼、安德烈·西科莱拉、吕克·蒙塔尼，当然还有多米尼克·贝尔波姆——第一个公开宣称癌症主要是"由人类造成的环境疾病[73]"的法国癌症学家。

事实上，只需查阅国际癌症研究机构的网站就明白，癌症这只"金爪蟹[74]"在所谓"发达"国家尤其猖獗，也就是在欧洲、北美和澳大利亚。Globocan（全球癌症统计）用地图和图表描绘"全球癌症发生率和死亡率"的分布，根据 2008 年的数据，法国是全球癌症高发地区之首，当年每 10 万人中新发病例为 360.6，稍微领先于澳大利亚（360.5），遥遥领先于加拿大（335）、阿根廷（232）、中国（211）、巴西（190.4）、玻利维亚（101）、印度（92.9）和尼日利亚（68.6）。我们发现乳腺癌在法国的发病率也尤为突出（99.6），这种疾病也是在世界范围内每年增长最快的癌症，但是发达国家和发展中国家之间的差异还是很大：布基纳法索为 21.6，中国和墨西哥为 27.2。前列腺癌也是同样的情况：法国的发病率为 118.3，美国为 83.8，德

---

① 抗癌疗法研究协会（ARTAC）创立于 1984 年，创立者是癌症学家多米尼克·贝尔波姆和"一组研究者、患者以及患者家属"。其工作方向是"确定癌症的病原并找到预防的方法"(Dominique BELPOMME, Avant qu'il ne soit trop tard, Fayard, Paris, 2007, pp. 21—25)。

国为 82.7，而印度仅为 3.7。还有结肠癌：法国 36，德国 45.2，印度 4.3，玻利维亚 6.2，喀麦隆 4.7。

　　根据国际癌症研究机构发表的一项研究，2006 年，在欧盟 25 国中诊断出了 3 191 600 例癌症（53% 为男性，47% 为女性），比 2004 年新增了 300 000 例 [75]。这不仅仅是靠老龄化带来的现象，因为儿童癌症一直在不断增加。国际癌症研究机构的另一项研究也证明了这一点。该研究分析了欧洲的 63 项癌症记录，发现最近三十年间，0 至 14 岁儿童的癌症发病率每年增长 1%，15 至 19 岁青少年的发病率每年增长 1.5%。这个现象每一个十年都比上一个十年更严重：对于儿童，1970 年至 1980 年间发病率增长率为 0.9%，1980 年至 1990 年间为 1.3%。对于青少年，1970 至 1980 年间为 1.3%，1980 至 1990 年间为 1.8% [76]。这个情况非常令人担忧，于是，2006 年 9 月，世界卫生组织启动了警报，要求实施"战略计划"，控制我们所说的"**可避免**的慢性病的**流行**" [77]。使用"流行"这个词来描述并非"传染性疾病"的癌症不可抑止的蔓延，标志着世卫组织惯例用语的转变。选择这个肯定会让某些人恨得牙痒痒的词，强调了这种疾病特殊、反常的扩散。

　　2008 年，法国国家健康与医学研究院的专家组做了一项关于癌症这种"流行病"的研究，勇敢地与法兰西医学院和科学院一年前发表的那份报告背道而驰。在此必须向这 33 位专家和他们的伟大成果致敬。他们撰写了厚达 889 页的《癌症与环境》报告，从前言开始，就粉碎了理查德·佩多爵士和几位著名院士的拙劣论据："我们发现，二十多年来癌症的发生率不断上升。如果把人口统计变化（即法国人口的增加和老龄化）也考虑在内的话，1980 年至今癌症发生率的增高为男性 35%，女性 43%。" [78] 作者还明确"环境的变化可能要对某些癌症发病率的提高负部分责任"。这份报告的语气非常审慎，但它确实与之前那些低估甚至忽略化学污染物致癌作用的报告截然不同。

　　为了体现专业性，国家健康与医学研究院的专家们还指出了"9 种二十五年来发病率一直不断提高的癌症：肺癌、间皮瘤、恶性血液病、脑癌、乳腺癌、卵巢癌、睾丸癌、前列腺癌、甲状腺癌。①"然后，他们还分析了国际科研文献数据，仅关注"环境因素"。"环境因素"指的是"大气、水、土地和食物中存在的，人类被动遭受暴露的，而非个人行为主动接触的物理、化学、生物因素"。专家们于是把"主动吸烟"排除在外——这种行为对某几种癌症的致病作用已无需说明，仅仅关注"普通环境因素"（如农药、二恶英、多氯联苯、某些重金属、机动车产生的粒子等）和"职业环境因素"。他们在结论中建议"加强环境致癌风险领域的流行病学、毒理学和分子学研究，（因为）这是一个重要的公共健康问题，关系到很大一部分人口。"

"我们认为，80%至90%的癌症与环境和生活方式息息相关，"国际癌症研究机构的主席克里斯托弗·王尔德向我确认，"有研究证明，从一个地方移居到另一个化学污染和生活方式不同的地方的人，会采纳新的居住地区的致癌模式。"王尔德医生列出的研究中，有几项是关于定居在夏威夷的日本移民。研究证明，在一代或两代内，移民就会"采用"美国人的癌症特征，表现为"前列腺癌、结肠癌、甲状腺癌、乳腺癌、卵巢癌和睾丸癌的超高风险"[79]，这些癌症在日本的发生率是明显较低的。西科莱拉和布罗维在《健康警钟》一书中也强调："改变的不是他们的基因遗传，而是他们生活的环境。"[80]

另一种测量环境因素对慢性病病因影响的方法，就是对比"同卵双胞胎"的健康状况变化，同卵双胞胎是同一个受精卵生成的，有完全相同的基因。因此，"如果癌症是一种纯粹遗传性的疾病，真正的双胞胎就会得同一种癌症"，然而，"事实绝非如此"[81]。2000年的一项研究就明确证明了这一点。该研究检查了瑞典、丹麦、芬兰记录在案的44 788对双胞胎的医疗状况，衡量28种癌症的患病风险。结论很明确："对于大多数肿瘤，遗传基因因素对

---

① 从1980年至2005年，前列腺癌的发病率每年增长6.3%，从2000年至2005年间的增长率尤为显著，为8.5%。1980至1995年，乳腺癌的平均年增长率为2.4%；甲状腺癌为6%，睾丸癌为2.5%，脑癌为1%。

致病的作用很小。结果证明环境因素对癌症病因起了主要作用。"[82]

事情正在改变的证明：这个结论也是 2010 年 5 月 6 日欧洲议会一项决议案的结论。这项决议案名为"抗癌行动"，强调了环境因素对这种病的致病作用，明确这涉及的"不仅仅是吸烟、辐射和紫外线的过度暴露"，还包括"存在于食品、空气、土地和水中的，来自于工业和农业生产过程的化学污染物。"因此，该议案要求欧洲议会"加强对癌症的预防，降低致癌产品的职业性和环境性暴露"[83]。

如我们在本书第三部分将会看到的，为了达到这个目的，必须从头到尾重审对化学物质的监管过程。因为目前的状况仍然是，监管部门首先保护的是化工企业的利益，然后才是消费者和公民……

第三部分
为企业利益服务的监管系统

　　"每日可接受量"、"最大无有害作用量"、"最大残余量"等用来保障消费者安全的基本概念，在"风险社会"中，它们所衡量的不是风险的程度，而是风险的可接受度。"可接受度"从本质上是一个社会的、标准化的、政治的、商业的概念。风险从假定利益的角度可被接受：消费者承担风险，企业收获利益。

第十二章
科学欺诈的巨大谎言：毒药的"每日可接受摄入量"

科学变成了管理世界性健康和自然污染的工具。
——乌尔力希·贝克

"目前保护公共健康、对抗致癌物质影响的监管系统是无效的。如果它有效的话，癌症发生率就应该降低，但事实并非如此。'每日可接受摄入量'是用来监管污染食物链的有毒产品的主要指标，但我认为这个概念更多地是在保护化工企业，而非消费者的健康。"英国物理学家埃里克·米尔斯顿重审了科学的哲学和历史后，得出这个结论。米尔斯顿是研究"科学政策"的教授，他的这个职位是欧洲独一无二的。确切地说，他研究的是公职机关如何制定卫生和环境领域的政策，尤其是科学在决策过程中的作用。2010年1月的一个白雪皑皑的日子里，他在英格兰南部布莱顿市的萨塞克斯大学里接待了我，我们坐在他的办公室里，周围全是他细心打上标签的书和文件，这些标签是根据他三十多年职业生涯的研究成果进行分类的："铅污染"、"牛海绵状脑病"、"转基因生物"、"农药"、"食品添加剂"、"阿斯巴甜"、"肥胖症"、"每日可接受摄入量"等。

"每日可接受摄入量"的黑匣子

埃里克·米尔斯顿能够剖析相当复杂的档案，他的能力和坦率都是出了名的,他是欧洲研究食品安全监管系统最权威的专家之一,他的评论也是最有威慑力的。"我敢说,没有任何科学研究能够证明每日可接受摄入量的合理性,因为它是不合理的。"他用很坚定的语气对我说,"这个概念是人们在 20世纪 50 年代凭空想象出来的,后来竟然变成了一条定律,成为保障消费者安全的依据,然而这个概念完全不靠谱,没有人能够解释它的科学性。"[1]

我曾经用几个星期的时间,试着重建"每日可接受(或可摄入)剂量"产生的历史。其英文缩写为"ADI",用来制定与食物相关的化学产品(如农药、添加剂、塑料包装等)的暴露标准。在网上确实可以搜到一个定义:"ADI 是指一种化学物质可被人体每日摄入、却又不对人体造成危害的量。"但是却没有说明这个概念是怎样构思出来的。如果我们问那些使用这个概念的人,比如问他们怎样确定某种农药在食物中可以容忍的残留量,得到的答案通常都是含糊其辞、有点尴尬的。例如,2010 年 1 月,我在帕尔玛向欧洲食品安全管理局农药部的主任赫尔曼·冯提耶提问时,他是这么回答的:"我有二十三年监管植物保护产品的经验,一向很了解每日可接受摄入量的概念,但是必须承认,我从来没有想过这个用来管理化学物质摄入量的概念是怎样构思出来的。可以确定的是,为了保护消费者,必须定一个每日可接受摄入量,这是科学界的**共识**。"[2]

听着这位欧洲专家的简短解释,我想起在对孟山都调查的过程中,我也曾经尝试追溯"实质等同性"原则的来源。"实质等同性"原则是监管转基因生物的"共识",是美国食品药品监督管理局于 1992 年启用的,表示一种转基因植物和相关传统植物的成分基本相同。我发现这个概念也是没有任何科学数据支撑的。这只是一个政治决策,受到生物科技领导企业的商业利益驱使。然而国际监管机构也引用了这个概念,甚至以此为依据,不对转基因植物上市进行严格科学的评估。

"每日可接受摄入量"也是一样的,像极了社会学家、科学哲学家布鲁诺·拉图尔所说的"黑匣子":往往在经过激烈的争论后,某些被接纳为事实的科学和技术成果是怎样被认知的,却被遗忘了。在其著作《科学在行动》[3] 中,拉图尔谈到某些重大创新发现或发明,像 DNA 双螺旋结构、和

MV8000超小型计算机等，都是长期试验和理论研究的成果，但是变成了"固有的物体"和"既成事实"后，却再也没有任何人——包括用它做研究工具的科学家——能够理解它的"内部构成"或"解构其无数的链接"。同样地，毒理学者和化学风险监管者不断使用的每日可接受摄入量，也变成了"被深深包裹于科学的沉默中的知识"，它"有可能在几个世纪前就被认知了，或者是上帝在十诫中就规定了"，它的历史消失在了时间的黑夜里。

米尔斯顿强调："问题在于，每日可接受摄入量是一个与拉图尔所列举的黑匣子很不一样的黑匣子。DNA双螺旋结构是一个确定的科学事实，许多其他研究者基于这一事实做了许多研究，推进了这一门知识，例如，对人类基因组有了更深入的了解。而且，有能力有时间的人，总可以重建詹姆斯·沃森和弗朗西斯·克里克发现它的步骤。然而每日可接受摄入量就不是这样了，因为它是一个武断决定的结果，一个伪科学的概念，目的是掩护化工企业、保护那些需要躲在专家身后的政客。那些人要决定他们有权使用有毒化学品，包括在农业生产过程中使用，就必须引用每日可接受摄入量这个捏造的概念。"

"那真的无法知道谁发明了这个概念？"我坚持问。

"根据世卫组织的说法，这个概念来自于一个叫作勒内·特鲁豪的法国毒理学家。"米尔斯顿答道，"但是在美国，人们倾向于认为是食品与药品监督管理局的毒理学家阿诺德·雷曼和加斯·菲茨休发明的。"

"每日可接受摄入量"的创始人

我有着普瓦图人的固执天性，因此特意到日内瓦查阅了世卫组织的档案。在档案中心的索引里，我找到了几条关于勒内·特鲁豪（1909—1994）的引文，他曾是巴黎学院的毒理学主讲，被认为是法国癌症学的先驱之一。他的博士论文名为《关于内生性致癌因素的研究》。根据比利时科学院院士利奥波德·莫尔1984年题给他的献词，特鲁豪尝试"分析化学物质在机体里的变化，并解释这些物质的作用机制"，这位"孜孜不倦、顽强不屈的学者"

因此成为了食品毒理学的专家之一 [4]。特鲁豪教授曾领导巴黎药学院的毒理学实验室，在那里，这位"毒物代谢动力学的先驱 ①"致力于"评估蓄意或无意添加到食品中的化学物质（例如农药残留、生长素残留、防腐剂、乳化剂、天然或合成色素等）的毒性和致癌性"。

我在让·拉里耶 1964 年拍摄的纪录片中，看到了罕见的一段特鲁豪的采访。这部纪录片名为《2000 年的面包和酒》，在五十年前就提出了所有我在这本书中尝试解答的（好）问题。他尤其关注监管体制的有效性和毒理学研究者在监管过程中的作用。对污染食物链的化学品的监管，在当时还处于探路阶段。在该片中，我们看到特鲁豪穿着白大褂，站在药学院的实验室里。他带着教学者特有的忧虑神情说道："请允许我做个比较：上个世纪，巴斯德这位'世界公民'发现了细菌的危害，因此在食品领域中，对食物的微生物监控受到了极大的重视，一系列实验室应运而生；那现在，必须采取同样的措施监控食物中的化学添加成分。我认为，这些化学品的危害肯定是更严重的，因为它们的危害更具潜伏性，并非一下就可以看出来。"[5]

勒内·特鲁豪是法兰西医学院和科学院的院士，能够出入所有的国际重要机构，他的简历让人印象深刻：国际职业病常委会成员、国际劳动局成员、国际抗癌联盟成员、国际纯化学与应用化学联盟成员、此外还有林林总总的科学委员会和欧洲社团，包括他自己领导的化学品毒性与环境污染研究委员会。但他的名字与世卫组织的关系尤为密切，他在三十多年间常常出入世卫组织。他在世卫组织里发明了每日可接受摄入量的概念，他在发表于1991 年的一篇文章中说："我认为我是每日可接受摄入量（ADI）这个概念的真正创始人，一些曾在 1950 年和 1962 年间与我共事过的专家也在他们的文章中承认这一点。很不幸，也很奇怪，当时我并没有在科学期刊上发表任何东西。"[6] 他写得比较保守，不知道是因为谨慎还是谦虚。

这当然很遗憾，因为我们无从得知这个著名概念的诞生史了。从他所说

---

① 毒物代谢动力学通过分析吸收、分布、代谢和排泄机制，研究药品和化学物质在机体中的变化。

的来看，这个概念似乎不是来自于经过证明的实验模型，更像是一个他从研究中得出来的理论概念。他说："从我一开始研究人体在不同场合中接触并吸收的化学物质的毒性，我就一直把帕拉塞尔苏斯五个世纪前所说的话——剂量的多少决定是否是毒药——当作黄金定律。因此，我在研究毒性评估办法的时候，优先考虑建立剂量与作用之间的关系，并以此制定可摄入量的下限。"

我们回想一下"毒理学之父"的这条定律在罗伯特·基欧对铅毒性的研究中所起到的作用（参见第八章）。基欧这位柯特林研究所的主任，他是为化工企业卖命的，他曾解剖死于铅中毒的新生儿尸体，并在"志愿者"身上进行了一系列实验，制定了一个在他看来无害的铅暴露量，以此反攻含铅汽油反对者。基欧制定了一套以四项原则为基础的理论，他的理论与每日可接受摄入量有惊人的相似之处，四条原则是："1.铅的吸收是自然的；2.人体机制能够将铅同化；3.铅在某个剂量下是无害的；4.公共的暴露程度低于这个下限，因此不足以担忧。"

1961 年：每日可接受摄入量被正式采纳

勒内·特鲁豪很可能了解罗伯特·基欧的研究，因为他与基欧一样，关注职业性污染物的作用：是他于 1957 年赫尔辛基的会议上向职业病常委会提倡"工作环境与 / 或生物环境中毒物的可摄入下限"。他在职业卫生领域的研究，让他于 1980 年获得了美国工业卫生协会颁发的"扬特奖"，该协会的主席正是罗伯特·基欧。

但是，我在世卫组织找到的文献中，自称"ADI 创始人"的特鲁豪并没有提到他受到了哪些研究的启发，也没有提到他自己进行了哪些研究。他只是列了一张年表，记录了世卫组织和粮农组织是通过哪些事件采纳了他的建议的。在他写于 1981 年的一篇文章中也可以看到："1953 年，第六届世界卫生议会认为，近几十年来食品工业使用了越来越多的化学物质，造成了新的公共健康问题，需要就此进行研究。"[7] 粮农组织的文献中也记录了"关于多种食品添加剂的数据严重缺乏，包括关于其纯度和其可能造成的健康危害的研究数据"。

因此，1955 年 9 月，世卫组织和粮农组织决定成立一个专家委员会，负责"研究与食品添加剂相关的多方面问题，为公共卫生管理部门和各国政府部门提供指导和建议"。这个创建会议最先关注的只有"食品添加剂"，他们把食品添加剂定义为"为了改善食品的外形、口味、质感和保鲜所添加到食品中非营养成分"。两个组织于是联合成立了食品添加剂专家联合委员会，第一届会议于 1956 年 12 月在罗马召开。专家中包括勒内·特鲁豪，他们通过了被称为"阳性列表"的原则，该原则"禁止使用任何不在毒理学数据库允许之列的物质 [8]"。具体来说就是，未经食品添加剂专家委员会（或某个国家机构）的毒理学测试评估，不能使用任何新的食品添加剂。本质上，这是一次惊人的进步，明确地以保护消费者健康为目的。但是我们将会在第十四和第十五章看到阿斯巴甜的例子，就会明白化工企业为了自身的利益，会怎样篡改评估系统。

专家们也强调，必须把"对添加剂的毒理学评估放在首要位置 [9]"。这个意见很有意思，因为它说明了特鲁豪和他的同事们的意识形态背景。他们从来没有质疑食品生产中使用化学品的必要性，即使所用的化学品肯定是有毒的，他自己在我查到的另一次电视采访中也承认了这一点："一个消费者在两个星期、两个月、甚至一到两年中持续摄入微量色素，不会造成任何危害。"他用尖锐的嗓音说，"但必须注意，这个微剂量长期重复、日复一日持续一辈子，则有可能带来潜伏性极高的危害，有时甚至是不可逆转的危害，因为有些色素，已被证明能够在动物身上造成恶性增生，也就是癌症。"[10]

特鲁豪显然十分担忧食品中的化学添加剂对公共健康的危害，他也曾经表示过对"进步的危害"的担忧。但是，他却并不反对将这些创新技术加以运用。他从来没有要求完全禁止"在食品中蓄意添加致癌物质"，添加剂的唯一得益者就是生产商，他所做的只是尝试将用量降至最低，更好地控制可能对消费者造成的危害。于是，专家联合委员会于 1957 年 6 月在日内瓦召开第二届会议时，专家们详细讨论了应该要求化工企业做哪种毒理学研究，以拟定食品中可接受的毒药剂量。我说是"毒药"，因为如果相关物质不被怀疑为毒药的话，这个专家委员会就没有存在的必要，所谓的每日可接受摄入量也没有存在的必要。

为了至少能够大致了解这一措施的特点，需要引用特鲁豪后来于 1991 年写下的记叙："我在最终报告中加入了一个新的章节，即对人体'可能无害'的浓度，这一章中写了这样的语句：'根据不同的研究，能够制定出每种情况下不会对动物造成任何可察觉的影响的最大剂量（以下简称为最大无效剂量）。把该剂量推及人类，则可以推出一个安全限度'"。他还很坦率地加了一句："这有点**模糊**。"[11]

能说的只有这么多，但并不妨碍专家联合委员会在 1961 年 6 月举行的第六次会议中采纳了每日可接受摄入量，专家们如此表述："该剂量的单位为毫克 / 千克体重 / 日，在实验中不造成任何有毒性意义的影响"。在进一步解释这个神秘单位的确切含义之前，需要再一次强调"ADI 之父"是很清醒的，他自己又在一时冲动间承认了他的发明的局限性："当谈到毒理学实验中不造成影响的剂量，必须知道，只有零剂量可以被认为是无影响的，**其他任何剂量都会造成影响，不管这个影响有多小**。"[12] 换句话说，每日可接受摄入量不是灵丹妙药，摄入的化学物质，如食品添加剂和农药残留，肯定会造成伤害，只是限定剂量可以限制伤害。

事实上，1959 年，专家联合委员会第一次召开时，粮农组织就建议成立一个类似的委员会，负责研究"食物和饲料上的农药残留对消费者造成的危害"。[13] 这个新的提议可以证明，在此之前，没有人认真关注过农药对人体健康造成的影响，而此时农药早已大量占据了农民的田地。三年后，蕾切尔·卡森的《寂静的春天》在国际上掀起了轩然大波，粮农组织于是召开了一次研讨会，作为主要与会者的特鲁豪后来在 1981 年说道，这次会议"提出并建议制定未来的行动方案，涉及农药农用的科学、司法和监管方方面面"[14]。

他谈到，他曾参加一个研究组，"研究橄榄的苍蝇问题，众所周知，橄榄是地中海盆地的重要作物。"他还详述："我曾面临制定上市橄榄油中农药最大残留量的问题，主要是各种有机磷杀虫剂，尤其是对硫磷①。世界各国普遍采纳的最高浓度是每千克油中 1 毫克。但是从毒理学的角度，每日消费油的量才是关键。希腊牧人喜爱橄榄，他们把面包浸到橄榄油中，每日可摄入 60 克橄榄油。相比起只在吃沙律时才吃橄榄油的消费者，他们摄入的对硫磷要多得多。而且，在对这个例子的思考中，我更加确定了自己的想法，必须逆向思考这个问题，应该根据每种食物在每个地区的平均消费量来计算可接受的剂量。"[15] 特鲁豪在 1991 年所说的这段话，正好符合农药残留联席会议的任务。这个世卫组织和粮农组织于 1963 年共同创立的专家委员会，其任务就是制定农药的每日可接受摄入量，以及"最大残留量"，即每种被农药处理过的农产品中可允许的农药残留量。

化工企业的说客，每日可接受摄入量的推动者

"每日可接受摄入量的运用，为政府机构对农业粮食生产的监管发挥了很大的作用，也极大地便利了国际贸易。"[16] 特鲁豪在他的回溯文章中也很谨慎地这样总结。这篇文章事实上是他在一个主题为"ADI，保证食品安全的工具"的研讨会上发表的讲话，这是国际生命科学学会（ILSI）1990 年 10 月在比利时举行的一次研讨会。[17]

这很有意思，因为国际生命科学学会长久以来一直鼓吹每日可接受摄入量的概念，为此召开研讨会、出版刊物。然而，这个"学会"并不是中立的，因为这个 1978 年创立于华盛顿的组织，其创建者是各大食品生产企业

---

① 对硫磷因高毒性，于 2003 年在欧洲被禁。这种农药在持久性污染物"肮脏的一打"之列，须不惜代价地全面禁用。直到被禁，它都还有一个"0.004 毫克/千克体重"的每日可接受摄入量……

(可口可乐、亨氏、卡夫、通用食品、宝洁), 后来还加入了其他该行业的领航企业 (达能、玛氏、麦当劳、家乐氏, 还有阿斯巴甜的主要生产者味之素), 以及农药市场的领航企业 (如孟山都、陶氏益农、杜邦、巴斯夫) 和制药公司 (辉瑞、诺华) [1]。除了制药企业外, 其他这些企业都得益于绿色革命的成就: 他们都是污染我们食品的化学品的生产者或使用者。

欧洲分部的网站上 [18], 国际生命科学学会自称为 "非营利性组织", 标榜其 "使命" 为 "进一步了解与营养、食品安全、毒理、风险评估和环境相关的科学主题"; 且 "通过与高等院校学者、政府、化工企业和公共部门的联系, 寻求能够解决公共忧患、造福大众的平衡兼顾方法。" 但是在他们所标榜的这些美好意愿背后, 真实的目的却不是那么美好。

事实上, 该学会直到 2006 年还在世卫组织拥有一个特殊的地位, 因为其代表们可以直接参加世卫组织为制定国际健康准则而成立的研究组。在该学会为化工企业做游说的行为被曝光后, 世卫组织取消了这项特权 [19]。该学会在伪独立的掩盖下为其成员争取利益。在被曝光的事件中, 就有包括该学会资助的一项关于碳水化合物的报告, 该报告曾被世卫组织和粮农组织发表, 结论是糖的过量消费与肥胖症和其他慢性疾病没有关系 [20]。2001 年, 世卫组织的一项内部报告也揭露了生命科学学会与烟草企业之间的 "政治与财政关联" [21]; 就在国际癌症研究机构准备将被动吸烟列为 "确定对人类有致癌性" 之时, 该学会曾资助好几项弱化被动吸烟的健康危害的研究。这都是在 700 份关于烟草的文件被撤销密级后发现的, 证明学会与烟草企业之间的合作关系有十六年之久, 从 1983 年开始, 持续到 1998 年 [22]。

并且, 2006 年, 华盛顿的环境工作组发现, 美国环境保护局制定的全氟化碳暴露标准是基于生命科学学会提供的报告 [23]。全氟化碳 (PFC) 是特氟龙的成分, 特氟龙主要用于生产不粘锅。学会提供的这份报告称, 这种剧

---

① 在国际生命科学学会的欧洲网站上, 可以找到欧洲分部的 68 家资助企业的完整列表,〈www.ilsi.org/Europe〉。该学会总部设于华盛顿, 在各大洲都有分部, 欧洲分部建立于 1986 年。

毒物质在鼠类身上导致的癌症不可推及人类，因此可被认为是无害产品。最后，环境保护局于 2004 年 6 月将学会成员和特氟龙的主要生产者杜邦公司告上法庭，后者于 2006 年 12 月被罚款 1 660 万美金，因为其二十多年来隐瞒了证明全氟化碳暴露导致"肝癌、睾丸癌、新生儿体重降低、免疫系统受抑制"的实验研究。[24]

如美国生物学家迈克尔·雅各布森于 2005 年所说，生命科学学会是公共利益科学中心的联合创立者之一，一直吹嘘要"创造一个更安全更健康的世界，但是问题在于：谁是真正的受益者？[25]"可以确定的是，该学会有很强大的财政支持，能够"资助研讨会、派遣科学家参加政府会议，在讨论争议性主题时代表化工企业的利益"。在这些争议性主题中就包括每日可接受摄入量，该学会曾在 2000 年就此发表了一本"专题论文集"，证明了他们对勒内·特鲁豪的这项发明特别上心。

"我们为什么需要每日可接受摄入量"

这份名为《ADI，保证食品安全的工具》[26]——这也是勒内·特鲁豪十年前参加的研讨会的主题——的文件非常珍贵，因为如我们所知，ADI 就是一个无中生有的"黑匣子"，几乎找不到参考研究。这篇文章是戴安娜·本福德应国际生命科学学会的要求所撰写的，本福德是英国食品标准局的化学风险部门主管。值得注意的是，为了鼓吹这种毒理学家和化工企业喜用的工具，生命科学学会找到了一名以保护消费者健康为使命的公职机关代表。我要承认，要与这位英国毒理学家会面不容易，我怀疑她曾"谷歌搜索"过我，自然会担心我问恼人的问题。但是，我可以联系食品添加剂专家联合委员会和农药残留联席会议的秘书安吉莉卡·特里茨歇尔，就是她告诉我生命科学学会有这样一本专题论文集的，她则经常要处理该学会的诉讼。最后，在许多次邮件往来后，本福德终于同意与我会面，条件是我先把要提的问题发给她。事实上，这也不是个问题，因为我只想问她每日可接受摄入量具体是怎么计算的，而她是这方面公认的专家。

在乘坐欧洲之星前往伦敦的旅程中，我仔细阅读了她的文章，文章开头的前言这样说："每日可接受摄入量的概念在国际上被承认为评估食品添加剂和农药安全性的基础，也在食品和饮用水监管中用于评估污染物。公众对食品安全的担忧，要求与公共健康有关的专家在进行评估工作时最大的透明度。[……] 理解每日可接受摄入量，能增强评估过程的**透明度**和**可信度**。"[27]

在这样的文件中，每个词都是经过斟酌的，必须要读懂字里行间的意思。这篇文章里，一切都说明，生命科学学会委托她写这篇文章，是因为学会的成员需要平息对毒药监管系统透明度的批评，每日可接受摄入量就是监管系统的关键。这些批评也不是新鲜事，勒内·特鲁豪的一篇用第一人称复数写的文章就承认："我们完全明白，问题多样且复杂，所以我们所掌握的这种手段远未完善。"我在世卫组织的档案中找到了他写于 1973 年的这份文件。"因此，我们理解，甚至有时也同意这些批评，质疑粮农组织和世卫组织至今仍在使用的这种**教条**。因此，必须保持敞开的态度，接纳能够改进毒理学评估手段的新知识。这是典型的多学科领域，这方面的研究需要得到鼓励和资助。"[28]

说实话，这位法国毒理学家的"坦白"让我最终决定谅解他，因为他一下子看起来就像是一个有信誉的人了，他还是希望能够避免人类健康的灾难，他也无法想象他所涉及的监管系统雏形会怎样被化工企业扭曲，这些企业处心积虑就是为了妨碍监管系统向着有利于消费者的方向"改进"，而特鲁豪无疑还是向着消费者利益的。因此，生命科学学会之所以要求戴安娜·本福德编撰关于每日可接受摄入量的专志，是因为那些慷慨的资助者们担心这种为他们服务的手段最终会被缺乏透明度的批评所叫停。

专志的前言之后，本福德写的就是化工企业的调调。第一章为"为什么我们需要每日可接受摄入量"，这里"我们"指的是消费者，这本"专题论文"就是写给消费者的："在整个 20 世纪，人们食用的食物，越来越多经过运输和储藏。最初，这是农业工业化的结果，也是应和了城市众多人口的饮食需求。[……] 食品生产和储藏的过程往往需要添加化学品（有天然的也有人造的），以改善食品的（微生物）安全性，或保留食品的营养成分。额外的好处就是味道增加、卖相也更好。显然，化学品的安全应该得到保障，使用应该受到监控，以避免恶性影响。"在这段精彩的文字后，本福德还提到了"ADI 之父"特鲁豪，以及必须提到的帕拉塞尔苏斯："一切皆非毒，一切皆为毒：剂量的多少决定是否是毒药。"

伪造的研究和"实验室的正确操作"

"每日可接受摄入量的基础是帕拉塞尔苏斯法则：'剂量的多少决定是否是毒药。'这究竟是什么意思呢？"我向这位英国卫生标准局的负责人提问。

"这是说，造成毒性效应的概率随着剂量增加而提高。"她带着紧张的神色回答，她的这种紧张在整个采访过程中一直持续，"但是，本质上说，这条法则适用于一切事物，包括人类生存必须的水和氧气：摄入过量的水和氧气，也会产生恶果。"

"这是当然的。"我说，但是我对她打的这个比方有点惊讶。"可是，水和用来杀生的农药之间，还是有区别的，不是吗？"

"是的……但是，总的来说，大部分的物质，都是剂量越低，产生恶性影响的可能性越低……"

"这就是毒理学所说的'剂量—效应关联'吗？"

"是的……不仅影响的严重性随着剂量增加而提高，产生不良反应的个体数量也随之增加……"

"如果我没理解错的话，整个评估程序的出发点就是，化学物质是有毒的，评估是为了尝试找到一个不会产生任何影响的剂量？"

"是的，"她在长时间的沉默后说道，"毒理研究是研究某种化学产品会带来的一系列影响，尝试找到一个不会产生任何一种这些影响的剂量……"

"这是一个很复杂的系统，不是吗？"

"是啊！有很多东西要测算，我们尽最大的努力保护消费者……"

"那由谁进行这些毒理研究？"

"是化工企业。这些研究很昂贵，如果只靠公共基金的话，对于纳税人是很大一笔钱。当然，企业的利益在于让他们的产品得到上市许可，所以我们有理由质疑他们是否使用了恰当的研究方法。因此我们制定了指导方针，明确了试验规程，研究者的素质、原始数据的记录方法等都有明确的指标，为的是在需要的时候能够检验结果的有效性。

"这就是所谓'实验室的正确操作'？"

"是的……"

"'实验室正确操作'规则是经济合作与发展组织制定的，此前曾有多项丑闻被曝光，揭露美国一些为企业工作的知名实验室篡改和伪造实验结果，不是吗？"

"是的，正因为这样，现在才有了这项规则，能够审查私营实验室的工作程序是否正确[29]……"

在我的《孟山都眼中的世界》一书中，我曾经谈过，20 世纪 80 年代末的一桩诉讼掀起了轩然大波：这桩诉讼涉及诺斯布鲁克的一间私营实验室"工业生物测试实验室"（IBT），实验室的领导之一保罗·怀特就是来自孟山都的毒理学家，他在 20 世纪 70 年代末被孟山都聘用，工作就是监督关于多氯联苯和某些农药对健康的影响的研究。美国环境保护局的调查员在搜查该实验室档案时发现，有十几项研究有"严重的缺陷和谬误"且"数据常被改动"，目的在于掩盖"被测试鼠类的巨大死亡数量"[30]。在这些研究中，有三十多次对草甘膦（农药农达的活性成分）的测试[31]。环境保护局的一名毒理学家曾说："很难不怀疑这些研究的科学公正性，尤其 IBT 的研究者们称他们进行子宫组织学测试所用的子宫是从雄兔身上取出的。"[32]

1991 年，则轮到克雷文实验室被指控伪造评估农药残留影响的实验，涉及的农药也包括农达[33]。"环境保护局称，这些研究对于决定可用于食品的农药用量非常重要。"《纽约时报》写道，"伪造实验的后果就是，环境保护局在从未验证其真实性的情况下宣布相关农药安全。"[34]欺诈罪名让实验室所有者被判了五年的徒刑，而这些研究的真正受益者——孟山都等化工企业——却从来不用担心……

"最大无有害作用量"，一个"模糊"的安全界限

显然，一切都让人担忧，尤其我们在前几章就知道，化工企业为了能让那些跟他们一样狠毒的产品继续在市场上出售，真的可以不择手段。所以，我们也有理由担心，他们为了得到产品的许可证，也会不择手段。事实上，"毒理学研究"是在实验动物身上进行的，因为如戴安娜·本福德所写，"在人类志愿者身上测试产品是不道德的，除非有一定合理的理由相信他们不会受到伤害。"[35] 这句话相当关键，因为她强调了有毒产品评估体系的粗略（当然没有人会说荒唐），这些有毒产品以"进步"的名义，被蓄意添加到我们的食物中。勒内·特鲁豪说："毫无疑问，如果用人体试验数据来评测人类所面临的风险，会更让人满意，[……] 但是这种理想的手段面临很多困难和限制。[……] 因此，一般认为，人体实验是最敏感的，最好是选择与人类最接近的动物进行实验。[36]" 这就是最不"模糊"的办法了，"模糊"这个词可是"ADI 之父"自己说的，然而并没有什么实验模式能够确定哪种动物的化学品中毒反应跟人类最接近。一般使用的是啮齿动物（大鼠、小鼠、兔子），最讲究的就是使用狗和猴子。

首先第一步，让实验动物暴露在被测试物质的较高剂量下，一般是让动物口服该物质，以此断定"致死剂量"，专业术语是"半致死量"，也就是能够杀死半数被实验动物的剂量。本书第二章曾说过，"半致死量"是"哈伯定律"的变体，哈伯这位德国化学家发明了毒气武器。哈伯定律表达了导致活体死亡所需的毒气浓度与暴露时间之间的关系：一种产品的两个因素数值越小，其杀伤力则越强。半致死量也是一样的，它是指示毒性程度的值，例如指示农药的毒性。"生化武器之父"哈伯还发现，有毒气体的低浓度长时间暴露所造成的影响通常与高浓度的短时间暴露一样。奇怪的是，像食品添

加剂专家联合委员会和农药残留联席会议这样的监管机构，好像忽略了这个结论，因为他们竟然相信有可能找到一个长时间无害的剂量，即使这种物质已被证明在高剂量下可致死。

所以，他们做毒性评估的第二步就是降低剂量，测试实验动物的反应。本福德解释说："我们研究一整系列的有可能产生的恶性反应。例如，我们会测试该产品是否损伤组织和器官，是否对神经系统或免疫系统有影响，我们尤其会关注它是否有致癌性，因为这是人们最担忧的事情。"

事实上，在本福德为生命科学学会撰写的专题论文中，有一张列表是企业需要提供给监管部门的毒理学研究项目。他们需要调查的"作用"包括"功能性变化（例如体重降低）、形态变化（如器官大小增加、病理异常等）、致突变性（有可能导致癌症和胎儿畸形的基因变化）、致癌性、免疫毒性（过敏、导致感染风险增加的免疫系统抑制）、神经毒性（行为改变、耳聋、耳鸣等）、生殖毒性（生育能力降低、自然流产、先天畸形）"。

根据所研究的毒理作用类型，研究所需要的时间可以从两星期（短期毒性）到两年（致癌性）不等，在实验期间，实验动物每天都要摄入一定剂量的毒药，因为这些测试的目的在于测量慢性毒性，即长时间重复暴露所产生的影响。实验要一直进行到得出一个"看起来"不会对动物造成任何影响的剂量，NOAEL，即最大无有害作用量（no observed adverse effect level）。

"是不是可以说，NOAEL 是一个安全界限？"我问本福德。

"在生活中的任何领域都不可能保证绝对的安全。"她看着自己的手承认，"事实上，这取决于动物实验的质量。如果实验很粗糙，就有可能忽略了某些本可以观察得到的影响……所以，我们决定使用安全系数，把最大无有害作用量除以一百，得出每日可接受摄入量。"

"安全系数"："绝对无法接受的修补活儿"

"最大无有害作用量本身就是一个很模糊的值，并非绝对精确。"生物学家奈德·格罗斯告诉我。他曾在美国的消费者联盟做了二十五年的专家，因此，他曾经常参加粮农组织和世卫组织关于食品安全的论坛。他说："因此，做风险管理的人会使用一个叫作'安全系数'的概念。毒理学者使用了五十多年的标准是将最大无有害作用量除以安全系数 100。事实上，是先除以第一个系数 10，这第一个系数是考虑到动物和人类的区别，因为我们并不确定人类对某种化学品的反应是否与动物完全一样；然后再除以第二个系数 10，这个系数是考虑到人类自身的敏感度不同，因为孕妇、儿童、年长者、患严重疾病者等对疾病的易感度是不一样的。问题在于这个系数是否够了。很多人认为，人类之间的易感度差异用系数 10 来表示还是太弱了。同样的剂量，可能会对几百个人无效，但会对其他人有巨大的效力。"

"这个系数 100 的设定有没有什么科学依据？"我问他。

"这是一群人围着桌子定下来的！"这位环境专家回答说，"这是某次会议上，我听鲍勃·希普曼说的，他曾经在食品药品监督管理局工作过。他说：'60 年代的时候，我们需要决定食品中能被允许的有毒物质水平。我们开了个会就定下来了！'"[37]

勒内·特鲁豪本人也证实了格罗斯的说法。他在 1973 年的文章中承认，所谓最大限度防控毒性的"安全系数"纯粹是经验主义。他写道："100 这个有些武断的安全系数被普遍**接纳**，这也是食品添加剂专家联合委员会在第二份报告中建议的数字。但是用一种过于僵化的方法运用这个数字并不合理。"[38] 本福德在她所撰写的专题论文中也采取了完全一致的意见："通常，在默认情况下，使用 100 这个系数，因为最初，这是一个**武断**的决定。"[39] 她还指出，"变量与不确定因数"主要是从实验室动物之间的差异得出的，实验室动物都是在最好的卫生条件下养殖的，实验时只暴露于一种化学物质，然而人类间的差异大得多（遗传、疾病、风险因素、年龄、性别等），而且暴露于多种物质。

英国学者埃里克·米尔斯顿是一个很率直的人，他说的话很有价值也很明了："100 这个安全系数完全是从天而降的、随手写的！而且，在实际操作中，学者们经常随着需要改动系数值：有时候，他们需要评估一种有很严重安全问题的物质时，会用 1 000 做系数。有时候，他们会把系数降到 10，因为若是使用 100 做系数，企业就无法开发这种产品了。事实是，他们会有各种各样的安全系数，这些系数就像是偶然从帽子里摸出来的，完全不科学。这是绝对无法接受的修补活儿，是在拿消费者的健康做赌注！"[40]

美国律师詹姆斯·特纳也同意这种观点，他是公民健康协会的主席，食品与环境安全问题的知名专家。他在华盛顿的会面中对我说："'安全系数'的使用不符合任何规定。例如，目前环境保护局对导致儿童神经损伤和行为障碍的农药采用的系数是 1 000。事实上，安全系数的决定完全取决于进行评估的专家：如果他们比较在意环境和健康保护的问题，就会赞成 1 000 这个系数，为什么不干脆用 100 万呢！如果他们更倾向于企业一边的话，就会使用 100 这个系数，甚至是 10。这个系统完全是武断的，跟科学没有任何关系，事实上，这完全是一个政治的决策。"[41]

总而言之，本应保护我们免受食物中的化学毒药侵害的监管系统竟是如此不专业：为了制定一个所谓"安全"的暴露标准，他们先是在动物身上实验，找到一个"无害剂量"，这个剂量是很偶然的，因为它取决于实验所用物种和企业私有实验室的研究能力；然后，再把这个剂量除以一个安全系数，这个系数又会因不同的专家而改变……

最后，每日可接受摄入量是一个以"毫克产品/千克体重"表示的值。以每日可接受摄入量为 0.2 毫克的农药为例。如果消费者体重为 60 千克，他就可以在一生中每日摄入 60×0.2 毫克，即 12 毫克的这种农药。但这完全就是很形式化的，完全没有考虑到我们每天都要暴露于几百种化学物质，这些物质之间可以相互作用，或者在极低剂量下就会产生恶性影响，例如内分泌干扰物，只需一些很有效的工具就可以探测出来。我们将会在第十六章探讨这个问题……

现代化进程中高歌猛进的"风险社会"

"您认为每日可接受摄入量是一个科学的概念吗？"这是一个绕不过的问题，然而却好像使食品添加剂专家委员会和农药残留联席会的秘书安吉莉卡·特里茨歇尔吃了一惊。她果断地回答我："这当然是一个科学的概念，这是我们就所掌握的关于某种物质的所有科学数据的研究得出的结果。我们根据这些数据，得出不会产生任何影响的剂量，再把这个剂量除以一个不确定系数，这是一个完全科学的程序。"[42] 欧洲食品安全局农药部的主任赫尔曼·冯提耶也给了我同样的答案，他大笑着说："我敢说 ADI 是一个科学的概念！"[43] 还有美国食品药品监督管理局中负责研究食品添加剂的毒理学家大卫·哈坦也是这样认为的，他沉着冷静地向我保证："我真的认为这是一个科学的概念，能够保护消费者的健康。"

很容易就会认为这些国家和国际机构的专家们都是骗子和伪君子。我得承认，随着我发现本该保护我们免受化学毒药侵害的监管系统是多么的贫乏，这个想法好几次涌上我心头。当然事实是更加复杂的，我们现在所处的这个环境是如此错综复杂，因为人们渴望工业带来的利益，对"进步"有着某种憧憬，执政者也接受了在环境中投入毒药是合理的这种想法。我们自己也要对这个变革负一定的责任，蕾切尔·卡森 1962 年在《寂静的春天》里也写道："化学因子以两种方式被纳入我们的环境中。第一种很讽刺，是因为人们想要过一种更优越更便利的生活；第二种是因为化学产品的生产和销售已经成为普遍被接受的经济和生活方式的一部分。"[44]

读着乌尔力希·贝克的《风险社会》，我终于明白了所谓"大众消费"所带来的政治反响和社会反响，也明白了在这个背景下，主张必须限制伤害的"专家"们的岌岌可危的地位。这位德国社会学家在他的代表作中解释，五十多年中，我们是如何从一个以"贫瘠"为特征、根本问题在于"社会财富"分配的"阶级社会"过渡为一个以"先进现代性"为标志的"风险社会"，在这个"风险社会"中，"社会财富的生产与风险的社会生产息息相关"[45]。

"阶级社会的改革动力始终与'平等'的概念相关。"他在一段精彩的论证中写道，"而风险社会中的情况则不同了。它的根本和动力是标准的反对方案，也就是安全的概念。[……] 平等的理想富含社会向正面物质转型的目标，而安全的理想是负面的、防卫性的：终究，这不再是对某种'好'的东西的期待，而仅仅是对'坏'的东西的防卫。阶级社会的理想在于：人人皆有价值且应该分得属于自己的一份蛋糕。而风险社会追求的理想则是不同的：所有人都应该避免被有毒事物侵害。"[46] 贝克还说，当然，"风险"一直存在，但是"机械工业进步"的风险特点与哥伦布长途航海或农民面对害虫所面临的风险不同，因为这些风险"无法被感知"："这是我们在吃别的东西时吃下去的'多余产品'。它们是普通消费品的'偷渡者'。它们被风和水携带。它们无处不在，在我们呼吸的空气、吃的食物、居住的环境中，在我们吸收生存所必需的养分时被同时吸收。"[47]

因此，在这个"新的风险社会模式"中，政治家们所要解决的根本问题是："这些随着现代化进程以'潜在副作用形式'出现的风险和威胁，该如何在既不妨碍现代化进程、又不超出（从生态学、医药学、心理学、社会学的角度看）'可容忍'范围的情况下被阻隔和排除？"[48]

读着这些文字，我终于明白为什么关于食品和环境安全的监管条款总是参照一些二战之后才出现的概念，例如"风险评估"或"风险管理"。这些新的公共政策概念，也是近几十年来在法国（以及其他所谓"发达国家"）中兴盛起来的许多监管机构存在的原因，例如法国保健品卫生安全署、食品卫生安全署、职业与环境卫生安全署等。让-吕克·杜普佩医生（参见第三章）在农民医疗保险互助协会中的职务就是"化学风险医生"，与戴安娜·本福德在英国食品标准局化学风险部的职责相似。

在为国际生命科学学会撰写的专题论文中，本福德用一长段文字论述"风险"的概念，她把"风险"与"危险"联系起来。引人入胜的是，如果我没记错，她的专题论文可是关于食物的。她写道："专家们将'危险'定义为任何有可能对健康造成恶性影响的生物、化学或物理因素。这些危险出现在人类身上的风险或概率取决于进入人体的化学物质量，即暴露量。危险是化学物质的固有属性，**但没有暴露则没有遭遇恶性后果的风险**（原来如此啊！）风险评估就是测定某种特定危险是否会在某个暴露程度、暴露时间下或生命周期的某个时刻中表现出来的程序，一旦危险显露，则可判定风险的程度。风险管理则是通过降低暴露尽量降低风险……"[49]

以健康为代价的利益

"每日可接受摄入量看起来是一个科学的工具，因为它的表达式是毫克产品/千克体重，这个单位能让政客们安心，因为它看起来很严肃。"埃里克·米尔斯顿带着一丝微笑对我说，"但是这并不是一个科学的概念！首先，它所衡量的不是风险的程度，而是风险的可接受度。而'可接受度'从本质上是一个社会的、标准化的、政治的、商业的概念。'可接受'，可以被谁接受？而且在可接受度的后面永远有一个问题：该风险是否是从假定利益的角度可被接受？既然使用化学品的既得利益者永远是企业而非消费者，那么就是消费者承担风险，而企业收获利益。"

事实上，政客之所以要求"专家们"提供海量的数据——我们将在第十三章关于"最大残余量"的内容中看到这个任务艰巨到难以想象的程度——是因为他们认为这些化学毒药带来的技术和经济"利益"值得冒一些人体健康的风险。"利益对风险"这个重要的概念就是勒内·特鲁豪建立的评估系统的基础。他自己说的一句惊人的话也很直接地承认了这一点："很显然，在人民食品匮乏、平均寿命不超过四十岁的情况下，为了实现人民食品的富足有理由冒更大的风险。"[50]

1991年7月15日"关于植物保护产品上市"的欧盟指令更能说明这种奠定了卫生政策的经济意识形态，我们的领导人将"利益"放在了比"风险"更优先的位置上。这条指令的前言中说："考虑到蔬菜生产在欧盟共同体中占据了非常重要的地位；考虑到这种产品的产量常常被有害生物和杂草影响，且绝对有必要保护蔬菜免遭这些**风险**，以避免产量的下降并保证食品供应的安全；考虑到植物保护产品的使用是保护蔬菜和植物产品、改进农业生产的最重要的手段之一；考虑到植保产品的使用对蔬菜生产并非只有良性影响；其使用可能对人类、动物和环境带来**风险**和危害，尤其当这些产品未经检测和官方许可就被投入市场，或使用产品的方式不正确……"[51]

这段文字的措辞令人难以置信，要反复阅读才能明白是什么让我受到深深震撼。"风险"这个词在这里用了两次：第一次指的是蔬菜遭遇"有害生物"侵害的风险；第二次则是指威胁人类健康的风险。对于欧洲立法者，这两种"风险"之间显然没有任何性质上的差异。更糟糕的是：他竟认为为了消除第一种风险，承担第二种风险是有理由的，他所采用的理由是化学农业信徒和农药生产者的论据，这些人是"植物保护产品"使用的唯一得益者。

2010 年 4 月，拉芒什省人民运动联盟的代表克洛德·加迪尼奥尔和马恩省人民运动联盟议员让-克洛德·艾提安写了一篇名为《农药与健康》的议会报告，其核心论调也是"利益"的论据。用《解放报》的话来说，"这篇两百多页的报告的倾向性如此明显，直使人发笑。"[52] 在审问了著名的《法国致癌原因》报告（参见第十章）的作者后——这篇报告的作者信誓旦旦地宣称"目前在法国被允许使用的杀虫剂的健康风险和其他植物保护产品健康风险往往被高估了，而这些产品带来的利益又被大大地低估了"——这两位国家的代表竟敲响了悲壮的警钟："报告者希望提醒人们关于农药产品使用的利益，并请公职机关预防过分降低农药的使用给法国带来的后果。"[53]

这两位议员的报告只是一个不值得更多关注的笑话，而更严重的是，美国环境保护局的一篇文章中也出现了同样的"利益对风险"的辩词。该局于1972 年开创了农药许可，"考虑到农药的经济、社会、环境代价和利益，允许任何不对人体或环境造成**不合理风险**的物质上市出售。"[54]

"政客的观点是：环境污染物的危险应该从经济价值的角度衡量。"律师詹姆斯·特纳向我解释。"本质上，我不反对对化学品的使用带来的利益和危害进行评估，前提是，人类健康是唯一的仲裁标准。然而，这个仲裁向来不是在健康与健康之间进行，而是健康与经济利益之间。此外，有一个普遍接受的准则：一种产品若是每年只杀死一百万人中的一个，则被认为是安全的。这就告诉你，这个系统是多么的腐败……"

这位华盛顿律师告诉我的信息，在米歇尔·杰兰等人所著的手册《环境与公共健康》中也被证实了。他们在手册中写道："尽管风险和可接受水平的概念极富争议，人们还是一致同意，10^{-6} 的风险水平（100 万遭暴露的人中有 1 人患癌症）在对动物致癌的化学品的情况中是可接受的。"[55] 仅就法国的人口而言，这个"配额"就意味着仅一种致癌物每年就造成 60 人死亡。而当我们知道目前流通着几千种有致癌性（以及神经毒性和生殖毒性）的产品，就能明白危害的广度，还有这些致力于粉饰大屠杀的"专家"们有多难做，他们为了这个任务发明了"每日可接受摄入量"，以及我们稍后将会看到的"最大残余量"。

第十三章
无法解决的难题——"最大残留量"

今天我们要求公众相信无害的东西，明天可能就会被证明有害。

——蕾切尔·卡森

"我询问了世卫组织高层，你们可以拍摄农药残留联席会议的开头，但是不能录音。"我不太确定是否听懂了安吉莉卡·特里茨歇尔（农药残留联席会议和食品添加剂专家联合委员会的秘书，这两个专家委员会都是联合国世卫组织和粮农组织联合建立的）跟我说的话，于是我有点好笑地强调："但是我可是做电视纪录片的，不是写报纸文章的，我必须要有画面和声音！"

"我知道。"这位联合国组织的代表回答我，"但是您也知道，世卫组织和粮农组织的委员工作会议是闭门举行的，任何人都不允许旁观。让你们拍几个画面已经是很大的特权了，即使没有声音。您可以要这个特权，或者是放弃，但是我无法争取更多了。我还请你们在工作总结发表之前，不要泄露专家的身份，因为，您知道，在他们的专家身份完结之前，他们的名字是不能够被公开的。"

"但是我的片子要到起码一年以后才会播出。"

"那就没问题，你们可以拍摄印有他们名字的卡片。"

一次对农药残留联席会议的例外访问

我必须说，我能够在2009年9月的这一天带着摄像机走进联合国，是一件很有运气的事情。此时农药残留联席会议正在召开年会。我花了三个月的时间跟安吉莉卡·特里茨歇尔用信件和电话进行洽谈，才终于获得了这个许可。特里茨歇尔是一名德国毒理学家，她曾在美国工作了很长时间，没有她，这次在日内瓦的拍摄就不可能进行。不用说，她肯定知道我关于孟山都的研究，但她从来没有跟我说过她对此是怎么想的，我也不知道这对我获得这次例外的特权是有帮助还是造成了一定的阻碍……

在前一章我们看到，农药残留联席会议是于 1963 年参照食品添加剂专家联合委员会的模式创立的。这两个专家委员会负责为食品法典委员会提供毒理学鉴定，食品法典委员会是世卫组织和粮农组织于 1961 年联合创办的，负责将专家的意见确立为关于食品安全的指导方针。食品法典委员会的意见并没有任何监管效力，但是各国政府可以参考这些意见颁布自己的卫生法规。

农药残留联席会议的任务如其名所示，是设定每日可接受摄入量、评估农药毒性，以及决定每种施过药的农产品被允许的"最大残留量"，包括未加工的和加工过的农产品[①]。负责决定每日可接受摄入量的专家是世卫组织挑选的，决定最大残留量的专家则是粮农组织任命的。在了解这两个"专家组"的成员是如何挑选之前，必须先了解所谓的"最大残留量"——这个对抗农药危害的最终防御——具体是什么。我以甲基毒死蜱为例作说明。甲基毒死蜱是毒死蜱的一种，是一种有机磷杀虫剂，因其神经毒性而著名，并被疑为一种内分泌干扰素。这种产品是陶氏益农生产的，关于它的研究有很多，根据 PubMed 的数据：2011 年 1 月 29 日，在该网站搜索引擎中检索"毒死蜱"一词，能找到 2 469 条引文，1 032 条关于"毒死蜱毒性"，139 条关于"毒死蜱神经毒性"[②]。

2009 年 9 月 16 至 25 日在联合国举行的农药残留联席会议上，甲基毒死蜱是五种要评估的农药之一。这种物质在售卖时叫作 Reldan，其半致死

---

① 从 1963 年至 2010 年，农药残留联系评估了约 230 种农药。

② 根据技术信息卡，甲基毒死蜱的毒性略低于毒死蜱，毒死蜱售卖时的产品名为乐斯本或 Durban。

量是 2 814 毫克 / 千克体重（哺乳动物口服），每日可接受摄入量为 0.01 毫克 / 千克。根据欧盟网站上的技术资料[1]，这个每日可接受摄入量是根据一项在大鼠身上进行的长达两年的神经毒性研究决定的，所运用的安全系数为 100①。

让人难以安心的复杂程序

如之前所说，每日可接受摄入量是指消费者一生中每日可摄入某种毒药、同时不至于患病的最大剂量。问题是，这种毒药有可能被用来处理很多种水果、蔬菜和谷物。尤其是甲基毒死蜱，一直被用于处理各种柑橘（柠檬、橘子、橙子、佛手柑等）、坚果（碧根果、开心果、椰子等）和水果（苹果、梨、杏、桃、李、莓果、葡萄等）②。风险管理者所面临的问题是：消费者可不会去考虑自己吃了几样含有甲基毒死蜱的食物，那么如何防止一名消费者摄入的量超过每日可接受量？

为了避免这种不幸的事情发生，农药残留联席会议的创建者们决定采纳勒内·特鲁豪（参见第十二章）的建议：计算每种有可能需要喷药的产品的"最大残留量"。"最大残留量"的表达式为毫克农药 / 千克食品，其制定的过程是一个让人难以安心的复杂程序。第一步是检测某种农药在某种农产品收成后的残留量（通常是检测该农药的代谢物）。然后，专家们根据调查（该调查旨在确定消费者日常一般食用哪些水果、蔬菜和谷物，以及每种食品的食用量，其结果根据各地饮食习惯不同会有所出入）估计消费者可能遭遇的暴露程度。最后得出几千组数字，即每种食品的最大残留量。

"具体是如何操作的？"我问荷兰毒理学家贝尔纳黛特·奥森多尔，她是 2009 年 9 月那一届农药残留联席会议的粮农组织专家组主席。

① 其最大无有害作用量为 1 毫克 / 千克 / 日。
② 参见欧盟网站中的农药使用标准：EU PESTICIDES DATABASE,〈http://ec.europa.eu/sanco_pesticides/public/index.cfm#〉。网页上有所有可施甲基毒死蜱的产品清单。

"首先，我们检测农田里施过药的作物的数据，其施药过程需要符合'正确操作'，也就是农药生产商推荐的操作方式。在这些数据的基础上，制定施过药的食物中的农药残余量并定下一个最大限度。"

"谁来做检测？"

"是农药生产商。"奥森多尔回答我，"为此，他们必须遵守一本很详细的守则：检测需要在不同种类的农作物上进行；可以的话，重复进行至少两季，以避免因气候条件等原因造成的误差。"

"您如何能确保数据的质量？因为工业史里总是充斥着劣质的、甚至是伪造的研究……"出乎我意料，我的这个问题似乎并没有让她感到意外。她回答："我们要求报告非常详细，须介绍所用的分析方法等细节。我们也要验证，实验中所用的农药剂量是否与生产商推荐给农民的用量一致，以及施药的时间是否正确等。如果生产商是在收获的两个月前喷的药，而操作守则要求收获的 15 天前喷药，实验得出的残留量就会小于实际情况下的残留量……我们也曾经对某些数据的准确度质疑，于是要求生产商解释清楚。如果他们的解释不能让我们信服的话，我们会拒绝采纳这些数据，产品就无法被评估，也就无法上市销售。"

"但是，常有的情况是，你们评估的产品已经在市场上销售了？"

"的确是这样的，但是，被农药残留联席会议'批评'，对生产商不好……"

"不会的，实际上，农民不怎么遵守农药使用方法推荐的剂量，这项工作起不到什么实际作用。"

"这就超出我们的能力范围了。"奥森多尔承认。"这是公职机关的职能，他们应该保证农民遵守农药使用标准……"

"在检测完残留物的数据后，你们要估计消费者可能遭遇的暴露程度。这又是如何进行的？"

"我们有 13 个关于各大洲居民饮食习惯的模板，包括素食习惯等种类。我们根据这些模板估计出每种农产品的平均消费量。以苹果为例：要想知道法国人平均每天吃多少苹果，我们用法国的年产量减去出口量，加上进口量，再除以居民总数。每种农产品我们都用这个方法计算。这样，根据不同的饮食搭配习惯，我们就可以估计出每个法国人每天有可能摄入的农药量。"

"这可是一项很庞大的工作啊！所有这些都是为了防止我们病从口入？"

"是的。"这位毒理学家回答。"但是，您知道，我们自己也是消费者……"

"以甲基毒死蜱为例。这种杀虫剂用于很多种作物。要是一个消费者多吃了一点施过药的果蔬，达到了每日可接受摄入量，那会怎样？"

"是的，我明白您的问题。但是要知道，我们估计的每日可接受摄入量比实际暴露量要高很多。根据我们的监控项目，我们了解到，所有您吃到的苹果都没有施过甲基毒死蜱。要明白，我们所估计的消费量是理论上最坏的情况，也就是说，假设有一天您吃的所有食物都施过农药。这种情况极少发生在现实中。因为，通常来说，您的餐盘里会有施过药的土豆，但也会有没有施过药的胡萝卜和生菜。因此，一个人在一天之内摄入一个很高的甲基毒死蜱残留量，这种概率极低。"

"这是肯定的。"我说，"但这还是不能让人真正放心。"

"不！别忘了，一种产品的潜在危险，与您实际面临的风险，是完全没有关系的。就拿盐来说：如果您吃下五公斤盐，您肯定会生病，但是我们不能因此说盐是有毒的……正如帕拉塞尔苏斯所说，剂量的多少决定是否是毒药……但是，如果真的想要零风险，没错，那就不要使用农药。但这是一个政治决策。决策者之所以说要监管农药，是因为农民需要丰收，我们所能做的就只有这么多了。"[2]

"后工业时代的化学魔法师"

我结束了这次进行了很长时间的紧张采访。并非因为我觉得她讨厌，或是我怀疑她对我"胡扯"。不！相反地，我觉得她很诚恳，即使在她向我举了一个极没有说服力的论据时：怎么能拿杀生用的农药与餐桌上的盐作比较呢？我之前曾提到过，用农药来自杀是很普遍的事情，但是可从没有听说过有人用食盐来自杀的！很明显，用氯化钠来跟毒药作比较，已经成了风险评估专家的招牌论据了，我之前也从安吉莉卡·特里茨歇尔（农药残留联席会议和食品添加剂专家联合委员会的秘书）口中听到过这一论据。她曾对我说："食物中找到化学品或农药残留物并不意味着健康就受到了威胁。例如盐，问题在于多大的暴露量下会出现危险。只是，饮食是很情绪化的事情。加盐的时候，我们可以控制量，但是农药就无法控制了。正是这种未知让人们惊恐，因为人们觉得不知道盘子里有什么东西。"

这种推理方式让詹姆斯·赫夫气得跳了起来。赫夫是美国国家环境卫生研究中心的化学品致癌性方面的专家，他曾领导国际癌症研究机构的专题论文集项目，并揭发了化工企业对该机构的影响（参见第十章）。我在采访过特里茨歇尔一个月后见到了赫夫，他气愤地说："安吉莉卡·特里茨歇尔真是让我震惊！我很清楚她的科研能力，她怎么可以用化学品生产商惯用的伎俩。盐是一种天然物质，它的功能之一就是调味。控制盐的用量当然是好的，但是拿来跟农药作比较？农药可是专门用来对生物施加恶性影响的，是在我们不知道的情况下污染了我们饮食！说真的，这很不严肃！但是，这种神志不清的表现，是负责评估食品污染的专家们的特点：他们背负着不可能完成的任务，因为实际上，他们非常清楚每日可接受摄入量和最大残留量只是假象，唯一能够真正保护人们的方法，就是完全禁止许多剧毒产品的使用，而他们却要想尽办法评估这些剧毒产品……"[3]

德国社会学家乌尔力希·贝克在《风险社会》一书中也用清晰的分析响应了这种观点，他在书中列举了科学家的角色在这场标志着"进步现代性"的卫生灾难中不可避免犯下的罪行："这些学科的设定，就是分工极为专业化，注重对方法和理论的理解，与实际没有什么关系，因此完全不能以恰当的方式作用于与文明相关的风险，却参与了风险的诞生和发展。这些学科，不管是带着'纯粹科学性'的良知还是带着越来越多的顾虑，还是变成了全球性工业污染的保护者和辩护者，这些污染影响了地球上的空气、水和食物，造成植物和动物的衰落和灭绝，并将最终影响到人类。"[4]

贝克还用了很多篇幅探讨"风险科学专家"，他称他们为"魔法师"或"限率的杂耍者"："科学家们从来不是完全无意识的，所以他们发明了一些词、一些方法和数字来掩饰他们的无意识。'限率'这个词，是他们最经常用来表示他们什么也不知道的方法。[……]空气中、水中、食物中有毒物和污染物'可被接受'的存在限率，让这些污染物有了存在的理由，被允许投放，只要投放量在规定的值以内。限制了污染物，污染物就成了赌注。[……]限率可能可以避免最坏情况的发生，但是也'漂白'了那些应负责任的人：他们可以向自然和人类投放**一点点毒**。[……]限率是文明的折叠线，这个文明充斥着污染物和有毒物。'无毒'本是最基础最平常的要求，却因为太理想而被否决。[……]限率打开了**集体定量持续投毒**的道路。[……]限率是一种**象征性**的消毒功能。它是一剂象征性的安慰剂，对抗不断涌现的关于污染的悲惨消息。它说明有人在为此操心、时刻警惕。"[5]贝克总结是对"限率创造者"的尖锐评论，这些人在他眼中就是"后工业时代的化学魔法师"，有着"天眼"，"能见人所不能见"："总而言之，关键在于决定在多大程度上投毒不是投毒，以及从什么时候开始投毒就是投毒。[……]这一切，只是用一种很精巧、很数字化的方式告诉大家：我们也不知道。"[6]

工业的数据是"机密的"

"我查阅了甲基毒死蜱生产商陶氏益农提供给您的研究列表。很有意思，这些研究都是'未经发表'的，因为要'保护数据'。情况总是如此吗？"我的这个问题让安杰洛·莫莱托教授皱起了眉头，这名意大利神经毒理学专家是2009年9月那一届农药残留联席会议的主席。为了帮助他措辞回答，我递给他一份66页的文件，这份欧盟于2005年公布的文件列出了陶氏益农就这种杀虫剂所做的两百多项研究[7]。其中有在动物身上进行的毒性测试实验，还有在田地里进行的残留物含量检测。例如，其中一项研究测量了"施过多次 Reldan 的番茄在收获时以及经过加工后（盒装番茄、番茄汁、番茄酱）的残留量"[8]。另一项研究测量"施过两次 Reldan 的酿酒用葡萄在收获时的残留量"[9]。所有这些研究都标着"未发表"，且有一段引言强调"生产商要求保护数据"。这些研究中还有几项是关于毒死蜱，而不是甲基毒死蜱！

在详细检查过这份文件后，莫莱托终于开口说："是的，这很有可能……化工企业提供给农药残留联席会议或国家监管机构的研究都是有保密条款的，数据受到保护。但是，如果您查阅农药残留联席会议在开完评估会后产生的文件、或者是国家机关的文件，就会找到很多这些数据的概要……"

"概要，而不是原始数据？"

"不，不是原始数据，原始数据归生产商所有。您必须信任联席会议的二十多名专家，他们来自世界各地，因为专业而被挑选来分析和解读这些数据……"

"没有任何理由不相信你们？"

"我希望没有！"这位联席会议的主席带着牵强的微笑回答[10]。

非政府组织和民间代表常常会对农药残留联席会议、食品添加剂专家联合委员会，以及欧洲食品安全局和任何负责评估管理化学风险的公职机构有这样的评论。这些机构总是全盘接受化工企业强加给他们的要求，以"商业机密"的名义隐瞒研究数据。

"数据保密的做法只对化工企业有利。"英国"科学政治家"埃里克·米尔斯顿（参见第十二章）这样告诉我。"这种做法完全有违消费者的利益，对公共健康无益。世卫组织和监管机构如果不改变做法的话，就完全不值得公众信任。只有关于产品生产过程的数据才有理由保密，因为在商业竞争中，这些数据是敏感的商业信息。但是所有关乎产品安全性和毒性的毒理学数据都应该公诸于众。"[11]

我同样也向农药残留联席会议和食品添加剂专家联合委员会的秘书安吉莉卡·特里茨歇尔提了这个敏感的问题，她是组织评估程序的重要角色。就是她负责在专家会议召开一年前，公开宣布哪些物质需要被评估或重新评估，并要求"政府、相关组织、化学品生产商以及个人提供所有可用数据，包括已发表或未发表的数据"。在她 2008 年 10 月发布的"2009 年 9 月农药残留联席会议"召开预告中，她写道："未发表的机密研究将会被保护，并只会用于农药残留联席会议的评估工作。"[12]

"为什么原始数据不公开？"我问她。

"说实话，我真的不认为公众可以拿这些数据做什么：它们长达几千页……"她回答我。

"我并不是说广义上的公众，而是比如，消费者组织、环境保护组织等，想要验证某种农药毒理学数据真实性的这些组织。为什么这些数据受商业机密保护呢？"

"这是为了保护知识产权……这是法律问题。这些数据是私有的，属于递交数据的公司。我们无权向第三方透露……"

"这些数据受到保护，会让人们更加怀疑它的有效性，损害了它的可信度，因为可信度是建立在透明度的基础上的……"

"当然！我完全理解您的意见，人们会觉得我们有所隐瞒。"特里茨歇尔承认道。她的坦率让我吃惊。

"以烟草为例，香烟生产商提供的研究是不规范的，甚至是篡改或伪造的，而世卫组织被这些化工企业欺骗了很多年……"

"我对此没有什么评论……"

"但这是真的？"

"我无可奉告，因为这事发生在我来世卫组织之前。我并不了解所有的细节……"

"我知道这件事在这里是一段惨痛的历史，是 2000 年的一个重大焦点……"[13]

"是的，这当然是一段惨痛的历史。但我不确定这是否与农药的情况差不多。数据保护的问题现在仍在激烈辩论中，我们看看事情会怎么发展……您应该问问化工企业，为什么他们那么坚持数据保密……"[14]

化工企业对尴尬问题避而不答

在安吉莉卡·特里茨歇尔给我这个建议之前，我就已经想到采访农药生产企业了。甲基毒死蜱，以及毒死蜱，这种最具争议的农药之一，是我特别关注的对象，我自然想到了与其主要生产商，位于美国密歇根的陶氏益农公司取得联系。我曾两次赴美国做调查，我打算在其中一次旅程期间拜访陶氏益农。2009 年 10 月 2 日，该公司公关部主任詹·祖瓦莱克把我的请求转交给了在伦敦的欧洲分公司公关部主任苏·布里奇。10 月 13 日，布里奇给我发了一封很客气的邮件，请我把拍摄采访时打算问的问题发给她："我们不能保证直接参与纪录片的拍摄，但是我们会仔细审查您的请求和您的问题，并一定会给您回复。"[15]

我在拍《孟山都眼中的世界》时，孟山都拒绝与我对话，所以，坦白说，我对陶氏益农接受采访请求并没有抱什么幻想。因为，尽管陶氏和孟山都是农药、塑料和其他化学品市场上的竞争对手，当需要捍卫化学工业利益时，他们是站在统一战线上的。果然，10 月 16 日，收到了苏·布里奇的拒绝："作为一个企业，我们永远对媒体关于我们产品和活动的互动敞开大门，尤其是卫生、安全和环境领域的互动。然而，尽管我们很感激您提出采访，我们还是很遗憾地谢绝您的请求。因为，我们对您之前的活动做了一些研究，我们对您可能显现我们观点的方式有一些法律上的疑虑。"最后，陶氏益农的代表提出寄给我一份对我所提问题的"书面答复"。

这其中发生了一件很有趣的事情。我决定联系化工企业在欧洲的各个代表机构，很快地，我就发现这些机构的负责人对我的"情况"进行过许多邮件磋商，其中一位是陶氏益农的"欧洲政府事务办公室"的托马斯·莱尔。他们中的一位在给我发邮件时忘了删掉前面的交流内容……总之，先是欧洲化工理事会拒绝了我的采访请求。然后轮到欧洲作物保护协会，该协会是各大农业公司的官方宣讲机构，总部也设在比利时。2010 年 1 月 28 日，我收到该协会公关部主任菲尔·纽顿的邮件，我曾经给他发过我的问题，都是些很基本的问题，关于"企业在农药评测过程中的作用"和"数据保密"。他给我的回邮中说："亲爱的玛丽-莫尼克，请一定注意，所有的植物保护产品都根据欧洲法律经过了严格的测试和评估。欧洲食品安全局对所有数据进行了独立审查，[……] 这是关于这个主题最准确的信息。"最后，2010 年 1 月 1 日，国际植保协会的安娜·莱利也很客气地打发了我，而且她很大方地承认她拒绝我的理由是因为欧洲作物保护协会拒绝了我。

就剩下法国的植物保护产业协会了，我们在本书第二章中知道，该协会集合了"19 家经营植物保护产品和农作服务的企业"。2010 年 1 月 28 日，该协会媒体部就我采访总经理的请求做了很简短的回复："我们不愿意接受您采访让-夏尔·博凯先生的请求。"我于是直接打电话给该协会的总部，接电话的是一个很好说话的人，她显然不是之前给我回信的那个人，因为她给了我经理的手机号码……然后我给博凯先生打了一通很长的电话，他一开口就宣称："我看过您拍的《孟山都眼中的世界》，我认为这部纪录片的态度很鲜明……我对此没有任何问题，因为人人都有表达的权利。但是，您所表达的对孟山都的反对态度，在我看来就是反对所有农药生产企业的态度。因此，作为这些企业的代表，我很难接受您的采访……而且，您的片子里有很多错误，我认为您没有试图与孟山都的代表对话，是不对的。"

"什么？"我打断他，"在我听来，您好像没有真正看过这部影片，因为，如果您看过的话，就会注意到，我千里迢迢去到了圣路易斯，但是谈判了三个月，孟山都还是拒绝接待我……我对此一直疑惑。他们害怕我问的问题吗？此外，我想知道，我在片子里犯了哪些错误？"

"呃……我向您保证我看过了……只能说孟山都有他们自己的公关政策，我呢则习惯于更开放一点……"

"您担忧我可能会提的问题吗？"

"啊！完全不！我一点都不担心别人问我问题，但比较担心别人对我的回答的解读……"

"我是为 Arte 电视台工作的，这是一个质量很高的频道，而且我不能让您说您不想说的东西。是您在捍卫您自己的观点！例如，您怎么解释，为什么农药生产商提供给农药残留联席会议和欧洲食品安全局的原始数据不能公开呢？"

"因为公众不是专家！他们成为专家的那一天，就可以接触这些数据……我们也不会把信息提供给不是负责植保产品评测的那些组织！我们要做这么多试验，它们都是很花钱的……"

"一个关于某种农药致癌作用的毒理学研究要花多少钱？"

"几十万欧元，"植物保护产业协会的这位负责人如是回答我 [16]。

2010 年 2 月 24 日，陶氏益农终于给了我"书面答复"，其中谈到："根据业内调查，在一种新的防控寄生虫的活性分子上市之前，对其进行鉴定、并回应政府机构的监管需求的研究，平均需要花费八年时间、超过 1.8 亿美元。"关于毒死蜱，该公司称这种杀虫剂"1965 年起开始销售，在一百多个国家里被允许使用于五十多种作物。为了让这种产品获得许可所进行的研究已进行了四十五年，总花费很难判定，但肯定超过 2 亿美元"[17]。

在农药残留联席会议，一切都是秘密

多亏了安吉莉卡·特里茨歇尔，她希望我明白农药残留联席会议专家们的工作有多繁重，所以我才得到了在世卫组织的地下室拍摄几个镜头的特别许可。生产商送来评估产品用的数据资料都存在这里。世卫组织档案室负责人玛丽·维尔曼告诉我："这些文档要是摆在一起需要好几公里长的架子。还好现在农药残留联席会议和食品添加剂专家联合委员会同意生产商使用数据存储设备来递交数据，否则就没法管理了。在我面前是一列列仔细标上标签的架子，标签上标明了每种农药：光是草甘膦，即孟山都农达农药的活性成分，就装了七个大纸箱。我随机打开了几个：里面装有《对鼠类的跨代和生殖影响的研究》、土豆和胡萝卜的田间检测等。每份文件都是长达几百页，有数千组数字列在各种表表框框里。"

"专家们真的会检查所有这些数据吗？"我问特里茨歇尔。

"是的……但是，显然这无法在一届会议中完成，一届会议只持续9天10天。我们会从一年前就开始分工。原始数据交给专家组内成员处理，整组开会的时候，每个人做一个综述。"

"谁负责把原始数据送给这组专家呢？"

"有时候是生产商直接送，有时候是农药残留联席会议的秘书处负责送，不一定。"

"所以，有时候生产商会在会议召开前就知道某些专家组成员的名字了？"

"是的……"

"但是，您跟我说过，到联席会议报告发布之前，专家的名字都是保密的……"

"是的，这是世卫组织的规定。"她承认。"这是为了避免专家在工作会议召开之前受到来自外界的压力，不管是来自企业的、来自对即将讨论的主题特别关注的国家、还是来自消费者组织。"

"但是生产商可以事先知道某些专家的名字，这么说这条规则还是有例外的？"

"是的，这样比较方便寄资料。"

"你们是怎样挑选专家的？"

"我们定期发布组建农药残留联席会议和食品添加剂专家联合委员会专家组的'专家召集通知'。任何科学家都可以申请，他们只需要寄给我们详细简历和发表论文列表。我们是根据候选者的能力和专业性进行选拔的，但是我们也要注意每个大洲都有代表参与。要知道，被选中的专家是没有酬金的，世卫组织和粮农组织只负责交通费和住宿费。"

"我看了您最近一次发布的专家召集通知。上面明确要求他们'填写世卫组织和粮农组织的标准表格，声明一切潜在的利益冲突'。"

重听这段采访时，我意识到这个问题有多敏感，因为 2009 年的秋天，世卫组织正面临史上最大的丑闻之一，即"夸大甲流疫情"事件，涉及专家的利益冲突问题。在我此次日内瓦之行的三个月之前，即 6 月 11 日，世卫组织总干事陈冯富珍用沉重的口吻宣布："如今世界正面临着甲型流感大暴发。"引发了我们所知道的恐慌。世卫组织预言甲流将会造成几十万人死亡，而一年以后，甲流所造成的死亡还不到普通流行病年死亡率的十分之一。但是这起事件让五家主要的疫苗生产商收获了一笔横财，这五家生产商是：诺华、葛兰素史克、赛诺菲—巴斯德、百特、罗氏，他们一共收获了 60 亿美金。后来发现，为世卫组织咨询的专家与从这起"低劣骗局[18]"中获利的企业有联系。

现在我更明白，为什么当我问到利益冲突的问题时，特里茨歇尔表现出一丝紧张。我当时问她："为什么这两个专家会议的专家利益冲突声明不公开？"

"这是世卫组织的规定。"她明显有一些不安地回答，"要明白参与我们工作的专家组并不是固定的，他们的组成会根据需要处理的案子而变动。如果要在我们网站上公布所有专家的所有利益冲突，那会是很庞大的工作……"

"但是，欧洲食品安全局……"

"是的，但是他们的专家委员会是固定的……我知道这是一个重要的问题，实话告诉您，我们也跟我们的法律部门讨论过这个问题，看看能不能改变一下做法。这不仅仅关系到利益冲突的公开，也关系到某些研究可能存在的科学缪差……"

"坦白说，我觉得农药残留联席会议和食品添加剂专家联合委员会的工作方式严重缺乏透明度，在这里一切都是保密的：研究数据、专家身份、利益冲突，等等，甚至会议本身也是不允许任何外界人员旁观。但是，好像在我到达前一天，专家组听过农药生产商的陈述？"

"是的……我们会定期召集企业，让他们回答关于产品的问题……"

"我能理解这对于弄清楚某些问题很重要，但是为什么拒绝非政府组织和大学学者的旁观呢？很多人都表达了这个意愿。"

"凡是在世卫组织内部举行的工作会议都是非公开的。"特里茨歇尔回答我，"并不是说这些会议是闭门举行的，而是要参加必须获得邀请。我们也认为禁止旁听能让专家更自由地表达，不受任何影响……"

"所有食品污染物评估系统都需要重审"

"要改变这个系统是很困难的事情。"奈德·格罗斯微笑着对我说。他曾为国际消费者协会工作了二十多年。但是这位曾受美国科学院表彰、风度翩翩、措辞完美、极受尊重的 65 岁科学家不是一个兴奋的人。但是他对这个"系统"的批评非常重要。他说："不要忘了，世卫组织和粮农组织都是庞大的行政机构，需要依靠联合国各成员国缴纳的资金，也需要依靠私人基金，而这些私人基金的来源却是不明的。与这些紧紧跟踪他们活动的捐助者闹翻，对他们没有什么好处……而且很明显，化学品监管系统是化工企业创建的，也是为化工企业创建的……"

"您真的认为专家们会详细检阅生产商提供的上千页数据吗？"

"当然不！"格罗斯毫不犹豫地回答我，"这是化工企业很熟悉的策略：他们送出大量的数据，多到没有人能够验证，要验证起码要花上好几年！所以，很少有专家自愿挑起这项不讨好的工作，这对他们没有任何好处，而且他们还没有酬劳……如果，很偶然地，有一组比较细心的专家觉得数据可疑，这对企业也是一件好事，因为他们赢得了时间。农药残留联席会议会要求企业重审资料，这会花费两年的时间，而在此期间，相关规定不会有任何改动……"

"专家通常是什么素质？"

"因为任务很复杂，候选者通常是由想要给委员会的决定施加一点影响的政府选派的。选中的人通常是退休人员，他们有时间，但不一定了解最先进的科学。这项活动中，政治和经济利益优先于一切，哪一个事业正如日中天的科学家愿意花几个星期时间做这件事呢？总的来说，这两个委员会的专家是一些中等水平的科学工作者，因为那些优秀的有别的事情要干……"

"您认为他们做出的决定有谬误吗？"

格罗斯叹息道："问题在于，对农药的毒理有足够了解的科学家，通常都为化工企业工作，或者为化工企业工作过，例如高校学者和私人顾问。而且，我经常跟他们接触，知道他们都是同样的思维方式。他们参加同样的研讨会，说同样的语言，并且都坚信没了农药我们就不能活了。"

"您认为专家的利益冲突真的会影响这两个委员会的决定吗？"

"当然！最具讽刺意味的就是牲畜生长激素的案例。1992 年至 1998 年，食品添加剂专家联合委员会评估了牲畜生长激素。委员会的工作完全被曾为这种激素的生产者孟山都工作过的专家们所掌控了，包括专家组发言人玛格丽特·米勒也曾为孟山都工作！"[19]

在《孟山都眼中的世界》里，我用两个章节讨论了牲畜生长激素，又称 **rBGH** 的典型案例。我发现被称为"旋转门"的手段十分有效，化工企业的代表在政府机构或国际组织中获得高职位，他们在这些机构中捍卫他们喜欢的雇主的利益，一旦任务圆满完成，他们往往会回到这个企业里。食品添加剂专家联合委员会对提高牛奶产量用的转基因激素的研究，被加拿大国会的调查委员会公开抨击。该调查委员会揭露，孟山都试图贿赂加拿大卫生局的专家。我就是在调查这起事件时，第一次听说萨塞克斯大学的埃里克·米尔斯顿教授，他在一篇文章中讲述了孟山都是如何在处理关于 **rBGH** 对奶牛健康的影响的数据时弄虚作假[20]。

"所有评估食品污染物的系统都需要重审。"我在布莱顿见到米尔斯顿时，他这样告诉我，"必须终结专家选拔和工作的不透明。只因为没有毒理学博士学位，我就不能参加农药残留联席会议，这不正常，我可是在食品化学毒理领域工作了三十五年。他们如此不透明，因此拒绝我加入会议，尽管我正在为欧盟的一个研究机构准备一份报告[21]！而且，所有曾经直接为与委员会决定相关的企业工作过的人都不应该在评估组织中任重要职位。很不幸，安吉莉卡·特里茨歇尔就是这个情况，她曾为雀巢公司工作了好几年。"

这并不是一条新鲜的消息。在与特里茨歇尔见面之前，我就知道她曾为这家瑞士企业的科研中心工作过，这家企业使用大量的食品添加剂，其中包括阿斯巴甜（参见第十四、十五章）。我也看到，她曾参加国际生命科学学会于 2009 年 1 月在亚利桑那州举行的一次研讨会。该学会的资助者就是那些大型化工、农产品和制药国际企业。

"为什么我曾在雀巢公司任职，就不能为世卫组织工作呢？"在我就此提问时，她很生气地回答，"而且，世卫组织的法律部门很仔细地审查过我的简历，并认为我具备这项工作的资格。我没有什么可隐瞒的！要知道，在被雀巢公司聘用之前，我也曾经向汉堡的绿色和平组织提交求职申请，但他们没有录用我！我请您不要故意非难我，人生中没有什么是非黑即白的……"

"当然。"我说，"但是您认为一名绿色和平组织的前成员能够获得您现在的这个职位吗？"

"如果他具备所需的科研能力，为什么不呢？"特里茨歇尔回答，"至于我参加国际生命科学学会的研讨会，这是世卫组织高层的决定，他们认为我应该在关于风险评估的圆桌会议上代表世卫组织。这有什么问题？"

我必须说，我相信这位德国毒理学家是本着善意的，而且也愿意让监管系统朝着更透明的方向发展。也是因为她，我才能够进入农药残留联席会议的神秘内部，这个举动是不会骗人的。奈德·格罗斯的意见更加深了我的这个印象，他告诉我："我很了解安吉莉卡，我很钦佩她。我不相信有人会认为她是化工企业在这两个专家委员会内部的'卧底'，因为她真的很关心公共健康，她倾尽全力让委员会更好地完成使命。有很多很优秀的科学家为化工企业工作，也有很多很糟糕的科学家在化工企业外部工作。除了人的因素之外，这个系统本身就不行，起不了保护消费者的作用……"

"农药残留联席会议的所作所为并非纯粹的科学"

为了准备日内瓦之行，我仔细查看了粮农组织和世卫组织发表的一份文件，名为《食品中化学产品评估的方法和准则》。其中有一句话引起了我的注意："每日可接受摄入量是由食品添加剂专家联合委员会和农药残留联席**会议根据评估时已知的所有事实**制定的。"[22] 勒内·特鲁豪在一篇回溯性研究中也是这样写的："每日可接受摄入量并不是固定不可更改的。任何新增的信息都可能促使重审。"[23] 我也曾思考过：既然每日可接受摄入量和最大残留量并不是固定不变的，而是取决于专家在当时的知识水平，那怎么能够确定这能够保护我们？欧洲食品安全局的一份关于腐霉利的文件更加深了我对这些标准的有效性的怀疑。腐霉利（procymidone）是日本住友商事公司生产的一种杀真菌剂，是 2009 年 9 月的那一届农药残留联席会议要"重新评估"的农药之一，因为"欧盟表达了对它的担忧"。事实上，欧盟在 2008年禁止了腐霉利的使用，因为它是一种可怕的内分泌干扰素（参见第十九章），于是欧洲食品安全局决定降低它的每日可接受摄入量和最大残留量。因为，即使欧盟 27 国的田地里不再使用这种毒药，向欧盟出口农产品的许多其他国家还是在使用它，因此还是需要（在必要情况下）制定监控这种产品的规定。

欧洲食品安全局 2009 年的文件中说，该局决定将腐霉利的每日可接受摄入量从 0.025 mg/kg 降至 0.0028 mg/kg，因此，"建议降低最大残留量，以将消费者所接受的暴露量降至**不再对健康产生有害影响**的水平"[24]。在分析这个让人困惑的句子之前，先要知道，腐霉利用于四十多种水果和蔬菜，包括梨、杏、桃、李、鲜食葡萄、酿酒用葡萄、草莓、猕猴桃、西红柿、甜椒、茄子、黄瓜、西葫芦瓜、蜜瓜、莴苣、大蒜、洋葱等。欧洲之所以在使用了二十多年后禁用这种农药，是因为一项多代研究证明，妊娠期间暴露于

12.5 mg/kg 的雌鼠的雄性后代"肛殖距缩短、尿道下裂 ①、睾丸萎缩和睾丸未降"。把暴露剂量降低五倍后，可发现"睾丸重量增加、前列腺重量降低、附睾囊肿 ②"。这些信息都写明在欧洲食品安全局的这份文件里，文件中还说明，新的每日可接受摄入量是用最大无有害作用量除以安全系数 1 000 得出的。

2009 年 9 月，我在日内瓦见农药残留联席会议主席安杰洛·莫莱托时，把欧洲食品安全局的这则意见拿给他看："我这里有一份欧洲食品安全局 2009 年 1 月 21 日发布的文件，是关于腐霉利的，就是你们这次会议需要重新评估的一种杀真菌剂。"

"是的，欧盟对我们之前制定的限量有些担忧。"莫莱托还没有仔细看我递给他的文件，就回答道。

"您读了我划了线的那句话吗？'欧洲食品安全局建议降低最大残留量，以将消费者所接受的暴露量降至不再对健康产生有害影响的水平。'这是否说明欧洲食品安全局或农药残留联席会议制定的每日可接受摄入量和最大残留量从来就不是最终确定的。"

"是的，生活中没有什么是一成不变的，即使是科学。"莫莱托在尴尬地沉默了好长一阵子后，终于承认了这一点，"所以，如果有新的数据出现，要求我们改变过去的决定，我们就会这么做……"[25]

我也问了安吉莉卡·特里茨歇尔同样的问题，她也是在沉默了很长一段时间后才回答我："我并不完全欣赏这个句子措辞的方法，它让人感觉之前制定的数值完全起不了保护作用、且将消费者置身于危险之中。其实并不是这样的！要明白，一种化学产品可能有的危险与消费者实际面临的风险之间是有区别的，一切都取决于暴露水平。别忘了还有一个很大的安全系数……"

---

① 尿道下裂是一种男性先天畸形，表现为尿道口开在阴茎的下侧。
② 附睾是连着睾丸的一个小器官，功能是储存并运送精子。

"当然，我知道危险和风险之间的区别。但是，就拿林丹来说，这种有机氯杀虫剂从1938年开始销售，是一种很强的神经毒素，在1987年被国际癌症研究机构列为可能对人类致癌物质，也是一种持久性有机污染物，在欧洲直到2006年才被最终禁用。1977年，农药残留联席会议曾把它的每日可接受摄入量定为0.001毫克/千克。所以这个标准完全就是虚构的，更何况林丹还能够在器官内积累。"

"问题在于，农药残留联席会议评估这种产品时，还没有持久性有机污染物这种说法。"特里茨歇尔回答，"如果您想说农药残留会议的做法并不是完全科学的，我同意您。专家们的决定是基于做评估的时候他们所有的科学知识。"

"请原谅我的用词粗俗，但是我觉得这个程序好像就是修修补补……"

"您用的这个词对专家们是很冒犯的，他们真的尽他们所能来做最好的科学判断了。"这位德国毒理学家带着反对的眼神反驳我。

我的评语当然是有些粗暴，即使我心里真的是这么想的，再次阅读《风险社会》更坚定了我的这种想法。但我的想法跟该书作者乌尔力希·贝克略有不同，他嘲讽评估专家是"限率的魔法师"，我则觉得要为我们所面临的卫生灾难负主要责任的是政治家，因为他们才是"风险管理者"，他们应该看得更远，从长远出发来保护我们的健康。但是我认同他所写的其他内容："不管是单一毒剂还是混合毒剂，毒剂对人类的影响并不是无法认知的。而**是人们不想认知！**[……]即使病例统计、森林衰退等诸多证据，似乎都不足以说服限率的魔法师。非得把现实变成长期大型的实验，在这个实验中，人类不得已变成了最高级的实验动物，须报告自己中毒的症状，而且他们还要为自己报告的症状提供证据，可是他们所说的证据都不会被重视，因为**存在限率且限率被遵守！**"[26]

对欧洲食品安全局的一次很有意义的拜访

"我这里有一份欧洲食品安全局的通告，要求降低腐霉利的每日可接受摄入量和最大残留量，因为担心它损害消费者的健康。这是不是说明之前的每日可接受摄入量并不能保护我们？"我当然也向该局农药部门负责人赫尔曼·冯提耶提了这个问题。然后我感觉，好像有一位天使降临到了这位比利时毒理学家的小小办公室里，冯提耶绝望地看了几眼坐在我身后的三名该局新闻部成员。这三个人一直保持着极为热情的态度，小心翼翼地录下了我于 2010 年 1 月 19 日这天在欧洲食品安全局进行的四段采访。他们要是重听他们的带子，就会发现我在此是一字不漏地记下了我的采访对象所作出的混乱不堪的回答。因为要捍卫不可能捍卫得了的观点，他乱了阵脚："它不能保护那些……它没有相同的……它的保护是不一样的。再说一次，这里用了安全系数，是无作用剂量除以 100，所以这里是有安全性的，整个系统里很多时候都是这样的。所以之前定的每日可接受摄入量不大可能给健康带来影响……"

这位欧洲公务员的局促先是让我觉得可笑，然后又让我觉得十分可悲，因为我意识到"限量的魔法师"是多么的脆弱，他们要在一根稍不小心就会断裂的细绳上跳舞。我问他："如果我给您一个残留了腐霉利和毒死蜱的苹果，您会吃吗？"

"这要看残留量的水平，如果含量符合规定，低于最大残留量，是的，我会吃。"他对这个新的问题显然是松了一口气。

"即使您知道三年后，因为有了新的数据，需要降低最大残留量呢？"

"是的，我们永远不可能知道未来有什么在等着我们，但是我相信我们所做的工作。绝对相信！"[27]

欧盟网站的主页上说：正是为了"修复和维护人们对欧盟食品供应的**信任**"，在 20 世纪 90 年代末的一连串与食品安全相关的危机之后，欧盟于 2002 年 1 月成立了欧洲食品安全局。要知道，在这个领域里，当局的使命是很艰巨的。根据发表于 2006 年 2 月的"欧洲晴雨表（Eurobaromètre）"调查报告，"40% 的被访者认为他们的健康可能会被他们吃下的食物或其他的消费品所损害。只有五分之一的人从食物联想到了健康。"[28] 而且，在欧洲人认为特别"危险"的"外部因素"中，排在榜首的是"农药残留"(71%)，紧接着是"肉类中的残留物，例如抗生素和激素"(68%)。最后，调查报告的最后一项说明："54%的公民认为欧盟严肃对待他们对健康的担忧，而47%的公民则认为，当局在决策时，优先考虑的是生产商的利益，而不是消费者的健康。"

欧洲食品安全局设在意大利，其使命是评估与食物链中的化学品使用相关的风险。该局并没有监管权，只是提供"科学的建议"，以"协助欧盟委员会、欧洲议会和欧盟各成员国做出有效且恰当的风险管理决策"。要理解欧洲食品安全局的职责，需要把它放回欧盟的"植保产品"监管系统里，这个系统是根据1991年7月17日的91/414号指令建立的。该指令规定，任何农药在合法使用之前，都需要注册在许可产品"肯定列表"里，也就是著名的"1号附件"。要成功注册，生产商需要向欧盟其中一国递交上市许可申请，这个国家则被默认为这种产品的"报告国"。报告国负责收集并评估生产商提供的关于该产品活性成分的毒理和生态毒理研究。在此就需要欧洲食品安全局的专业知识，该局从两个方面介入此事。

第一个方面，欧洲食品安全局根据产品潜在的致癌、致突变和生殖毒性作用，给出关于产品分级的意见。这让本来就已经很复杂的档案变得更加混乱，因为欧盟的致癌物质分级跟国际癌症研究机构的分级（参见第十章）是不一样的。第一级对应国际癌症研究机构列表的第一类，即"确定对人类致癌物质"。第二级是2A类（很有可能对人类致癌物质），第三级是2B类（有可能致癌物质）[29]。致突变物质和生殖毒性物质也是采用了类似的方法进行分级。另一个方面，从2008年9月1日起，欧洲食品安全局负责建议每种被评估农药的每日可接受摄入量和最大残留量，从此欧盟27个成员国共同采纳欧盟公布的这两个限量。

最后，"报告国"给这种农药授予第一项上市许可。这个许可有效期为十年，并且可以更新，根据"共识"原则，其他成员国通常也会承认这个许可，但是每个国家保留"暂时限制或禁止该产品在该国境内流通"的权利。

2011 年 6 月 14 起，新颁布的 1107/2009 号法规替代了 94/414 号指令，根据该法规，"如果某种植保产品被怀疑对人类、动物和环境健康构成严重风险，且该成员国和相关成员国难以掌控该风险"，欧洲理事会有权"采取**紧急措施**限制或禁止该产品的使用和销售。"

"欧盟目前许可的农药活性成分①有多少种？"2010 年月，我问欧洲食品安全局农药部的冯提耶主任。

"要知道，在 20 世纪 90 年代，有大概 1 000 种。"他回答道，"但是现在，只有三百多种。欧盟展开了大规模的重审，很多产品都没有通过，主要是因为生产商没有按要求提交数据过来。还有些情况就是，提交来的资料不完整，因此被拒绝列入新的列表。"

"那就是说有七百多种物质最近被禁用了？"

"是的，重审计划已经于 2008 年结束了。"

"欧洲食品安全局是否根据农药残留联席会议的研究结果制定限量？"

"当然，我们很严格地遵照农药残留联席会议的建议。我们并不总跟他们得出相同的结论，因为我们有时候会有一些他们做评估时还没有的新数据。一般来说，如果有不同的话，我们定的每日可接受摄入量会更低一些。"

"那在这种情况下，对于消费者，欧洲食品安全局的每日可接受摄入量会比农药残留联席会议的更好？"

"我们当然觉得应该遵照欧洲食品安全局定的每日可接受摄入量。"

绿色和平组织对欧洲毒理新标准的批评

欧盟委员会把欧盟 27 国各自原有的规定进行了整合，从 2008 年 9 月 1 日起，欧盟 27 国的最大残留量由欧盟委员会统一制定。在此之前，每个国家各自制定每种农产品（蔬菜、肉类、水果、蛋、谷物、香料、茶叶、咖啡

---

① 一种活性成分可能存在于多种不同的农药配方中。

等）的残留量，在整个欧盟内，共计有 17 万种不同的最大残留量。要把每个国家的量值调为一致，委员会要解决的这个难题真的很庞大。

"这本是一个很好的办法，能保证整个欧洲的消费者受到相同程度的保护。"2009 年 10 月 5 日，化学家曼弗雷特·克劳特这样告诉我。他在位于汉堡的绿色和平组织德国分部工作了十八年。"可是很不幸地，欧盟委员会没有选择较低的参考量值，而是总体上选择了较高的值。例如，原本德国和奥地利的标准是比较严格的，欧盟统一后，这两个国家 65% 的农药残余标准被提高了最多一千倍。"[30]

绿色和平组织和地球之友联盟于 2008 年 3 月发布的一份报告中强调："对苹果、梨和鲜食葡萄制定的最大残留，有 10% 可能会对儿童构成危害。"而儿童是水果的大量消费者。如我们在第十二章中所见，毒理学标准的表达式是物质质量除以体重。如果一个成年人食入一定量的农药残留，那他所受的影响会比一个儿童要小。也就是说，一个 12 公斤的儿童食入两个苹果和一串葡萄，他所面临的风险会比一个 60 公斤的成年人大。在这份报告中，这两个生态保护组织强调"一个 16.5 公斤重的儿童，仅仅食用 20 克葡萄、或 40 克苹果、或 50 克李子就会达到腐霉利和灭多威（杀虫剂）的限量。"[31]

"您怎么解释欧盟统一标准让很多最大残留量反增不减？"我这样问赫尔曼·冯提耶，而我必须说，他的答案真的无法让我信服。"首先，必须强调，欧洲食品安全局撤销了某些在我们看来有问题的国定限量标准。"欧洲食品安全局的这位农药部主任评论道，"有时候，每个国家制定的标准是不同的。例如，在 A 国，某种农产品的最大残留量定为 1 mg/kg，B 国定为 2 mg/kg。我们就会检测 2 mg/kg 的限量是否会对健康造成影响，如果不会的话，我们就会把这个限量作为参考，这样 B 国就可以继续用必要的农药剂量来种植作物，因为 B 国的农作和植保条件显然不如 A 国优越。但也要知道，A 国还是继续使用不超过 1 mg/kg 的最小剂量。这可能看起来很矛盾，但是同一标准所导致的剂量限量提高并不会使消费者面临的暴露量提高，反而会增加安全度……"[32]

这就是什么叫作"正反都是你说了算"。因为，仅仅是出于商业的游戏，B 国进口到 A 国的产品就会含比 A 国本地产品高出一倍的残留量。因此，认为增加最大残留量不会导致消费者面临的风险提高，这不但是假话，还完全违背了限量的原则。绿色和平的化学家克劳特告诉我："提高一部分的最大残留量，能让欧盟的总表看起来好看一些。因为标准越高，超出标准的可能性就越低！欧洲食品安全局发布的第一份农药残留年报就可以看到，他们洋洋得意地宣称农药残留量超出标准的比率降低了。"

2009 年 6 月 10 日，欧洲食品安全局发布了一份关于欧盟 27 国的综述报告。从 350 种食物中提取的 74 305 份样品显示：在蔬果中检测出 354 种不同的农药，谷物中检测出 72 种。3.99% 的样品中有一种或几种农药超出最大残留量；26.2% 的样品中含有至少两种农药（1% 含有超过 8 种）。报告作者还强调："含有多种农药残留的水果、蔬菜和谷物的比率从 1997 年的 14.4% 增至 2006 年的 27.7%，2007 年略有降低。"[33]

在纸面上看来，这个结果好像大致能让人放心，但是要注意，在"欧洲平均水平"后面，隐藏着每个国家之间很大的不同①。事实上，**受检**农药的数量，每个国家也大有不同，德国是 709 种，而保加利亚只有 14 种！（法国 265 种，意大利 322 种）。而**检出**的农药数量同样大相径庭：德国 287 种，匈牙利 5 种（法国和西班牙 122 种）……最后，德国检测了 16 000 多份样品，马耳他和卢森堡只检测了几百份（法国 4 000 份）。克劳特向我解释："问题在于，检测农药残留是很昂贵的，许多欧洲国家并不具备正确执行这项任务所需的设备。欧洲食品安全局要是诚实的话，就应该说明他们得出的数据与事实是有差距的。"

事实上，2009 年 10 月，我参观了德国最好的动物产品农药和兽医产品残留检测实验室。这间公立研究中心配备了非常先进的仪器，使用色谱和质

---

① 例如，每个国家出产的婴儿果泥超出最大残余量的比率从 0% 到 9.09% 不等。

谱分析法，能够检测出上千种物质（包括农药和农药代谢物）。该中心主任埃伯哈德·舒勒告诉我："我们是欧洲少数具备这些设备的实验室之一。在我们应德国监管机构要求所检测的食品中，平均有 5% 超出标准。"

"您吃的是不是绿色食品？"我问的这个问题让舒勒主任吃了一惊。

"就这个问题，我可以给出一个个人的答案。但是作为这个公共机构的代表，我无可奉告。"他这样回答我 [34]。

与此同时，尽管许多正面的指数（我将在本书最后一章讨论这个问题）显示欧盟正秉着诚信发展，可到了 2010 年，现实还是与期望相去甚远。仔细查看欧洲食品安全局的报告时，我发现，在最常被检测出的 12 种农药中，有 2 种被列为或疑为具生殖毒性物质，1 种神经毒素（毒死蜱），5 种致癌物质，2 种内分泌干扰素（腐霉利）。

"市场上还能找到致癌的农药吗？"我问赫尔曼·冯提耶。

"是的，还有几种。"这位欧洲食品安全局农药部的主任承认了。"但是，很快 1107/2009 号指令就会代替 91/414 号指令，情况就会改变。因为，从此，所有被列为致突变、致癌或具生殖毒性的第一类物质，以及被疑为内分泌干扰素的物质都会被撤出市场。"[35]

这当然是一个好消息。但是，食品安全局用来做化学品评估的研究还需要是质量好的研究，且企业施加的压力不影响评估程序，可很不幸，事实往往不是这样的……在农药之外的其他领域，也有这样不幸的案例，例如著名的合成甜味剂——阿斯巴甜的荒谬事件。

第十四章
阿斯巴甜，企业如何在幕后操纵监管

我是一个随时准备行动的理想主义者，我毫不心软地相信弱肉强食的丛林法则。

——埃德加·孟山都·昆尼

（孟山都公司1943年至1963年的总裁[1]）

"我很愿意见您，因为我听说您工作非常认真，但是，您知道，我已经十五年没有接受关于阿斯巴甜的采访了。这个案子令人绝望，证明了像食品药品监督管理局这样的监管机构没有履行保护消费者的职责，而是优先保护了企业的利益。"这是我与精神病学家约翰·奥尔尼的第一次电话谈话，他是精神病理学和免疫学方面的专家，在圣路易斯的华盛顿大学工作了四十多年。

E621、E900、E951等：我们盘子里的化学食品添加剂

这位备受尊敬的八十多岁的学者，作为"兴奋性毒性"一词的发明者，将留名医学史。"兴奋性毒性"是指某些氨基酸（蛋白质和肽的基本成分）——例如谷氨酸和天冬氨酸（阿斯巴甜的成分）——使某些神经受体过度兴奋、甚至在过量时导致神经元死亡的能力。这种神经毒性与某些神经科疾病相关，例如癫痫，也与心血管突发疾病相关，甚至与神经退行性疾病相关，例如阿尔茨海默病、多发性硬化症和帕金森病。

神经学专家戴尔·帕维斯等在《神经科学》一书中写道，"兴奋性毒性现象是于1957年偶然发现的：眼科医生D·R·卢卡斯和J·P·纽豪斯给幼

鼠喂食谷氨酸钠，并发现谷氨酸钠会损坏幼鼠的视网膜神经元[2]。大概十年后，约翰·奥尔尼深入了这一发现，证明整个大脑区域的神经元都会受到谷氨酸的影响而死亡。"[3]

"我的研究清楚地证明，谷氨酸是一种神经毒素，会对大脑中控制内分泌机能的重要区域造成损害，导致行为障碍、性功能障碍和肥胖症。"[4]奥尔尼医生告诉我。2009年10月，我在新奥尔良的一个公园里与他会面[5]。我当时正在参加一个关于内分泌干扰素（参见第十六章）的研讨会，而他则在参加一个关于麻醉与麻醉对儿童大脑损害的讨论会。"谷氨酸与麻醉不同。要给患重病的年幼病人做手术，必须麻醉，因此我们可以比较风险和利益。而谷氨酸只有风险没有利益，可是很不幸，却被成千上万儿童和孕妇大量摄入。"这位神经科医生叹息道。

事实上，除了中国菜中的味精外①，谷氨酸还是欧盟允许的三百多种食品添加剂之一。每种食品添加剂都有一个可笑的代号，由字母E和一个数字组成，谷氨酸的代号是E621。根据欧盟89/107号指令，食品添加剂的官方定义为"并非食物本身含有的物质 [……]，而是**出于技术目的，在生产、转换、加工、处理、包装、运输或仓储过程中被蓄意添加**到食物中的物质，[……] 该物质或该物质代谢物因此成为食品的成分"，该指令决定监管食品添加剂的使用[6]。

更乏味的是，这些大多为化合物的物质，是在二战前伴随着"绿色革命"的成功入侵了我们的餐盘。添加剂的出现是化工企业的喜事，因为它填补了各种"技术性"功能，让生产成本大大降低②。另一项欧盟指令（95/2）把添加剂的功能明确定义为：防腐剂、抗氧化剂、酸化剂、酸度调节剂、抗凝剂、固化剂、增味剂（如谷氨酸钠）、发泡剂、消泡剂、胶凝剂、涂层剂、湿润剂、改性淀粉、包装气体、推进剂、稳定剂、增稠剂、甜味剂（如阿斯巴甜）[7]。

---

① 谷氨酸钠，即味精，是"中国餐馆症"的罪魁祸首，在摄入几分钟或几小时后就可能发病。症状为头疼、恶心、肌肉酸疼和皮疹。食品工业中常常使用谷氨酸来增加口味、刺激食欲。

② 例如，给一吨冰奶油调味，使用天然香草兰需要780欧元，而使用人工合成的乙基香兰素只需要4欧元。

如果添加物质为天然的，生产商就会使用名字，例如色素"甜菜红"（代号为 E163），但如果是一种名字不那么讨人喜欢的化学品，例如聚二甲基硅氧烷，一种在果汁、果酱、葡萄酒和奶粉中做消泡剂的硅酮衍生物，生产商则更倾向于使用代号，即 E900。大多数食品添加剂都有每日可接受摄入量，这说明它们并非无害。并且，我们在阿斯巴甜的案例中将看到，这个所谓的可摄入量值，是基于一些质量再低劣不过的毒理学研究制定的。

阿斯巴甜的发现

阿斯巴甜，即 E951，是一种合成甜味剂，其甜度是蔗糖的 200 倍。其存在于超过 6 000 种食品中，被全世界 2 000 多万人（其中 400 万法国人）消费。人们大量地食用（Canderel 或 Equal 牌的）小包代糖、早餐谷物棒、口香糖、汽水（如健怡可乐和其他"无糖"饮料）、酸奶、甜品、维生素和三百多种药品。阿巴斯甜的主要生产商是美国的 Merisant 和 NutraSweet（两家都曾经是孟山都的子公司）和日本味之素，每年共生产 16 000 万吨产品。

美国 G.D.Searle 制药厂的化学家詹姆斯·斯查特在研究一种抗溃疡新药时，意外发现了阿斯巴甜这种物质。在我找到的视频资料中，在这间芝加哥企业的实验室里，斯查特穿着白大褂讲解：1965 年的某一天，他下意识地舔了一下手，被手上白色粉末的极甜味道震惊了[8]。这种物质的味道与糖的味道完全一样，却不产生任何卡路里，也没有当时正在市场上占主导地位的糖精（E954）的那种金属回味①。Searle 公司意识到这是一件好事，于是，为了让这种物质获得食品药品监督管理局的上市许可，该公司从 1967 年起开展了一系列研究。关于阿斯巴甜的奇妙传说就这样开始了。用《生态学家》杂志的话来说，这些研究让阿斯巴甜成为了"史上最具争议的食品

---

① E954 糖精于 1977 年在加拿大被禁，因其被疑可致癌（尤其是膀胱癌）。国际癌症研究机构 1987 年把它列为 2B 类"可能对人类致癌物质"，1999 年又降为第 3 类"无法确定物质"……它在世界其他国家都被允许使用，每日可接受摄入量为 5 mg/kg。

添加剂"[9]。而另一些人却认为，阿斯巴甜是"有史以来研究得最好的添加剂"[10]，生产商和食品药品监督管理局等监管机构一直不断地强调这一点。

为了看得更透彻，我花了四个月时间研究 E951 的卷宗，查阅了近千份资料（撤销密级文件、科学研究、报刊文章、美国国会调查报告等），我还采访了二十多位专家。我在此感谢贝蒂·马蒂尼，她为我打开了她在亚特兰大的房子的地下室，她在那里建立了关于阿斯巴甜的最大的私人档案中心。二十多年来，多亏了让所有公民都能查阅行政内部文件（尽管有些文件可能有所删减）的信息自由法[11]，她得以搜集许多罪证。通过这些文件，我一点一滴地重建了这出反映了"风险社会"之荒唐的戏剧，在这个社会里，"大生意"的利益总是比"保护公民健康"要重要，"官员们被绑架，他们的谎言如此喧嚣，正如他们的论据如此无力"[12]。

要明白这场论战的关键，先要知道阿斯巴甜是由三种物质构成的：天冬氨酸（40%）、苯丙氨酸（50%）、甲醇（10%）[13]。前两种氨基酸在某些天然食物中也可以找到，但是有一个差别：当以阿斯巴甜的形式被摄入时，这两种氨基酸没有与任何蛋白质连接，因此以"自由"的形式进入机体。被溶解或温度高于 30 ℃时，这两种物质会降解为二酮哌嗪，即"DKP"，这是一种有毒副产品，被某些学者疑为致癌物。而甲醇，又被称为木酒精，也是在水果和蔬菜中可以找到的天然物质，然而与在阿斯巴甜中不同，天然状态下它与乙醇一同存在，乙醇能够对抗甲醇的有害作用①。甲醇若没有被中和，会在肝脏代谢成甲醛，一种在 2006 年被列为"确定对人类致癌"的物质（参见第七章）。

我们将会看到，正是这三种物质各自的潜在危害，让四十年来论战愈演愈烈，也让 Searle 公司自 20 世纪 70 年代初开启的作战计划越来越激烈。一份"机密备忘录"揭露，该企业很清楚该产品的许可不会轻易获得。这份被列为"商业机密"的文件在一次美国国会听证会上被公开，文件是 Searle 公

---

① 甲醇是一种毒性很强的物质，意外摄入可导致失明甚至死亡。甲醇中毒的最好解毒剂就是乙醇。

司的领导之一赫伯特·赫林写给公司的五位科学家的。他在 1970 年 12 月 28 日写道："这是我对我们应就该甜味剂采用的策略的观点。我认为，我们的目标是获得食品药品监督管理局对该产品多种用途的许可，这样产品的消费（以及生产）能够达到满足我们经济需求的水平。因此必须清楚为了达到这个目的，我们需要做什么、了解什么、完成什么。我们必须预料哪些因素会在食品药品监督管理局看来是最有问题的，这些因素中哪些造成的问题最少（我们需要先将摆在眼前的困难根据难度排列）。在与监管机构的代表面谈时，我们的基本的想法和做法就是要让他们说'是'，[……] 要创造一种有利于我们的氛围 [……] 要让他们潜意识地认同。我主要担心的是二酮哌嗪，以及我们缺乏与此相关的完整毒理学数据。我建议我们以非正式的方式提出一系列假设，但不对此担保，[……] 尝试说服他们这些假设是正确的。第一个假设就是，这种分子在干燥产品中——例如在预先加糖的谷物中是稳定的。然后，我们可以一样一样地讨论其他不同的食品，看看哪一种会受到抵触，[……] 这样我们可以观察出是什么性质的抵触，然后就可以看看怎样用正在进行的研究来说服他们。[……] 会议的准备工作要通过食品局的局长维吉尔·沃迪卡来做，他是从企业出来的。"[14]

阿斯巴甜生产商"从宽主义研究"

"一听说 Searle 公司提交了阿斯巴甜的上市许可申请，我就联系了该公司，向他们提供我在 1970 年做的一项关于天冬氨酸的研究。天冬氨酸是这种甜味剂的成分之一。"约翰·奥尔尼告诉我，"研究证明，这种物质会造成与谷氨酸一样的脑病变 [15]。Searle 公司的代表告诉我他们会研究这个问题，我让他们给我寄一份阿斯巴甜的样品，他们也寄了。我把样品给幼鼠吃，并发现了与天冬氨酸相同的脑病变后果。1974 年，我在《联邦纪事》（相当于美国食品药品监督管理局的官方报刊，该局的所有的法规文本都在此发布）中发现阿斯巴甜的许可证就要生效了。我马上要求会见管理局的专员，并把我观察到的幼鼠脑病变的片子寄给他。然后，我又联系了律师詹姆斯·特纳，他曾为禁止甜蜜素做了很重要的工作。"

事实上，1970 年，在詹姆斯·特纳（我们在第十二章提到过的律师）的活动下，另一种合成甜味剂，即甜蜜素在美国被禁止了。特纳是拉尔夫·纳德的"弟子"之一，他们在那一年一起出版了一本畅销书《化学盛宴》[16]。根据一项证明糖精中的甜蜜素可造成鼠类膀胱癌的研究，特纳迫使食品药品监督管理局将这种从 1953 年开始销售的产品撤出了市场①。但是后面的故事只说明甜蜜素的生产商 Abbott 没有 Searle 那么好运，Searle 在 1974 年 7 月 26 日获得了阿斯巴甜的上市许可。

"我们马上联合了一个消费者协会，提交上诉反对食品药品监督管理局的决定，我们引用了约翰·奥尔尼的研究。"特纳告诉我，"这引起了很大的反响，因为这是有史以来第一次，该局被迫公开被他们当做决策依据的科学数据。而且，我们只能说，Searle 公司提交的研究真是宽松。"[17] 这场论战真是有很多可争论的，因为事实是难以容忍的：十年来，美国食品药品监督管理局的专家们不断揭发 Searle 公司的毒理学研究有多不完善、不规范，而正是这些研究决定了阿斯巴甜的每日可接受摄入量，且这个量值至今仍然有效。

1975 年 7 月，美国食品药品监督管理局的负责人亚历山大·施密特决定创建一个"特别工作组"，专门负责检查该公司关于六种药品和阿斯巴甜的 25 项研究的有效性。之所以要进行这个非常规的检查，是因为监管局的科学家认为该公司的药理测试很"反常"。工作组中有阿德里安·格罗斯，他于 1964 年至 1979 年间在监管局工作。1987 年，他写了两封信给参议员霍华德·梅岑鲍姆[18]，信中详细讲述了观察员在该公司实验室里的发现。他们仔细梳理了该公司关于阿斯巴甜的 11 项研究，包括两项被认为非常重要的

---

① 这些研究在大西洋彼岸的欧洲并没有引发同样的效果：在欧洲，甜蜜素（E952）至今仍被允许用于非酒精饮料、甜品和糖果生产，欧盟定的每日可接受摄入量为 7 mg/kg，而食品添加剂专家联合委员会定的为 11 mg/kg……

研究，因为这是两项关于阿斯巴甜致癌作用和致畸作用的测试。

1976 年 3 月 24 日，工作组递交了一份长达 500 页的报告，格罗斯是报告的签署者之一。报告是用这段话开头的："美国食品药品监督管理局监管过程的核心，需要能够依赖受管制产品生产商提供的安全数据。我们的调查清楚地证明，在 Searle 公司的案例中，没有任何可以支撑我们信任的基础。"然后，报告用十几页列举了该公司"关于阿斯巴甜的研究"中"操作和实践上"的"严重缺陷"。首先，他们发现这些研究"缺乏对成分在餐饮中的同质性和稳定性的考虑"，因此"无法确知动物摄入的剂量是否与报告的剂量相同"。他们还强调"观察报告和结果中有多处谬误"，且"某些观察报告涉及一种并不存在的产品"。他们指出"缺乏关于进行了致畸研究的'专业'科学家的信息"，而且"因某些器官腐坏导致重要病理学信息丢失"。他们揭发的最后一个问题可能是最严重的问题，"瘤块被切除"，也就是说肿瘤被移出了实验动物体，这样实验组（总共 12 只动物）中观察出的脑癌数量就减少了。然而，阿德里安·格罗斯在写给参议员梅岑鲍姆的信中说道，尽管有这么多的谬误，"遭暴露动物的患脑癌率仍然明显高于未遭暴露动物"。

工作组还发现，Searle 公司"忘了"通报两项重要研究的结果：一项是威斯康辛大学一个实验室的主任哈里·魏斯曼做的，他被认为是研究苯丙氨酸的最好的专家之一。这项研究开始于 1967 年，在七只幼猴身上进行，最终一只猴子死亡，五只患上癫痫。第二项研究是伊利诺斯大学的动物学家安·雷诺兹做的，得出了与约翰·奥尔尼的研究相同的结果。事件相当严重，以至于工作组建议起诉 Searle 公司"恶意违法"。1976 年 7 月，亚历山大·施密特在国会的一次审讯上公开揭发了这些事件，阿斯巴甜的上市许可被无限期暂停。

"我这里有食品药品监督管理局的工作组对 Searle 公司的调查报告，您是否同意这里的结论？"参议员爱德华·肯尼迪问该局主任。

"是的。"他回答。

"这是监管局第一次发现这么严重的问题吗？"这位民主党当选人追问。

"是的，［……］我们有时候会获知一些孤立的问题，但是从来没有在一家制药企业内遇见这么严重的问题。"[19]

在他的聆讯之后，施密特宣布创建一个新的工作组，负责调查 Searle 公司做的第三项关于二酮哌嗪——即阿斯巴甜代谢物的研究。调查是由食品药品监督管理局的知名学者杰罗姆·布莱斯勒进行的，他在 1977 年 8 月发表了调查报告。调查证实了前一个工作组发现的不规范行为，但也不枉此举地有一些新的发现！"观察报告注明 A23LM 号实验动物在第 88 周还是活着的，死于 92 周至 104 周，在 108 周活着又死于 112 周。"调查员记录道。调查出来的"怪异"可多了，后面的内容都是差不多的，我只摘几段："1972 年 12 月 2 日从 B3HF 号实验动物体内取出 $1.5 \times 1.0cm$ 的组织块"；"196 只实验期间死去的动物中，有 98 只是在很迟以后才解剖的，有时竟在死后一年才解剖"；"20 只动物因为过度腐烂被撤出实验"；"F6HF 号实验动物，一只暴露于高剂量的雌性动物，死于第 787 天，病理报告记录了其体内一个 $5.0 \times 4.5 \times 2.5cm$ 的肿瘤。但是 Searle 公司提交给食品药品监督管理局的档案却没有提到这个肿瘤，因为该动物因腐烂状态而被撤出了实验"；"K9MF 号动物身上发现了一个之前 Searle 公司没有诊断出来的子宫息肉，这让中剂量（15%）暴露组的 34 个个体中患子宫息肉的数量达到 5 个"[20]。等等。

"1979 年，多亏了信息自由法，我得以查阅 Searle 公司的研究。"约翰·奥尔尼用他出奇缓慢的语调告诉我。"我被我的发现震惊了……我尤其记得一张实验室技术员拍的照片，照片中一大块二酮哌嗪被草草地混入老鼠的粉状食物中。布莱斯勒的报告中也揭发了这一不规范操作，因为啮齿动物足够聪明，懂得避开特别恶心的物质。我也注意到一项研究中观察到的脑肿瘤数量特别高，因为我知道这种肿瘤在实验动物中是极少出现的。当时的科学文献提供的脑肿瘤发生率为 0.6%，而 Searle 公司的研究尽管谬误连连，却也得出了高达 3.57% 的发生率。我记得我对自己说，有了这些材料，食品药品监督管理局只能拒绝阿斯巴甜的上市许可申请 [21]……"

拉姆斯菲尔德给阿斯巴甜放行

奥尔尼医生的希望没多久就破灭了，因为一位功效极高的演员登上了舞台：唐纳德·拉姆斯菲尔德，美国国会里的伊利诺斯州代表，后来的杰拉尔德·福特政府的国防部秘书。1977 年 3 月，被称为"共和党的肯尼迪"的他被任命为 Searle 公司的总裁。"这家公司所在的区就是他当选国会议员所代表的区。"詹姆斯·特纳律师告诉我，"而且，Searle 家族非常有影响力，他们在拉姆斯菲尔德的整个政治生涯中都为他提供支持。在吉米·卡特（于1976 年 11 月）当选后，他开始了穿越沙漠之旅，公司也需要一个有影响力的人拯救他们因几次诉讼而被威胁的生意。拉姆斯菲尔德是很理想的人选，因为他在华盛顿和芝加哥（伊利诺斯州）都很有脸面。"

我们永远都不可能确切知道 Searle 公司的这位新总裁发挥了什么作用，以至于针对 Searle 公司的司法程序被埋葬了。1977 年 1 月 10 日，食品药品监督管理局的司法部主任理查德·梅里尔起诉 Searle 公司"隐瞒数据和伪造声明"。案件很严重，因为这是该局第一次要求开展对生产商的刑事调查。六个月后，伊利诺斯法庭的检察官塞缪尔·斯金纳被为 Searle 公司做顾问的德胜律师事务所雇用了。他的检察官位置留给了威廉·康伦，1979 年 1 月，康伦在成功拖延了时效期限后，也加入了德胜 [22]……

1979 年 7 月，美国食品药品监督管理局建立了一个公共调查委员会，由三位科学家管理，他们的任务是给所有关于阿斯巴甜的现有信息做一个概括。此时民主党执政的日子已经屈指可数了，约翰·奥尔尼于 1980 年 9 月递交了一份书面证言，说此时应该就这种用途尚未明确的物质做一个风险评估："应该进行一项风险—利益对比分析。"他说，"将可能受到这种物质危害的人群子群（胎儿、婴儿、儿童以及患苯丙酮尿症 ① 的人群）与可能受益

---

① 苯丙酮尿症是一种遗传疾病，因机能不全导致难以转换苯丙氨酸。许多国家，如法国都强制检测这种病症，因为这种疾病若不治疗，会导致脑部疾病和智力低下。

的人群（糖尿病和肥胖症患者）区分开来，这样可以开发一个比较明智的计划，让受益者可以使用这种产品，又不让其他人遭到有害的暴露。"[23]

他的这个想法是好的，但是我们将会看到，监管部门的评估标准似乎并没有体现好的一面。关于阿斯巴甜可能带来的"利益"，1974 年美国科学院组织的甜味剂论坛上，科学家们是这样总结的："它可能能给肥胖症患者带来心理上的好处，他们使用低卡路里的甜味剂的同时，不会忘了遵循节食计划。[……] 这种甜味剂本身就是一个噱头，有便于记忆的功能。"至于糖尿病患者，他们可能得到的好处是"愉悦感和安慰，而非健康"。奥尼尔特别强调儿童长期混合食用谷氨酸钠和阿巴斯甜的风险（例如现在的孩子们常常一边吃薯片一边喝健怡可乐），并引述了食品药品监督管理局新任局长唐纳德·肯尼迪拟定的关于糖精的总结："1. 从未证实任何消费者群能从中获取任何利益；2. 儿童的糖精消费正在以惊人的速度增加；3. 食品药品监督管理局有义务保护儿童，因为儿童心智尚未足够成熟，无法评估风险，也无法做出保护自己健康的决定。"[24]

1980 年 9 月 30 日，公共调查委员会提交了报告，看起来约翰·奥尔尼和詹姆斯·特纳赢得了战役。三位评审在报告总结中写道："尚未有新的研究可以解决阿斯巴甜有可能致癌的问题，因此阿斯巴甜应该被禁止用于食品中。建议撤销阿斯巴甜用作食品添加剂的许可。"[25] 但是，五个星期后，罗纳德·里根当选美国总统，这个好莱坞的牛仔成为了放松管制的使徒。拉姆斯菲尔德一直出任 Searle 公司的总裁，此时他与"过渡团队"一起负责为 1981 年 1 月 20 日的任职仪式做准备。他的任务是整理卫生部，也就是食品药品监督管理局从属的部门。就是他提出让宾夕法尼亚大学的医学教授亚瑟·海耶斯出任监管局局长。

1981 年 4 月 3 日海耶斯正式就职，《纽约时报》写了这样几行有先见之明的报道："食品药品监督管理局有责任保护消费者免受有害食品、药品和化妆品的危害。它的活动，尤其是在新药和被认为有潜在致癌可能性的食品添加剂领域，曾被制药公司批评。某位企业代表认为，相对于前任，海耶斯医生更能靠近企业的观点。"[26] 一切都说明，有"高位人士"要求新的局长"尽快总结阿斯巴甜的案件，证明里根的统治进入了一个新的监管时代"[27]。这个新的时代中，遵循新自由主义宗旨，国家对企业事务的干预减少，食品药品监督管理局的监控放宽，变成了一个只对工业产品进行记录的机构。

于是，1981 年 7 月 15 日，亚瑟·海耶斯允许阿斯巴甜上市，每日可接受摄入量为 50 mg/kg。这个决定在《联邦纪事》上公布，决策理由是这样的："局长认为有如下可靠理由：1. 阿斯巴甜不会对鼠类造成脑肿瘤；2. 不会造成智力低下、脑病变，以及对神经—内分泌系统和人体调节的不利影响。"[28]

第一个许可是关于"干燥食品"，例如代糖、香口胶、谷物、咖啡粉和茶叶。1983 年又扩大至有气饮料和维生素，后来逐渐扩大至所有类型食品。监管局第一个工作组的成员阿德里安·格罗斯在 1987 年致梅岑鲍姆的信中辛酸地写道："无法理解，监管局早在 1976 年就已经判定 Searle 公司提供的阿斯巴甜实验研究质量低下，怎么几年后会改变主意，甚至认为**这些同样的研究**足够可信，能让他们宣称这种食品添加剂对消费者无害。"[29]

"滚雪球效应"：从美国的许可，到全世界的许可

"后来，就是滚雪球效应了。"萨赛克斯大学的科学政治教授埃里克·米尔斯顿苦笑着对我说，"里根的当选在日内瓦引起了反响，食品添加剂专家联合委员会步了美国食品药品监督管理局的后尘，然后所有的欧洲国家都跟随了！例如，在英国，我曾在 20 世纪 80 年代中期问过农渔粮部的代表，阿斯巴甜的许可有什么科学依据。他回答我说，他们与美国食品药品监督管理局交换了意见，后者说这种甜味剂没有问题，仅此而已！"

"食品添加剂专家联合委员会又是根据什么研究将阿斯巴甜的每日可接受摄入量定为 40 mg/kg？"我问。

"是跟美国食品药品监督管理局一样的研究，也就是 Searle 公司的研究！通过这件事，我们更明白为什么第一项许可证对企业来说特别重要：理

想的情况就是从美国食品药品监督管理局或食品添加剂专家联合委员会处拿到第一项许可，这样全世界的大门都敞开了，其他国家都会闭着眼睛复制他们的决定。然后，只要过一些时日，再也不会有人记得每日可接受摄入量是在什么情况下制定的，这种产品就有大好的前途……"

"既然美国食品药品监督管理局和食品添加剂专家联合委员会是参考了同样的研究，为什么会定出不同的每日可接受摄入量呢？"

"决定完全是武断的，反正这些研究无论如何都是绝对不可信的！很难知道更多的细节，因为食品添加剂专家联合委员会的报告里并没有提到任何辩论。"

的确，食品添加剂专家联合委员会的档案，跟农药残留联席会议的档案一样，都不是很详细。它们都只是粗略地总结了做决策所采纳的科学论据。关于阿斯巴甜，我发现 1975 年 4 月 14 日至 23 日，有 19 位专家聚在一起评估它的毒性，包括勒内·特鲁豪和食品药品监督管理局的布鲁门萨尔医生。他们审阅了关于二酮哌嗪的研究，就是这项研究在两年后被布莱斯勒的报告揭发有多处谬误。这些专家在总结中说："二酮哌嗪的纯度有问题。我们发现，长期食用含有二酮哌嗪的食物的鼠类身上，出现了有子宫息肉特征的病变。[……] 委员会无法评估其成分。既没有相关专题论文，也没有相应的标准。"[30] 第二年的总结更简要，但是与这种甜味剂在大洋彼岸激起的不安相符："因为数据不足，委员会决定延迟对阿斯巴甜的评估。目前已有参考标准，但是还没有任何专题论文集。"[31] 食品添加剂专家联合委员会 1977 年的报告中，再次谈到了关于二酮哌嗪的研究，并提出"对基本数据可靠性的怀疑"，因此委员会决定"推迟决策，等待有可靠有效的毒理学数据"[32]。

一直到 1980 年，等到了第 24 份报告，终于有几行字十分简要地评估了阿斯巴甜："委员会检阅了几项在动物身上进行的新的毒性研究，以及几项人体实验研究。根据在动物身上进行的实验，评估出无有害作用量为 4 g/kg。因此将阿斯巴甜的每日可接受摄入量定为 40 mg/kg。[……] 专题论文集也已经准备。"[33] 附件中，列出了五项"研究"：其中两项是石井裕之

(Iroyuki Ishii) 受日本的阿斯巴甜生产商味之素公司的委托做的，评估了鼠类身上脑肿瘤的发生率和二酮哌嗪的影响。可问题是，这两项研究的结果直到 1981 年才通报[34]！（注意食品添加剂专家联合委员会的成员中有日本食品添加剂协会的藤永医生。）另外三项研究是 Searle 公司提供的，关于阿斯巴甜对苯丙酮尿症患者的影响，这几项研究没有发表。是什么科学数据迫使食品添加剂专家联合委员会建立专题论文集，我们无法知道更多了，也无法知道他们怎样解决上次会议中提到的对 Searle 公司的毒理学研究的怀疑。也是在 1981 年，就在里根进入白宫几个月后，委员会最终确定"每日可接受摄入量于第 25 次会议中被制定"[35]。

三十年后的日内瓦，阿斯巴甜每日可接受摄入量（截至 2011 年仍然有效）的故事显然已经变得模糊。"80 年代初食品添加剂专家联合委员会制定这个限值时，是基于所有当时已有的研究。"食品添加剂专家联合委员会和农药残留联席会议的秘书安吉莉卡·特里茨歇尔告诉我，"这个标准至今仍然有效，因为后来其他的监管机构也确认了这个标准。""确认"并不是恰当的用词，因为，要"确认"，其他的监管机构必须自己评估 Searle 公司提供的研究。然而，事实完全不是这样，他们只是简单地"采纳"食品添加剂专家联合委员会定下的每日可接受摄入量。欧洲食品安全局的食品添加剂部门主任雨果·肯尼斯瓦尔德也是这么说的。2009 年 1 月我在帕尔玛见到他时，他告诉我："40 mg/kg 的每日可接受摄入量是食品添加剂专家联合委员会制定的，在欧洲，人类食品科学委员会于 1985 年采纳了这个值。"

"您知道食品添加剂专家联合委员会是根据哪些研究制定这个限制的吗？"我问他。

"是根据 Searle 公司资助的研究，也就是想让阿斯巴甜上市的企业。"这位欧洲食品安全局的专家毫不犹豫地回答。

"您是否知道 Searle 公司的研究颇受争议，很多食品药品监督管理局的科学家都认为不可信？"

"我不知道该怎么判断原始研究，因为我没有做判断的材料。"肯尼斯瓦尔德承认，"显然，如果曾经有人对这些数据的有效性有所怀疑的话，这个怀疑已被消除了……"

"问题在于，Searle 公司并没有提供任何新的研究，因此无法理解为何怀疑会被消除，而且从此所有人都对这个每日可接受摄入量闭口不言……"

"这可能是很令人遗憾的事情，但是对于三十年前做出的决策，往往就是这样的。"[36]

就这样，阿斯巴甜征服了世界，尽管有许多健康警报信号，监管机构还是一直忽视……

第十五章
阿斯巴甜的危害与公职机构的缄默

> 学者不是给出真正答案的人，而是提出真正问题的人。
>
> ——克洛德·列维-斯特劳斯

"谁攻击阿斯巴甜的安全性，就是攻击全世界公职和监管机构的独立决定。议员先生，事实上，所有的公职机构和科学、医学、监管机构，不只是美国的，还包括全世界的，**都审阅过关于阿斯巴甜的安全性的科学文献**，并**分别独立地**得出了一致的结论，即阿斯巴甜无害。"罗伯特·夏皮罗这段强势的言辞可有意思了，我们知道，阿斯巴甜的成就可是得益于"从众效应"。

在《孟山都眼中的世界》中，我用很大的篇幅讲述了该公司这位野心勃勃、狂妄自大的老板的历程，他想要通过世卫组织改变这个世界。他（辉煌的）的职业生涯是从在 Searle 公司做律师开始的。1983 年，他被任命为 NutraSweet 公司的总裁，该公司是 Searle 制药公司旗下生产阿斯巴甜的子公司（后来卖给了美国）。1985 年，Searle 被孟山都收购，1995 年，夏皮罗成为孟山都的总裁[①]。

1987 年：阿斯巴甜的反对者在美国国会崭露头角

1987 年 11 月的这一天，罗伯特·夏皮罗在华盛顿的一次国会听证会上

---

① 根据《芝加哥论坛报》的报道，孟山都用 27 亿美金收购了 Searle。Searle 家族获得了 10 亿美金，唐纳德·拉姆斯菲尔德获得了 1 200 万美金。《芝加哥论坛报》，2006 年 11 月 12 日。

作证人，这次听证会是由俄亥俄州的民主党代表霍华德·梅岑鲍姆主持的，他对阿斯巴甜的反对态度从来都不是一个秘密。他意识到完全禁止这种甜味剂是不可能的，于是他努力争取一种他认为对公众有益的手段，即要求在食品包装上标出阿斯巴甜含量。在 1985 年 5 月 5 日的那一次国会上，他已经提到过这个问题："关于 NutraSweet 安全性的担忧有这么多，然而个人和他们的医生是否了解他们喝的健怡可乐中含有多少阿斯巴甜？消费者或他们的医生怎样能够知道他们是否已经超过了合理的消费量，尤其是在夏天的那几个月里？"[1]

我在 C-span 电视台国会频道的网站上查看了 1987 年 11 月 3 日那一届听证会的 5 小时录像[2]。我不得不佩服，美国人真的能够很正式地对一系列极为恼人的事实直言不讳，尽管这最终也无济于事——四分之一个世纪过去了，阿斯巴甜仍然没有被禁止，也没有标出含量。我也是这样发现，五角大楼把这种物质列入了待开发的生化武器候选产品之列。我还发现，亚瑟·海耶斯身边的食品药品监督管理局高层管理人员中（海耶斯就是该局 1981 年至 1983 年间的局长，就是他让阿斯巴甜先是在 1981 年获得了用于干燥产品的许可证，又在 1983 年获得了含气饮料的许可证），至少有十位在后来受聘于 Searle 公司或孟山都公司。在这些人之中，有一位迈克尔·泰勒。

在对孟山都的调查中，我谈到过，这位该企业顾问律师事务所的律师，是怎样在 1991 年坐上了美国食品药品监督管理局的第二把交椅（他那个位置上待了三年），并撰写了世卫组织的监管条例，又于 1998 年成为孟山都公司的副总裁。他被认为是"旋转门"的典型，他在私人与公共部门之间的摆钟活动开始于 20 世纪 80 年代初，当时他代表美国食品药品监督管理局对阿斯巴甜进行公开调查。至于亚瑟·海耶斯，1983 年他的任务完成后，就离开了监管局，成为博雅公关公司的顾问，博雅就是 NutraSweet 和孟山都最偏爱的公关公司之一[3]。

我还发现，在梅岑鲍姆的恳求下，被认为是"国会的调查机构"的政府问责局询问了 67 位科学家："其中超过一半的科学家宣称对阿斯巴甜的安全性有所担忧"——且有 12 位承认"非常担忧"[4]。我还发现，在阿斯巴甜上市五年之后，美国食品药品监督管理局收到的关于这种产品的投诉是最多的，其中有 3 133 项投诉涉及"神经障碍"。

为了体现这种"征服了美国人味蕾"的白色粉末的多种副作用，梅岑鲍姆用美国空军的迈克尔·柯林斯将军作例子。这位军官是一名竞走爱好者（常在内华达沙漠里走 7 到 10 公里），他习惯"每天至少喝一加仑（即 3.8 升）健怡可乐"。渐渐地，他的手臂和手开始微微颤抖；后来，1985 年 10 月 4 日，他失去意识并癫痫发作。在休了一段时间的病假后，他飞去了澳大利亚的沙漠，在那里他喝不到他最喜爱的饮料：于是症状就消失了。回到美国后，他重拾了老习惯。颤抖症状也回来了，直到又一次癫痫发作。一名医生建议他远离所有含阿斯巴甜的产品。"我照做了。"他用激动的声音说，"所有的症状最终消失了。但是，从此我不能再飞行了，因为军队认为我残废了①……"

许多人会认为这些证词只是"闲文轶事"。但美国神经学的权威人士理查德·沃特曼却不这么认为。他当时是麻省理工学院临床研究中心的主任。在国会听证会中，他介绍了一项对 200 名患癫痫症、偏头疼、频繁头晕的阿斯巴甜消费者的研究，且他们没有任何的过往病史，也没有明显的生理学病因[5]。沃特曼医生解释，这些病症的病原可能是苯丙氨酸，他"已经对这种氨基酸研究了十五年，他的实验室也发表了四百多项关于这种氨基酸的研究"。相比之下 NutraSweet 的论据则非常贫乏，他们只是不断重复"阿斯巴甜所含氨基酸与食物蛋白质中所含氨基酸一致"。而沃特曼则说明"消费阿斯巴甜与消费普通蛋白质完全不同，因为苯丙氨酸并没有与其他氨基酸相连。因此它会对血浆产生非常大的作用，影响到神经递质的生产和大脑的功能"。

"关于阿斯巴甜对大脑的作用，已进行了多少项研究？"梅岑鲍姆问道。

---

① 美国空军公报《安全飞行》1992 年 5 月刊中，罗伊·普尔上校提醒飞行员注意阿斯巴甜的危害："头晕、癫痫、忽然失忆、视力逐渐减退。"

"据我所知，一项也没有。"沃特曼医生毫不犹豫地回答，他还讲述了许多非常有趣的事情……

国际生命科学学会的诡计

1980 年，沃特曼曾在公开调查中为阿斯巴甜作正面证词：他认为阿斯巴甜在干燥产品中只有极其微弱的危害，因为消费量很有限。然后他又为生命科学学会做顾问，这个"科研"组织是 1978 年由农产品生产商在华盛顿建立的（参见第十二章），会长为爱荷华大学的学者杰克·菲勒，他曾受 Searle 公司的委托对阿斯巴甜进行"测试"。

1983 年，沃特曼得知该公司申请扩大 NutraSweet 的许可，用于生产汽水。他向国际生命科学学会表达了他的担忧，因为他知道美国人，尤其是儿童，特别喜爱含气饮料，他担心食物链中大量加入苯丙氨酸会导致严重的健康后果。于是他建议开展研究，检测阿斯巴甜"对脑内化学的改变"和"促发癫痫"的功效[6]。Searle 公司的副总裁杰拉德·高尔得知他的计划后，就到麻省理工学院他的实验室去拜访他，并威胁用自己在国际生命科学学会的投票权终止该协会对他的资助。"我明白了，化工企业根本不愿意对这种产品的效果进行真正的测试。"沃特曼在听证会上解释，"于是我决定放弃资助。"

辞去"顾问"一职时，他给罗伯特·夏皮罗写了一封信："亲爱的鲍伯①，如果我说我带给 Searle 的是真话，是公司情愿听不见、不愿寻求解决办法的真话，我想你应该会同意。其中的一个事实是，某些消费者如果大量摄入阿斯巴甜，会患上显著的病症，尤其是当他们正在节食减肥。如果 Searle 资助的研究是为了了解这些人的症状，那就应该把他们纳入研究范围，而不是仅限于每天只消费一两罐汽水的人。"[7] 在听证会上，沃特曼医生"谴责企业资助的研究只持续一两天，且只用一两剂阿斯巴甜。既然我们

---

① 罗伯特的昵称。——译注

知道症状通常在消费该物质几个星期后产生，那一两天的研究就起不到任何作用"。他还说："问题在于，没有公共资金资助真正的研究。我认识的好几位同事都提交了计划，得到的回答都是需要申请企业的支持。我自己是从实验室自己的经费里掏钱才能进行研究的。"

这个腐败的系统让生产商能够封锁关于自己产品的研究，另外两位被国会询问的科学家也证实了这一点。亚特兰大埃默里大学的遗传学家路易斯·艾尔萨斯称："苯丙氨酸对脑功能的影响从来没有被研究过。上百万美金都投入了无用的研究中，那些研究从来没有真正处理过这些问题。"艾尔萨斯是儿科专家，他特别担心这种氨基酸对胎儿的影响。"我们知道，苯丙氨酸在母亲血液中的水平，在经过胎盘和血脑屏障后，会高出四到六倍。这种浓缩力可能会导致胎儿智障、小头症和先天性畸形。根据相同的机制，也可能会对零到十二个月的婴儿造成不可逆的脑损伤。"

"您是否联系了国际生命科学学会？"霍华德·梅岑鲍姆问他。

"是的，而且这不是一次很好的经历。"艾尔萨斯回答，"我在私底下和公开场合中都曾表达过我的担忧，因此该协会要求我写一份研究计划。我写了，但是从未得到回复。然而，我却发现我起草的研究方法被该企业资助的实验室采用了。"

加利福尼亚大学的医学教授、内分泌学家威廉·帕德里奇也有类似的遭遇。他"执拗地拒绝了来自引发健康问题的企业的资助，把资金留给了科学界内企业的同盟"[8]。他专门研究苯丙氨酸通过血脑屏障的运动，曾递交两项关于阿斯巴甜对儿童大脑影响的研究计划，但都被拒绝了。

面对这些陈述详细的指控，国际生命科学学会的代表和合作者们脸都白了。其中，匹兹堡大学的精神病学家约翰·芬斯特洛姆试图逃避这个问题。他讥讽地说："要五罐健怡可乐才会达到阿斯巴甜的每日可接受摄入量。我无法想象一个孩子每天会喝五罐。这不可能！"之后，他又展开了一段超现实的论述，称"鼠类对阿斯巴甜的代谢速度比人类快五倍"。梅岑鲍姆议员显然被激怒了，他打断了芬斯特洛姆的含糊论述，带着狡黠的微笑，从桌子后面一件一件地摆出了十几样含阿斯巴甜的常用产品：汽水、香口胶、谷类食品、酸奶、药品、维生素等。这些产品戏剧性的堆积，让场内响起了热烈的掌声。

美国食品药品监督管理局坚持签署："该物质安全"

"我可以肯定地说，如果我们根据 Searle 公司的研究来制定阿斯巴甜在食品中的许可量，那是一个真正的灾难。"在生命科学学会的学者引起的骚乱后，杰奎琳·维莱特的证词显得特别清晰，让听证会大厅内顿时肃静。维莱特医生戴着方形眼镜，穿着老姑娘样式的整齐西装套裙，显得特别严肃。她在 1957 年至 1979 年间曾在美国食品药品监督管理局做生物化学和毒理学研究。1977 年，她是布莱斯勒的调查组的成员，因此能够接触三项著名研究的原始数据（一项关于二酮哌嗪的研究和两项关于致畸性的研究），美国和欧洲的阿斯巴甜每日可接受摄入量就是根据这两项研究制定的（参见第十四章）。她不苟言笑地讽刺"实验动物在被切除了肿瘤后重新放回试验中"、"老鼠死了又复活了"。她还直言不讳："一个毒理学家在完整客观地评估完这些数据后，还得不出数据无法处理、必须重做的结论，就配不上毒理学家这个名号。"她最后强调："我查过最近的科学文献，也没有发现有任何论文重做这些研究并试图解决上述问题；［……］因此我们无法确信现有的每日可接受摄入量是安全的。"

杰奎琳·维莱特于 1997 年去世，她曾在 1974 年发表一本反传统的书，名为《饮食可能对您的健康有害》，书中描述了她在食品药品监督管理局的工作。她无视该局的名誉，在书中直言不讳："很不幸，我们的食物不是世界上最安全的。［……］某些食品添加剂若是像药品一样受管制的话，就会被禁止，只能作为某些处方药销售，并且还要有孕妇慎用的警告。"[9] 她以 2 号橘红色素为例，这种色素导致"动物死产、死胎和先天畸形 ①"。她也

---

①　2 号橘红色素（E121）从 1977 年起在欧洲被禁。它被国际癌症机构列为"可能对人类致癌物质"（2B 类）。它在美国一直被允许，但只能用于给橘子皮染色。如果您买了佛罗里达出产的橘子，建议您在剥皮后洗洗手……

讲述了自己为美国禁用甜蜜素（E952，在欧洲一直被允许）所发挥的作用。1969 年 10 月 1 日，她在 NBC 电视台公开了对 13 000 个鸡胚胎做的实验结果，公然向甜蜜素宣战。她向这 13 000 个受精鸡蛋注射了甜蜜素，孵出的小鸡"有严重的先天畸形"："脊柱和脚掌畸形、短肢畸形 ①"。

她列举了美国食品药品监督管理局允许的几百种食品添加剂，其中"大部分都未被检测过"，她为此叹息："我们都卷入了一个巨大的实验，至少在我们有生之年，我们绝不会知道实验的结果。我们吃下的化学品有什么危害？是否会致癌？是否会致畸？致突变？致脑病变、心脏病和其他多种疾病？我们什么都不知道。[……] 我们很有可能正在为将会在 1980 年至 1990 年爆发的癌症大流行播种。"[10]

读过这本让人气馁的书后，我联系了位于华盛顿的食品药品监督管理局。这似乎是一个有利时机，因为奥巴马总统刚刚在 2009 年 3 月任命玛格丽特·汉堡为该局局长，她是一名有名的医生，致力于公共健康，这是一个企业很少投资的领域……在对孟山都的调查后，我已经对程序很熟悉了，于是我与媒体部联系。与我接洽的迈克·赫恩登在多番推诿后，给了我一个关键人物的电邮地址：詹姆斯·马里昂斯基，美国食品药品监督管理局生物技术部的前任主任。马里昂斯基曾在《孟山都眼中的世界》的电影中揭露了一点监管局与孟山都之间的关系，显然赫恩登对此有所风闻，所以他很客气地这样打发我！我只好写信给玛格丽特·汉堡的助手约书亚·沙夫斯坦，他很快就帮我解决了问题，这证明美国的情况还是有所改变的。于是可怜的赫恩登只好很为难地为我安排与该局食品添加剂部门的毒理学家大卫·哈坦见面。2009 年 10 月 19 日，当我踏入这位高级毒理学家的办公室时，我还以为自己看错了：这正是 1987 年 11 月 3 日那次著名的国会听证会上，坐在委员弗兰克·杨左边的男人。杨曾经在哈坦默许的目光下，固执地为阿斯巴甜

---

① 短肢畸形表现为肢体萎缩。这是一种在母亲子宫内曾遭酞胺哌啶酮暴露的儿童所特有的病症，酞胺哌啶酮是在 1950 年至 1960 年间常开给孕妇止吐的一种药物。

辩护。

"我在 C-Span 电视台的档案录像上看到过您。"我对他说。

"是的……"

"我还看到了您的同事杰奎琳·维莱特,就是《饮食可能对您的健康有害》的作者。您读过那本书吗?"我一边问,一边把那本书递给紧张的他。

"没有……"他小声地说。

"请您翻到第 96 页。您在这里工作很久了,我想知道您的意见。维莱特医生写道:'并不是政府的决策者腐败……'这是件好事,不是吗?"我停下来观察他的反应,他带着僵硬的微笑点了点头。我接着读:"'……但是他们的责任感总是被化工企业影响,他们更关心企业的短期影响,而不是消费者的长期健康影响。'您是否同意这个观点?"

"不,我完全不同意。我想我们在监管局工作的任何一个人,都会认为把消费者的安全放在所有有利于企业的考虑之上,才是正确的工作方式。否则就违反了安全评估的模式。真的,我完全不同意维莱特医生的观点……"

"您应该对阿斯巴甜的建档过程非常熟悉吧,因为您是在公共调查小组创建的时候来到监管局的,不是吗?"

"是的……"

"公共调查组和监管局的其他调查组一样,都曾表示反对这种甜味剂的许可。可是几个月后,尽管监管局的大多数意见都认为 Searle 公司的研究绝对靠不住,这种物质还是获得了许可,您怎么解释呢?"

"噢!我希望您看一看档案,看看监管局是怎样解决这场争论的。这让生产商 Searle 公司花了几百万美金……我们无法为所有做过的事情辩护,这些研究肯定有一些谬误和疏漏……您知道,当时还没有'实验室正确操作'的规定,要求也没有今天这么严格……但是我们不认为遇到的问题严重到影响实验结果的有效性以及该产品的安全性。"[11]

十四年间一百万人的91种副作用

"食品药品监督管理局收到了几千份关于阿斯巴甜副作用的投诉。"我接着说，大卫·哈坦则频频地看向坐在我身后的媒体部官员迈克尔·赫恩登。我说："我这里有一份解密的内部档案，介绍了91种副作用：头疼、眩晕、呕吐、恶心、腹痛、视力模糊、腹泻、癫痫、意识丧失、失忆、皮疹、失眠、月经紊乱、四肢瘫痪、水肿、慢性疲劳、呼吸困难……"我把这份资料递给哈坦，让他回忆一下这个在1995年曾登上头版头条的故事。这份资料是从贝蒂·马蒂尼那里获得的，多亏了信息自由法，她才能开创这项"不可能的任务"，搜集到这些资料。资料显示，约一万人主动向监管局报告了他们认为与阿斯巴甜相关的症状①。而且，监管局的惯例是，只记载1%的消费者关于某种物质的投诉，也就是说，从1981年至1995年间，美国有100万人遭受了阿斯巴甜的副作用。

监管局档案中描述的症状，与海曼·罗伯茨医生在长长的职业生涯中所发现的症状极其相似。我在2009年10月24日见到了这位佛罗里达州棕榈滩的医生，他因为一次偶然事件，于1984年起开始关注阿斯巴甜的问题[12]。那一年，他为一个17岁的女孩塔米看病，女孩就在他的诊室里、在他眼前发了一次癫痫。他手忙脚乱地为她做了许多检查，都没有找到明确的神经障碍病因。他认为，唯一可能的病因就是塔米为了减少糖的摄入喝下的健怡可乐中含的阿斯巴甜。四年后，罗伯茨医生发表了一项关于551名病人的研究，这些病人都曾因至少一项监管局档案中列举的症状向他问诊。他写道："停止消费含阿斯巴甜的产品后，症状马上就会消失，但若是偶尔非自愿地又一次暴露于阿斯巴甜，症状会在几个小时或几天后重新出现，这足以说明阿斯巴甜的致病作用。只要试着禁食这些产品，就可以避免很多问诊、

---

① 38.3%的投诉涉及含气饮料，21.7%涉及代糖，还有4%涉及香口胶。

昂贵的检查和住院。"[13] 2001 年，罗伯茨发表了一本长达 1 020 页的书，介绍了 1 400 名病人的病史[14]。他发现了阿斯巴甜上瘾的现象，尤其是发生在一些大量消费健怡可乐（每天两升）和"无糖"香口胶（每天至少一盒）的人群中，他们若是停止食用，便会有缺失感。

"您是否就此联系了食品药品监督管理局？"我问他。

"当然了，但是监管局没有回复我！"罗伯茨医生叹息道，"企业认为这些案例都只是'杂闻轶事'，可是这可涉及了数十万人。"

1987 年 11 月那次听证会后，神经学家约翰·奥尔尼马上写了一封信给霍华德·梅岑鲍姆议员，信中讽刺道："这些普通公民会预谋一起投诉说自己出现了中枢神经系统的障碍吗？我很怀疑。"[15]

"您知道罗伯茨医生的研究吗？"这个问题让大卫·哈坦皱起了眉头，他犹豫了一阵后，答道："事实上，食品药品监督管理局和 Searle 公司做了一些补充的临床研究来检测这些症状，如头痛、癫痫等。经过细心测试后，结果是，在我们知道确切剂量、摄入时间和消费个体的受控制环境下，是无法复制这些症状的……"

2009 年 10 月 30 日，我在纽约见到拉尔夫·沃尔顿时，他冷冷地告诉我："我不知道哈坦先生所讲的是什么研究。他要是能告诉我是哪些研究就好了，就是因为不存在调查阿斯巴甜对人的神经影响的严肃研究，我才决定自己做研究。"沃尔顿医生是俄亥俄大学的临床精神病学教授，他也是因为偶然才关注阿斯巴甜的。"1985 年，一个我给她看了十二年慢性抑郁症的病人开始癫痫发作、并狂躁症发作。"他向我描述，"这很奇怪，因为她几年来病情很稳定，而且给她用的抗抑郁疗法没有改变。在排除了郁躁症的可能后，我开始仔细查探她的生活中到底有什么发生了改变。于是我发现，她为了减肥，开始喝 Crystal Light 无糖饮品，且每天喝两升。她一停止喝这种产品，症状就彻底消失了。我写了一份临床报告，投给一个医学期刊，该期刊的其中一位'审稿人'就是理查德·沃特曼。他问我是否知道其他的类似案例。因为我是我们城市医学协会的主席，我就询问了我的同僚们，并收到了几十份案例。最后，这些临床病史就成了沃特曼医生那本关于苯丙氨酸对脑功能影响的书中的一章。"[16]

"您的研究是怎样构成的？"我问他。

"说实话，我要是知道阿斯巴甜会产生这样大的作用的话，我就不会进行这项实验了……我们让志愿者在不知情的情况下连续服用 7 天阿斯巴甜，他们并不知道研究者给他们吃的产品是阿斯巴甜还是安慰剂。其中一名参与者是我的朋友和合作者，一个 42 岁的心理学医生，他出现了视网膜脱落和眼出血的症状，最后一只眼睛失明。还有一名自愿参与的护士，也出现了眼出血。指导该实验的道德委员会要求我们立即停止实验。但是，因为有 13 个人参与了全部过程，我们得以发表了一些惊人的结果。我们的结论是，曾经历抑郁发作的人对阿斯巴甜特别敏感。"[17]

"您在实验中用了多大的剂量？"

"30 mg/kg，因为我想让剂量保持在食品药品监督管理局制定的每日可接受摄入量之下。这大约相当于每天 8 罐健怡可乐，但却是很多人的日常消费剂量，因为许多产品中都含有阿斯巴甜。"[18]

企业对科研经费的影响："经费效应"

"我们刚刚发表的研究证明，从阿斯巴甜上市三年后开始，美国人的脑肿瘤发生率上升、严重程度也增加了。[19]"这是在 1996 年 11 月 18 日于华盛顿召开的一次新闻发布会上。与会者有拉尔夫·沃尔顿、律师詹姆斯·特纳、议员霍华德·梅岑鲍姆、还有约翰·奥尔尼。奥尔尼整理了国家癌症研究机构的数据中关于美国 13 个地区从 1970 年至 1992 年的脑肿瘤情况，该数据覆盖了美国 10% 的人口。他评论道："我们的结果证明，发生率的第一次增高出现在 20 世纪 70 年代中期，这可以用诊断技术的提高来解释。然而第二次非常明显地增高高出了 10%，发生在 1984 年，直到 1992 一直持续增长。"他总结说："这个研究并不能断定阿斯巴甜是否是脑肿瘤的病因，但是目前必须马上构思新的实验研究来回答这个问题。"

奥尔尼的研究一发表，就引起了媒体很大的反响，著名的电视新闻《60分钟时事杂志》甚至决定专门做一期关于阿斯巴甜的特别节目。CBS 电视台的制作人面对着一大堆关于阿斯巴甜的论文不知所措，于是请求沃尔顿做一个关于已在学术期刊上发表的论文的系统性回顾研究。沃尔顿查阅了不同的数据库，其中 MedLine 数据库就给出了 527 条索引，沃尔顿只保留了那些"与该产品对人体的安全性明显相关"的论文。

沃尔顿告诉我："首先，需要注意，Searle 公司的三项基础研究，也就是用来计算阿斯巴甜每日可接受摄入量的那几项研究，是从来没有发表过的！此外，在我的团队最终选中的 166 项研究中，有 74 项是企业资助的（资助者为 Searle、味之素或生命科学学会），92 项是独立研究机构资助的（高校或食品药品监督管理局）。企业资助的研究，100% 结论为阿斯巴甜无害。且这 74 篇论文中，有好几篇在不同的期刊上、以不同人的名义多次发表，但都是相同的研究。92 篇独立研究中，有 85 篇结论为该甜味剂存在一个或多个健康问题。最后 7 篇是食品药品监督管理局做的研究，结论跟企业资助的研究是一样的。

"您如何解释这难以置信的结果？"我问道。

"啊！您知道，金钱是很有力量的……"

沃尔顿发现的这个现象显然就是"funding effect"，可译作"经费效应"。大卫·迈克尔斯如此描述这一极其可忧的机制："当科学工作者被企业聘用，且企业可从该科学家所做的研究结果中获得经济利益时，结果有利于该企业的概率会显著增高。"这位美国职业安全与健康管理局的新领导还详述："资助者与研究结果之间的关系，让即使是最受尊敬的科学家也改变了自己做研究和演绎实验结果的方式。"[20]

"经费效应"是波士顿的老年病学专家宝拉·罗雄在对比用于治疗关节炎的非类固醇消炎药（如阿司匹林、萘普生、布洛芬）的临床测试结果时发现的。她发现，企业资助的测试总是得出有利的结论，即使数据检查不能确认该结论[21]。四年后，加拿大人亨利·斯泰尔福克斯的团队（多伦多大学）也在研究钙拮抗药时发现了同样的现象，钙拮抗药是治疗高血压的处方药，被疑可导致心肌梗塞。研究者们查阅了从 1995 年 3 月至 1996 年 7 月发表的论文，把论文作者根据其态度分成三类：赞同、中立、批评。结果："赞同"的学者中有 96% 与钙拮抗药生产商有资金关系，"中立"和"批评"的分别只有 60% 和 37%[22]。之后，在关于口服避孕药以及治疗精神分裂症、阿尔茨海默病和癌症的药物的研究中，也发现了同样的现象[23]。

我查看了沃尔顿列出的 74 项由阿斯巴甜生产商资助的研究的列表，其中有一项引起了我的注意，因为它很好地诠释了布鲁诺·拉图尔在《科学在行动》一书中描述的"黑匣子"现象。事实上，要让一段科学表述成为没有人能够重建其产生历史的既定事实，只需要在许多科学论文中大量援引这段表述。这位哲学家解释道："让一段表述成为事实或假说的，不是这段表述本身，而是后来的表述对它的处理。要被传颂，或获得事实的地位，一段表述需要下一代的文章。"[24] 这就是为何 Searle 公司及其同伙让不同的人发表了几十篇"研究"，这些研究从来没有讨论本质问题，目的仅在于占领科学文献的领地：一篇被发表过的论文就是一篇可以被引用的论文，于是就能让"假说"变成"事实"。与此同时，若是阻截那些的确讨论了本质问题的论文，则会更有效。这项阻截任务由国际生命科学学会完美履行。

我们已经知道，1981 年制定阿斯巴甜每日可接受摄入量的条件是多么可疑。十年后，Searle 公司要求他们的两名科学家——哈利叶特·巴齐科和克兰克·科措尼斯——发表一篇关于每日可接受摄入量这一概念的文章，文章的前言说明，"以常用的食品添加剂阿斯巴甜为例"[25]。这是个狡猾的办法，让阿斯巴甜的每日可接受摄入量立马变成了一个"黑匣子"，而在国会听证会过去了四年后，该量值仍然是一个远未达成一致的问题："世卫组织、欧洲和加拿大的监管机构将每日可接受摄入量定为 40 mg/kg，美国食品药品监督管理局定为 50 mg/kg。"文章作者这样写道，然后就是五十多段引文，主要都是引自 Searle 公司赞助的论文（但是资金来源未标明），其中 9 段引文引自杰克·菲勒的研究，菲勒后来成了生命科学学会的会长！谁会去验证这些所谓用来制定每日可接受摄入量的研究都是 1979 年之后的？谁会去验证菲勒的一项旨在确认阿斯巴甜无害性的研究只在 8 个"普通成年人"（4 男 4 女）身上进行了 8 个小时，剂量为每两小时 10 mg？[26]

沃尔顿评论说："问题在于，所有这些低质量、甚至是有谬误的研究，都发表于有审阅委员会的科学期刊。我们一直在期待理查德·史密斯呼吁的'彻底改革'。"理查德·史密斯是著名的《不列颠医学日报》的主编，他曾因公开承认"同行评审"系统（参见第九章）的限制和弱点而引起轰动，而这个评审系统却被认为是科学刊物的必需。"我们知道这个系统很昂贵、缓慢、易有偏差、纵容腐败、甚至无益于真正的创新，也无法发现舞弊。我们也知道走过程序后发表的论文往往还有很多欠缺。"[27] 在这篇刊首语中，史密斯讲述了菲奥达·高德里和两位该日报同事做的实验：他们选了一篇即将发表的论文，故意在里面插入了 8 处错误。然后他们把这篇文章发给了 420 个可能的审稿人，并收到了 221 个人（53%）的回复：他们指出的错误平均为 2 个，没有一个审稿人指出了超过 5 个错误，16% 的人什么也没发现……

"为寻找真相而奉献一生的学者的家园"

"为了让国家毒理学计划对阿斯巴甜进行研究，我已经奋斗了二十年了。"2009 年，詹姆斯·赫夫这样告诉我。他是美国国家环境卫生研究中心化学致癌物部门的副主任，负责领导国际癌症研究机构的专题论文集项目。很可惜，食品药品监督管理局一直行使否决权，反对他的建议①。

"您怎么解释呢？"

"我想，监管局担心我们证明这种甜味剂的致癌性。"[28] 赫夫一边回答

---

① 国家毒理学计划是在环境卫生研究中心的领导下的，但是研究的主题是由执行委员会决定的，执行委员会包括了所有美国监管机构的代表，例如职业安全与健康管理局、国家环境保护局和食品药品监督管理局。

我，一边递给我一篇 1996 年 11 月发表的论文，这篇论文正是在约翰·奥尔尼关于脑肿瘤增长的论文发表后发表的。在这篇论文中，赫夫和环境卫生研究中心的前主任大卫·拉尔（拉尔监管国家毒理学计划十九年，直到 1990 年退休）表示："这的确是确保阿斯巴甜不受检测的有效办法。不让研究者检测它，就可以说它是安全的。"[29]

"但是，我读到，国家毒理学计划在 2005 年发表过一项关于阿斯巴甜的研究的结果。"[30] 我追问道。

"的确。"赫夫承认，"但是我和几位环境卫生研究中心的同事都反对这项研究。这项研究是在转基因老鼠身上进行的，他们给这些老鼠注入了一种基因，让它们更易患癌症。这是一种新的实验模型，对研究非遗传毒性化学物质没有任何优势。而阿斯巴甜不具遗传毒性，也就是说它不会致突变①。这项研究花了很多钱，但没有任何用处，结果肯定是阴性的，让化工企业很高兴②……我很反感，因此我主动参加了拉马齐尼研究所的实验设计，那些实验证明了阿斯巴甜的致癌能力。在我看来，这是至今关于阿斯巴甜的做得最好的研究。"

该研究所建于 1987 年，向"职业医学之父"拉马齐尼（参见第七章）致敬，创始人是意大利癌症学家切萨雷·马尔托尼，他关于氯乙烯的研究引起了欧洲和美国的塑料生产商的恐慌（参见第十一章）。该学院设在建于文艺复兴时期的本蒂沃利奥城堡里，距离博洛尼亚三十多公里，这个环境癌症学研究机构与拉马齐尼学院合作科研计划，参与其中的一百八十多名科学家来自 32 个国家。在他们中间，有几个我在本书中提到过的科学家，例如詹姆斯·赫夫、德维拉·戴维斯、彼得·因凡特、文森特·科里亚诺、艾

---

① 一般认为有两种致癌因素：一种是遗传毒性，直接作用于基因，造成基因突变，启动第一阶段的癌变；另一种是非遗传毒性，不直接作用于基因，但是参与癌变过程（扩散或恶化的过程），促使已突变或"被启动"的癌细胞增生。

② 事实上，这项国家毒理学计划的研究有这样的评语："考虑到使用了新型模型，探测致癌作用的敏感度和能力并不能确定。"

伦·布莱尔和勒纳·哈德尔。他们每年在拉马齐尼的出生地卡尔皮举行一次例会。马尔托尼 2000 年发表的一篇文章表达了他的专业信仰，这篇文章也成了他的遗言（他在 2001 年去世），他在文中讲述了该研究院与其他任何研究院完全不同的特点。"我们这个时代的特点是企业和商业的扩张和专制，损害了文化（包括科学）和人道主义。"他写道，"企业和商业的首要目标——且往往是唯一目标——就是盈利。企业和商业为了达到目的，甚至可以与文化和人道主义作对，他们的策略就是用自己发明的伪科学文化取而代之，通过反对文化和科学、堵住人道主义者的声音，达到故意污染真相的主要目的。"[31] 因此，拉马齐尼学院的存在就是为了"成为为寻找真相而奉献一生的学者的家园，团结那些为了追寻真相而被攻击和羞辱的学者"。

自创立以来，该学院测试了约 200 种化学污染物，例如苯、氯乙烯、甲醛和多种农药。这些研究让许多物质的暴露标准都降低了，因为这些研究的结果是无懈可击的。首先，与大多数企业进行的研究相反，该研究所的实验都是大型队列研究，实验所用的动物有几千只，这让统计能力更强[32]。我在 2010 年 2 月 2 日参观该研究所时，被实验室之大震撼了，竟有 10 000 平方米。巨大的圆形设备里养了 9 000 只老鼠，马尔托尼的继任者莫兰多·索弗里蒂医生让它们接受不同程度的电磁波暴露，他会心地笑着向我介绍了这个"顶级机密"的实验。他说："我们研究所的第二个特点就是，与《实验室正确操作》的建议不同，我们的实验研究不只进行两年，我们让动物活到自然死亡。事实上，人类身上发现的 80% 的恶性肿瘤都是 60 至 65 岁后形成的。因此我们离经叛道地牺牲那些 104 周大的实验动物，相当于人类的退休年龄，即癌症和神经退行性疾病出现率最高的年龄段。"[33]

"这是拉马齐尼研究所的研究最主要的优势。"詹姆斯·赫夫也确信，"武断地在满两年时结束一项实验，就可能看不到一种物质的致癌作用。很多例子都可以证明这一点。镉是一种常用金属，特别是用于生产 PVC 和化肥，它被国际癌症研究机构列入第一类'确定对人类致癌物质'。然而，两年的实验无法证明任何作用。直到有一天，一名研究者决定让老鼠自然死亡：他发现，在这些老鼠最后四分之一的生命里，有78%患上了肺癌。同样地，国家毒理学计划也研究过甲苯，但在二十四个月里没有发现任何作用。然而，拉马齐尼实验室发现，许多癌症都是从第二十八个月开始出现。拉马齐尼研究所的研究规程应该被所有研究者采用，因为这很关键：我们总是以寿命延长为荣，但是如果退休生活被各种本来只要控制化学品暴露就可以避免的疾病缠身，那多活十或十五年又有什么意义呢？因此拉马齐尼研究所的两项关于阿斯巴甜的研究让人非常担忧……"

"阿斯巴甜是一种强大的多点致癌物质"

更让人担忧的是，欧洲食品安全局和美国食品药品监督管理局否决了这两项研究，其他的国家监管机构（当然也包括法国的食品、环境与劳动卫生保障局）也跟风否决。我必须说，无论从哪个角度看，他们否决的理由都无法令我信服……

第一项研究发表于2006年，1 800只老鼠从八周大开始直到自然死亡，每日摄入20 mg/kg至100 mg/kg的阿斯巴甜。实验结果：与剂量成正比，淋巴瘤、白血病、雌鼠肾肿瘤、雄鼠神经鞘瘤显著增加。"如果我们在两年时就终止实验，我们肯定就无法证明阿斯巴甜的致癌潜能。"该论文的作者写道，"这项大型试验的结果证明，阿斯巴甜是一种强大的多点致癌物质，即使是在低于每日可接受摄入量的20 mg/kg日摄入量下。"[34]

奇怪的是，食品药品监督管理局通常只需要生产商寄给他们的数据总结就可以制定出监管政策，而这次却强烈要求提供该实验完整的原始数据。监管局的官方理由跟大卫·哈坦给我的理由是一样的。哈坦不高兴地撇着嘴向我解释："我们只能够检查一小部分的原始数据，我们觉得实验观察到的变化很散，这种实验通常都是这样的。很可惜，我们没能获得所有的数据，因为拉马齐尼研究所说他们的内部规则禁止向第三方透露数据。"

"您为何拒绝提供实验的原始数据？"我问研究所的科研主任莫兰多·索

弗里蒂。

"监管局竟然这样说，我很惊讶！"他回答，嘴角仍然带着不变的微笑，"我们从 2005 年就与监管局联系了，并给他们寄去了我们所有的全部数据。"

反正，该局在 2007 年 4 月 20 日发布的意见中称"该研究的数据不足以得出阿斯巴甜致癌的结论"[35]。一年之前，欧洲食品安全局也发布了类似的意见，意见里还有一段长长的引文，用化工企业费心创造的"黑匣子"做支撑论据："20 世纪 70 年代和 80 年代初的 4 项动物实验已经研究过阿斯巴甜的致癌性了。这些研究和其他的遗传毒性研究，都曾被全世界的监管机构评估过，且结论全都是阿斯巴甜不具遗传毒性和致癌性。"[36] 然后，欧洲当局还说拉马齐尼研究所的研究存在"影响结果有效性的缺陷。[……] 该实验结果涉及的淋巴瘤和白血病，很有可能是因动物群所患的慢性呼吸道疾病造成的。[……] 总之，没有理由重审既定的 40 mg/kg 每日可接受摄入量"。

"您为什么否决这项研究？"我追问欧洲食品监管局的食品添加剂部门主任雨果·肯尼斯瓦尔德（我们在第十四章已经谈到过他）。

"这个，首先必须明确：这项研究绝对没有被否决，而是被非常仔细地研究过。然而，很清楚的是，这项研究中某一些研究方法有不足之处……"

"例如呢？"

"很明显的就是，某些老鼠有呼吸道疾病……"

"有呼吸道疾病与淋巴瘤和白血病有什么关系？"

"呼吸道疾病会引发……就是肿瘤产生的原因，会完全搅乱疾病的轨迹；这项实验就是这样的。"

欧洲食品安全局的理由让索弗里蒂（又一次）发笑了，他坐在沙发上辩驳道："我们有很多理由不同意。首先，我们在动物身上发现发炎的情况，主要是因为我们让它们自然死亡，而不是任意终结它们的生命。并且，就像人到了生命的最后阶段那样，肺部和肾脏出现并发症是很寻常的。而且，从来没有任何研究证明，生命末期出现的肺部和肾脏感染能够在那么短的时间内导致肿瘤。"

"控制组的老鼠是否也有同样的炎症问题？"

"当然了，我们在测试组和控制组同时发现了炎症问题。两组间唯一的区别就是，实验组摄入了阿斯巴甜，控制组没有。"

2007 年，索弗里蒂医生的团队发表了第二项研究，其结果比第一项研究更加令人担忧。这一次，400 只妊娠期的雌鼠每日暴露于剂量为 20 mg/kg 至 100 mg/kg 的阿斯巴甜，它们的后代被观察至自然死亡。"我们发现，若是从胎儿期开始暴露，患肿瘤的风险比第一项试验观察到的明显增加。"索弗里蒂评论道，"此外，雌性后代中还观察到了乳腺癌。我们认为这些结果应该能促使监管机构尽快行动，因为孕妇和儿童是阿斯巴甜最大的消费者。"索弗里蒂和他的同事们在这篇论文中强调："应监管机构的要求，我们提供了该实验全部的原始数据。"[37]

然而，食品药品监督管理局的毒理学家大卫·哈坦还是坚持否定："我们没有检查过拉马齐尼研究所的第二项研究，因为，很不幸地，我们没有得到获取原始数据的许可。"

"不是这样的。"索弗里蒂医生在本蒂沃利奥的实验室里反驳。

"您是说大卫·哈坦撒谎了？"我问。

"可以说他撒谎了。"

欧洲食品安全局 2009 年 3 月 19 日发布的意见中也强调："作者没有提供该实验的原始数据。"这与拉马齐尼研究所主任所言完全不符。然后，该局又一次排除了实验中观察到的白血病和淋巴瘤，执意认为这是由"慢性呼吸道疾病"造成的，甚至还搬出了一个让美国学者詹姆斯·赫夫和彼得·因凡特暴跳如雷的解释，这个解释在他们看来简直就是"卑鄙的、不科学的"："乳腺肿瘤发生率的提高并不能够说明阿斯巴甜的致癌潜能，因为雌鼠的**乳腺肿瘤发生率**相对较高，且**不同的致癌性试验间发生率的差异很大**。"欧洲食品安全局的专家组这样写道："科研组发现，**前一项关于阿斯巴甜的实验并没有指出任何乳腺癌的发生**，而在那一项实验中所使用的剂量更高。"[38]

詹姆斯·赫夫对此非常惊讶："难以置信这些专家竟然可以这样写。可以说，他们不明白这项研究的独特性就在于母体内暴露。令人担忧的正是，后代患上了乳腺肿瘤，而第一项实验中的成年鼠却没有患上。关于内分泌干扰素的研究也观察出了完全一样的现象：是胎儿期遭暴露的女孩患上乳腺癌，而不是她们的母亲！"

欧洲食品监管局的论据让人惊讶，但这也是肯尼斯瓦尔德用来辩护忽略意大利研究结果这一决定的唯一论据。他看了几眼坐在我身后的两位欧洲官员，向我解释："第二项试验中描述的乳腺肿瘤，并没有在第一项试验中提及。因此，这两项实验的结果是不一致的。"

"您怎样解释欧洲食品监管局的这个理由？"我问索弗里蒂。他显然是想过措辞才回答我的："各个机构的专家所做的评估往往是很匆忙的，并不总是仔细考虑过的。如果他们花些时间，想想胎儿期开始的暴露会导致什么后果，可能他们就不会作出一个从科学的角度来看如此粗糙的判断了……"与此同时，欧洲方面的决定让国际甜味剂协会很高兴，该协会在 2009 年 4 月的新闻通稿中"对欧洲食品安全局发表的科学意见表示庆贺，再一次证实了 2006 年 5 月发表的关于阿斯巴甜无害的意见，否决了意大利拉马齐尼研究所关于阿斯巴甜对健康有害的声明。欧洲食品安全局的结论也是**国际科学界一致同意**的共识。"[39]

利益冲突与潘多拉的盒子

我再次重复已经说过的话：欧洲食品安全局和美国食品药品监督管理局的论据绝对不具备说服力。这些监管机构怎么能够忽视由环境癌症学领域举足轻重的研究所所做的实验，却根据"研究方法最糟糕"的研究捍卫阿斯巴甜的每日可接受摄入量。我带着困惑，决定弄清楚欧洲食品安全局的"食品添加剂科研组"的 21 名专家是谁。

与农药残留联席会议和食品添加剂专家联合委员会不同，欧洲食品安全局的专家是固定的。从 2002 年起，他们都要声明利益冲突，且他们的声明可以在该局的网站上查到。于是我发现，该组的主席约翰·克里斯蒂安·拉尔森为国际生命科学学会工作！还有约翰·吉尔伯特和伊冯娜·李特金斯，他们与香料香精生产商协会有资金联系。至于约尔根·柯尼希，则与阿斯巴甜的使用者达能公司签有合同。但是，我敢说，"大奖"要颁给多米尼克·帕朗-马森，她不但是日本阿斯巴甜生产巨头味之素公司的科研委员会成员，也是阿斯巴甜长期使用者、国际生命科学创始者可口可乐公司的科研委员会成员！她是布莱斯特大学食品毒理学研究所的所长，甚至曾经领导法国食品卫生安全署（2010 年改名为食品、环境与劳动卫生保障局）的食品添加剂研究组！弗朗斯·贝里斯尔是法国国家农学研究所的研究员，在欧洲食品信息委员会有一个席位，而该委员会是受到农产品生产巨头资助的；贝尔纳·居易-格朗是巴黎慈善医院的营养学教授，是味之素科研委员会的主席。帕朗-马森、贝里斯尔和居易-格朗，这三个人是这家日本生产商的法国梦之队，即使帕朗-马森以"卫生权威"的名义参加研讨会为阿斯巴甜辩护时，并不会这么说 [40]。2006 年的比沙论坛中，她又一次重复老调子："阿斯巴甜是世界上被研究得最多的食品添加剂之一" [41]。

就以帕朗-马森为首的专家组成员的利益冲突问题，我当然也采访了欧洲食品安全局的执行主席卡特琳娜·杰斯兰-拉内艾尔。坦白说，对于与这位很热忱的食品总局前高层见面，我有些好奇，如我们在第六章所见，当路易·李博尔法官在关于农药高巧的毒性的案件中下令搜查食品总局总部时，她拒绝提供农药高巧的上市许可档案。她看起来很热心，先告诉我食品安全局从 2008 年开始"重新评估色素"并且于最近决定"禁止一种在欧洲使用了三十多年的色素用于早餐产品和英国与爱尔兰消费的香肠"。她很详细地说："通过对研究的检查，发现这种色素有遗传毒性，我们就将它撤出了市场，前段时间我们也撤销了几种合成香料。"

"这当然是好消息。"我说，"至于阿斯巴甜，我很惊讶地看到，像帕朗-马森这样与阿斯巴甜主要生产商有明显联系的人，竟然可以在食品添加剂专家组中占一席之地……"

"这意味着，当我们评估阿斯巴甜时，这位专家不能做报告人，不能起草专家组的意见，也不能参加关于这个主题的评议，因为她有利益冲突。"

"例如，2009年3月关于阿斯巴甜的意见，帕朗-马森没有参加？"

"不……要明白，现在的公共研究常常与私人研究相关，而且，不可能找到从来都与企业没有联系的专家，我想不存在这样的专家。"杰斯兰-拉内艾尔承认，"这就是为什么，我们制定了规则，要求曾经或正在直接为被评估产品的相关企业工作的学者不能参加评估工作，帕朗-马森的情况就是这样的。"[42]

无论如何，透明度也有它的限制。我在去帕尔马之前在欧洲食品安全局网站上找到的帕朗-马森的利益冲突声明，几天之后就消失了！换上了一个新的声明，一字不提与味之素和可口可乐的关联……这个小故事（又一次）让莫兰多·索弗里蒂发笑了，他也有一个小故事告诉我："有天一个欧洲食品安全局的高层跟我说：'索弗里蒂医生，如果我们承认您的研究结果有效，我们明天一早就要禁止阿斯巴甜。您很清楚这是不可能的'……"

一切都说明，事实上，阿斯巴甜不但是经济的筹码，还成为了固若金汤的堡垒。总是让监管机构难受的埃里克·米尔斯顿也强调："如果他们承认自己犯了一个错误，就会导致信任丧失。然后，他们肯定会担心流言纷起。"他用控诉的口吻告诉我："可能会有人说：你们可能犯了不止一个，而是很多个错误；可能你们整个程序都是不完善的！阿斯巴甜是一个潘多拉的盒子：如果打开了，可能整个系统会爆炸。双酚A也是这样的，这是另一种象征了监管无效的产品，而这个无效的监管却运行了半个世纪……"

第四部分
内分泌干扰物的惊天丑闻

许多因为人类活动而进入到环境中的化学成分都能够干扰动物的内分泌系统，包括野生动物和人类。这种干扰的后果可以非常深远，因为激素对发育控制起了关键的作用，会导致后代的先天畸形、生殖障碍、神经失调和免疫系统弱化。

第十六章
"男性危机①"：人类正处于危险之中？

不出几年，被凌辱的大自然将会以最让人意外惊慌的方式复仇。
——奥尔德斯·赫胥黎

"必须要改变化学品的监管办法，并保护人类。现有的研究结果足够证明内分泌干扰物会造成生殖障碍、癌症和行为失调。这不是一个科学问题，而是一个政治问题！" 2010 年 9 月 14 日的法国议会上，波士顿塔夫茨大学的细胞生物学教授安娜·索托用这几句话为关于内分泌干扰物的讨论会做总结。这次会议由环境健康网络举办，得到了议员杰拉德·巴普特和贝朗杰尔·波莱蒂的支持②。美国科学家索托直言不讳地向这两位法国议员强调："必须在法律层面上采取行动。不然会怎样呢？再过一百年，我们就该研究怎样才能避免人类灭亡了！"

坐在主席台上的环境卫生学者、环境卫生网络的发言人安德烈·西科莱拉也同意她的看法。他有理由感到满意：2009 年 6 月 5 日，他在波旁宫也举行过类似的论坛，但是会议厅里人数寥寥。十五个月后的这次研讨会，他不得不拒绝许多想要参与的人，这证明了环境卫生风险评估方法的问题已经不再仅仅是有限的专家圈子的忧患。如这次研讨会的主题所说，"环境卫生评

---

① 这个标题借自西尔维·吉尔曼和蒂埃里·德莱斯特拉德的一部精彩的纪录片，Arte 电视台在 2008 年 11 月 25 日播出了该片，片中第一次揭露了法国的某些惊人信息。
② 杰拉德·巴普特是国民议会环境卫生组的主席；贝朗杰尔·波莱蒂是环境卫生计划监控组的主席。

估方法的改变"是非常必要的。这也证明，尽管化工企业重重阻挠、监管机构连连否决，安娜·索托和她的老朋友卡洛斯·索南夏因二十多年来的耐心工作还是开始有了成果。

"塑料不是惰性材料"

对于塔夫茨大学的学者索托和索南夏因而言，一切是在 1987 年的某一天发生了颠覆。当时他们正在研究乳癌细胞，并尝试找出一种能够限制癌细胞扩散的抑制剂。两年之前，他们发现，若是把雌激素从血清中萃取出来，并把这种"净化过"的血清注入乳癌细胞，乳癌细胞就会停止增生。反之，如果在癌细胞中加入雌激素，癌细胞则会快速增生。2009 年 10 月我在塔夫茨大学采访了安娜·索托，她告诉我："根据我们的假设，存在一种能够被雌激素中和的抑制剂，我们尝试找出这种抑制剂。为此，我们不断重复相同的实验，并总是得出相同的结果：没有雌激素，乳癌细胞就不增生，有雌激素就增生。然后，忽然间，两边的实验中所有的细胞都开始莫名其妙地增生。我们想实验室应该是被雌激素污染了，然后我们就开始检查实验过程中的每一种成分，以弄清楚污染的来源。"[1]

他们检查了（漫长的）四个月也找不到原因，这件事如此奇怪，他们甚至怀疑实验被人为地破坏。他们用排除法检查了所有用过的器材：玻璃吸管、用来萃取雌激素的活性炭滤网、用来储存血细胞的塑料管等。但是，即使换了器材重新试验也是徒劳，癌细胞还是继续增生，不管有没有雌激素！

"几年来我们都是使用康宁公司的塑料试管。"索南夏因一边说，一边向我展示了带着橙色塞子的试管样品。"我们对找到原因感到无望，于是决定把供应商换成 Falcon 公司。于是，奇迹发生了，暴露于无雌激素血清的癌细胞停止增生了！我们于是认为，康宁公司的试管里有某种东西渗透了出来，起到了跟雌激素一样的作用。我们马上通知了塔夫茨大学的校长、营养学家让·梅耶，他马上就明白了我们的发现是巨大的卫生问题。"

1988 年 7 月 12 日，在波士顿机场的希尔顿酒店里，塔夫茨大学的学者们与康宁公司的代表举行了一次会面。"他们告诉我们，他们最近改变了（试管所用）塑料的配方，让材料更坚固、不易碎，但是并没有改变产品目录里的型号。"安娜·索托告诉我，"可是，他们拒绝告诉我们用作抗氧化剂的分子名，说这属于商业机密。"

"我们很震惊。"索南夏因接着说，"因为我们想到，这种物质要是用于塑料奶瓶或食品包装的话，会产生怎样的后果。即使我们不是化学家，我们还是花了两年的时间从这些试管中萃取出了这种物质。最后，麻省理工学院告诉我们，这是壬基酚 ①。"

"这十分令人担忧。"安娜·索托补充道，"因为我们发现，这种物质用于许多氯乙烯塑料（如 PVC）和聚苯乙烯塑料，可能会接触到食物和自来水，还用于杀精剂、洗发水和洗涤剂。"

"生产商不知道这种物质有雌激素的作用？"我问道。

"不！化工企业的运作模式就是这样的。"索南夏因回答我，"化学家合成了新的物质，这种物质上市销售了，要过些时候人们才会发现它可能有的作用。这一次，我们是意外地发现了，与人们所想的相反，塑料并不是一种生物学角度的惰性材料，它所含的某些合成分子能够模仿天然激素。"[2]

"这就是人们所说的'内分泌干扰物？'"

"正是！这个新的科学概念是西奥·科尔伯恩提出的，她对人类有恩，因为她发现了一类造成大部分当代慢性病的污染物。"[3]

与我们息息相关的动物的命运

西奥·科尔伯恩难得一见。首先，她的研究成果影响很大，人们经常把她与蕾切尔·卡森相提并论，而她已经 83 岁高龄了，面对众多采访和会议

---

① 壬基酚是一种"烷基酚类"合成化学品。该产品的年产量高达 60 万吨。

的邀请，只能小心地选择一部分。其次，她住在科罗拉多州的边远地区，离大章克辛的小小机场还有一百多公里的路程。2009年12月10日，我在大章克辛机场降落时，神秘的大峡谷覆盖着厚达一米的白雪，在绚烂的阳光下闪闪发光。当时的气温是零下25℃，而我前一天还在23℃的休斯敦。汽车把我带去科尔伯恩和她的家人从1962年开始到此定居的佩奥尼亚，在车上我重读了关于她非同寻常的历程的笔记：她还是一名培训药师时，决定在科罗拉多的一个大农场里抚养她的四个孩子；然后她参加了当地一个保卫峡谷水质免受矿业和农业污染物威胁的运动；在做了祖母以后，她还拿到了一个水质管理硕士学位，然后在威斯康星大学攻读动物学博士，并于1985年以58岁高龄拿到学位！"我需要这些学位，这样人们才能更好地听到我的声音。"她在一次采访中宣称。

在我的这些笔记中，还有她写给我的最近的一封信，她说是"蕾切尔·卡森奖把我们聚在一起"。的确，2009年6月，我有幸获得了第十届"蕾切尔·卡森奖"，我从该奖评委之一（挪威人）斯塔万格手里接过了这个颁给"对环境保护有贡献的国际女性"的奖项。科尔伯恩则于十年前获得了第五届奖。自然，从我踏进这位"环境卫生专家"——她的名片上也是这样定义自己的——的家门开始，她就不断提到《寂静的春天》的这位伟大作者（参见第三章）。"她的书在我的整个职业生涯中一直陪伴着我。首先，是这本书让我认识到农药的危害，它也描画了一幅蓝图，重建了不同生命体之间的关系，并放眼于未来。最让我震惊的是，如此大量的化学品对从胎儿期就遭暴露的几代人以及对人类的繁衍可能造成的危害，这是非常有预见性的。"

的确，在《通过一扇窄窗》一章中，蕾切尔·卡森列举了许多"医学报告"，汇报了"滴滴涕飞机喷药员的少精症"、"实验室哺乳动物的睾丸萎缩"，还有几代暴露于滴滴涕的昆虫在变态过程中变成了"奇怪的雌雄嵌体，即部分雄性部分雌性"。[4] 在去世前不久，她接受了唯一一次电视采访，在采访中就已经表达了对化学产品跨代效应的担忧。她强调："不要忘了，今天出生的孩子，打出生开始，甚至可能在出生之前，就已经暴露于这些物质。这种暴露可能对他们的成年生活造成什么后果呢？我们什么都不知道，因为我们过去从来没有过这种体验。"[5]

科尔伯恩评价道："蕾切尔·卡森尤其关注癌症，她自己也是死于这种病，这种病也是当代最大的忧患。战后以来的毒理学观念是以化学品在短期和中期内的致死量来衡量该品毒性，我自己也是花了很长时间才走出了这种观念。我之所以能够超越这个传统观念，是因为我谨遵蕾切尔·卡森的教诲：动物的命运与我们的命运息息相关。"

"您的想法是怎样发生改变的？"

"这是一个漫长的历程。"科尔伯恩回答。"1987年，一个加拿大和美国的联合委员会聘我做一个五大湖生态状况的总结。我联系了所有研究这个地区的生物学家。我永远也不会忘记与这些科学家的会面，他们每一个人都各自发现了相似的现象，即某些动物种的个体数量锐减和生殖系统障碍，例如成年难以生产幼仔，即使生下来也是有先天畸形、无法幸存的；他们还发现了一些不寻常的行为障碍，例如雌性成对生活，雄性不再捍卫领地等……"

在科尔伯恩1996年出版的畅销书《我们被盗走的未来》[6]中，描述了她的同事们的研究成果，正是这些研究让她一点点地"重构造化之谜"。在这些研究者中，有海洋学家皮埃尔·贝兰德，他从1982年开始建立一本"死亡手册"，记录他在圣劳伦斯湾找到的白鲸尸体。通过解剖，他发现了乳腺癌、膀胱癌、胃癌、食道癌、肠癌、还有口腔溃疡、肺炎、病毒感染、甲状腺囊肿以及当时还未明的生殖器畸形。例如，一只叫作"布里"的雄性白鲸有两个睾丸、一个阴道和两个卵巢，这是一个"该物种中极为罕见的雌雄同体现象，在鲸类中从未有过报告[7]"。所有这些尸体中都有滴滴涕等农药的残留，还有多氯联苯和重金属。同一时期，贝兰德还发现，当地海豚的数量在20世纪初期约为5 000，而到了20世纪60年代初降为2 000只，1990年仅为500只。

西奥·科尔伯恩还见了鸟类学家格伦·福克斯，他在安大略湖和密歇根湖的银鸥群中发现了一个奇怪的现象：从20世纪70年代起，鸟巢中的鸟蛋比正常的数量多了一倍，因为鸟巢中生活着一对雌鸥，而不是一雄一雌。"福克斯把它们称为'同性恋鸥'。"西奥告诉我，"因为他发现，滴滴涕的污染给雄鸟和雌鸟造成了性别识别的问题。滴滴涕跟多氯联苯一样，也起了内分泌干扰物的作用。"同一时期，生物学家理查德·奥尔里希和罗伯特·林格也发现了水貂几乎灭绝，这些水貂主要食用鱼类，而鱼类大量食入多氯联苯。

"面对着这样严重的损害，我把我的研究范围扩出了五大湖。"西奥·科尔伯恩告诉我，"我找到了查尔斯·菲斯米尔的研究，他在佛罗里达南部的公园里观察到雄豹雌性化的现象，包括好几例隐睾症、精子浓度降低、雌二醇异常增高，雌二醇是一种雌激素，会损伤睾酮，即雄激素。尸检发现DDE浓度极高，这是一种滴滴涕和多氯联苯的代谢物，会在猫科动物的脂肪中积累。与此同时，查尔斯·布罗利在美国的标志鸟类白头鹰中发现了类似的现象，这种鸟在佛罗里达海岸已经消失了。最后，我还查阅了北美和欧洲的一千多项研究，我知道了，世界上没有哪个地方能够幸免于这些化学分子的潜伏性污染，这些化学品的为首者就是今天大名鼎鼎的持久性有机污染物。"

到处都有多氯联苯，持久性有机污染物

我已经简要介绍过持久性有机污染物，即大名鼎鼎的"POP"(参见第二章)，这些污染物在2001年被《斯德哥尔摩公约》所禁止。这些物质被称为"肮脏的一打"，其中包括战后出现的"神奇除草剂"滴滴涕、二恶英，还有多氯联苯。我在《孟山都眼中的世界》一书中，用一个章节探讨了多氯联苯。其中讲述了孟山都公司怎样在半个世纪间隐瞒这种含氯分子的剧毒性，这种物质有显著的热稳定性和耐火性，用作电压器和工业液压设备的冷却剂，还在多种产品中用作润滑剂，包括塑料、油漆、墨水和纸张。"到处都有多氯联苯"，我在书中这样写道。是在阅读《我们被盗走的未来》时，我才真正明白了这种产品是怎样征服了我们的地球，威胁众多动物种、包括人类的生存。

科尔伯恩在她的书中设想了多氯联苯的旅程。1947年的春天，它出产于

孟山都在安尼斯顿的工厂。它被装在火车上，送往通用电气公司在匹兹堡的变压器工厂。它被混入一种叫作"珀瑞玲"的油里，填入变压器中，装在德克萨斯一个炼油厂里。1947 年 7 月，一场猛烈的风暴让电气设备烧坏了，变压器被弃置在公共垃圾场里，此前一名细心的工人把变压器里的液体倒在了炼油厂的停车场上，多氯联苯浸透了地上的红色尘土[①]。四个月后，一场强风掀起了停车场上的尘土，多氯联苯开始了一段长长的旅程，一直到达北极圈。在阳光的暴晒下，这种物质开始以蒸汽的形式飘浮，可以飘得很高，并随风去到很远的地方。当它遇到冷空气，就忽然降落：它可能降到牧草上，被奶牛吃掉，在奶牛体内嵌入乳脂中，因为它很亲脂；它也可能降落到湖面上，黏住一株海藻，海藻被一只水蝇啄去，水蝇被一只甲壳虫吃掉，甲壳虫又被鳟鱼吞下，最后，它来到了一个星期天去钓鱼的人的餐盘中。

要注意的是，在水蝇短短的十天生命里，它体内的多氯联苯浓度比在水中高百倍，因为孟山都生产的这种物质不可被生物降解，并能够在脂肪组织中积累（最终是积累在我们消费者的脂肪中）。如果钓鱼的人没逮住鱼，受伤的鳟鱼被海鸥叼去了（海鸥体内的多氯联苯浓度比湖水中高出 2 500 万倍），海鸥飞到安大略湖去寻找配偶。它在那里生了两个蛋。一个在六个星期后孵了出来，但是雏鸟死了，因为多氯联苯（跟滴滴涕和二恶英一样）渗透了蛋黄杀死了胚胎。另一个什么都没孵出来，但它被一只海鸥发现并打烂了；蛋黄流到湖水里，被一只小龙虾吞下，小龙虾被鳗鱼吃了，鳗鱼游到大西洋去交配、产卵、死亡。它的尸体在巴哈马的热海水中腐烂，释放出来的多氯联苯重新开始了空中旅程，被风吹往更北的地方。神奇的生命循环让它最终停留在一只北极熊的脂肪中，那里的多氯联苯浓度是当地环境的 30 亿倍，因为北极熊是"终极捕食者和当地最大的肉食动物"。

西奥·科尔伯恩在《我们被盗走的未来》中强调："与北极熊一样，人

[①] 世界上有多少的变压器就这样在公共垃圾场或露天区域被倒空？想一想，在法国，2002 年 6 月 30 日，即多氯联苯被禁用五年后的一次盘点中，就清点出了 545 610 台（其中 450 000 台属于法国电力公司）装有超过 5 升多氯联苯的设备，总共就是 33 462 吨待销毁的多氯联苯。

类位于食物链的顶端，也面临同样的风险。入侵大熊的世界的持久性合成化学品也同样入侵了我们的世界。"[8] 她还总结："因此，半个世纪后，某个春日生产的这种分子可存在于任何一个角落：在纽约州北部某个诊室里正在测不育的男子的精子中，在最好的鱼子酱中，在密歇根一个新生儿的脂肪组织中，在南极的企鹅体内，在东京一间餐馆供应的吞拿鱼寿司中，在落在加尔各答的季风雨里，在法国正在给宝宝哺乳的妈妈的乳汁里，在夏天某个周末钓到的漂亮条纹鲈里。"[9]

"当我调查多氯联苯和其他持久性有机污染物对生物群的影响时，我发现了最早的关于高暴露人群的研究。"环境卫生专家科尔伯恩告诉我，"这些研究显示，伊努伊特儿童体内的多氯联苯含量比加拿大南部和美国的儿童要高出 7 倍，且伊努伊特人的母乳被高度污染 [10]。研究也显示，这些儿童患有免疫缺陷，跟圣劳伦斯湾的白鲸一样，他们患有慢性耳炎，且在接种疫苗时抗体的产生微弱。另一项对食用密歇根湖的鱼的母亲的研究显示，在胎儿期受到多氯联苯暴露的儿童患有神经障碍和运动障碍 [11]。十年后，研究者又观察到，这些儿童有听力和视力的问题，且智商比同龄儿童平均水平低了6.2 点 [12]。

"如今所有这些发现都被证实了，但在当时还是新鲜事。为了明白其中的原因，我列了一张很大的表格，一边是相关的动物种和人类，另一边是所发现的疾病。在办公室里反复踱了几个星期后，我明白了所有这些故事之间的联系：是生物体的内分泌系统从胎儿期开始受到了影响，导致了后代的先天畸形、生殖障碍、神经失调和免疫系统弱化。于是我建议组织所有这些学者会面，并比较这类问题。这是一个难忘的时刻。"[13]

Wingspread 宣言：敲响化合激素干扰物的警钟

毫无疑问，这次"会面"将在医学史上留下一笔，即使今天许多官方医学的权威人士没有听说过此事，或者声称没有听说过。但是，对于 1991 年 7

月 26 至 28 日聚集在威斯康星 Wingspread 会议中心的那 21 位先锋而言，这是"根本的体验"（用与会者之一安娜·索托的话来说）。为了组织这次非公开的会议，西奥·科尔伯恩求助于青年生物学家约翰·彼得森·迈尔斯（又称"皮特·迈尔斯"），他研究过关于北极迁往南美的海鸟数量减少现象，也是《我们被盗走的未来》的联合作者。这次会议题为"化学品导致的鸟类性发育不良：动物与人类的关联"，科学家们在会上对比了科研成果，他们来自 15 个学科，包括鸟类学、生态学、内分泌学、病理组织学、免疫学、精神病学、毒理学、动物学甚至法学。

"这次会议是我职业生涯的转折点。"佛罗里达大学的动物学家路易·吉耶特告诉我。我在 2009 年 10 月 22 日新奥尔良的一次研讨会上遇见了他。"此前，我一直在自己的角落里孤军奋战，尝试着破解我在弗罗里达短吻鳄中发现的疾病。忽然间，一切都明了了，这都多亏了这次了不起的跨学科交流和西奥的大量工作。"这位科学家也对我讲了他的故事：1988 年，佛罗里达政府要他采集鳄鱼蛋来建立养殖场。他搜寻了州内的十几个湖，带回了了五万多个蛋。他把这些蛋放到孵化器中，发现阿勃卡湖（1.25 万公顷的大湖，位于距离奥兰多和迪斯尼乐园不远处）取回的蛋中只有 20% 成功孵化，而来自其他湖的蛋有 70% 成功孵化。而且，50% 的幼鳄在出生几天后就死了。

"我想起，几年前，这个湖曾被意外泄漏的三氯杀螨醇严重污染，这是一种与滴滴涕很接近的杀虫剂。"吉耶特说道，"奇怪的是，在湖水中再也找不到这种农药的踪迹了，可是一切都表明它沉积在淤泥中、水生动物体内和鳄鱼脂肪里。当我开始研究短吻鳄数量时，我预计会找到癌症，但是我的发现却与肿瘤没有任何关系：雌性有卵巢畸形、雌激素水平异常高；而雄性，则有超小阴茎和睾酮水平极低的问题。在我看来唯一有可能的假设，即使这很难解释，就是这些畸形是由胚胎发育期的紊乱造成的，因为蛋被农药残留污染了。"

"您之前有见过类似的异常现象吗？"

"从没有见过!"这位蜥蜴类专家毫不犹豫地回答,"当时的科学文献完全没有谈到这类畸形,从来没有过涉及短吻鳄和其他野生物种的此类报告。但是,我读到过一些关于乙烯雌酚胎内暴露的实验动物研究,这是一种在1950 至 1960 年间开给孕妇的药(参见第十七章)。这些研究报告了卵巢和阴茎的畸形。但这只加深了我的疑惑,我不停地想:'这些短吻鳄没有吃过药,也没有被故意地暴露于高剂量的某种化合物质,那它们体内的低剂量农药怎么会导致这些影响呢?'"

"您测到的它们体内的农药剂量有多大?"

"1 ppm,这个剂量被普遍认为不具备生物活性,且在我们的日常环境和饮食中都能找到……"

"这次关于短吻鳄的经验对人类有什么用呢?"

"要明白,野生物种是人类健康的哨兵。"吉耶特回答我,"野生动物为我们警示威胁到我们、尤其是我们的孩子的环境危害。所有的哺乳动物,不管是人类还是蜥蜴类,都有相同的激素、相同的卵巢和睾丸结构。而且,我于 1980 年至 1990 年间在鳄鱼身上发现的问题,今天也出现在了世界各地的儿童身上。"

"尤其是农民的儿子吗?"

"正是。有几项研究显示,使用农药的农民的儿子患超小阴茎和睾丸畸形的比率更高。"

"如今阿勃卡湖清理了吗?"

"正在修复中。当局尝试从湖水中抽走多种农药,但是这并不容易,因为其中的某些农药,例如三氯杀螨醇和滴滴涕,已经固定在了湖里的食物链中。它们被锁在了湖中生物的脂肪中,要好几代才能终结。"

"短吻鳄被治好了吗?"

"不!它们的雌性与我们一样,有几十年的生育能力,我们会持续观察到跟二十年前相同的机能障碍。"

"Wingspread 的会议让您明了了什么事情?"

"通过这次与同事们的交流，我知道他们也在其他物种中发现了类似的问题，于是我明白了某些化学品与激素有相同的作用，这真是一个启示。"吉耶特总结道[14]。

会议结束时，与会者签署了一项宣言，称为"Wingspread 宣言"，从1991 年起引起了人们对化学分子造成的危害的关注，而公职机关直到二十年后的今天仍然漠视这些危害："许多因为人类活动而进入到环境中的化学成分都能够干扰动物的内分泌系统，包括鱼类、野生动物和人类。这种干扰的后果可以非常深远，因为激素对发育控制起了关键的作用。"宣言中写道，"许多野生动物中已经被这些物质影响了。[……] 所产生的影响根据不同物种和化学品而有所不同，但是基本上有四个共同点：1. 化学品对胚胎、胎儿和围产期生物造成的影响可能与对成年个体造成的影响完全不同；2. 其作用在后代身上可能比在遭暴露的父母身上更明显；3. 发育中的生物遭暴露的时刻，对决定其个性和未来潜力至关重要；4. 即使关键暴露发生在胚胎发育期，其显著病征也可能在成年之前不会表现出来。"

最后，宣言作者们敲响了警钟："如果我们不销毁环境中的化合激素干扰物，可以预见，总人口中将出现大规模的机能障碍。动物和人类能面临的潜在风险非常大，因为我们可能持续重复地暴露于许多被认为是内分泌干扰物的化合品。"

内分泌干扰物，危险的"轨道干扰器"

"是谁发明了'内分泌干扰物'这个术语？"出乎我的意料，这个问题让西奥·科尔伯恩笑了，"啊！这可是有故事的。"她回答道。"随着研讨会的进行，与会者越来越兴奋，也越来越担忧，我们意识到刚发现的这个现象的严重性。但是，当要给其命名时，我们遇到了很多困难。最后，我们就'内分泌干扰物'这个说法达成了共识。我个人认为这个叫法很难听，但是我们没有更好的办法！"

"什么是内分泌干扰物？"

"就是能够干扰内分泌系统功能的化学物质。内分泌系统的功能是什么呢？它协调我们机体内的腺体生产的五十多种激素的活动，这些腺体包括甲状腺、脑垂体、肾上腺，还有卵巢和睾丸。这些激素的作用很重要，因为它们管理生命过程，包括胚胎发育、血糖水平、血压、大脑和神经系统功能以及生殖能力。是内分泌系统控制创造新生儿的整个过程，从受精直到出生：每块肌肉、大脑和器官的规划都取决于这个系统。问题在于，我们发明了类似于天然激素的化学品，这些产品会溜进相同的受体，点燃或熄灭一种功能。后果可能是致命的，尤其是当暴露发生在胎儿期。"

要明白这段话的关键，需要先理解天然激素在被腺体释放到血液和细胞周围的液体中后是如何运作的。激素常被比拟为"化学信使"，它在机体内循环，寻找带有与之匹配的"受体"的"目标细胞"。另一种形象的比喻是：激素是一把"钥匙"，能够插进一把"锁"（受体）并打开一扇"门"（生理反应）。一旦激素接触到受体，受体就执行激素传达给它的指令，要么改变目标细胞中所含蛋白质，要么激活基因来制造一种新的蛋白质，以此引发相应的生理反应。科尔伯恩向我解释："问题是，内分泌干扰素可以模仿天然激素，附着在受体上，在错误的时间引发某种生理反应；或者，反过来，它取代天然激素附着在受体上，阻碍了天然激素的活动。它还会跟天然激素相互作用，改变某些受体的数量，或干扰激素的合成、分泌和运输。"

安德烈·西科莱拉和多萝西·布罗维也写道：内分泌干扰素并非"传统意义上的毒物"，因为"它们起到引用、操控的作用，干预我们最内在的功能，如消化、呼吸、生殖、脑部活动，使用错误的信号起到'轨道干扰器'的作用。它们在极微剂量下发挥作用，它们的化学性质非常多样。"[15] 西奥·科尔伯恩也确认："这些化学物质起作用的浓度在百万分之一甚至十亿分之一。问题是，一点小小的激素化学变化就能够引发不可逆转的后果，尤其是变化发生在产前发育这个非常敏感的时期，我们称之为'暴露窗口'。"

我必须说，妊娠期间胎儿的"暴露窗口"问题让我非常不安。我有三个未成年的女儿，当我发现胎儿的器官形成过程是如此敏感——这个过程主要发生在怀孕的前十三周，我感到非常的担忧。"胎儿的发育有一些关键的阶段。"《生殖力是否面临危险》的作者贝尔纳·杰谷、皮埃尔·茹阿奈和阿尔弗雷德·斯皮拉在书中写道。"这些阶段通常很短，持续几个小时或几天。期间某些器官和功能开始形成。因此，此时因暴露造成的物理、化学和生物变化，根据暴露时刻的不同，可能产生不同的、且通常都是激烈的后果。事件发生的时刻间隔几天的差别就能够造成完全不同的后果。[……] 若是母体、胚胎和胎盘被迫适应了环境的干扰，这种补偿反应也可能造成有害的副作用，这些副作用将会在长期表现出来。"[16]

这三位国际权威专家解释了：内分泌干扰物像"特洛伊木马[17]"一样被母亲摄入，使母亲体内胎儿的器官形成的关键时刻发生紊乱，例如性别特征（精准发生在第 43 天）、形成大脑的神经板的构成（第 18 至 20 天）、还有心脏的形成（第 46 至 47 天）。显然，当我在 20 世纪 90 年代怀着我的三个女儿时，对所有这些变化都毫不知情。然而，很不幸，今天的准妈妈们也并不知道更多……

而且，有些人认为合成激素与植物产生的天然激素非常接近——我曾多次在与企业相关的科学文献和宣传资料上读到过这样的诡辩，对此，科尔伯恩等人从 1996 年开始就有了确切的回答："机体能够代谢和排泄植物产生的雌激素，然而很多人造的合成激素会抵抗正常的代谢过程。反之，它们会积累在机体中，让人类和动物持续的遭受小剂量暴露。这种慢性的激素暴露在人类进化史上是没有先例的，人类要适应这种新的危险，需要的不只几十年，而是几千年。"[18]

人类生殖力的下降和生殖系统畸形

正当 Wingspread 会议的先锋们创造"内分泌干扰物"这个名词的同时，丹麦科学家尼尔斯·斯卡克贝克正在准备发表一篇"惊天响雷"的论文。他与哥本哈根大学医院的同事们一起，"分析了从 1938 至 1990 年间发表的 61 篇论文，涉及总共 14 947 名来自各大洲的有生育能力的健康男子，并证明了这段时间内精子数量的产生呈明显的规律下滑趋势。事实上，1938 年的第一项研究报告每毫升精液中含 11 300 万个精虫；1990 年的最近的论文则报告精液浓度为每毫升 6 600 万个精虫。"[19] 很显然：不到五十年，男子每次射精的精虫含量减了一半！

这项于 1992 年发表在很严肃的《不列颠医学报》[20] 上的研究，其结果似乎令人难以置信，引起了法国生殖健康专家、卵子精子储存中心创始人雅克·欧杰和皮埃尔·茹阿奈的怀疑。于是他们两人决定分析对比 1973 年（该中心创建当年）至 1992 年间 1 750 名巴黎捐精者的精液。结果证实了丹麦的研究成果：二十多年内，精虫数量下滑了四分之一，精液浓度平均每年下降约 2%。1945 年出生的男性，其 1975 年的平均每毫升精液含 10 200 万精虫，而 1962 年出生的男性 1992 年的精液浓度仅为 5 100 万。而且，精虫数量的降低也伴随着质量的降低，表现为活动性减弱和性状异常，导致生殖能力的减退 [21]。在与贝尔纳·杰谷和阿尔弗雷德·斯皮拉合著的书中，茹阿奈谈到了这项让人极为困扰的研究又一次激起的怀疑："我们的研究结果与人们普遍认可的数据——即精子生产稳定——相差实在太远，以至于发表这篇文章的著名期刊（《新英格兰医学报》）专门请了一名外部统计专家进行评估。"[22]

偏见是很顽固的。2000 年，美国流行病学家莎娜·斯旺也重做了尼尔斯·斯卡克贝克的荟萃分析，并加入了 40 项研究作补充。她最终证实了丹麦研究的结论，因为她也发现，从 1934 年至 1996 年间，美国的精子浓度平均每年下降 1.5%，而欧洲和澳大利亚则下降了 3% [23]。

科尔伯恩在《我们被盗走的未来》一书中讲到，斯旺发表的研究激起的骚动又一次让斯卡克贝克发笑了。2010 年 1 月 21 日，我在哥本哈根大学医院的实验室见到了斯卡克贝克，他也告诉我："当我的研究出炉时，所有人都关注精虫数量的显著下降。但是，我却认为，研究结果中包含另一个令人非常担忧的信息，即睾丸癌发生率的上升，尤其是在丹麦，1940 年至 1980

年间睾丸癌发生率翻至三倍。而更让人困惑的是，邻国芬兰却没有发现这个增高现象，芬兰是一个大部分被森林覆盖的国家，工业化程度不高。而且，我还发现，同样的两种男性生殖器畸形在两国之间的差距：隐睾和尿道下裂在丹麦的发生率都是芬兰的四倍。"

要明白丹麦学者这个发现的重要性，需要知道"睾丸下降到阴囊是由两种激素控制的：类胰岛素样生长因子 3、睾酮。如果睾丸在三个月内还没有降到阴囊里，就称为隐睾症"，这是《生殖力是否面临危险》的作者的解释。至于尿道下裂，他们是这样解释的："阴茎里尿道的形成是由睾酮控制的。这个发育过程可能会被干扰。尿道没有开在龟头上，而是在阴茎下面、甚至是在阴囊处开了个或大或小的口。"[24]

因为对研究的结果感到困扰，斯卡克贝克联系了苏格兰的同事理查德·夏普，夏普在英国也发现了同样的生殖系统畸形。他们一起仔细查阅了科学文献，并发现了几项关于大鼠暴露于合成雌激素乙烯雌酚（参见第十七章）的实验，也揭露了同样的生殖器畸形。"于是我们第一次有了这样的假设：生殖系统畸形的增加，是因为产前期的雌激素暴露的增加。"[25] 这位丹麦内分泌学家和儿科专家这样告诉我。

"您所做的是真正的侦查研究？"

"是的，我想我可以这样说，因为在当时这个调查领域还是全新的。可以说，我的运气在于，我的基础研究是受到了我在哥本哈根大学医院的医疗实践的启发，有很多有不育问题的男子来此向我求诊。通过对他们的睾丸进行活组织检查，我发现当中含有癌前病变细胞。经证实，好几个我跟踪了几年的男子后来的确患上了睾丸癌。另一个让人困扰的事实是，这些不育男子睾丸中的癌前病变细胞与我们在胎儿身上发现的生殖细胞很相似。这样的细胞不应该出现在成年男子的睾丸中。一切都表明，有某种东西阻碍了胎儿细胞的发育，这些细胞本应该成熟并演变成精子的生成，但却被保持在了生殖细胞的阶段，这样男性在出生时睾丸内的细胞是不成熟的。儿童期这些细胞是沉睡的，但是青春期开始，这些细胞开始增生并最终发展为癌症。"

"您怎样解释这个现象？"

"最有可能的假设是：母亲怀孕时，在胎儿生殖器形成的关键时刻，遭遇了内分泌干扰物的暴露。这种产前污染导致了一系列相关的机能障碍：不育问题、生殖系统畸形（如隐睾症和尿道下裂），还有睾丸癌。我与同事们将这个现象命名为'睾丸发育不良综合征'，因为我们面对的是多种症状，但是都有相同的产前环境病因。这也意味着，有不育问题的男子应该经常接受检查，因为他们在 40 岁前患睾丸癌的风险要高很多。"[26]

"对于那些声称癌症增加与环境污染无关、而是因人口老龄化造成的人，您怎么回应他们？"

"睾丸癌不是这个情况，因为主要是 20 至 40 岁的年轻男子患这种疾病。"斯卡克贝克医生这样回答，"55 岁以上男子患睾丸肿瘤的风险几乎为零。而且，睾丸癌是近三十年发展最快的癌症之一，唯一可能的解释就是环境污染问题。"

"那怎样可以保护男性免受这些侵害呢？"

"唯一保护他们的办法，就是保护他们的母亲！问题是内分泌干扰物无处不在。但有一些产品是孕妇绝对应该避开的，例如钛酸盐，存在于许多塑料包装和食品保鲜膜里、一些聚氯乙烯做的产品中、还有洗发水等护发护肤产品中。我最近发表的一篇文章就证明了，母乳内的钛酸盐含量与婴儿生殖系统畸形——例如男孩子的隐睾症——的发生率是有关联的。"[27] 还要避开含双酚 A 的产品，例如硬质塑料容器和某些保鲜盒（参见第十八章），以及含全氟辛酸铵（PFOA）的不黏锅具[28]。我刚刚发表的一项研究证明：体内充满 PFOA 残留的男性每次射精的精虫含量平均为 6 200 万，接近不育的水平[29]。还有，最好是吃一些有机种植的蔬菜和水果，因为很多农药都是内分泌干扰物。"

"但是，关于双酚 A 和 PFOA，监管机构反复强调人体内的残留量是可以忽略不计的，因为远低于每日可接受摄入量。他们是否是错的？"

"我不是毒理学家，但是，作为一名内分泌学家，我可以说，这些物质在远远低于每日可接受摄入量的极微剂量下就会发生作用。一切都说明，监管系统并不适用于内分泌干扰物。"

"您认为人类正处于危险之中吗？"

"我认为形势很严峻。目前在丹麦，8% 的孩子是通过体外受精等辅助生殖技术孕育的，这个数字已经很大了，而且有生殖问题的夫妇越来越多。必须马上采取行动……"

前农药生产商的毁灭性证词

"西奥·科尔伯恩的书于 1996 年 3 月 18 日推出那一天，我的领导马上叫我去买二十几册回来发给所有高层看，好准备反攻。"多恩·福赛斯在1996 年底之前，是瑞士农药生产商山德士（1996 年与汽巴—嘉基合并为诺华制药）的美国分公司政府事务部门主管。见她一面并不容易。但是，她的证词非常珍贵，因为，如我们所见（参见第十三章），几乎不可能采访到化工企业的代表，包括前员工。2009 年 10 月 18 日，福赛斯在她华盛顿的寓所内接待了我，她告诉我："以我所在的职位，很清楚国际化工企业巨头的信息沟通完全是封锁的。至于已经离开了'家族'的人，例如我自己，通常选择其他的行业并遗忘以前的工作。"

"您为什么同意接受我的采访呢？"我问她。

"因为您是西奥·科尔伯恩引荐的，我完全信任她……"

"她是，她可是您的前雇主的眼中钉啊？"

"是的……山德士所有的高层都看过她的书，我们生产的好几种农药都被怀疑是内分泌干扰物。我记得有一次与副总裁会面，他一开口就跟我说：'我刚刚读了关于精虫数量下降的那一章。那些环保卫士们该很高兴了，因为他们是赞成控制生育的，不是吗？'更严肃地说，农药生产商担心西奥成为又一个蕾切尔·卡森。于是，他们开始造谣说她有癌症，他们聘请公关公司来跟踪她、记录她的一言一行。我保存了一箱子的内部资料，很多是会议记录或西奥参加过的公共辩论，都由一名'卧底'仔细记录下来。我主要负责检查这些记录。要注意，对她的'侦查'从那本书出版前就已经开始了，一份关于西奥 1995 年 12 月 2 日在密歇根的讲座的匿名报告可以证明这一点。①"

"这对农药生产商是怎样的挑战？"

"很巨大的挑战！四十多年来他们都尝试着给癌症问题找别的解释。他们所进行的所有测试都是基于'剂量大小决定是否为毒'的原则。他们完全不理解'内分泌干扰物'这个概念，也不知道怎样可以测试他们的产品对胎儿和生殖系统的影响。在山德士公司里，跟在所有化工企业里一样，科研人员中一个内分泌学者也没有！我这里有一份 1996 年 3 月 11 日的文件，归档为'内部信函'，没有署名，这份文件很好地说明了领导层的恐慌：'人类史上最聪明的人几个世纪以来都在寻找到癌症的病因和疗法，却一直没有找到。要破解内分泌干扰物的生物学过程也需要花上好几个世纪的时间。'"

"但是，企业内部并不否认农药是内分泌干扰物？"

"完全不否认！我这里还有另一份日期为 1996 年 7 月 30 日的文件，是美国作物保护协会的官方声明的草稿，这份声明最后所有的农药生产商都签署了。我自己也参与了这份联合声明起草的协调工作，与签署的企业有多次往来。这份草稿是由九名科学家拟定的，他们建议将'内分泌干扰物'的叫法换成'生殖内分泌调节物'，因为'调节'这个词没有'干扰'那么情绪化。然后他们还写道：'有确实的科学证据证明，某些有机化学品，包括某些农药，已导致高暴露的鱼类和动物的繁殖受到影响，且这些影响是基于生殖内分泌系统的调节作用。而且，应国家环境保护局的要求所做的实验并不能评估一种化学产品能否造成这些影响。'[30] 我要说明，这段话在最终的声明中消失了！这并不奇怪，因为我要向所有人宣传的论据之一正好与此相反！我这里有一份我曾经发给很多人的国家化学农业协会的备忘录。这里重新探讨了内分泌干扰物的问题，并给出了现成的答案。例如：'国家环境保

---

① 多恩·福赛斯给了我一份她私藏的这一百多份文件的复印件，包括所有她在这次采访中提到的文件。

护局要求做的研究能否测出产品的雌激素活性？'答案是：'是！能够测出潜在雌激素活性的重要研究就是跨代的生殖研究。'"

"化工企业用什么策略对付《我们被盗走的未来》带来的影响力？"

"就是攻击攻击者，但是不是直接攻击！企业里很多人想人身攻击科尔伯恩。但另一些人说：如果你们攻击她，会让她更具公信力。被形象不好的农药企业攻击，对于一个环境科学家而言，可能是再好不过的了。之前针对蕾切尔·卡森就是这样，是企业形象的灾难。1996年真的是很难受的一年。我们组织了好几次会议，决定表达我们的良好意愿：我们成立了一个工作组，名为'内分泌事务联盟'，旨在为改善农药和其他产品的评估提供意见。我要传播的信息就是：'我们严肃对待所有这些事情，我们在工作……'与此同时，我还负责联系企业在各州建立的所有'亲农药集团'……"

"亲农药集团？这是什么？"我问她，因为我不确定自己是否明白了。

"是我们建立起来的一些组织，如果有媒体要求采访企业的代表，我们就送他们去那里。你看，我这里有一张表。为什么不能相信'印第安纳州环境保卫联盟'？还有'堪萨斯州环境教育与保护委员会'？还有'华盛顿森林农场之友'？我们给他们钱和信息，他们的任务就是以独立的身份捍卫我们的立场。"

"目的就是为了制造疑惑？"

"正是！当记者问他们关于内分泌干扰物的论战的意见时，他们就会回答：'啊！您知道，不能一概而论，我们需要农药来生产充足的便宜的粮食……需要做更多的研究……'我这里有一封来自我们的一个组织'俄勒冈州食宿协会'的主席特里·维特的信。这封信是群发给他在山德士、汽巴、杜邦、孟山都、美国作物保护协会和陶氏的联系人的。他要求他们给他寄'专家的姓名和资料'，好抵抗'反科技环保行动'对有机氯农药的反对。我想我们应该给他寄几个我们聘用的大学学者的名字。"

"大学学者？"

"是的！这是我的另一部分工作：建立并维护一个大学学者的友好网络，

我们可以高价请他们做一些研究。并请他们在必要的时候公开为捍卫我们的利益而发言……"

采访到这个阶段，福赛斯忽然不说话了。她沉默了很长一段时间后，重新开口，哽咽地说："对我来说，这是很痛苦的，尤其是在我离开后那几年中，我明白了我曾经扮演的角色阻碍了保护公共的法律，让人们相信我们的谎言。这曾让我非常痛苦，现在也是……我很抱歉我人生中的一部分是用这种方式度过的。1960 年至 1970 年那些年，我是一个想要做好事的孩子，我那时候真的以为要喂饱整个世界就必须使用农药。"

"您是为什么离开呢？"

"我参加了安娜·索托一次关于内分泌干扰物和乳癌的讲座，她在会上提到了好几种农药，包括莠去津。当时，山德士公司正计划把这种农药混入一种室内产品，我向领导表达了我的担忧。很快我就明白了，他根本不关心这个问题。渐渐地，我感到他们不信任我了，不仅仅在山德士内部，而是整个化工界都不信任我了：有一天，企业间的会议上，陶氏化学的代表形容我是'生态女性主义恐怖分子'。于是我利用山德士和汽巴—嘉基合并的时期离开了……后来的日子不容易：我在企业界里自然是很煎熬的，而在环保界里也一样：谁会相信一个曾经是农药说客的人？多亏了西奥·科尔伯恩的帮助，我终于爬了起来，在一个政府部门找到了工作。与此同时，化工企业的阴谋诡计付出了代价：1996 年 8 月，国会投票通过了法案，要求环境保护局建立评估化学品对内分泌系统潜在影响的方案，但是十三年过去了，这个方案还没有做出来。时间就这样浪费了 ① ！"

福赛斯是有道理的：如我们在下两章关于乙烯雌酚和双酚 A 的内容中将看到的，1991 年 Wingspread 会议上科学家们敲响的警钟，如今影响甚微……但是，在讨论其他问题之前，我还有一个问题要问福赛斯。这个问题

---

① 这里涉及食品质量保护法案和 1996 年的饮用水安全法案的修订案。2010 年，奥巴马政府要求环境保护局加快进程。该局的网站上，1998 年曾说"缺乏有关大多数化学品和其代谢物的科学数据"，需要这些数据才能评估与内分泌系统相关的风险。

在我调查化学世界的整个过程中一直困扰着我："为山德士和孟山都等公司工作的人也是有家庭的：他们怎样保护自己的家人呢？"

"他们生活在他们中间。"这位农药的前说客回答我，"除非有合并或大规模的解雇，人们很少离开化工企业的大家庭。而在他们的世界里，化学风险是不存在的。他们就跟那些年的我是一样的：他们真的相信公司是'负责任的'、产品在上市之前是严格测试过的。不管怎样，大部分的人都对此深信不疑……"

第十七章
人造雌激素"乙烯雌酚"，完美范例

> 我们成为了自己设计的大型试验的非自愿实验动物。
>
> ——西奥·科尔伯恩

"乙烯雌酚这种产品真正改变了我们的思考方式，让我们清楚地知道什么是内分泌干扰物，以及什么是今天我们所知道的'成人病的胎儿期病原'。"2009年10月20至24日在新奥尔良举行了第九届环境与基因座谈会，杜兰大学生态环境研究中心主任约翰·迈克拉克兰在开幕词上这样说。六十多名世界各地的科学家参加了这次会议，包括安娜·索托、卡洛斯·索南夏因和路易·吉耶特（参见第十六章）。

迈克拉克兰被认为是世界上研究乙烯雌酚的最优秀的专家之一，他还说："乙烯雌酚是第一种专门研制出来的人工合成激素，由查尔斯·多兹于1938年合成。他在1936年已经就已经合成了双酚A，但是乙烯雌酚的雌激素作用更好，他就放弃了双酚A。顺便说一下，其他人重拾了他的双酚A研究，因为这种产品很容易聚合，人们就用它来生产塑料，我们之后会再讲这个事情……20世纪40年代末至1975年，乙烯雌酚被开给几百万孕妇（大约4至8万），作为孕期的内分泌辅助。后来的故事大家都知道了：在用过这种药的女孩和妇女身上，查出了阴道癌和许多生殖器疾病。这种产品还让摄入极微量的男性的乳房生长……在开始今天的讨论之前，我想请'乙烯雌酚行动'的代表发言，我的实验室三十多年来一直与他们紧密合作……"

1938 年发现的一种"神奇药物"

在讲述"乙烯雌酚女孩"的故事之前，要先说说这种药物的历史。这种药物是"典型的具备雌激素潜能的环境因子"[1]，在禁用了三十年之后，仍然对许多家庭造成伤害。如迈克拉克兰所言，乙烯雌酚是英国人查尔斯·多兹合成的[2]，当时，他的瑞士同行正好发现了滴滴涕。这两位"神奇"药物和农药的发明者同时获得了 1948 年的诺贝尔奖，这项极高的荣誉也让这两种物质获得了长时间的青睐。这两种物质恰巧有（至少）两个共同点：它们都是如今被禁用的"毒药"，且具备相似的化学结构，能够模拟雌激素。这是妇科诊所里开始出现乙烯雌酚的悲惨病例后，雪城大学的两位研究者发现的。他们发现，给公鸡摄入滴滴涕后，其睾丸会萎缩，使其雌性化。[3]

乙烯雌酚被认为是非常强效的合成雌激素，其"雌性化"功效是在二战时的德国工厂里发现的。事实上，这种物质没有获得专利，因为它是在公共资金资助的实验室中合成的。很快地，第三帝国就把这种物质用作养殖农业的生肌剂：混入鸡、牛、猪的饲料中，能让禽畜的生长加快 15% 至 25%。它在战时能够节省大量的时间和金钱，这让含铅汽油的捍卫者罗伯特·基欧（参见第八章）极为着迷。为了"研究联苯胺工厂里工人患膀胱癌的发生率和预防方法"[4]，他专门跑到纳粹德国见法本公司的化学家。基欧曾满怀钦佩地描述齐克隆 B 的制造者带他参观的乙烯雌酚工厂。

"乙烯雌酚这种药物从工业卫生的角度看是很有意思的。"他写道，"只有女性能够在生产这种药物的工厂里工作，因为男性在一天的工作中吸入这种药物会产生不适反应。男孩子会出现剧烈的乳房胀痛，连衬衫的擦碰都难以忍受。[……] 此外，年纪稍长的男性会出现睾丸萎缩和可能是暂时的阳痿。"[5] 这位对工业化学着迷的科学家丝毫没有提到这种物质对怀孕女工可能造成的影响。然而，他若是查阅了国际科学文献就会知道，乙烯雌酚的发明者查尔斯·多兹本人在 1938 年就发现了孕初期摄入包括乙烯雌酚在内的雌激素会造成雌兔和雌鼠流产 [6]。同年，两名英国研究者在母牛身上也发现了类似的现象，而且乙烯雌酚还会造成产乳量下降 [7]。在法国，安东尼·拉卡萨涅记录道，这种物质会使雌鼠患乳腺癌 [8]。与此同时，美国的研究者也报告，胎内遭此雌激素暴露的雌鼠出生时带有尿道畸形、阴道畸形和卵巢畸形，雄鼠则有多种生殖器官畸形，例如阴茎萎缩 [9]。

乙烯雌酚被发明出来才刚刚一年，就有四十多篇论文指出天然和合成雌激素的致癌和致畸胎危害，以至于《美国医学会杂志》敲响了警钟："雌激素的致癌可能性不可忽视。让本身有易致病性的病人长期持续摄入这种细胞增生因子是有危险的。应该摒弃雌激素只对性器官有作用这种想法。当摄入剂量过高，摄入时间持续过长时，机体的其他组织也可能产生不良反应。所有这些情况都应该被严格核实，尤其是医学界在将来很有可能会给病人开出极高剂量的雌激素处方，例如乙烯雌酚，因为这种药物的配制非常便利。"[10]

《美国医学会杂志》看得很准：1941 年，食品药品监督管理局允许乙烯雌酚上市销售，许多欧洲国家相继效仿。多家制药企业——礼来、雅培、普强、默克——纷纷生产这种低成本（因为没有专利）且制法简单的药物。这种"神奇的药物"被制成药片，大量地开给女性，用于治疗更年期潮红、阴道炎，也用来断奶、治疗少女青春痘、调节体型，甚至用作"事后避孕药"。1947 年，乙烯雌酚被允许用作饲料补充剂，还可植入牲畜耳内或禽类颈内以增肥。1971 年，拉尔夫·纳德律师奋起反对食物链中加入雌激素所造成的巨大影响，而食品药品监督管理局的委员查尔斯·爱德华兹则公开支持这种药物，他所使用的那种刻薄商人的论据让毒理学家杰奎琳·维莱特（参见第十五章）暴跳如雷。这位美国食品安全的负责人竟然说："用了含有乙烯雌酚的饲料，500 磅的动物达到 1 050 磅的体重，只需要食用 511 磅饲料，还可以节省 31 天。"[11]

1962 年：酞胺哌啶酮的丑闻

斯蒂芬妮·卡纳瑞克是出席新奥尔良论坛的乙烯雌酚行动组织的四名代表之一，她说道："问题在于，我们无法相信药品监管机构。我们严重的健康问题，是来自一种完全合法的药物，这种药物是我们还在母亲肚子里的时候，医生开给我们的母亲的。而今天，人们用同样合法的药物来给我们治疗，我们却很不信任。因此我们需要独立的科学家的建议：我们能够相信制药企业和医生吗？"

我们明白卡纳瑞克的不安，他的父母曾花了很多钱来遵从"史密斯氏饮食法"，一种旨在获得"健康壮实"的宝宝的昂贵疗法，这种疗法当时是被大肆宣传的。乔治·史密斯和奥利弗·史密斯分别是哈佛医学院的妇产科专家和内分泌专家，1948 年他们发表了一篇鼓吹用乙烯雌酚来预防流产和妊娠糖尿病的文章。他们的研究仅仅是基于对几个自愿妇女的非常片面的观察，甚至没有控制组。他们鼓吹从怀孕初期就使用乙烯雌酚，然后定期增加剂量直至第 35 周 [12]。制药企业大肆宣传这篇文章，他们把文章派发给妇科医生，还附赠一瓶瓶乙烯雌酚药片，这种"饮食法"很快被"所有想获得更漂亮更壮实的宝宝的孕妇"所采纳，正如格兰特化学品公司在《美国妇产科杂志》上所吹播的那样。更甚者，如社会学家苏珊·贝尔所言，乙烯雌酚成为了"孕期治疗的重要手段"[13]，因此也是赚钱的重要手段，尽管警示不断出现。

1953 年，詹姆斯·弗格森在新奥尔良进行了一项实验，给 184 名妇女服用乙烯雌酚，198 名妇女服用安慰剂，实验结果证明乙烯雌酚对流产、妊娠风疹①、早产和死胎并没有任何的预防作用 [14]。同年，威廉·迪克曼也在芝加哥大学医学中心通过一项大型队列研究（1 646 名妇女，其中 840 名接受了乙

---

① 妊娠风疹是一种严重的妊娠并发症，症状为痉挛。

烯雌酚）证实了这个结果 [15]。后来的一项研究重新检查了这个队列二十五年后的情况，发现甚至会有完全相反的作用 [16]，但我们还没有讲到那里……

　　然而，美国食品药品监督管理局和其他的国际卫生监管机构完全忽视迪克曼的研究结果，乙烯雌酚仍然被大量地开给女性。这种顽固的机制，在我写着这几行字的此时此刻，让我想到了减肥药"美蒂拓"的事件 ①。乙烯雌酚行动组织的创始人帕特·科迪写道："制药企业具备非常有说服力的营销手段。医生们情愿相信自己是在帮助病人。他们没有时间看一眼他们所开出的药物的相关研究。他们相信制药企业。妇女们相信她们的医生，极少对医生的治疗方法提出质疑。"[17]

　　这是当然的。但是监管机构干什么去了？他们的作用不正应该是做医生们无法做到的科学监督吗？ 20 世纪 50 年代末已经有多项研究预示了灾难性的未来，而监管机构却无所作为，这除了玩忽职守和对企业的仁慈外，还能怎么解释？ 1959 年，耶鲁大学的威廉·加德纳证明，子宫内暴露于乙烯雌酚的小鼠会患上阴道癌和子宫癌 [18]。同年，一项研究报告了四起"小女孩男性化"的病理，她们的母亲都接受过乙烯雌酚治疗 [19]。另一项研究则指出了一个患尿道下裂的男孩的"雌雄同体"案例 [20]。

　　一切都指明，在化学品的全盛时期，在人们欢庆农药和某些"神奇药物"出现的同时，药品和卫生监管机构被西奥·科尔伯恩所说的"胎盘屏障的神话"蒙蔽了双眼，他们相信"胎盘，这个附在子宫壁上、通过脐带连接胎儿的复杂组织，就像一副不可攻破的盾牌，保护着宝宝免受外来的不良影响。[……] 当时的人们深信，只有核辐射够通过胎盘"[21]。

　　这个"神话"在 1962 年被攻破了，就在《寂静的春天》出版前几个星期，全世界的报纸都头版头条地刊登患有恶劣肢体残损的儿童的图片。大多数的这些儿童都有肢体畸形，没有手臂、手指直接从肩膀长出来。这种极少见的疾病

---

① 2010 年 11 月 16 日，法国卫生监管机构承认，美蒂拓这种由施维雅制药公司生产的抑制食欲的减肥药（但是完全没有减肥作用）在 1976 年至 2009 年间至少造成 500 人死亡、几千人因心肌瓣膜损伤而住院。

被称为"海豹肢畸形"，因为患者就像海豹一样，手掌直接连接躯干。这种畸形有时伴着耳聋、失明、孤独症、脑损伤和癫痫症。罪魁祸首就是：酞胺哌啶酮，一种德国药物，1957 年上市，在五十多个国家（但不包括美国）中被开给孕妇作止晨吐的镇静剂。五年后，这种药物已造成 8 000 个畸形婴儿。研究者开始怀疑这种物质的奇怪作用，并发现某些母亲长期服用这种药物却幸免于难；而相反地，某些母亲只服用过一次这种有害药丸婴儿却高度残疾。科学家们明白了，这种药物的致畸影响"取决于服药的**时刻**，而非剂量。"[22] 在怀孕第 15 至 18 周间服用过这种药物——不管是一颗还是两颗——的母亲，把孩子放进了残肢者的世界，因为这正是胎儿长出胳膊和腿的时刻。

"这个悲剧证明，成人完全可以耐受的物质和剂量，对未出生的孩子却可能有着毁灭性的影响。"《我们被盗走的未来》的作者写道，"随着科学家们对化学品干扰发育的作用的发掘，暴露时刻为首要因素的原则，将会一次又一次地被证实。某种药物或激素的极低剂量，可能在胎儿发育的某个特定时刻没有任何影响，却在几个星期后有毁灭性的影响。"[23]

当《寂静的春天》在《纽约客》上连载时，著名的《生活杂志》用封面故事报道了酞胺哌啶酮的灾难[24]。既然，如同我们将会看到的那样，公职机构无法从这个悲剧中吸取教训，蕾切尔·卡森则很好地衡量了得失。1963年她接受了唯一的一次电视采访，她在采访中说："我们刚刚收到了悲惨的警示，这些药物可能造成将要出生的婴儿患有严重的畸形和其他缺陷。农药也可能造成相同的影响。我们不应该用几代的人类去测试这些影响，而是应该用实验室的动物，这是我们多年来测试遗传效应的手法。我们应该考虑更为科学、更为恰当、更为精确的监控方法。"[25] 这位生物学家是非常有道理的（参见第十九章）……

"乙烯雌酚女孩"的残酷悲剧

"酞胺哌啶酮粉碎了胎盘不可攻破的神话，而关于乙烯雌酚的实验则让严重先天畸形必然是即刻可见的这种观念灰飞烟灭。"西奥·科尔伯恩在《我们被盗走的未来》一书中这样写道[26]。事实上，1971年4月，《新英格兰医学报》刊登了一项研究[27]，用杰奎琳·维莱特的话来说，这项研究的发表引发了爆炸性的影响[28]。这位美国食品药品监督管理局的毒理学家在她的著作《饮食可能对您的健康有害》中提到，在这篇文章掀起轩然大波的时候，每年有3 000万头牲畜被喂食乙烯雌酚，且农业部秘书处不得不承认美国人消费的肉类中有残留。这项研究是哈佛大学的学者所做的，介绍了7名15至22岁的年轻女孩的临床病历，她们患上了透明细胞腺癌，这种阴道癌在这个年龄段是极为罕见的，此前的科学文献中只报道过4例。

这个现象是妇科医生霍华德·乌菲尔德偶然发现的，他为一位15岁的女孩看病，病情之严重，他不得不让这个女孩切除阴道和子宫。这位妇科专家对女孩的病因感到非常困惑，而女孩的母亲却问他病因是否有可能是她怀孕期间所服的乙烯雌酚，这个问题让医生感到很惊讶。而几个月后，他又接到了一个年轻女孩的相同病例。这一次，他自己问女孩的母亲这个问题，得知母亲的确曾遵循"史密斯氏饮食法"，他感到非常地不安。这个问题严重困扰了这位有良心的医生，于是他联络了哈佛大学的同事亚瑟·赫布斯特和流行病学家大卫·博斯坎瑟，他们于是仅在马萨诸塞州的这一家医院里就找到了5个补充病例。研究在《新英格兰医学报》上发表了六个月后，他们三人就收集到了62例24岁以下女子患透明细胞腺癌的病例。

这项研究的反响如此之剧烈，美国食品药品监督管理局只好发表意见，指出"乙烯雌酚不得用于孕期"，但奇怪的是，该局始终没有正式禁用这种药物①。乙烯雌酚的害处终究是被揭露了，而如《我们被盗走的未来》一书中所说，若是要等到公职机关有所作为，这种药物的害处恐怕还会被忽略很长时间。作者在书中说："如果不是因为接到了这样奇怪的病例、且病人的母

---

① 在法国，乙烯雌酚是在1977年被禁止用于孕妇。据估计，在法国曾有20万名孕妇服用过乙烯雌酚，服药后出生的儿童约16万名。

亲偶然问了这样一个问题，医生们是否能够从年轻病人所患的疾病联想到她们的母亲几十年前吃过的药物？在乙烯雌酚的事件被揭露之前，大多数的医生都认为，一种物质只要不造成即时可见的畸形，就是安全的。他们很难相信某样东西在不造成显而易见的先天畸形的情况下，还会在长期造成严重的影响。"[29]

乙烯雌酚行动组织的主席卡里·克里斯蒂安森在新奥尔良的论坛上告诉我："波士顿这几位医生的研究发表时，我刚接受了第一次外科手术。我当时非常年轻，我永远都忘不了，当我的母亲在报纸上得知我所患的疾病是源于她怀我时所吃的药时，她的那种反应。她崩溃了……在我出生前她曾流产了四次，她一直相信是乙烯雌酚保住了我和我的弟弟。而且，我出生时非常健康，没有任何明显的问题。"

"您患的是什么疾病？"

"宫颈—阴道腺病，一种乙烯雌酚女孩中很常见的病，表现为子宫颈出现一层可发展为癌症的粘膜。"

"您是怎样发现的？"

"跟我们中的大多数人一样，是在青春期时发现的。另一些人则是在想怀孕时发现自己有严重的问题的。"

另一位乙烯雌酚行动组织的战士凯伦·费尔南德斯接着说："这就是我的情况。我刚结婚时有过两次宫外孕，孩子在我的输卵管处生长；我在26岁时被告知为不孕。"

"与乙烯雌酚暴露相关的病征有哪些？"

"在女孩子中，发现有生殖器官畸形，例如T形子宫、阴道畸形、卵巢畸形，常常伴着不孕和妊娠难以足月的问题。"卡里·克里斯蒂安森回答我，"我们还发现了子宫癌和阴道癌，例如一千名遭暴露的女性中就有一名患透明细胞腺癌；患乳腺癌的风险增加三倍。多项流行病学研究也证明，我们的母亲也面临同样的风险。而男孩中，则发现了隐睾症、尿道下裂、睾丸癌发生率的增加和精子浓度低的问题。最近，我们发现，胎儿期曾遭暴露的成年人患抑郁、精神障碍和行为障碍的风险增加。事实上，与母亲的天然雌激素不同，乙烯雌酚可以到达胎儿脑部，因为它能够穿透胎盘。所有这些都是有科学根据的，多亏了乙烯雌酚行动组织创始人帕特·科迪的不懈努力。"

美国乙烯雌酚行动组织的斗争

我非常希望见见这位人们口中的"乙烯雌酚母亲"帕特·科迪。如社会学家苏珊·贝尔所言，帕特·科迪的功绩"简直是医学编年史上的传奇"，贝尔曾把一本著作题献给科迪于 1978 年创立的乙烯雌酚行动组织[30]。她是一位值得尊敬的女性，她对于人类社会的贡献如此杰出。很不幸我没能够见到她，因为她于 2010 年 9 月 30 日去世了，享年 87 岁。

帕特·科迪是《经济学家》杂志的记者，在发起质问医疗问题的运动之前就已经很有名了，她和丈夫一起资助了伯克利的一间独立图书馆，伯克利是一代战士与作家们在 20 世纪 60 年代重建起来的世界。她在著作《乙烯雌酚的声音——从愤怒到行动》中讲到，她的生活在"1971 年 4 月的一个星期五彻底地颠覆了"，当时她"正在厨房里喝着一杯咖啡"，读到《旧金山纪事报》的一则标题时"差点心脏病发作"[31]。报纸上介绍了波士顿的学者们发表的研究："一种把癌症传给女儿的药物。"帕特·科迪在怀四个孩子中年纪最大的女儿玛莎时，曾吃过乙烯雌酚。她心里翻江倒海，想起她曾每月花 30 美金（当时她的房子租金是每月 75 美金）接受这种昂贵的疗法，并算出她在七个月中摄入了 10 克乙烯雌酚，相当于 50 万颗避孕药。她满怀内疚和担忧，直到女儿成年才告诉她。

玛莎得知这个消息后，震惊之余，马上去做了一个宫颈抹片检查：结果显示她有子宫癌前期细胞。妇科医生对她说："你必须每半年回来复诊一次，而且，尤其不能服用口服避孕药，因为有可能刺激癌症发展。"此刻帕特·科迪忽然明白，这不只是她们个人的悲剧，必须行动起来，让所有曾暴露于乙烯雌酚的母亲和女儿们知道。她于是开始了一段奇异的冒险，她的故事成为了深知乙烯雌酚危害的女性与科学医疗团体、法律、政治、卫生机构之间合作的典范。正是她的独特经历启发了农药受害者农民协会，保罗·弗朗索瓦（参见第一章）曾告诉我帕特·科迪本该出席 2011 年 3 月 18 日在吕费克的第一次集会的。

帕特·科迪和她的同僚卡里·克里斯蒂安森等，首先建立了贯穿美国的地区委员会网络，广泛派发通讯，警示公共舆论。成千上万的男男女女——受乙烯雌酚所害的母亲、女儿和儿子——纷纷表达与他们同样的经历和担忧。他们于是建立起了一个关于这种现代毒药的庞大数据库，他们把数据提供给研究者，例如 1971 年那项研究的作者之一亚瑟·赫布斯特，他在波士顿综合医院开设了"激素经胎盘致癌研究记录"。这几千份总是被化工企业定义为"匿名报告"的病例"被转发给学者，希望他们能够进行研究"[32]。学者们如我们所愿对此进行了研究。同时，行动组织也努力让医生和医疗机构注意这个问题，让他们能够更有效地预防和治疗。行动组织举办讨论会，邀请医生、护士、教师、社会工作者和科学家，例如 2009 年新奥尔良研讨会的组织者约翰·迈克拉克兰。

之后，很关键的是，该组织为起诉化工企业的乙烯雌酚受害者提供（许多）法律援助。帕特·科迪在她自己的书中写道："将未经充分测试也没有所宣称效果的产品上市销售的这种行为若是能在法庭上引起重视，制药企业也许就会更加谨慎，我们也能够避免一些将来的化学灾难。"[33] 她的这种满怀好意的想法让我想到了保罗·弗朗索瓦的律师弗朗索瓦·拉佛格的话，他在吕费克会议上鼓励农民起诉农药生产商（参见第四章）……

1974 年，17 岁就患上透明细胞腺癌的乔伊斯·比希勒第一个将乙烯雌酚主要生产商礼来公司告上了法庭。纽约法庭判该公司的主要罪行为"玩忽职守"。在辩词中，律师西比尔·谢恩瓦尔德说到："1940 年前的科学文献中就已经有 8 项重要研究证明了雌激素、乙烯雌酚和癌症之间的关系。"然后她又列举了从 1940 至 1950 年间发表的所有相关研究，并总结道："既然生产商知道他们的产品可能导致胎儿畸形并且具有致癌性，为什么不谨慎地亲自检测？亦或他们认为，公众就应该做实验动物，直至有人发现某些癌症是使用该产品造成的？"[34]

案件于 1980 年作出裁决时，陪审员要回答七个问题，其中三个非常重要："一间足够谨慎的制药企业，是否应该预见乙烯雌酚会对服用这种药物的女性的后代致癌？"六名陪审员一致回答"是"。

"谨慎的生产商若是知道乙烯雌酚会对怀孕雌鼠的后代致癌，是否还可将该产品作为预防流产药物销售？"陪审团的答案为"否"。

"比希勒小姐应该获得多少赔偿金？——50 万美金①。"[35]

礼来公司提出了上诉，但是无功而返。判决最终维持原判。乔伊斯·比希勒的胜利打开了先河，但是其他投诉者的战役还远未得胜，她们面临着一个似乎无法克服的困难：要使起诉得到受理，她们必须提供证明说明母亲所服产品的生产商名。这是很大的挑战，因为有两百多家企业销售乙烯雌酚，品牌也五花八门。而且，如帕特·科迪所说，"哪个母亲会保留二十五年前买的药瓶"[36]？而为她们诊治的医生，因为害怕被起诉，很少人有勇气出来作证。这位乙烯雌酚行动组织的创始人带着讽刺的口吻说，有"不计其数的火灾和水灾毁掉了各个诊所的档案"。更别说那些几经转手的药店、还有被关闭的私人诊所了。

为了克服这个障碍，乙烯雌酚行动组织召集了许多著名律师，联合作战，**起诉所有生产乙烯雌酚的企业**，无论母亲们用的是哪种品牌。他们胜利了！1980 年 3 月，加利福尼亚高等法庭允许朱迪思·辛德尔起诉，即使她并不知道母亲摄入的是哪个生产商的产品。帕特·科迪引用了这个历史性的判决书中的话："在我们这个非常复杂的工业化社会里，科学和技术的进步创造了会让消费者生病的产品，而人们并不知道生产商的身份。审判员的答案应该

① 在法国，直到 2002 年 5 月 24 日才有法庭（南泰尔法庭）惩戒了乙烯雌酚生产商（优时比制药）。原告是被切除了子宫和阴道的娜塔莉·博贝和英格丽·克里乌。在长达六年的诉讼过程后，她们获得了 15 244 欧元的赔偿金。这是法国的乙烯雌酚组织的一次漂亮的胜利，该组织目前也正支持其他的诉讼。

要么严格恪守原来的惯例，要么开发新的手段以适应新的需求。[……] 因此我们认为，应该对法律作出适当的调整以控制可能发生的损害 [37]。"这一次的判决创立了"根据市场份额分摊责任的方法"。朱迪思·辛德尔的律师南希·赫什在乙烯雌酚行动组织的通讯中写道："从此，申诉人可以起诉所有的乙烯雌酚主要生产商，每个公司根据市场份额负有相应的责任，除非其可以证明没有生产过造成原告损失的这种产品"。加利福尼亚高等法庭的判决成为了全美国的判决惯例，从佛罗里达到威斯康星，从华盛顿州到密歇根州，许多人都对乙烯雌酚生产商提出起诉。

乙烯雌酚行动组织与科学家合作的"核心人物"

在《乙烯雌酚的声音》一书中，帕特·科迪强调了"针对制药企业的诉讼的重要性"，我认为应该是针对所有毒药生产商的诉讼。她在书中说："首先，诉讼能够为起诉者所花费的医疗费用和他们所承受的痛苦带来一定的补偿；第二，能够吸引媒体对乙烯雌酚问题的关注；第三，对生产商玩忽职守的定罪能够让他们反思药品测试的问题；第四，作为幸存者，而不是作为受害者，去行动，去斗争，能够为起诉者和整个群体带来积极的作用。"在此强调，尽管该组织的主要任务仍然是"宣传和研究"，司法行动也成为了他们的一个首要目的。

事实上，乙烯雌酚行动组织的新颖之处在于，他们懂得"与生物医学专家建立合作，促进预防、治疗和研究"，苏珊·贝尔是这样说的："因为注意到自身对这种物质的直接认知与科学文献之间存在着差距，乙烯雌酚行动组织的战士们发起了自己的研究。"[38] 1984 年，该组织向会员派发了一份详细的医疗问卷，以了解"遭乙烯雌酚暴露的男性或女性相对于非暴露群体更多发的除已知症状之外的症状"。这项大型调查的结果由该组织成员与加利福尼亚大学的流行病学专家黛博拉·温嘉合作进行分析。最新收集到的数据已"与科学家们共同探讨过，并拟定了研究计划"。

乙烯雌酚行动组织与基础科研之间合作的"核心人物[39]"是约翰·迈克拉克兰，新奥尔良研讨会的组织者。他是一名生物学家，于1976年被任命为美国国家环境卫生研究中心内分泌学与药理学部门的主任，他进行了一系列的实验研究，证实了"内分泌干扰物的假说"。用波士顿塔夫茨大学的环境政策教授谢尔顿·克林斯基的话来说，这是"从乙烯雌酚研究中得出的非正统的大胆直觉"[40]。迈克拉克兰于1985年成为杜兰大学生态环境研究中心的头儿，此前他的研究一直被认为是"边缘科学"[41]，而他对乙烯雌酚的研究建立了内分泌干扰机制的范例。他为了这项研究创立了一套试验规程，成为今天所有研究内分泌干扰物的学者们的参考，这套程序"在小鼠的世界和人类的世界间、在关于雌激素物质的环境研究和临床研究之间频频来回比照"[42]。于是他在1979年创办了第一届"环境与激素"研讨会，帕特·科迪参加了这次会议。这项重要的科学活动从此定期在杜兰大学举行，2009年10月举行了三十周年的庆祝活动。

"您让妊娠期小鼠暴露于乙烯雌酚后，观察到什么现象？"我问这位学者。

"我在它们的雄性和雌性后代身上发现了影响。在雌性身上，记录到严重的生殖器官畸形和生殖系统癌症，尤其是阴道病变；雄性身上则有不育问题、隐睾和前列腺癌[43]。事实上，所有我们在小鼠身上发现的症状都已经在人类身上被证实了，所有在人类身上见过的症状也出现在了小鼠身上。这让人非常担忧：二十五年前我们在小鼠身上做实验时，我们发现第二代的雌性的更年期提前了；而今天，我们也在曾于胎儿期暴露于乙烯雌酚的女性身上也发现了同样的问题。

"为什么您认为乙烯雌酚是一个范例，可以通过这个范例了解内分泌干扰物的机制？"

"这是完美的范例！"这位美国科学家毫不犹豫地回答我，"我们从乙烯雌酚观察到的症状如今在双酚A的研究中被证实了（提醒一下，双酚A是查尔斯·多兹在发明乙烯雌酚之前发明的另一种合成激素）。从生物学的角度看，这两种物质的作用方法是一致的，包括在极低剂量的使用情况中。乙烯雌酚的范例应该用于预防环境中内分泌干扰素造成的风险，因为在环境科学中，很难同时掌握确切的动物实验数据和遭暴露后生存了超过四十年的人类群体数据。”[44]

“内分泌干扰不是一个纯理论的概念，它是有面孔的”

“我有一个 28 岁的女儿和一个 24 岁的儿子，他们目前情况还好。”乙烯雌酚行动组织的代表谢丽尔·罗斯在新奥尔良研讨会上说道，“但我想要知道关于乙烯雌酚对第三代影响的研究进行得怎么样了。我们要对那些为孙辈担忧的会员们说什么？”回答这个问题的是瑞莎·纽伯德，一名在美国国家环境卫生研究中心毒理学部门工作了三十多年的生物学家。

首先，她介绍了“乙烯雌酚小鼠研究范例”的恰当性，她曾在迈克拉克兰的实验室工作并参与了实验方法的制定。通过一套演示文档，她解释了“在母亲妊娠第一至第五天中于子宫内暴露于乙烯雌酚的雌性小鼠中，1% 患上了阴道腺癌，这个比例与在乙烯雌酚女孩身上观察到的完全一致”[45]。而且，她还说：“大豆内含的异黄酮也有轻微的雌激素作用。我们发现于子宫内遭暴露的雌性小鼠有卵巢畸形的问题，可导致不孕。我们所进行的所有研究都证实，在胎儿发育的关键时期遭遇有雌激素作用的物质暴露会让胎儿极不稳固；这种胚胎生命初期的暴露会导致成年后出现一系列疾病，我们在小鼠和人类身上都发现了这一点。”[46]

瑞莎·纽伯德接着说：“我们还想知道易得肿瘤的体质是否会传给下一代。答案是：是！例如，我们发现 F1 代的雌鼠，也就是子宫内暴露于乙烯雌酚的雌鼠，31% 患上子宫癌；F2 代，即 F1 代的女儿，11% 患子宫癌，而控制组为 0%[47]。同样地 F2 代雄鼠患癌生殖系统前期病变和肿瘤的风险剧增[48]。造成这种遗传的机制目前仍是未知的，但一切都表明它们是表观遗传的。目前有几间实验室都在研究这个假设[49]。至于人类，已有几项研究证明，子宫内遭乙烯雌酚暴露的女性的儿子患尿道下裂的风险增高。"[50]

然后，这位科学家还介绍了她关于内分泌干扰物可能造成未知方面的影响的最新研究。"除了生育和患癌的问题，我们还发现产前期乙烯雌酚暴露与肥胖症和糖尿病之间的关系。这很有意思，尤其我们知道——最近的研究已证明这一点——脂肪组织中的细胞是内分泌器官，这些脂肪细胞有内分泌的功能：它们可以生产并接受信号，干预生殖系统、免疫系统、肝脏和甲状腺。也就是说肥胖症可以被看作是一种内分泌系统疾病，这也就从一方面解释了我们在世界各地都发现的肥胖症流行。当然了，肥胖症是一种复杂的疾病，可能有许多的因素相互作用，例如'垃圾食品'、遗传倾向、缺乏锻炼等，但我们的研究倾向于证明内分泌干扰物例如乙烯雌酚有'肥胖基因'的功能，这是我们的加利福尼亚大学同事布鲁斯·格林伯格发明的术语[51]，也就是说这些内分泌干扰物能够通过对胎儿发育的作用来制定将来成年后肥胖症的程序。"

瑞莎·纽伯德通过介绍一套演示文稿证实"肥胖基因假设"："你们看，左边是子宫内暴露于乙烯雌酚的小鼠，右边是控制组。到第80天，即啮齿动物的青春期，遭暴露鼠类比控制组要更瘦一些。然后，改变非常明显：几个星期后，遭暴露的小鼠开始发胖，直到生命结束，以至于我们要定制更大的笼子！其他的实验室使用别的内分泌干扰物，如邻苯二甲酸酯、阻燃剂、不粘锅上的全氟辛酸铵、双酚A，也发现了相同的现象。在我看来，这个研究领域非常重要，因为这意味着我们可以通过避免暴露，尤其是避免让孕妇暴露于这些物质，来预防肥胖症。"[52]

然后到了提问环节，关于纽伯德的讲话中非常严谨科学的部分，有人提出了很有技巧的问题。就在主持人准备介绍下一位演讲人时，乙烯雌酚行动组织的负责人卡里·克里斯蒂安森要求发言："我想对您说，我们之所以在这里，我们这些'乙烯雌酚女孩'之所以来此，是为了让你们这些科学家不要忘了内分泌干扰物不是一个理论概念，而是有面容的：我们的面容、还有我们的孩子和孙子的面容。"她显然非常的激动。她说："我们不希望我们的家庭所遭遇的悲剧被扔进垃圾桶，或变成医学年鉴中的脚注。我们希望我们的痛苦经历能够照亮前路，能够避免其他类似的悲剧。我们迫切需要独立研究者为了群体的利益而努力，我们也会一直在这里提醒你们这一点……"

后来另一种内分泌干扰物双酚 A 占据了媒体的头版，而乙烯雌酚行动组织负责人的警示作为对监管机构的强烈抗议，依然有剧烈的回响。因为，如我们将会看到的那样，直到 21 世纪 10 年代末，这些监管机构仍然对世界各地几十名独立学者的不断警示装聋作哑……

第十八章
双酚 A 事件：潘多拉的盒子

从来都不是新的理论取得了胜利。而是它的对手死去了。
——马克思·普朗克

"所以，必须一次又一次地重复：所有在人类身上观察到的乙烯雌酚作用，在小鼠和大鼠身上都观察到了。"塔夫茨大学的生物学家安娜·索托（参见第十六章）在 2009 年 10 月于新奥尔良举行的"环境与激素"研讨会上强调道，"如今，我与卡洛斯·索南夏因用与环境中浓度相似的极微量双酚 A 做实验，也得到了相同的结果。然而差别在于：我们最早的实验结果是在 2007 年得出的；如果与乙烯雌酚进行平行对比的话，我们要到 2032 年才能验证双酚 A 对人类的作用。这是非常困难的……曾在子宫内暴露于乙烯雌酚的妇女，还有她们母亲的处方可以作为证明。而将会在 2032 年患上癌症的妇女，则没有任何证据可以证明她们曾在母亲子宫内暴露于双酚 A。请大家想想这个极为让人担忧的问题……"

微剂量大作用

双酚 A 正在国际上掀起轩然大波，因此 2009 年的论坛用了一整天来讨论查尔斯·多兹于 1936 年——即合成乙烯雌酚的两年前——合成的这种物质。这种人工激素被认为作用只是天然雌激素的 1/2 000，被广泛用于生产塑料的聚合过程，也用于某些增塑剂的抗氧化剂。双酚 A 的年产量为 300 万吨，有"数不清的用途"，能够"让我们的日常生活更便利、更健康、更安全"，这是生产这种产品的化工厂的网站上写的惊人广告词[1]。的确，我们常常消费的多种聚碳酸酯产品中都含有双酚 A（65% 的聚碳酸酯产品使用双酚 A）——例如硬塑料容器、水瓶、奶瓶、微波炉用具、还有太阳镜、CD、收银小票用的热敏纸等，还有日常使用的环氧树脂涂料（35% 含双酚 A），即涂在保鲜盒、易拉罐内的涂料，以及补牙用的牙科水门汀中也含有这种物质①。

"双酚 A 是目前在使用的产品中被检测得最多的一种。"化工企业这样宣传，"它的安全性已经被研究了四十多年。目前有非常多的毒理学数据证明双酚 A 制成的消费品是安全的 [……] 不会对人类健康带来任何风险。美国食品药品监督管理局和全世界负责保护消费者健康的监管机构都完全赞成这种材料的使用。"这就是官方的说法，听起跟阿斯巴甜生产商三十多年来不断给公众灌输的观点如出一辙……

确切地说，双酚 A 的每日可接受摄入量于 2006 年被定为 0.05 毫克（即 50 微克）/ 千克体重；尽管在家居粉尘中也能测到双酚 A，消费者的暴露主要还是通过食物。事实上，化工企业自己也承认，这种物质有"迁移"的能力，也就是说从塑料或树脂中逸出，进入到与之有接触的食物中。这种类似水解的现象，是由于双酚 A 分子和聚合物之间化学链接的不稳定性，在热作用下会增大，例如用微波炉加热奶瓶就会产生这样的现象，媒体对此也展开过反响激烈的论战。而我们将会看到，奶瓶的问题尽管非常重要，但也只是遮住森林的一棵树。双酚 A 之所以吸引了这么多注意，是因为它代表了一个长期被监管机构忽视的问题：化学物质极微量下的作用，也就是指因为远远低于每日可接受摄入量而从来没有被测试过的剂量。这些化学物质中，肯定有一些有激素作用的物质，一些内分泌干扰物，这些物质如我们之前所见是

---

①　双酚 A 的识别标志是三角形内标注有 7。但三角形内标注数字 3 和 6 的产品中也可能含有双酚 A。

可以在极微剂量下发生作用的，双酚 A 只是它们中的一个小装饰而已。

然而，会有人反驳，每日可接受摄入量的计算方法，不是用著名的最大无有害作用量（参见第十二章）除以一个通常为 100 的安全系数吗？那一种物质还怎么可能在"远远低于每日可接受摄入量"的情况下产生影响呢？这个问题正是欧洲和美国的监管机构与越来越多的科学家对峙的原因。如我们所料，双酚 A 生产商就是使用"低剂量假说"的"无效性"来反击的，他们在网站上宣称这种物质"只有在极高暴露量下才会有毒性作用。所有的科学证据都清楚证明了双酚 A 的安全性，且消费者可以放心，关于低剂量双酚 A 对人类健康造成影响的担忧是毫无根据的"。

化工企业表现出的乐观可真让人惊讶。事实上，1993 年在《内分泌学》杂志上发表的一项研究就证明了，这种"担忧"是完全有理由的 [2]。这项研究有关斯坦福大学学者大卫·费尔德曼的一个偶然发现，与安娜·索托和卡洛斯·索南夏因早几年前遇见的谜题很相似（参见第十六章）。他正在研究酵母中的一种蛋白质，并发现这种蛋白质可以与雌激素链接。他于是推断这种蛋白质携带有雌激素接收器，因此酵母可能含有激素。他的团队于是在酵母中猎捕雌激素，却发现另一种物质"占据"了雌激素接受器。经过长时间的研究后，大卫·费尔德曼找到了罪魁祸首：在使用高压消毒器给实验用水消毒时，从所用的聚碳酸酯瓶中逸出的双酚 A。研究者联系了生产商（GE Plastic），对方承认双酚 A 会从他们生产的罐子和水瓶中迁移到内盛物里，尤其是在热作用下，在洗涤产品的作用下也会发生迁移；为了掩盖产品的这个缺陷，他们发明了一种塑料清洗系统，他们说这个系统解决了这个问题。

接下来的故事很关键，在《我们被盗走的未来》中也有讲到，因为这是双酚 A 问题的核心。费尔德曼寄了一个被污染的水的样本给生产商，但是该公司**无法在样本中测出双酚 A 的残留**，而费尔德曼已证实这里的残留量会导致乳癌细胞增生。化工企业用的检测器材能够测出的上限是十亿分之十，而斯坦福大学检测出的残留量是十亿分之二到五。费尔德曼 [3] 说："我们证明了双酚 A 在低于十亿分之十的剂量下就会对引起实验细胞的雌激素反应。目前我们所知的还不至于引起公共健康危机，但是合理的下一步应该是验证在动物身上是否会引起相同反应，我们于是给实验室的动物喂食了含有相同水平双酚 A 的水。"

几年后，这位加利福尼亚内分泌学家的建议也被他的同事、分子生物学家帕特里西亚·亨特采纳了，亨特于 1998 年在克利夫兰大学的实验室内也观察到了一次意外的双酚 A 污染。当时她正在做实验，想要了解为何染色体异常的怀孕发生率会随着母亲年纪的增长而提高。她的研究是对比出现异常的小鼠与"正常"小鼠的卵细胞分裂。为了明白接下来发生的事情的重要性，我们首先需要知道，哺乳动物的性细胞（又称配子）——即雄性的精子和雌性的卵子——在胎儿期就开始形成了，这个形成过程称为减数分裂。也就是说，雌性还在娘胎里时就已经形成了将来的卵子。"我当时正在观察普通小鼠排卵前的卵母细胞分裂，我发现染色体的数量和排列有异常。这很令人担忧，因为带有此类异常的卵子与某些严重的遗传畸形——例如唐氏综合症——相关。"亨特在《PLoS 生物学杂志》上这样写道 [4]。

跟安娜·索托、卡洛斯·索南夏因和大卫·费尔德曼一样，生物学家亨特最后也找到了干预卵子形成过程的物质：几天前，实验室的一名员工清洁了小鼠的聚碳酸酯笼子，他所用的清洁剂导致塑料受损，释放了极微量的双酚 A。动物通过皮肤接触受到了污染。亨特对与自己这项发现相关的卫生问题感到非常困扰，她于是决定将妊娠中的小鼠暴露于极微量的双酚 A，暴露水平接近于美国人接触到的残留量水平。她发现，胎内遭暴露的雌鼠正在形成的卵巢中所含的染色体异常卵子数量极高，这些染色体异常出现在人类身上可能导致流产、生殖器畸形、智力迟缓。然后，当胎内遭暴露的小鼠长到成年时，她给它们的卵子受精，并发现胚胎出现染色体异常的几率非常高 [5]。"将母亲暴露于微量双酚 A，就提高了它们的孙辈异常的概率。"她说道 [6]。事实上，"不只是胎儿遭到了暴露，而且它们生产的下一代的卵细胞也遭到了暴露"。她还补充道："成年遭暴露的影响是可以逆转的，而胎儿的这些异常是永久的、不可逆转的。胎儿对双酚 A 更加敏感，仅仅一次时间极短的暴露就可以影响未来的发育。"[7]

胎儿暴露于双酚 A 的危害

"化工企业并没有彻底否定我们结果的有效性，而是想方设法贬低我们的结果，他们的论据是啮齿动物不是人类。"我到塔夫茨大学的实验室拜访安娜·索托时，她这样告诉我。"但是我们可以做什么？难道故意让怀孕妇女暴露于双酚 A，好验证是否会产生跟实验研究中观察到的结果一致吗？"她一边有点厌倦地说着这些话，一边打开电脑给我看一组图片，这组图片是关于她和索南夏因将怀孕雌鼠暴露于微量双酚 A 的实验。事实上，他们在关于壬基酚的意外发现（参见第十六章）之后，这两位学者决定研究双酚 A 的跨代效应。"我们觉得这更有用，因为人类暴露于双酚 A 的几率比暴露于壬基酚要大得多。"安娜·索托这样告诉我，"因此我们直接就使用了与环境中可以找到的相同的剂量，也就是低于每日可接受摄入量的剂量。我们还尽量降低剂量，希望能够观察不到任何效果，很不幸事与愿违。"

"你们用极微量的双酚 A 观察到了什么效应？"

"我们发现，在胎内暴露于双酚 A 的大鼠或小鼠，其患乳腺癌、前列腺癌和生殖障碍的几率增高，还伴有排卵周期紊乱、行为障碍，例如雌鼠做出雄鼠的举动，而真正让我们吃惊的是，显著的肥胖症倾向。这非常令人担忧，因为这些症状正是目前人类中正显著增长的症状。"

"你们是用多大的剂量得出这些结果的？"

"比每日可接受摄入量低两百倍的剂量，即 250 纳克 / 千克体重。"安娜·索托一边回答，一边向我展示了一张电子显微镜下的图片，"您看这里，这是一只没有暴露于双酚 A 的四个月大的小鼠的乳腺。可以看到将来可以排出乳汁的乳腺管。数量并不太多，而且很少有分叉。现在，我给您看在胎内遭到过双酚 A 暴露的动物：可以看到乳腺管发育异常，且侧枝很多，顶芽异常且孕激素受体增多。这是遭暴露的四个月后。如果这只小鼠怀孕了，这就是正常的现象，但是它并没有怀孕。妊娠本身并不是一种病症，但是如果没有怀孕的雌鼠的乳腺模仿怀孕的特征，那就不正常了！"

安娜·索托于 2001 年在《生殖生物学》杂志上发表了一篇论文，文中写道："这些与癌症发生相关的变化，在啮齿动物身上与在人类身上是一样的。"[8] 为了验证这些结果，塔夫茨大学的团队重新做了大鼠胎内暴露的实验，并发现乳腺癌前细胞病变显著增加，在最高剂量下还发现了原位癌。安娜·索托向我解释："这些结果与从胎内暴露于乙烯雌酚的女性身上观察到的结果非常相似，表明激素依赖性癌症对这些物质非常敏感。"

"但是，"我追问道，"在整个孕育过程中，胎儿都会暴露于天然雌激素，为什么天然雌激素不会造成这些影响呢？"

"天然雌激素是在正确的时刻出现在机体中的。"卡洛斯·索南夏因回答，"然而合成激素可能在任何时刻出现，尤其是在糟糕的时刻。另一个区别就是，机体很快就会代谢掉天然激素，也就让这些激素失去活性了，而外来的激素就不会这样了。这些激素作用更长，因为它们能够抵抗代谢机制，而且，它们是亲脂的，也就是说，它们会积累在脂肪中。"

"双酚 A 对胎儿的影响是否可逆转？"

"很不幸，一切都表明这些影响是永久的。"安娜·索托毫不犹豫地回答我，"因为它们是在胎儿的器官形成期介入的。合成激素对正在发育中的器官的作用与对已经发育好的成人器官的作用是很不一样的。"

"是否有其他的实验室得出过你们的结果？"

"当然有。尤其是弗雷德·冯萨尔的实验。他给我们指了一条明路。因为是他揭露了内分泌干扰物可能在高剂量下无任何作用，却在极低极低的剂量下有强烈的作用……"

弗雷德·冯萨尔发现了激素的威力

弗雷德·冯萨尔是哥伦比亚大学的生物学家，他的研究成果是"拼图中关键的一块"[9]，科尔伯恩通过长期的调查耐心地拼出这幅图，才发现了"内分泌干扰物"（参见第十六章）。在《我们被盗走的未来》中，科尔伯恩描述了冯萨尔这位在美国享誉盛名的学者是如何率先证明了"出生前的小小激素变化能够有极大的作用并产生持续终身的后果"。冯萨尔曾经是德克萨斯大学的学生，一切开始于 20 世纪 70 年代，当时他正在修改关于睾酮对胎儿发育的作用的博士论文。他发现这种对男性性器官的生成和功能必不可少的激素也促成了男性的一个重要特征：好斗。

于是他花了几个月来观察具有相同遗传的小鼠的行为，并注意到同母的小鼠中有几只雌性好斗性特别强。他假设，这种性格上的差异可能是来自于在母鼠体内的位置。事实上，小型啮齿动物"通常"一胎怀十二个左右，胎儿就像罐头里的沙丁鱼一样挤在一起。某些雌性因此会被两只雄性像三明治一样夹着。然而，出生前一周，雄性的睾丸开始分泌睾酮。"雌性胎儿可能因此接触到旁边雄性的睾酮。"科尔伯恩写道[10]。这就解释了为何这些雌性后来的行为会更加雄性化，即更好斗。为了验证这个假设，冯萨尔给小鼠做了几十次剖腹产，时间就选在自然生产之前（啮齿动物的自然生产一般发生在妊娠第 19 天）。他仔细地给根据每一只幼鼠在胎内的位置给它们做了标记，然后观察它们行为的变化。结果非常具有戏剧性："最好斗的雌性就是那些生长在两个兄弟之间的雌性。"[11]

这是一个重大发现，证明了"激素对两性发育的重要性，及哺乳动物在娘胎中对极细微的激素变化极为敏感"，这种现象被称为"子宫室友效应"，并开创了一个新的科学概念："子宫内位置现象"[12]。冯萨尔和追随其步伐的学者——如麦克马斯特大学的梅尔蒂斯·克拉克、彼得·卡皮尤克和贝内特·加勒夫，以及北卡罗来纳大学的约翰·范登博格和辛西娅·休杰特——发现"宫内位置"对雌性的成年生活有决定性的作用。的确，那些"不幸"成长在两个兄弟之间的雌性——科尔伯恩谑称为"丑姐妹"，相比起那些"漂亮姐妹"，在雄性那里更不受青睐，雄性八成的几率会选择"漂亮姐妹"。"漂亮姐妹对雄性有一种更'性感'的气味，因为她们产生的化学物质与没那么漂亮的姐妹所产生的有所不同。"科尔伯恩总结道，"出生前的激素环境给每一个姐妹留下了永久的印记，在她们的整个人生中都会被雄性识别。"[13] 学者们还发现，那些可怜的"丑姐妹"的青春期来得更迟，生育能力也低于她们的"漂亮姐妹"，且当她们生育时，胎内怀的大多数为雄性（60%），而"漂亮姐妹"则正好相反（胎内 60% 为雌性）。

但是"胎内位置现象"并非只影响雌性：冯萨尔和他的同事们还观察到，胎内被夹在两个雌性中间的雄性幼鼠，相比于夹在两个雄性之间的雄性幼鼠，其接触到的雌激素更高，同样也导致了显著的行为异常。前者被谑称为"花花公子"，他们的特征为激烈的好斗性，有时甚至会攻击甚至杀死幼鼠，而后者的行为则是无可指责的"好爸爸"。而且，"花花公子"的前列腺比未遭到同胎姐妹雌激素暴露的兄弟大一倍，他们对雄激素极为敏感，因为他们的睾酮接收器数量高三倍。如科尔伯恩所言，"人类的婴儿通常不用跟兄弟姐妹一起分享母亲的肚子，但是他们的发育还是会被激素水平的变化所影响"，造成激素水平变化的，可能是一些"医疗问题，例如，高血压导致雌激素水平增高"，也有可能是"母亲的脂肪组织内含有能够干扰激素的化合物质"[14]。然而，这位《我们被盗走的未来》的作者还说道："必须记住，激素的作用既不会改变基因，也不会造成突变。激素控制遗传机制中个体从父辈继承而来的基因的'表达方式'，而起作用的浓度极低，可以万亿分之一计。"[15]

这些基因中，就有我们所知道的决定性别的 SRY 基因，确切地说，是决定雄性的基因。我们知道，在哺乳动物中，雌性的细胞中含有两条 X 染色体，雄性的细胞中含有一条 X 染色体和一条 Y 染色体。因此母亲的卵子全部都携带一条 X 染色体，而父亲的精子要么携带一条 X 染色体，要么携带一条 Y 染色体。长久以来，我们都认为将要出生的幼儿的性别是由父亲精子中是否携带 Y 染色体决定的：如果携带 Y 染色体，幼儿就是男孩，携带 X 染色体就是女孩。然而，从 1990 年开始，我们知道性别的区分其实要复杂得多，是取决于 Y 染色体中的 SRY 基因是否被激活。

"尽管精子进入卵子后，就提供了形成雄性的基因，但是宝宝的发育并不是马上就非此即彼的。"科尔伯恩解释道，"相反地，在起码六个星期内，它还是有可能变成雄性或雌性，它长出一对不分性别的性腺，有可能形成睾丸也有可能形成卵巢，也长出两套独立的原始管道系统——一套是男性生殖器的雏形，另一套则是输卵管和子宫的雏形。这两套管道系统被称为'中肾管'和'苗勒氏管'，雄性和雌性的生殖系统中只有这两个部分是由不同组织形成的。尽管两个性别之间的区别表现得很大，但两性生殖系统的其他所有部分都是从胚胎的相同组织发育而来的。这些组织是发育成阴茎还是阴蒂、包裹睾丸的阴囊还是阴道周围的阴唇皱褶，抑或是发展成两者之间的某种东西，取决于胚胎发育时接收到的激素信号。"[16]事实上，胎儿性别最终是通过 SRY 基因的激活来决定的，在怀孕的一个唯一的特定的时刻，睾酮发出的一个信号会启动 SRY 基因，贝尔纳·杰谷、皮埃尔·茹阿奈和阿尔弗雷德·斯皮拉在《生殖力是否面临危险》一书中也是这样说的。

我在这里再转述一下他们的描述，因为这对于理解性别决定过程和生殖器官形成过程的敏感性非常重要，若是有外来物入侵了这个极为敏感的机制，则有可能完全偏离轨道。他们在书中说："在发育的第 7 周，位于 Y 染色体的 SRY 基因向性腺发出一个信号，命令性腺形成睾丸。性别的区分取决于胎儿睾丸的激素活动，睾丸可以分泌两种主要激素。SRY 基因所引发的最初后果之一是支持细胞分泌抗苗勒氏管激素，而睾丸间质分泌睾酮。抗苗勒氏管激素会导致苗勒氏管退化，而睾酮则确保中肾管发育为附睾、输精管和精囊。睾酮及其代谢物又称为雄激素，能促进尿道和前列腺的发育，也能够促进生殖结节的膨胀以形成雄性的阴茎和阴囊。在发育的这个阶段，睾丸位于腹部。在怀孕的第七至第八个月，即出生前不久，睾丸落到阴囊里。[……]雌性胚胎中没有 SRY 基因，但有其他基因，无性别的性腺则会转变为卵巢。因为缺乏睾酮和抗苗勒氏管激素，中肾管退化，而苗勒氏管持续生长并形成输卵管、子宫和阴道的上部。至于外生殖器，泌尿生殖器皱褶和阴唇—阴囊组织不会融合。它们分别形成外阴的小阴唇和大阴唇，而生殖结节则形成阴蒂。"[17]

一颗"定时炸弹"

"化工企业做了大量隐瞒信息工作，让人们相信我们并没有暴露于双酚 A、且我们身体中存在的残留量完全不足以担忧。"冯萨尔在新奥尔良的研讨会上这样说，"而事实证明是相反的。给大家举一个例子，要想达到双酚 A 的每日剂量，只需吃掉保鲜盒中的亨氏番茄酱或油浸吞拿鱼。亚特兰大疾病防控中心做过好几项测试美国人尿液中双酚 A 含量的实验[18]。如我们在这项全国性调查中看到的那样，95% 的美国人都受到了污染，且年纪越轻，双酚 A 水平越高[19]。必须注意，被放置在保温箱或重症监护病房中的早产儿受到的污染尤其令人担忧；其污染来自于塑料输液管和输液袋中所含的双酚 A 或钛酸盐[20]。测到的双酚 A 含量跟我进行了六年多的实验所用的剂量是一致的……"

冯萨尔在这次会议上介绍了他关于双酚 A 的最新研究成果，会后他同意接受我的采访，这个采访持续了两个小时。听这位杰出的学者说话是很有吸引力的事情，他对自己研究的主题非常了解，而且谈起工作来充满了热情。对比不久后我在美国和法国的监管机构中，在负责双酚 A 档案的那些专家那里，感受到的那种冷漠，他是截然不同的。

"当您把妊娠小鼠暴露于极微剂量双酚 A 后，发现了什么作用？"我问他。

"在回答您的问题前，我需要说明，我的团队在实验中所用的剂量，符合所有对美国人、欧洲人和日本人进行的怀孕调查中发现的双酚 A 水平，也就是说剂量远远低于国际监管机构制定的每日可接受摄入量。我们发现的影响有很多：首先，雄性和雌性行为之间的区别减少，性别的区分丧失；尿道和膀胱畸形，让动物直到成年仍无法正确排尿。某些畸形简直就是恐怖，例如我从一张照片上看到的，一些大鼠胎内暴露的剂量为每千克体重 20 微克双酚 A，比每日可接受摄入量低 2.5 倍，它们得了尿道阻塞，膀胱机能严重受阻。在还要低的剂量下，双酚 A 会造成胰岛素分泌、葡萄糖水平增高，也会造成胰岛素抗性、糖尿病、心脏病、神经障碍和行为障碍。我们也发现了雄性和雌性的生殖系统功能不全。雌性身上有卵巢囊肿和子宫纤维瘤。雄性身上有睾丸畸形、精子量降低、睾酮水平异常低。最后，我们还观察到了雄性的前列腺癌和雌性乳腺癌。要知道人类所受的污染也是非常广泛的，我真的觉得我们面临着一颗定时炸弹。"

"为什么胎儿会对双酚 A 的效应特别敏感？"

"胎儿对双酚 A 特别敏感，也对所有的内分泌干扰物特别敏感。第一个原因是，与成人不同，胎儿还不具备自我保护的系统，例如能够代谢化学物质的酶。一旦化学物质进入到胎儿体内，它就永远地停留在那里。第二个原因是胎儿特有的敏感性，胎儿是从单一一个细胞发育而来的，这个细胞通过细胞分化过程分裂成两个细胞、然后分裂成四个。每个细胞——无论是肌肉细胞、脂肪细胞还是脑细胞——都含有相同的基因，而这些基因在特定激素的指示下形成不同的细胞。然而，双酚 A 以及其他所有的内分泌干扰物，都有能力让细胞分化过程出现异常。一旦走上了这条异常的道路，则再无可能退后，因为损伤是决定性的。这就是我们所说的'遗传规划程序'，某些器官受到影响而运转异常，在几十年后就会产生癌症。"

"您是否证实了，在所有情况下胎盘屏障都是无效的？"

"胎盘屏障当然是存在的，但是，与我们所想的相反，它并不能阻止有毒产品穿过胎盘触及胎儿；甚至是完全相反的：它是一个陷阱，一旦这些物质成功进入，胎盘会让它们无法出去……同样地，我们的研究证明了，因为有血脑屏障，胎儿的细胞可以不受母亲体内天然雌激素的影响，然而，血脑屏障却无法阻止合成激素入侵胎儿细胞。这尤其是在研究乙烯雌酚时，我的发现，乙烯雌酚在某种意义上是所有内分泌干扰物之母。"[21]

化工企业的惯用伎俩

冯萨尔研究了外来雌激素是如何干涉胚胎发育的关键阶段，证实了在小鼠胎位的研究中观察到的现象。"低剂量的激素有极强的威力，其威力通常比高剂量更强大更致命。"他在新奥尔良研讨会后的采访中是这样告诉我的。这个重要的发现仍然被监管机构坚决否定。为了明白这个发现的关键之处，我们先来回顾一下这位学者的历程。

1997 年，他发表了第一项研究，证明妊娠期间摄入微量双酚 A 的雌鼠的雄性后代有前列腺体积异常的问题，与胎内暴露于雌二醇的幼鼠的现象相似，雌二醇是冯萨尔非常了解的一种内源激素[22]。然而，前列腺的体积和重量的过度增大通常被认为是癌症的前兆。他于是用双酚 A 重复了这个实验，也得到了相同的结果，同年他发表了这个结果："我们的研究第一次证明了胎内暴露于浓度仅为十亿分之几的双酚 A——即消费者常常摄入的与环境中一致的浓度——能够引起幼鼠成年后的生殖系统反应。"他在《环境健康观察》上发表的这篇文章在当时引起了骚动[23]。但是，第二年，他又发表了第三项研究，这项研究"立刻吸引了化工企业的注意，并让他成为了反对双酚 A 的孜孜不倦的斗士"，科学记者丽莎·格罗斯在《公共科学图书馆——生物学》(*PLoS Biology*) 杂志上这样写道[24]。为了做实验，冯萨尔给怀孕 11 至 17 天的小鼠喂服了浓度为 2—20 微克 / 千克体重的双酚 A（稀释于油中），即低于该产品每日可接受摄入量 25 至 2.5 倍剂量。"2 微克的剂量，小于一个补牙的病人在植入牙科树脂水门汀后一小时内吞下的剂量。"他在文章的前言中写道[25]。然而，观察到的结果是不可忽视的：某些生殖器官的体积增加（如包皮腺），而某些则体积减小（如附睾），剂量为 20 微克时，精子产量比控制组下降 20%。这篇研究发表不久之后，《我们被盗走的未来》就出版了。如我们所知道的，这本书在化工企业中刮起了一阵恐慌的旋风（参见第十六章）。冯萨尔的研究有着炸弹的效应，他自己在《公共科学图书馆——生物学》杂志上也是这么说的："我们关于双酚 A 的文章一经发表，化工企业立马行动起来，他们雇佣了许多私人实验室来攻击我们的研究。最为惊人的是，他们所雇佣的这些人根本不知道应该怎么办。这些实验室的某些代表甚至跑来问我：'我们不知道该怎么办，您能告诉我们吗？'。"[26]

丽莎·格罗斯讲述了这个令人难以置信的故事的后续："冯萨尔为一间跟陶氏化学签有合约的实验室录制了自己的实验程序，他还派了自己的一个学生到英格兰去指导阿斯利康制药公司的研究者。从 1999 年起，化工企业发表了一系列文章，包括阿斯利康与塑料工业协会合作的研究，以及陶氏、壳牌、通用电气等双酚 A 主要生产商的实验室所做的研究（阿斯利康并不生产双酚 A，但是生产好几种能够导致相同后果的农药）。没有一项研究证明双酚 A 损坏前列腺发育。"[27]

然而，同一年，匹兹堡大学的药学教授昌达·古普塔发表的另一项研究却证实了冯萨尔的实验结果。她把怀孕小鼠暴露于微量双酚 A 和甲草胺（孟山都的农药，销售名为拉索，参见第一章），同时也像冯萨尔那样将一些小鼠暴露于乙烯雌酚作为"阳性控制组"。因为如冯萨尔所说，"如果实验动物对乙烯雌酚暴露没有反应，则说明实验的手法是不完善的"[28]。古普塔发现，双酚 A 暴露剂量为 50 微克／千克体重（即每日可接受摄入量）时，在怀孕第 7 至第 8 天于胎内遭暴露的雄鼠前列腺体积增加，肛门与生殖器之间的距离也增加（甲草胺的相同剂量也得出了相同的结果）[29]。而且，当她把胎儿的前列腺放置于培养基中，并用化学产品处理时，她发现了同样的异常增大的现象，"这证明化学物质直接作用于前列腺"[30]。

化工企业立马就有反应。首先，化学工业毒理学研究所（美国化学理事会资助的一个机构）的三位学者在《生物与医学实验的社会诉讼》上发表了一篇评论，强烈谴责古普塔的研究的"分析与总结方法"[31]。古普塔反驳，并指出了我们在阿斯巴甜事件中已经提到过的一种现象，即"经费效应"（参见第十五章）："有意思的是，那些无法得出该物质效应的研究都是化工企业资助的，而得出阳性结果的都是独立的大学实验室的研究。而且，很明显，选择研究一种有重要商业价值的产品的科学家，都要经过化工企业和为化工企业工作的学者的苛刻筛选。"[32]

化工企业志在捍卫他们的投毒技术且不惜"污染科学文献"（这是彼得·因凡特的话，参见第九章），于是他们求助于一个听起来非常体面的机构：哈佛风险分析中心。这个名字很好听，足以糊弄监管机构的那些天真的专家：的确，谁会去怀疑一个冠着如此著名的学府之名的机构会为地球上最大的毒药生产商工作呢？而这正是这个由某个叫约翰·格雷汉姆的人于 1989 年创立的机构的"使命"。一些在禁烟案件中公开的文件表明，哈佛风险分析中心的第一个客户是烟草公司菲利普·莫里斯[33]，然后还有陶氏化学、杜邦、孟山都、埃克森美孚、通用电气、通用电机等公司，该中心为这些企业撰写长长的报告，贬低与化学品相关的健康风险。就在该中心受雇于美国塑料工业协会，做一项关于微剂量双酚 A 作用的荟萃分析的时候，约翰·格兰特加入了乔治·布什政府，被任命为信息与监管事务办公室的领导，这是化学品监管的关键岗位。这次任命引起了激烈的抗议，包括在学府界里，2001 年 5 月 9 日，包括流行病学家理查德·克拉普（参见第十一章）在内的 53 名著名科学家联名致信政府事务委员会。他们检举：格雷汉姆"与被监管的企业勾结"、"用极为主观的经济利益为由，否定二恶英、苯等已证实有害的污染物的风险"[34]。

格雷汉姆前往华盛顿之后，他在哈佛风险分析中心的领导职位给了乔治·格雷，一个热心的农药捍卫者[35]。格雷召集了一个"专家组"，做了一项受塑料工业资助的荟萃分析。这个专家组中有 Gradient 公司的洛伦茨·隆伯格，Gradient 是一家咨询公司，与烟草企业有密切的合作关系。2006 年，隆伯格积极地反对加利福尼亚州一项禁止将双酚 A 和钛酸盐用于三个月以下儿童使用的玩具和奶瓶的法案。我们后来听到的欧洲食品安全局所用的论据，几乎完完全全出自他的笔下："法案的支持者提出了一个非正统的科学假设，认为极微量双酚 A 暴露——远远低于通常被认为安全的剂量——会造成健康危害。他们的根据，是极微量双酚 A 会以某种方式对儿童造成危害这一假设。然而，他们所引用的大部分研究，有效性都极低，甚至无效，这一些旨在证实极微量双酚 A 危害的实验，从来未经大型严谨的实验所核实。[……] 不管他们所引用的实验有多少项，微弱的不可靠的证据积累绝对不能构成翔实的证据。[……] 相反地，不断有证据反复证明，含双酚 A 的塑料是安全的。最近由日本和欧洲的政府机构进行的完整评估就证明了这一点，哈佛风险分析中心的独立专家组也证明了这一点 [36]。"

"16 世纪的技术与知识"

当然了，在"美国塑料工业协会的支持下"，哈佛风险分析中心于 2004 年发表的报告得出了结论："证明双酚 A 微量下的危害的证据并不可靠"[37]。注意，乔治·格雷和"独立专家组"花了两年时间来分析 2002 年 4 月前发表的 47 篇研究中的 19 篇，最后专家组中有三名成员拒绝签署分析报告。报告在总结中建议"在严格监控的条件下重做现有的研究"……

塑料工业到处派发这份著名的报告的同时，弗雷德·冯萨尔和签署了这份报告后又与专家组决裂的内分泌学家克劳德·雨果一起发表了一项新的荟萃分析，他们分析了不止 19 项，而是 150 项 2004 年底前发表的关于双酚 A 微剂量作用的研究 [38]。"结果令人震惊。"冯萨尔在新奥尔良的采访中告诉我，"我们发现 90% 由公共资金资助的研究都证明了双酚 A 微剂量下的显著作用——即 115 项研究中的 94 项，而企业资助的研究没有一项得出这个结果！"

"这就说我们说的'经费效应'……"

"是的……而且，31 项脊椎动物或非脊椎动物实验都发现了双酚 A 低于每日可接受摄入量下的显著作用。"

"您怎么解释为企业工作的学者得出的相反结果呢？他们是否弄虚作假了？"

"很难证明他们弄虚作假。"冯萨尔的回答非常谨慎，"但是，有一些'窍门'能够掩盖潜在的作用。首先，如我和克劳德·雨果在文章中所写的那样，大多数企业资助的实验室都使用了一种大鼠，这种大鼠已知是对雌激素类物质完全没有反应的。"

"有一种这样的大鼠？"我问道，因为这个信息听起来不像真的。

"是的，这种大鼠叫作斯普拉-道来鼠，又称 CD-SD，可以说是一种由查尔斯·里弗公司培养出来的实验用鼠，他们五十多年前就开始根据繁殖能力强、幼鼠出生后成长速度快等特点进行筛选。所以这些大鼠体积肥胖、能够生产大量的幼鼠，但因此也会对雌激素不敏感，例如，对乙烯雌二醇这种避孕药中常见的强效雌激素就不敏感：即使是女性口服避孕药每日剂量的一百倍，也对这种大鼠起不了作用！因此这种大鼠完全不适合用来研究合成雌激素的微剂量作用！"

"那为企业工作的实验室不知道斯普拉-道来鼠的这一特点吗？"

"似乎不知道！但是，奇怪的是，所有的公共实验室都知道。"冯萨尔带着会心的微笑回答我，"私人研究的另一个问题是，他们使用的是起码五十年前的技术！他们测不出双酚 A 的极微剂量，仅仅因为他们的器材做不到，或者因为著名的'实验室正确操作'并不要求他们做到，这真是方便啊！这就像是一个天文学家即使有了像哈勃天文望远镜这样好的器材，还在用双筒望远镜观察月球！在我的实验室里，我们可以测出的双酚 A 未代谢残留量低至 10 亿分之 0.2，但是在我们查阅过的大多数企业研究里，测出的水平比这高出五十至一百倍！这样很容易就可以总结出'双酚 A 暴露不会对健康造成问题，因为残留完全被排泄了'……我们发现的最后一个问题是，私人实验室的研究者以及大部分监管机构的专家基本上对内分泌学一无所知。他们所学的都是老一套的毒理学，也就是'剂量决定是否是毒药'。然而，这条原则，这个每日可接受摄入量的理论依据，是基于 16 世纪的错误假设：在帕拉塞尔苏斯的时代，人们还不知道化学物质可以起到激素的作用，也不知道激素不遵从毒理学的规则。"[39]

"那这是不是意味着，'剂量—作用'关系的原则，即每日可接受摄入量的理论依据，也是谬误的？"

"对于内分泌干扰物而言，的确如此，这个原则没有任何作用！它可以适用于几百种传统的毒物，但是对激素没用，对任何激素都没用！对于某些化学品和天然激素，我们知道低剂量就可以激发作用，而高剂量却会抑制作用。对于激素，从来都不是剂量决定是否是毒药，作用不是随着剂量的增加而逐步增强的，因为内分泌学中根本不存在剂量—作用的线性曲线。我给您举一个具体的例子：当一名女性患上了乳腺癌，我们给她开的药是他莫昔芬。在治疗的初期，效果很不理想，因为这种物质会先刺激肿瘤的增长，而达到了一定剂量以后，它就会抑制癌细胞的增生。患前列腺癌的男性所用的药物醋酸亮丙瑞林也是这样的。在这两个例子中，物质的作用与剂量不成正比，也不遵循线性曲线，而是一条倒 U 形曲线。内分泌学中，我们讲的是双向作用：先是上升阶段，然后是回落阶段。"

"那监管机构不知道这些特点吗？"

"我真的觉得他们的专家应该回到医学院里，坐在板凳上听一堂内分泌学启蒙课！说认真的，我请您看一下美国内分泌学协会最近发表的一则声明，这个学会集合了一千多名专家。声明中正式要求政府彻底重审有激素作用化学品的监管方法，据估计这样的产品有几百种。这则声明的作者可不是拿着标语示威的激进运动分子！他们是专业的内分泌学专家，他们明确说明：如果监管机构不采纳他们的专业意见，消费者和公众就得不到保护，因为这样的监管系统只可能是无效的。"

事实上，我读过内分泌学协会发表于 2009 年 6 月的这篇文章（安娜·索托就是作者之一）[40]。这篇将近 50 页长的声明敲响了警钟："我们有证据证明，内分泌干扰物可对男性和女性生殖系统发生作用，也可引发乳癌、前列腺癌、以及神经内分泌系统、甲状腺、肥胖和内分泌心血管的疾病。从动物实验、人类临床观察和流行病学研究得来的结果一致说明内分泌干扰物是公共健康的主要问题。"文中提到"属于内分泌干扰物的物质很多，包括农药、塑料、增塑剂、燃料、以及许多存于环境中的广泛被使用化学品"，还说明"极微量的暴露，不管暴露量有多小，都会造成内分泌系统和生殖系统的异常，尤其是当暴露发生在发育的关键时刻。惊人的是，微剂量有可能比高剂量的危害力更大。其次，内分泌干扰物所遵循的剂量—作用曲线并不是传统的线性曲线，而是一条倒 U 形曲线"。文章的总结中呼吁"科学决策者与个人应加强认识和预防，积极促进公共政策的改变"。

"用来制定双酚 A 每日可接受摄入量的研究真是荒谬"

"您知道美国食品药品监督管理局和欧洲食品安全局是根据哪项研究将双酚 A 的每日可接受摄入量定为 50 微克 / 千克体重的吗？"我问弗雷德·冯萨尔，而我并不知道我触及了双酚 A 事件最不可思议的一个关键点。"监管机构所参考的研究，我可以毫不犹豫地说是荒谬的，应该直接扔到科学史的垃圾筒里。"冯萨尔很坚定的回答这个问题，语气完全不同于采访刚开始时的轻快。"这项研究的作者是罗歇尔·季尔，受到了塑料工业协会、陶氏化学、拜耳、联盛机电、通用塑料等双酚 A 主要生产商的资助。这项研究发表于 2002 年，如其标题所示，所用的实验动物是斯普拉–道来鼠：这就说明了这项研究完全是没用的，但偏偏就是这篇文章，被监管机构从几百篇研究中选中，用来制定每日可接受摄入量！"

的确，查阅欧洲食品安全局于 2006 年发表的意见 [41]，就能够在第 32 页读到：用来制定双酚 A 生殖毒性的最大无有害作用量的依据，就是罗歇尔·季尔在斯普拉—道来鼠身上做的一项"大型三代实验"[42]。"2005 年，我揭露了斯普拉—道来鼠对雌激素物质不敏感，季尔的团队马上急匆匆地用一种叫作'瑞士小鼠'或'CD-1'的小鼠做了第二次实验。"冯萨尔告诉我。"这与我在自己的实验室中所用的是同一种小鼠。但是这里也有很大的问题……"用最简单最容易理解的方法来说，欧洲食品安全局于 2006 年发布的意见的确谈到了"关于低剂量双酚 A 可能对敏感啮齿动物种类造成的影响的争论"，之后才说明"最新的以正确操作在两代鼠类身上进行生殖毒性实验并没有证明低剂量下作用的存在"[43]。尽管没有明确说明，但是我们可以看出，根据 2002 年那项"荒谬的研究"所指定的 50 微克每日可接受摄入量并没有改变。

"这第二项研究的问题是什么？"我问冯萨尔。

"问题多得很！"他喊道，"问题非常严重，因为关键在于这是双酚 A 的每日可接受摄入量，所以包括我在内的 30 名美国科学家于 2009 年在《环境健康观察》上发表了一篇长长的文章[44]，揭露了这项研究中许多不可思议的谬误。这项研究就跟第一项一样，应该扔到垃圾桶里！然而它却被欧洲食品安全局和美国食品药品监督管理局当成是通过正确操作得来的必要依据！"

为了理解这件令人惊愕的事件的后续，先要知道，罗歇尔·季尔的团队用了 280 只雄鼠和相同数量的雌鼠，将它们分成三个组：一个"控制组"（不暴露于任何物质）、一个"阳性控制组"（暴露于雌二醇，因为这种激素的作用是已知的），以及一个"实验组"（暴露于六个剂量的双酚 A）。主要关注集中在妊娠期遭暴露的雌性和它们的雄性与雌性后代，因为研究的主要目的是测量微剂量双酚 A 对生殖系统的跨代作用。"我们在文章中报告的第一点，就是阳性控制组的小鼠对雌二醇极为不敏感。"冯萨尔向我解释，"最初的作用，直到剂量达到比包括我的实验室在内的许多实验室高出五万倍，才表现出来。一切都说明，季尔的实验设备被雌激素污染了。一种可能的解释就是，2001 年 8 月的一场火灾毁坏了实验室，火灾中二十多个聚碳酸酯做的笼子燃烧并释放了双酚。最近于德国举办的一次研讨会上也谈到了这个假设，季尔本人和美国食品药品监督管理局的一名代表也参加了这次研讨会，会议上不断提到这个实验的谬误[45]。令人难以置信的是，欧洲和美国的监管机构都没有注意到阳性控制组的异常，不然他们应该直接否定这项研究的有效性，因为雌激素污染后不可能测出双酚 A 的微剂量作用。第二个问题是，控制组中雄鼠的前列腺重量异常，比所有其他类似研究中测出的重量高出了 75%。"

　　的确，在这项研究的表格 3 中，季尔标出控制组雄鼠在 3 个半月大时的前列腺平均重量高达 70 毫克。然而，冯萨尔等 30 名科学家联合签署的文章中说明，"控制组的平均重量与其他实验室报告的重量完全不同。通常，瑞士小鼠 2 至 3 个月大时前列腺重量为 40 毫克。许多研究都报告产前期暴露于微剂量双酚 A 或雌激素会让前列腺加重，[……] 然而这些实验室中暴露于双酚 A 的雄鼠的肥大前列腺都比季尔的控制组还要轻"[46]。冯萨尔向我解释："这个异常的前列腺重量只可能有两种解释：要么是解剖的技术不正确，要么是实验动物有前列腺炎。而且我必须说，季尔对这个异常所做出的多种解释，只能证明该实验完全无效。"

　　事实上，必须说，这位科学家犯了好几次糊涂。2008 年 9 月 16 日，美国食品药品监督管理局举办了一次听证会，会上冯萨尔公开向她质问这个明显的异常，她做出了第一个版本的解释："这些小鼠并不是 3 个月大，而是 6 个月大，所以前列腺更大些。"冯萨尔很冷静地展示了这项著名的研究，对这项研究中"两次犯了相同的印刷错误"[47] 表示震惊……2009 年 4 月于德国举办的双酚 A 论坛上，季尔又一次被质问异常前列腺的问题，她给出了第三个版本："这些小鼠 5 个月大。"而在场的 58 名学者中，很多都公开质疑这样的一项研究怎么可以被选作监管机构的参考[48]。

欧洲食品安全局为双酚 A 辩护的拙劣论据

　　这怎么可能？ 2010 年 1 月 19 日，当我坐在从意大利博洛尼亚到帕尔玛的大巴上，这个问题不停缠绕着我。这一天，我和四名欧洲食品安全局的代表有个约会，其中包括负责评估与食品接触材料的部门主任亚历山大·费根鲍姆。在见他之前，我仔细重读了欧洲食品安全局 2006 年 11 月发布的关于双酚 A 的意见："报告双酚 A 微剂量下危害的研究，其结果与根据国际惯例 [……] 和实验室正确操作守则做出的实验结果不符。这些研究中没有一项 [……] 能够证明双酚 A 在微剂量下对啮齿动物的影响（剂量达到

0.003 mg/kg 体重）[49]。"

　　啊！"实验室正确操作"！这个守则要背黑锅啦！我在第十二章中说过，20 世纪 70 年代末一系列为企业工作的实验室被揭露弄虚作假后，经济合作与发展组织、美国食品药品监督管理局和欧洲安全局开始推广该操作守则。Searle 公司关于阿斯巴甜的研究，就是这些弄虚作假行为的完美例证（参见第十五、十六章）。然而，如弗雷德·冯萨尔和他的 29 名同事在前面所说的这篇文章（《监管机构为何不可根据实验室正确操作守则筛选数据》）中所指出，"企业的数据可能存在舞弊，因为这些数据不像公共资金资助的、发表于有审阅委员会的期刊上的学术研究数据那样经过大量严格的审核。缺乏护栏让舞弊行为有空可钻"[50]。

　　具体来说，"实验室正确操作守则"是一张表格，为监管和商业目的做研究的学者需要仔细地在表格上填写研究的每个步骤和数据，以方便审核。但是这个记录和归档的工作完全是形式主义，"不能保证科研结果的有效性"，也"无法说明实验流程的质量、操作员的技术、实验的敏感性、以及实验方法是尖端还是过时"[51]。安娜·索托告诉我："在我们的实验室里，我们从来没有参考实验室正确操作守则，因为守则所要求的定期审查是很昂贵的。难以置信的是，该准则本来是用来避免私人实验室舞弊的，现在却反过来对付大学实验室，本来大学实验室的研究要获得资金就已经经过了非常严格的审核！这就是为什么我所有关于双酚 A 的研究，即使已经全部在科学文献上发表过，却全都被欧洲食品安全局扔进了垃圾桶！"

　　"你们为什么否定安娜·索托的研究？"我在采访中开诚布公地问费根鲍姆。这个采访跟其他三个在欧洲食品安全局所做的采访一样，都被我的摄制队录了下来，也被三名坐在我身后的该局代表录了下来……

　　"很简单，她的研究不符合质量标准。"这位专家回答我。"有可能……她的研究得出的是孤立的结果。您怎么可以肯定，这些在试管里或有限的动物身上得出的结果，对人类健康是有意义的呢？我们嘛，我们必须采用有效的、被科学界接纳的研究。您很清楚安娜·索托的研究并不是这样的……"

"那么弗雷德·冯萨尔的研究呢？"我追问，故意忽略掉我刚刚听到的荒谬话语。

"冯萨尔十几年来一直在努力说服科学界重视他的研究。但他并没有做到：所有负责风险评估的国家和国际监管机构，包括美国食品药品监督管理局，还有新西兰、日本、德国、英国的食品监管机构，都赞同我们的风险评估方法和我们制定的每日可接受摄入量……"

"还有几百项大学的研究证明了双酚 A 在远远低于每日可接受摄入量下的作用，却都没有被欧洲食品安全局考虑，这您怎么解释？"我越来越气馁地追问他。

这位专家先是滔滔不绝地自言自语了一大通难以理解的话，我觉得都没有必要浪费读者的时间了，然后他答道："的确，我们在大部分的研究中都看到了双酚 A 的作用，但我们不知道这些作用对人类健康有什么意义。我们是负责给出关于消费者安全的意见的机构，怎么可以依赖一些无效的、不可复制的研究呢？"

"欧洲食品安全局根据两项研究制定了双酚 A 的每日可接受摄入量：就是罗歇尔·季尔做的两项研究。她为了解释实验所用小鼠的前列腺体积异常，给出了三个版本的小鼠年龄。这您怎么看？"

"对不起，您可以重复一下您的问题吗？"

"罗歇尔·季尔在企业的资助下做了两项研究，欧洲食品安全局就是根据这两项研究制定了双酚 A 的每日可接受摄入量。但是在第二项研究中，控制组的前列腺异常肿大，不符合这种小鼠在 3 个月大时的特征，3 个月是罗歇尔公布实验结果时注明的年龄。后来为了给这个异常找理由，她又两次修改了小鼠的年龄。这是否符合'实验室正确操作守则'？"

"您的问题是：小鼠的年龄是 6 个月而非 3 个月，是否会让整个研究完全无效？是吗？"

"是的！"

"您可以关一下摄像机吗，我想跟同事商量一下……"

"我不能回答您的问题。"费根鲍姆最后这样跟我说,并利用这个机会转变了话题,"您来之前我就做过一个研究:仅 2009 年一年,就出现了一千多项关于双酚 A 的研究。一些是朝着您指的方向,另一些则完全符合欧洲食品安全局的方向。因此,如果您见了认同双酚 A 微剂量下有作用的学者,您可能会被他们说服……"

"您刚才说'认同双酚 A 微剂量下有作用'。难道您认为双酚 A 微剂量下的作用只是一个意识形态上的态度,而没有任何科学依据吗?"

"的确如此,这是一种思想潮流,但是我保证,这并不是科学界中大部分人的想法。您认为,我们能根据一些假设和未经证实的证据,就定下会给公共健康带来很大影响的意见吗?这是不可能的……"

"忽视这些数据并不是科学的态度"

"法国食品卫生安全署、欧洲食品安全局以及美国食品药品监督管理局都坚持将双酚 A 的每日可接受摄入量定在 50 微克 / 千克,即使有几百项研究可以证明双酚 A 在远远低于这个剂量时的作用。这您怎么解释?"这个问题让美国国家环境卫生研究中心的主任琳达·伯恩鲍姆笑了。2009 年 10 月 26日,她在位于北卡罗来纳州三角研究园内的办公室里接待了我,她的办公室里挂了一面星条旗。十个月前,她被奥巴马总统任命为该研究中心的领导,所有努力让公共健康与环境卫生成为国家关注重点的人都为之鼓舞。

"为什么?"她重复了我的问题,并寻思着措辞。"因为这些机构没有检查最新的数据,这就是问题所在。某些监管机构在适应最新科学这方面是很慢的。然而,近几年来,有大量在科学文献上公开发表的数据都证明了双酚 A 在极低暴露量下对发育中的器官的影响。我认为,忽视这些新数据不是科学的态度……"

伯恩鲍姆的坦率让我很惊讶,因为尽管她在科研严谨和职业道德上有着极好的名声,我也并不期望美国最大的公共科研机构的领导会对监管机构加以指责。在被奥巴马总统任命之前，这位著名的毒理学家十七年来一直领导美国环境保护局的实验毒理学部门。2007 年，她与其他 37 名科学家一起签署了关于双酚 A 的"共识声明"，这项声明得到了国家环境卫生研究中心的支持。这项声明是 2006 年 11 月 28 日至 30 日在北卡罗来纳州举行的 3 天会议的工作总结。这个会议分为 5 个讨论组，评估了发表在科学文献上的七百多篇文章，得出的结论不容置疑："动物在胎儿期或成年期受到微剂量双酚 A 暴露所造成的危害非常值得担忧，因为人类有可能受到类似潜在危害的影响。事实上，最近人类疾病的趋势与在双酚 A 微量暴露后的实验室动物身上观察到的效果非常相似，例如：乳腺癌和前列腺癌增加、男性婴儿生殖泌尿系统畸形、男性精子数量下降、女性青春期早熟、2 型糖尿病、肥胖症、以及注意力缺陷和多动症等神经行为障碍。"[52]

一年后，国家毒理学计划请专家组评估双酚 A 的毒性，伯恩鲍姆参与了报告的撰写，这份报告先是于 2008 年 4 月发表了前言，然后再于 2008 年 9 月发表了专题论文集。这份报告与企业报告的含糊其辞完全不同，它指出"生物监测研究（参见下一章）已证明人类广泛暴露于双酚 A"，且"日常摄入双酚 A 最多的人群是新生儿和儿童"。报告的总结中以严谨的态度承认"普遍的暴露量对胎儿、婴幼儿和儿童神经与行为 [……] 以及对前列腺、乳腺和女性青春期年龄的影响值得**一定的**担忧"[53]。

报告的语气非常节制，但加拿大政府非常明智：国家毒理学计划的报告前言发表不久后，加拿大就宣布立刻禁止销售含有双酚 A 的奶瓶（且注意加拿大的双酚 A 每日可接受摄入量不是定在 50 微克 / 千克，而是 25 微克 / 千克）。与此同时，加拿大卫生部也发表了一项关于双酚 A 对环境的污染的报告。报告中称："双酚 A 存在于一些并非直接释放该物质的地方，例如沉积物和地下水中。这说明这种物质能够在环境中长时间停留，从它的释放地点转移到另一个地点。[……] 双酚 A 对水生生物的毒性极高。该物质也会对个体的正常发育及其后代的发育产生影响，已证实的有害影响有：对蠕虫的繁殖、植物的生长、哺乳动物和鸟类的发育的影响。[……] 因此，建议将双酚

A 作为对加拿大人民健康与生活构成危害或可能构成危害的物质处理。"[54]

　　加拿大政府禁售含双酚 A 奶瓶的创先决策也得到了科学刊物的支持，2008 年，加拿大卫生部的研究者曹旭亮（音译，Xu-Liang Cao）发表了两项研究，证明了双酚 A 对盒装婴儿流质食品和加热到 70 度的奶瓶内盛物的污染[55]。从奶瓶逸出到内盛奶水中的双酚 A 为 228—521 微克 / 升。环境健康网络的网站上，发了一则很精准的小计算方法："如果平均体重为 9 千克的 1 岁婴儿每天食用 0.5 升奶，那每日摄入的最大剂量则为 260 微克，除以 9 千克体重后，即 28.9 微克 / 千克 / 日。"通过奶瓶这一种渠道摄入的"消费量"当然是低于欧洲制定的每日可接受摄入量 50 微克 / 千克体重，但是比安娜·索托和卡洛斯·索南夏因的研究中验出的危险剂量高出了许多，他们的研究证明了胎内暴露于剂量为 250 纳克的双酚 A 会对小鼠乳腺造成影响；如果监管机构用这项研究作为参考的话，得出的每日可接受摄入量就会低于 2.5 纳克，即 0.002 5 微克 / 千克体重，比现有的每日可接受摄入量低 2 万倍……

　　"忘了所有这些巧妙的计算吧。"琳达·伯恩鲍姆用沉着冷静的语气回答我，"我们要务实一些。我认为已有足够的证据证明双酚 A 的潜在危害，尤其是对发育敏感期的胎儿。因此，如果我是一个年轻的母亲，且正在用奶瓶喂我的宝宝的话，我不希望奶瓶中有双酚 A。"

含双酚 A 的塑料奶瓶：监管机构的虚假论据

　　"我在此提醒，预防性原则只适用于不存在可靠研究的情况。而在这个情况中，可靠研究是存在的；这些研究的结论是，根据现有的科学知识，含双酚 A 的奶瓶是无害的。[……] 所有主要的卫生监管机构都已经证实了这些研究。"这是 2009 年 3 月 31 日的法国议会上，卫生部部长罗斯利娜·巴舍洛对让-克里斯托弗·拉加德的问题的答复。拉加德是塞纳-圣丹尼省的中间派议员，他要求法国政府像加拿大那样，至少对含双酚 A 的奶瓶运用预防性原则。而巴舍洛部长用不容置疑的语气宣称："预防性原则是一条理智的原则，绝对不是情感的原则。加拿大政府是迫于公共舆论的压力做出的禁止令，这个决策并非基于任何严肃的科学依据。"我肯定这几句话会成为这位部长形象上的污点，而她几个月后终于在甲型流感疫苗丑闻中身败名裂[①]。

她卸去了部长一职，可以说，肯定有一些负责双酚 A 档案的"专家"给她出过馊主意。的确，在加拿大禁双酚 A 之后，欧盟也要求欧洲食品安全局拟定关于双酚 A 用于奶瓶的意见。问题的核心在于验证孕妇、胎儿、婴儿和其他敏感人群对双酚 A 的代谢[②]是否能让他们免受其害。我们看到的答案让许多我就此主题采访过的专家——包括伯恩鲍姆、冯萨尔、西科莱拉——目瞪口呆："胎儿的双酚 A 暴露可以忽略"！这就是欧洲食品安全局的专家组于 2008 年 7 月得出的结论[56]。

这个结论与多项在啮齿动物和猴子身上进行的实验结果相悖，也与美国国家环境卫生研究中心的声明、国家毒理学计划的专题论文集的结论不符。为了解释这个奇怪的结论，欧洲食品安全局的专家们将双酚 A 与扑热息痛作对比，理由是这两种物质结构相似，因此胎儿和新生儿的解毒机制应该也是相似的。尽管北美和其他国家的科学文献上都没有出现过这种大胆的假设，欧洲食品安全局的这个意见还是被法国食品安全署采纳了。这个法国的食品安全监管机构于 2008 年 10 月发表了一项"关于有可能用于微波炉加热的聚碳酸酯奶瓶中的双酚 A 的意见"，结论是：没有证据证明需要"特殊使用警告"[57]。

2009 年 6 月 5 日，法国环境健康网络和国民议会环境健康讨论组的主席杰拉德·巴普特共同组织了一次研讨会，在国民议会大厅举行。会上，法国食品安全署的食品风险评估主任玛丽·法夫罗称："胎儿因母亲受污染而遭到的双酚 A 暴露是可以忽略的。当然，相关实验并不是用双酚 A 本身做的，而是用与双酚 A 结构相似、且解毒机制相同的扑热息痛。"

---

① 2010 年 5 月 17 日，法国议会终于通过法案禁售含双酚 A 的聚碳酸酯塑料奶瓶……
② 双酚 A 一旦进入机体，就分解成"游离双酚"和两种主要的代谢物：葡萄糖醛酸-双酚 A、硫酸-双酚 A。

改变模式的必要性

"这个论据完全是荒谬的!"2010年2月11日,我在巴黎与安德烈·西科莱拉见面时,他这样告诉我。"如果我的实习生给我交一份这样诡辩的报告,会直接被踹出门,因为这与我们在毒理学基础中所教的完全相反。双酚A的结构和扑热息痛的结构是明显不同的。当然,它们都有一个由羟基和苯环构成的酚核,仅此而已! 按照这种推理方法,所有含苯环的物质都可以被认为是致癌物,这有多愚蠢啊,这样正好可以让化学工业哀嚎了!"

"我记得,在6月5日的研讨会上,您发了好几次火。"

"是的! 有些反反复复出现的论点,我简直没法听下去,例如化工企业代表所说的那些,还有,监管机构说的那些。"

的确,欧洲塑料工业协会的西欧主席米歇尔·卢布里很雀跃地说:"我邀请你们来一趟小小的环球之旅,向你们介绍一下我们化工企业所需要的东西,也就是卫生监管机构允许我们的各种产品上市的意见。"该协会的网站上[58],自称是"欧洲塑料生产商之声"。卢布里说:"美国、加拿大、欧洲及日本的卫生监管机构目前一致同意:双酚A目前的暴露水平不会对公共健康构成任何风险,包括儿童和婴儿的健康。"

西科莱拉驳斥道:"同样地,不久前,所有的卫生监管机构也同意石棉没有任何问题。当时他们总是说:'哪里有受害者啊?'如今,已经有3 000人因石棉而死了,往后二十年中还会有几万人因此丧命……那么,这里真正的问题是:我们是否要等四十年、五十年六十年才能确信对人的危害呢?还是我们应该运用预防性原则,因为所有在动物身上进行的实验,包括小鼠、大鼠、猴子等,其实验数据都证明了其危害性,尤其是猴子的实验……"

法国食品安全署的署长帕斯卡尔·布里昂反驳说:"问题在于,只是以某种情绪为依据,是不能正确保护我们的公民的……"

"您怎么能说是'情绪'呢？"西科莱拉发火了，"您怎么能在这么多的科学数据面前说是'情绪'？"

我在采访中问西科莱拉："在讨论会上，帕斯卡尔·布里昂称法国食品安全署的专家委员会做了一项'独立客观的科学研究'。您怎么看？"他回答我说："他们的评估方法一点也不科学！不然，明明有五百多份已发表的严谨研究，怎么偏偏选了两篇备受质疑的文章作为双酚 A 标准制定的依据呢？就双酚 A 这样一种争议不断的产品，怎么可能所有专家的意见都达成一致①？这她怎么解释？这里有一个基本的问题，就是职业道德问题。这样一个目的在于保护公共健康的专家体系，怎么可以这么腐败？您有没有查过法国食品安全署和欧洲食品安全局专家组的'利益声明'？"

"是的，我查过。2008 年 10 月提交法国食品安全署的意见的专家中，有为聚碳酸酯塑料产品生产商阿科玛公司工作的让-弗朗索瓦·雷尼尔，还有与农产品保存技术中心签有合约的弗雷德里克·奥梅和菲利普·萨亚尔。至于 2006 年与 2008 年发表过意见的欧洲食品安全局专家组中，至少有四个成员与国际生命科学学会有关（参见第十二章），还有一名专家沃尔夫冈·德坎与多家化工企业有联系，如 RCC 公司和霍尼韦尔公司等。"

"双酚 A 为什么这么关键？"我最后这样问西科莱拉。

"双酚 A 之所以成为一种标志性的物质，是因为它说明了化学品的评估模式需要改变。"他告诉我，"现有的监管方法是基于 70 年代的原则，对于内分泌干扰物等物质完全不起作用。我们必须改变方法。好几代的毒理学者学的都是'剂量的大小决定是否是毒药'；然而，现在我们发现，对于许多物质而言，决定是否是毒药的，是一个时间段，有时甚至是某一天。例如，睾丸的形成发生在怀孕的第 43 天，怀孕妇女最好在这一天避免接触对睾丸

---

① 在她 2010 年 9 月提交的关于双酚 A 的意见中，第一次说明了"有一名专家组成员表达了少数派意见"，并指出："欧洲食品安全局认为，专家能够表达与共识意见不相符的意见是很重要的，这就是少数派意见。"然而专家们还是得出结论："没有任何新的证据证明现有的双酚 A 每日可接受摄入量——即欧洲食品安全局制定的 0.05 毫克／千克体重——需要修改。"

有影响的物质……而且，现有的体制是有谬误的，因为并没有考虑到我们对几百种化学物质的多重暴露和长期暴露。对这些物质的评估是一种一种单独进行的，而在现实生活中，我们通常是同时暴露于许多种产品，这些产品合在一起真的可以构成化学炸弹……"

第十九章
鸡尾酒效应

某些程序一旦启动则无法逆转，因此在大胆去做之前最应该做的事情是谨慎，谨慎在任何情况下都是责任感的必要条件。

——汉斯·约纳斯

他来到新奥尔良的研讨会，穿着鲜艳的衬衫，头上的编发扎成马尾。他用他特有的欢快语气说："我来给大家说说内分泌干扰物对现实生活的影响，当然了，还有莠去津对青蛙的影响。"在场的人都笑了。泰隆·海耶斯五十多岁，胖墩墩的，他是伯克利大学最著名的生物学家之一，但也是瑞典化工巨头、农产品和农药生产商先正达公司（Syngenta）的眼中钉[①]。先正达的年营业额达到 110 亿美金（2009 年），在世界上 90 个国家设有子公司，主要生产农药 Cruiser，一种可能造成蜜蜂死亡的杀虫剂，也生产莠去津，这种在我出生时降临到我父母的农场的除草剂（参见第一章）。

莠去津，一种"强效化学阉割药"

新奥尔良的研讨会上，海耶斯谈到了他最新发表的一项研究，该研究证明这种农药在与自然环境中相似的剂量下，会导致人类细胞出现有乳癌和前

[①] 先正达由阿斯利康和诺华合并而来的一家公司。诺华本身也是 1996 年由山德士和汽巴-嘉基合并而来（参见第十六章）。

列腺癌的特征的病变 [1]。"你们都听说这个好消息了吧！"他高兴地说，"环境保护局宣布将会重审莠去津的档案！希望他们最终能够禁止这种产品，欧洲五年前就已经这样做了！"的确，欧盟 2004 年就禁止了这种产品 [2]，而美国仍然在大量使用，每年有 4 万吨莠去津喷洒在各种庄稼上，例如玉米、高粱、甘蔗和小麦 [3]。1958 年，这种产品面世时，被鼓吹为"杂草的滴滴涕" [4]，如今却是美国地下水的主要污染物，而在欧洲即使已被禁用，它仍然污染着欧洲各国的地下水，尤其是法国 [5]。

新奥尔良研讨会的两个星期前，奥巴马总统于 2009 年 1 月任命的美国环境保护局局长丽莎·杰克逊宣布该局将要"重新评估莠去津与癌症、早产等健康问题之间的关系 [6]"。美国环境卫生研究中心主任琳达·伯恩鲍姆（参见第十八章）评论道："这是一个重要的改变。越来越多的证据显示莠去津对人类健康有害。这个世界正在改变对这种最广泛使用的农药的态度，这就是一个强烈的信号。"

如果说有哪位科学家为美国禁用莠去津做出了斗争，那就是泰隆·海耶斯。而 2009 年 12 月 12 日，他在伯克利大学的实验室里接待我时，他却说："这场战争并不是个人的决定，而是形势所迫"。事实上，1998 年，诺华公司（两年后与阿斯利康合并为先正达）曾联系过他，向他提供一份"薪水丰厚"的合同，要求他"检验莠去津是否为内分泌干扰物"。西奥·科尔伯恩在《我们被盗走的未来》（参见第十六章）中谈到过这段轶事。这对化工企业是很大的一件事，因为七年前，美国地质勘探局的一份报告揭露，在密苏里、密西西比、俄亥俄三个州的河流里"27 个监测点测出水中莠去津残留量超过规定值 [7] ①"。此外，20 世纪 80 年代起，有两项在小鼠 [8] 和大鼠 [9] 身上进行的实验证实了莠去津暴露会造成乳腺癌、子宫癌、淋巴癌和白血

---

① 美国地质勘探局成立于 1879 年，负责监测生态系统和环境的变化（包括水质、地震、飓风等）。2004 年，伊利诺斯州的 15 家供水商联合起来起诉先正达，要求该公司出资 3.5 亿美金用于清理被莠去津高度污染的水源。另一起联合诉讼则是在 2010 年，起诉者是中西部六个州的 17 家供水商。

病。实验的结果被认为是充足的证据，以至于国际癌症研究机构于1991年将莠去津列为2B类物质，即"可能对人类致癌物质"[10]。因此，根据饮用水安全法案，环境保护局将莠去津的限值降为3微克/升水，即十亿分之三。1994年，三项研究证实了莠去津暴露造成啮齿动物乳癌[11]。1997年，《我们被盗走的未来》出版后一年，一项在肯塔基州各乡镇进行的流行病学研究发现，乳腺癌发生率过高的情况出现在遭受暴露最严重的妇女身上（即饮用水污染程度最严重以及住所离玉米地最近的妇女）[12]。

于是诺华公司（即将来的先正达）展开了巨大的阴谋。他们的第一个行动就显示了惊人的效率，他们于1999年成功地将莠去津从国际癌症研究机构的2B级（可能对人类致癌物质）降为3级（未确定对人类致癌物质）。该机构的"专家"们为了说明这个令人难以置信的决定，采用了我在第十章中谈到过的诡辩："莠去津对大鼠的致乳腺癌机制不可推及人类[13]。"

阴谋的第二个关键就是——泰隆·海耶斯，一名杰出的生物学家（伯克利大学最年轻的教授）和两栖动物的狂热爱好者。他非常喜欢蛙，甚至给女儿起名为卡辛娜，即一种非洲蛙之名。"蛙是我的全部生命。"他在实验室里告诉我。他的实验室里摆满了几千个装着青蛙的广口瓶。"我在南卡罗来纳州的乡下长大，我从小就对青蛙的变身本领非常着迷，它们能够从卵变成蝌蚪再变成成蛙。"

"为什么青蛙是一种研究内分泌干扰物作用的理想模型呢？"我问他。

"青蛙是完美的模型！"这位生物学家回答我，"首先，青蛙对激素的作用非常敏感，因为它们要完成多次变态需要激素激活某些基因；然后，它们拥有跟人类完全相同的激素，例如睾酮、雌激素和甲状腺激素。"

"您的实验是怎样进行的？"

"先说明，所有的实验过程都是由诺华公司，即后来的先正达直接监督的。首先，我们把非洲爪蟾养在水池里，往水中加入不同剂量的莠去津，剂量高至田埂中的水平，低至比美国的水质标准3 ppb——即人类接触到的自来水中的水平——低三十倍。形象地说，就像一粒盐在一池水中的剂量。我们发现，莠去津会让喉部退化，也就是雄蛙的发声器。可是，雄蛙要通过唱歌来吸引雌蛙，这样一来它们就性无能了。我们还发现成年雄蛙的睾酮水平极低，某些甚至雌雄同体，也就是既有卵巢又有睾丸。还有些雄蛙变成了同性恋，与其他雄蛙交配，行为也雌性化；偶尔，睾丸中有卵子，而不是精子。因此，莠去津相当于一种非常强效的化学阉割药，在 1 ppb，甚至 0.1 ppb 的剂量下就能起到生物作用。"

"野生青蛙是否也会有这些问题呢？"

"这正是我们第二阶段的研究：我们开着冷藏车到犹他州和衣阿华州，在田埂、高尔夫球场和河边捉到了 800 只年轻的豹蛙。我们把这些豹蛙解剖，并发现了跟实验室青蛙一模一样的疾病。这很让人震惊，于是我明白了，北美和欧洲青蛙数量的下降正是因为农药污染影响了它们的生殖系统。"

"您怎么解释这个现象？"

"莠去津刺激一种叫作'芳香酶'的酶，这种酶能够把雄激素变成雌激素。于是，芳香酶生成的雌激素导致雌性器官的发育，如卵巢，和睾丸中的卵子。而且，芳香酶的水平也跟乳腺癌和前列腺癌的发展有关。一项在先正达于路易斯安那州的莠去津工厂里进行的流行病学研究证实，该工厂里工人的前列腺癌发生率过高。"[14]

"先正达怎么反应？"

"啊！"海耶斯叹了一口气，"我那时候很天真啊！该公司先是让我再重复一次实验，看看是否会得到相同的结果。他们提出给我 200 万美金做这个实验，刚开始，我接受了……后来我明白了，他们的策略就是拖延，争取时间，且不让我发表结果。我最终解除了合约，于 2002 年发表了结果[15] ①。从此，战争开始了！我必须说，我从来没想过这场战争会这么残酷：先正达写信给伯克利大学的院长、在媒体上散布诋毁我的消息[16]、还在他们的网站上放了一个链去史蒂芬·米洛伊的'垃圾科学'网站的链接，我上了'垃

---

① 同样是在 2002 年，海耶斯获得了"伯克利大学杰出教学奖"。

坂学者'的名单（参见第八章）。今天，这件事让我觉得好笑，因为我知道，有幸上这个名单说明我做了好事！后来，该公司花钱请别的学者做了新的实验，当然了，得不出我的结果。他们的目的，就是制造疑惑，而且目的达到了。至少在美国，环境保护局于2007年更新了莠去津的许可。"

的确，2007年10月，美国环境保护局上交了一份报告，报告中说："莠去津对两栖动物的性腺发育无害；无需进行补充实验。"[17] 走开走开，没什么可看的！只不过是真相粉碎机又一次成功地把恼人的真相碾碎了……这场风暴最强劲的时刻是2004年，泰隆·海耶斯在《生物科学》杂志上发表了一篇文章，解读了我在这本书中也一直谈到的化工企业顽固手段：操纵科学界、经费效应、诽谤攻势、买通公共机构、利用媒体等[18]。

农药的混合会增强毒性

"化工企业加大力度诋毁我的工作，但是我的实验室还在继续研究莠去津和其他农药对环境与公共健康的影响。"海耶斯在他的网站上说。他讽刺地把网站命名为"莠去津爱人"（Atrazinelover.com）。"我决定站起来与化工巨头对抗并不是英雄主义。我父母对我的教育是：做事情不要以获得奖赏或逃避惩罚为目的。做你觉得应该做的事情，在你看来正确的事情。"

"我跟先正达之间的纠纷标志着我事业的转折。"海耶斯这位伯克利大学的学者告诉我，"因为我的专长是一个还没有怎么被开发的领域：农药的混合。因为，我在中西部的田野里带回来的豹蛙，不只暴露于莠去津，而是暴露于好几种物质的混合。然而，科学文献通常只关注农药在相对高剂量下（以百万分之几计）的毒理作用，很少关注低剂量作用，更少关注低剂量混合作用，但这才是存在于我们日常环境中的情况，尤其是在我们日常饮食的自来水、水果和蔬菜中。"

这个惊人的"疏忽"，却正是化学品监管系统的特点。美国地质勘探局2006年的报告中也强调了这一点。该报告受到了很大的关注，因为它毫不粉饰地指出美国地下水和地表水的受污染情况。报告主要作者罗伯特·纪隆写道："环境中、尤其是河流中普遍存在的农药混合，说明水资源、河流沉积物和鱼类体内的多种农药混合的毒性比每种农药单独的毒性更强。我们的调查结果说明，研究农药的混合应成为绝对首要任务。"[19]

于是，海耶斯又开着他的冷藏车跑遍内布拉斯加州，采集工业化玉米田里流淌着的"化学品汤汁"。回到伯克利大学后，他测出了9种常用物质：4种除草剂，包括莠去津和甲草胺（即本书第一章中导致保罗·弗朗索瓦中毒的"拉索"）、3种杀虫剂和2种杀真菌剂[20]。我见到海耶斯时，他正在研究五种农药的混合剂，其中包括农达和毒死蜱。每个实验他都用两种方法做：一些青蛙养在他从田里带回的"汤汁"中，另一些养在他在实验室里配制的混合剂里，这样可以比较两边的效果。而两种方法得出的结果都非常令人担忧。

"当把物质混合在一起，就会观察到一些只用单一产品时看不到的效果。"海耶斯告诉我，"首先，我们发现青蛙的免疫系统变弱，因为胸腺的机能障碍让它们更容易感染脑膜炎等疾病，而且相比起控制组的青蛙，它们更经常死于疾病。免疫系统的这种虚弱，也可以部分解释青蛙数量的下降。此外，还有生殖功能干扰的问题，类似我之前只用莠去津一种农药时观察到的现象。最后，农药的混合还对变态过程的时间和幼体的大小有影响。然而，我们所用的剂量低至规定的水中残留量的百分之一。"

"对于人类，我们可以推出什么结论？"

"我们什么也不知道！"海耶斯回答，"但是令人难以置信的是，农药的评估系统从来没有考虑过这些物质可以相互作用、叠加效果、甚至生成新的物质的问题。更惊人的是，药剂师在几个世纪前就已经知道某些药绝对不能同时服用，否则可能出现严重的副作用。而且，美国食品药品监督管理局批准一种新药时，都会强制在使用说明上注明用药配伍禁忌。显然，这样的谨慎对于农药使用是很难实现的。想象一下环境保护局向农民解释：'你们可以用农药A，但是前提是你们的邻居没有在旁边的庄稼上使用农药B或C！'

这不可能！不然田里就不会有农药了。而与此同时，当我们了解到工业化国家每个公民特有的'化学身体负担'，我们就更应该担忧了……"

"化学身体负担"：每个人都被"化学品汤汁"污染了

"化学身体负担（the chemical body burden）"，我很清楚地记得我第一次看见这个表述的时候，简直惊呆了。那是 2009 年 10 月，在从新奥尔良去棕榈滩的飞机上，我正在读前一天刚买的《有毒身体》(*The Body Toxic*)，一本美国同仁妮娜·贝克写的书。书中她谈到，这个概念是 21 世纪初由负责监控美国人健康的亚特兰大疾病防控中心发明的。该中心开展了世界上第一项"生物监测"计划，旨在评估美国人的"化学身体负担"。该中心有一个非常先进的实验室，测量了 2 400 名志愿者尿液和血液中的 27 种化学品残留，这 2 400 名志愿者经过了仔细筛选，能够代表全美国的人口（年龄、性别、种族、地理位置、职业等）。

该计划的第一份报告发表于 2001 年 3 月，第二份发表于 2003 年，第二份报告中被研究的产品达到了 116 种，然后 2005 年第三份报告研究了 148 种，最后 2009 年的报告研究了 212 种产品。我一到达棕榈滩酒店的房间，就上网查阅了疾病防控中心的第四份报告 [21]。我发现，被检测的 2 400 名志愿者体内（尿液和血液中）几乎全都有这 212 种化学物质：双酚 A 为首，紧接着是多溴二苯醚（即 PBDE，一种阻燃剂）、全氟辛酸铵（不粘锅涂层）和多种农药（及其代谢物），如甲草胺（拉索）、莠去津、毒死蜱，以及"肮脏的一打"中的有机氯杀虫剂如滴滴涕（及其代谢物 DDE），"肮脏的一打"即使已经被禁用却还残留在人体中。

用泰隆·海耶斯的话来说，这真的是"化学品汤汁"。这些结果得以被揭露，多亏了理查德·杰克逊医生的坚持，他是疾病防控中心环境卫生研究所 1994 年至 2003 年间的主任，正是他发起了生物监测研究计划，并发表了第一份报告。他曾对妮娜·贝克说："我承受的压力很大，但是我顶住了。我希望公众和科学界能够掌握这些数据，就像医生能够使用实验室数据来作为给病人用药的依据那样。化工企业指责报告会引起恐慌。我不这么认为，因为严谨的信息不会引起恐慌，引起恐慌的是信息的缺失和劣质的信息。"[22]杰克逊医生表现了一种少有的勇气，不难想象他所承受的多方压力，包括来自同类组织的压力。的确，美国是唯一定期（每两年一次）进行生物监测研究的国家①。

　　欧洲就不是这样了，法国更不是。法国的公职机关坚持鸵鸟政策，不去找就找不到，给他们的无能找到了理由。唯一的举措来自非政府组织，例如世界自然基金会于2004年4月发表了一项大规模调查的结果，这个调查行动被称为"去毒行动"。该组织抽取了39名欧洲议员、14名卫生部或环境部部长以及欧盟每个国家中同一家族内的三代人的血液样本。结果与美国疾病防控中心测到的结果同一水平：欧洲议员的血液中找到了76种有毒化学物质（被检测的化学品有101种，分属五大种类：有机氯农药、多氯联苯、含溴阻燃剂、钛酸盐、全氟化合物如全氟辛酸铵）。每名议员体内的鸡尾酒平均含41种有毒物质，其中有一些是顽固物质（在自然中无法降解），一些是生物积累物质。讽刺的是，大奖属于环保主义者玛丽-安娜·伊斯勒-贝昆，她体内所含的有毒物质高达51种，尤其是多氯联苯含量极高[23]。"难以置信，竟然是一个非政府组织被迫做这样的调查，我们才能获得一些参考数据。"伊斯勒—贝昆得知自己的"化学身体负担"如此沉重后，感到非常震惊。她说："这本该是官方机构，尤其是欧盟委员会来开展的调查。"[24]

　　至于欧洲的各位部长，他们的血液中共找到了55种有毒化学品，平均每人体内含37种（其中一位体内含43种不同的残留物）。欧洲家庭三代人的调查中也得到了相似的结果。例如住在布列塔尼的梅尔梅家庭：全家人的血液中一共找到了107中化学品，其中祖母莉莉安娜·柯鲁治34种，母亲劳伦斯·梅尔梅 26 种，儿子加布里埃尔·梅尔梅 31 种。

　　一年后，即 2005 年 9 月，世界自然基金会发表了一项新的报告，关于 47 名怀孕或哺乳期妇女和 22 名新生儿脐带的血液的检测报告[25]。很不幸，检测的结果并不意外：大部分的血液样本中都找到了钛酸盐、双酚 A、含溴阻燃剂（用于家具、地毯和电器）、多氯联苯、有机氯农药（如滴滴涕、林丹）、合成麝香（存在于室内除味剂、清洁剂和化妆品中）、碳氟化合物和三氯生（用于某些牙膏）①。"在多大浓度下，这些被测出的化学品会对胎儿的发育和成长造成危害？"报告中作者自问。"我们无法确切得知。[……]因此，必须进行更多的研究。然而，我们已经可以推论出：发育中的胎儿遭到持久性、生物积累性和生物活性化学物质的混合低剂量暴露，是非常值得担忧的问题。应该采取一切手段避免此类的胎内暴露。而唯一的预防手段就是，清除我们日常用品和生活环境中的危险物质，控制母亲遭到的暴露。"

脐带中的农药混合物

　　这个建议首先涉及的就是农药。2001 年哥伦比亚大学的一个团队在纽约进行的一项研究中就证明，新生儿的胎粪（即出生后的第一次大便）中就含有农药混合物，包括毒死蜱、二嗪农（两种著名的对神经系统有害杀虫剂）和对硫磷[26]。两年后，这个团队又研究了纽约三个人群聚居区的 230 名新生儿的脐带血和他们母亲的血液。他们从中发现了 22 种农药，其中有 8 种有机磷农药：毒死蜱、二嗪磷、恶虫威、残杀威、氯硝胺、灭菌丹、克菌丹、敌菌丹，分别存在于 48% 至 83% 的血液样本里。他们还发现，母亲血浆中农药残留（及农药代谢物）的含量跟新生儿血浆中的含量成正比，这说明"农药在母亲怀孕期间完全可以穿过胎盘触及胎儿"[27]。

---

① 2010 年，美国政府的环境工作组发表了一项类似的研究，检测了密歇根、佛罗里达、马萨诸塞、加利福尼亚和威斯康星的少数民族新生儿脐带。总共发现了……232 种化学品残留。

一切都说明，孕妇受到农药污染是很普遍的，在城市区域与在乡村区域都一样。同样地，21 世纪初在布列塔尼进行的一项研究（即 Pélagie 亲子队列研究）也发现，546 名孕妇的尿液中存在总共 52 种物质，其中 12 种属于三嗪类物质（例如莠去津），32 种有机磷物质（例如毒死蜱和甲基毒死蜱），6 种酰胺物质、2 种氨基甲酸物质。该项目 2009 年的报告中，作者写道："农药的残留物通常有多种。其单一或联合作用对胎儿及胎儿发育的影响在流行病学文献中还未明确。这将是 Pélagie 亲子队列研究下一步的研究方向。[28]"

不止孕妇与婴儿的"化学身体负担"值得担忧，儿童也是一样，儿童体内的农药浓度在比例上比成人更高。许多研究都证明了这一点，在此无法一一列举，仅以在密集农业区明尼苏达州进行的一项研究为例。该研究发表于 2001 年，在明尼苏达州的乡村和城市 90 名儿童的尿液样本中发现了莠去津、马拉硫磷、甲萘威和毒死蜱的残留混合物[29]。我们可以看出，著名的毒死蜱（参见第十三章）像钟摆一样规律地出现在每一项生物监测研究中：根据疾病防控中心的第二份报告，这种农药的残留含量已经经常超过规定水平，尤其是在儿童体内测出的含量。国际农药行动网的一份文件这样评价这份报告的结果："如果有谁需要对毒死蜱出现在我们身体里负责的话，那就是生产和销售这种产品的陶氏化学 [……] 即使在有确凿证据证实毒死蜱对公共健康的严重影响之后，陶氏依然在美国及全世界生产并销售这种产品。[30]"农药行动网还呼吁"起诉化工企业"，这些企业通过我们的餐盘污染了我们的身体，尤其危害了我们的孩子的健康。

根据后代权益保护运动组织（参见第一章）2010 年 12 月发表的一项研究结果，需要对这些潜在危害负责任的企业有很多[31]。该组织花了十几年的时间分析一名儿童的日常饮食，包括遵照权威指示的三类食品——即每日 5 种蔬果、3 种奶制品和 1.5 升水——以及点心。世界报的网站上报道了这项分析的"沉重结果"："128 种残留，81 种化学物质，其中 42 种被列为有可能对人类致癌或很有可能对人类致癌物质，37 种被疑为内分泌干扰

物。［……］早餐中，仅仅牛油和奶茶就含有十几种可能致癌物和 3 种已证实
致癌物质的残留，还有近 20 种可能干扰激素系统的残留物。牛绞肉扒、吞
拿鱼罐头、甚至长棍面包和香口胶，全都含有农药和其他化学物质。自来水
中含有硝酸盐和氯仿。而最‘足料’的，要数做晚餐的三文鱼扒，含有 34
种化学品残留。”[32]

后代权益保护运动组织的创始人弗朗索瓦·维耶莱特也在《世界报》上
说：“摄入化学污染混合物可能导致的药理协同作用没有被重视，且消费者
面临的最终风险可能被极大地低估了。目前，我们对从食物中摄取的化学品
的鸡尾酒效应几乎一无所知。”[33]

“新的混合物加法：0 + 0 + 0 = 60”

“我认为我们的科研和监管系统极为天真，一次只关注单一一种化学产
品，而我们中没有任何人是只暴露于一种物质的。”在国家环境卫生研究中
心的办公室里，琳达·伯恩鲍姆这样告诉我，“我想我们完全忽略了可能产
生的后果，尤其是天然和合成激素。因此目前我们面临的挑战就是研究和评
估我们环境中的化学品混合可能造成的后果。但是很不幸，研究这个课题的
实验室非常少……”

但是也有例外，研究化学品混合毒理领域的权威主要来自欧洲，尤其是
丹麦和英国。第一个专攻这个方向的实验室在丹麦兽医与食品研究中心，位
于哥本哈根郊区，领导者为该中心毒理学家乌拉·海斯。2010 年 1 月的一个
雪天，我见到了她。在采访开始之前，她先带我参观了她的“动物园”：实
验室里的一个隔间，里面放满了笼子，装着她做实验用的维斯塔尔大鼠。在
欧盟的支持下，她与伦敦大学毒理学中心合作进行了一系列研究，旨在测试
胎内暴露于有抗雄激素作用的化学物质的混合对雄性大鼠的影响。第一项
研究所用的混合物含有两种除真菌剂——乙烯菌核利和腐霉利（参见第十三
章），以及用来治疗前列腺癌的氟他胺[34]。

"什么是抗雄激素？"我问这位丹麦毒理学家。

"就是会影响睾酮等雄激素作用的化学物质。"她回答说，"而雄激素对性别的形成非常关键，人类的性别形成发生于妊娠第 7 周。原本是雌性的性器官雏形，有了雄激素才发育为雄性器官。因此，抗雄激素会干扰这个过程，妨碍雄性正确发育。"

"您的研究是怎么进行的？"

"我们先观察每种物质单独的作用，找到每种物质一个不会引起任何作用的极低剂量。我们的目的是测量混合物的潜在作用，因此观察 3 种各自不产生任何作用的物质一旦混合后是否会发生作用，这是非常有意义的。我们得到的结果是肯定的。以'肛殖距'，即肛门与性器官之间的距离为例。通常男性的肛殖距比女性大两倍，这正是胚胎发育期雄激素的作用。如果雄性的肛殖距缩短，则是尿道下裂的一个标志，尿道下裂是一种严重的雄性生殖器官先天畸形。当我们测试每种物质单独的效果时，没有发现任何作用，没有出现任何畸形。但是，当我们把雄性胚胎暴露于这三种物质的混合，我们发现，60% 在不久后患上了尿道下裂，以及其他的严重性器官畸形。我们发现的畸形中，有雄性长出阴道口的情况，而它们是有睾丸的。事实上，它们的性别位于两性之间，是雌雄同体。"

然后这位毒理学家用一句我没齿难忘的话来总结："在研究混合毒理时，我们应该学新的加法，因为根据我们的研究结果，0+0+0 等于 60% 的畸形……"

"这怎么可能？"

"事实上，我们看到的是双重现象：作用叠加，且协同药理作用让药力大增。"乌拉·海斯解释道。

"您所说的令人非常恐慌，尤其是我们知道每个欧洲人都承受着所谓的'化学身体负担'！您在大鼠身上发现的现象是否会出现在我们人类的身体上？"

"事实上，难题就在于，我们对此一无所知。"乌拉·海斯叹了一口气，她的同行泰隆·海耶斯也说过这样的话。"很难理解，这个现象为什么没有更早被重视。当您去药店买药时，使用说明上都写明了如要同时服用其他药物必须小心，因为可能会有混合作用。因此，化学污染物有同样现象一点也不奇怪。"

"您是否认为毒理学者应该彻底重审化学污染物的作用机制？"

"很显然，要检测化学品混合的毒性，尤其是内分泌干扰物的作用，我们需要从原来学到的模式中脱离出来，我们原来学的是低剂量小作用、高剂量大作用，是一条剂量—作用的线性曲线。这个模型简单又让人安心，但是对于许多化学物质没有用。因此，必须开发新的研究工具，例如伦敦的安德烈斯·柯滕坎普的实验室所开发的工具，我的实验室跟他也有合作。在信息系统里输入了我们测试的三种物质的所有化学特性后，他通过一个特殊软件计算出这些物质协同叠加的作用。这是未来一条非常可行的道路……"

乳癌的爆发是由于混合激素的协同作用

当然了，我也去了英国见伦敦大学毒理学中心的主任安德烈斯·柯滕坎普。2009 年他和乌拉·海斯及同事们共同发表了一项研究，结论中说："忽略了混合作用的评估结果可能很大程度上低估了与化学品暴露相关的风险。"[35] 乌尔力希·贝克在《风险社会》一书中也谈到了这件事，但是他的用词更激进，我在结束我的化学世界之旅之时也会像他这样措辞："如果我不知道所有残留的有毒物质混合起来会导致什么作用，那知道某种物质从某个浓度开始会有危害，又有什么用？[……] 因为，当人类面临着危险的处境，威胁他们的并不是孤立的有毒物质，而是一个整体的环境。用每种物质孤立限值的列表来回答整体威胁的问题，表现了一种集体的无耻行为，其致命后果不再是潜藏的。所有人都盲目地信仰科技进步的年代，人们犯下了一个严重的错误，这是可以理解的。而如今，尽管有了这么多抗议、这么多发病率和死亡率的统计，却仍然以'科学理性'和'限值'为保护伞，继续之前的错误，这只会导致信任危机，且这是一种属于审判者的态度。"[36]

2010 年 1 月 11 日，我的"抑郁期"过去了，我见到了安德烈斯·柯滕坎普，他是一名德裔科学家，曾于 2008 年 4 月 2 日向欧洲议会议员介绍了一篇他撰写的关于乳癌的报告[37]。在他看来，乳癌——这种如今威胁工业国家中八分之一的女性、造成最多 34—51 岁妇女死亡的疾病——发生率不断提高，主要就是因为化学品污染①。"乳癌在发达国家的迅猛增长非常惊人"柯滕坎普对我说，"这是由于一系列协同因素影响了妇女体内的雌激素作用：首先，妇女决定更晚生孩子，某些人决定不哺乳；还有一小部分原因是避孕药的使用和更年期的激素疗法。据估计，在英国，激素替代疗法造成了 10 000 例乳癌。还有遗传因素，但这个因素不应高估：据估计二十例乳癌中只有一例是因遗传因素。一切都表明，主要的原因是环境性因素，关系到可以模拟雌性激素的化学品，这些化学品在极其微小的剂量下就会叠加作用。

"您指的是哪些产品？"想到所有的女性，尤其是几名罹患乳癌、或因乳癌去世的亲友，我问了这个问题。

"很不幸，这个列表非常长。"柯滕坎普撇了撇嘴回答我，"有一些食品添加剂如防腐剂，有防晒产品，许多化妆品中含有的苯甲酸酯和钛酸盐，清洁剂、油漆和塑料中的烷基酚，污染食物链的多氯联苯；然后还有许多种农药，例如会在环境中积累的滴滴涕、除真菌剂、除草剂、杀虫剂，都有雌激素作用，都能在食物中找到残留[38]；总之，女性的身体长期暴露于能够协同作用的激素混合物中，西班牙的一项研究也证实了这一点[39]。而且，我们知道，这些激素的混合物在胚胎发育期和青春期的作用是尤其可怕的。乙烯雌酚的悲剧就是证明，还有广岛原子弹的可怕经历也是证明：大多数罹患乳癌的妇女在原子弹爆炸时还是少女。"

"你们的实验室进行了什么研究？"

"我们检测了合成激素的协同作用，包括雌激素和抗雄激素，实验对象是细胞系，也就是说，我们的实验是试管实验，而不是像乌拉·海斯所做的活

---

① 乳癌的发生率在北美、欧洲和澳大利亚为十万分之 75—92，在亚洲和非洲不到 20。

体实验。我们的结果证实了她在大鼠身上观察到的现象：异种雌激素或环境雌激素，在与天然雌激素混合并相互作用的情况下效果大增。我们常常讨论化学身体负担，而测量妇女的整体激素负担，即患乳癌风险的恰当指标，将会是非常有意义的。"

"您认为监管机构应该改变化学品的评估体制吗？"

"当然！"这位德裔英籍科学家毫不犹豫地回答我，"他们必须改变范例，将目前完全被忽视的鸡尾酒效应纳入其中。分别评估每种产品是没有意义的，我发现欧洲监管机构已经开始意识到这一点了。2004 年，欧盟毒理学、生态毒理学和环境学委员会已经明确建议，重视有特有作用模式的物质——如环境激素——的鸡尾酒效应[40]。同样地，2009 年 12 月，欧盟 27 国的环境部部长发布了一则联合声明，要求将化学物质混合效应，尤其是内分泌干扰物的混合效应纳入化学品评估系统。这个任务非常艰巨。据估计，目前欧洲市场上有 3 万至 5 万种化学品，其中经过检测的只有 1%。如果其中有 500 种属于内分泌干扰物，那么这就有几百万种可能的组合……"

"就是说这是不可能的任务……"

"我认为应该采取比较务实的方法。河流中的鱼就是很好的鸡尾酒效应指标。必须检测哪种物质的作用最大，我们也许会发现有 20 种物质造成了90% 的后果。应该把这些物质撤出市场，例如 REACH 法规就打算这样做，这是朝着一个好的方向。但是，要做到这些，必须要有强烈的政治意志，因为化工企业的反抗是很可怕的……"

"致癌物是否也有鸡尾酒效应？"

"一切都说明，是的！日本的研究就证明了这一点。他们把几种物质单独作用下没有致癌性的剂量混合在一起，而一旦混合则致癌性大增。"

"这是否意味着，'剂量决定是否是毒药'的帕拉塞尔苏斯原则没有用了，包括对除了内分泌干扰物之外的其他物质？"

"很不幸，这条原则适用于所有的物质，但是没有人真正明白它的意义。根本上说，一种产品的毒性和剂量之间肯定是有联系的，但是问题不在此。

评估系统的失败在于最大无有害作用量这个概念。必须明白，围绕着著名的无有害作用量的是统计学所说的'迷雾'或灰色地带，也就是说，我们无法得知在最大无有害作用量的 25% 左右剂量下会发生什么。没有任何实验研究能够解决这个根本问题。当然，我们可以通过增加实验动物的数量来减小灰色地带，但是我们永远无法让迷雾消失。官方的说法是，可以用安全系数来解决这个问题，但是这完全是武断的，因为，我们还是不知道。对于混合毒理尤其是这样，单独使用时看起来无害的产品混合起来，其安全性无法预计，除非使用非常高的安全系数，这样能很大程度上限制产品的使用。"

"您是否认为现有的体制尤其置儿童的生命于危险之中？"

"很显然，胎儿和儿童对化学品、尤其是内分泌干扰物的鸡尾酒效应尤为敏感。儿童病例的变化就说明了这一点……"

一场"无声的流行病"：儿童成为首要受害者

在结束这本书之前，不得不谈一谈儿童的命运，他们是环境污染的首要受害者，用哈佛大学环境卫生学教授菲利普·格兰金和纽约西奈山学院教授菲利普·兰德里根的话来说，这是一场"无声的流行病"[41]。他们所说的这场"无声的流行病"不仅涉及儿童的多种神经障碍——自闭症、注意力障碍、多动症、智力迟缓等——还涉及所谓"发达"国家中千万儿童因在母亲体内遭到环境化学污染物暴露而患上的各种疾病。

有一点是监管机构这些"限值的魔术师"始终故意忽视的：在毒理学的概念上，"儿童并不是小大人"，一项应欧洲议会要求所做的重要研究也强调了这一点[42]。的确，儿童和 20 岁以下青少年为空气、水的污染和铅的污染所付出的代价越来越高，在欧洲，每年 10 万儿童因此死亡（占该年龄段死亡者的 34%）[43]。在谈到"孕妇与胎儿的特别敏感性"之后，欧洲议员还强调了"婴儿和儿童的生理与行为特征提高了他们对农药有害影响的敏感性"[44]。他们之所以更加敏感，是因为"他们的身体正在发育中，指挥身体发育的化学信号系统容易被环境毒素干扰"[45]。

而且，"儿童在 6 岁之前，血脑屏障还未完全发育完好，因此未成熟的大脑所受到的保护比大一点的儿童和成人更低[46]。因为他们的解毒系统还不健全，他们的身体更难代谢和清除污染物[47]。而且儿童饮食的分量与自己体重的比例比成人更高，[……] 这导致农药对他们身体的影响更大[48]"。还有，"儿童习惯把手放进嘴里，他们身高更矮，经常在地上在户外玩。他们吃很多水果和蔬菜，这些都提高了他们接触农药残留的机会。此外，现成儿童食品的生产过程也可能提高农药的浓度。最后，婴儿还可能通过母乳摄入农药残留"[49]。议员最后总结道："尽管有证据证明婴儿与儿童患病率提高，而且这些病是慢性并致残的，但是，我们也发现缺乏关于目前所用大部分农药的妊娠期毒性的具体数据。"

欧洲这项研究中所描述的所有特征，在美国环境保护局的网站上也可以看得到。1996 年，美国国会通过了一项修改关于除真菌剂、杀虫剂和灭鼠剂的联邦法以更好地保护儿童的决议，环境保护局于是在原有的用来计算每日可接受摄入量的安全系数 100（参见第十二章）的基础上再加上 10。该局还创办了一个专门负责儿童环境健康的办公室，并在其网站（"食物与农药"专栏）上，明确解释了"为何儿童对农药特别敏感"以及化学品暴露可能带来哪些疾病。其中首要的疾病当然就是癌症，癌症目前已是"1 至 14 岁儿童死亡的第二原因，仅次于意外死亡"。环境保护局还明确："白血病是 15 岁以下儿童最常患的癌症，占儿童癌症的 30%，其次是脑癌。"

儿童白血病是一个不应该有的悲剧，所有证据都指明，如果孕妇被告知农药尤其是杀虫剂的病理学作用的话，本可以在很大程度上降低儿童白血病的发病率。法国国家健康与医学研究所的环境性癌症流行病部门主任雅克琳娜·克拉维尔告诉我："十几项近期的流行病学研究都证明，怀孕期间在室内使用杀虫剂会让即将出生的儿童患白血病和非霍奇金氏淋巴瘤的几率至少增加一倍"[50]，她自己就主持了这十几项研究中的一项[51]。2009 年，加拿大渥太华大学的一个团队做了一项荟萃分析，分析了从 1950 至 2009 年间发表的 31 项关于儿童白血病与父母的农药暴露之间关系的流行病学研究。结果很明确：母亲妊娠期暴露于杀虫剂（室内用或农用杀虫剂）会让孩子患白血病的风险增至 2.7 倍，而母亲若是因职业暴露于除草剂则会让风险增至 3.7 倍 [52]。

因农药致畸的儿童

在拍摄期间，有一些让人特别激动紧张的时刻，一些不断萦绕的记忆，即使是时间也无法磨灭的记忆。其中 2006 年 12 月在越南胡志明市 TU DU 妇产医院的一次访问就让我不断回想，该医院的阮玉芳医生在几十个广口瓶里保存着因孟山都和陶氏化学生产的橙剂致畸的胎儿标本 [53]。

我也忘不了在北美印第安人的城市法高镇的一次经历，科恩兄弟的代表作《法高镇》① 就是用了这个城市的名字。我在 2009 年万圣节前夜到达这里。附近的红河谷正在冰寒之中，准备迎接长达几个月的雪季，雪季之后小麦、玉米、甜菜、土豆和（转基因）大豆等密集庄稼又会重新生长。在达科他州和明尼苏达州的这个牧马地区，农药通常是用飞机喷洒的，因为农耕地的平均面积有几百公顷。

我约了明尼阿波利斯大学的文森特·加里教授，他曾参加过 Wingspread 会议（参见第十六章）并主持过三项关于农药暴露与先天畸形之间关系的研究 [54]。这三项研究证明，红河谷一带农耕家庭和河边居民家庭中，患心血管疾病、呼吸系统疾病、生殖系统畸形（尿道下列、隐睾症）和肌骨系统畸形（四肢畸形、指头数量异常）的风险显著增加。相对于达科他州和明尼苏达州的城市居民，他们的患不同疾病的风险增加了一至三倍。文森特·加里进一步研究了农耕家庭，发现当受孕发生在春天，即施农药（特别是孟山都的农达农药，被其证明为内分泌干扰物）的时节时，先天畸形和流产更常发生。加里还发现，农药使用者家中生男孩较少。我跟加里一起拜访了农民大

---

① 电影《法高镇》（Fargo），又译作《冰血暴》。——译注

卫，他四十多岁，他的父母参加过 1996 年的研究。加里教授保存了大卫一家的档案，档案中显示，大卫的弟弟患有严重的先天畸形和弱智。我永远也忘不了，当加里教授向大卫一家介绍他们从未被告知过的研究结果时，他们脸上那种激动的专注和尴尬的沉默……

十天后，我出发去了智利（参见第三章），在采访了急性中毒事件受害的季节性女工后，我约见了兰卡瓜地区医院的妇产科医生维多利亚·梅拉。在这个安第斯中部的地区里，人们从 20 世纪 80 年代初开始进行出口用的密集型农业生产，使用大量的农药。梅拉医生于是发现，20 世纪 80 年代间该医院出生的婴儿中严重先天畸形显著增长。1990 年，她撰写了一份基于 10 000 次分娩的报告，描述了多种疾病，患病的儿童主要是在怀孕期间遭受农药暴露的季节性女工的孩子，他们所患疾病包括：脑积水、先天性心脏病、上下肢畸形、泌尿系统或神经管疾病、唇裂、脊柱裂、死胎等 [55]。日复一日在诊所里看见这样的病例，梅拉医生感到非常震惊，她于是决定拍下这些身体饱受折磨的婴儿，作为呈给监管机构的证据。这些因人类滥用化学品而致畸的婴儿的残酷画面，我永远也忘不了……

结语：改变模式

爱因斯坦曾经说过："人类要是想生存，则需要一种新的思维方式。"五十多年后的今天，这些话仍然像警笛一样长鸣。一切都表明，我们正站在一个交叉路口上，如安德烈·西科莱拉所说，必须马上"改变我们监管公共健康的模式"。这位环境健康网络的发言人还说："我们正面临着全球性的生态危机，关系到四个对人类未来起着关键作用的领域：生态多样性、能源、气候与卫生。其中健康危机在全球生态危机中排第四。要做出补救，则需要在公共卫生方面做出真正的变革，如同 19 世纪时通过改善水质和卫生条件以及公民教育来对抗感染性疾病那样。这一次新的变革，我认为应该以'暴露学'为基础，也就是研究人类在环境中所遭受的所有化学暴露的学问。必须刻不容缓地行动起来，因为所有的信号灯都亮起了红色。"

2011 年 1 月，《世界报》在十天内连续发表了两篇文章，提醒公众注意这些"信号灯"中的两盏。1 月 27 日发表的第一篇文章报道了"美国人平均寿命下降"[1]，这是美国历史上的第一次寿命回落；第二篇文章则报道了"三十年来全球患肥胖症人口翻了一倍"[2]。奇怪的是，该报并没有提及化学污染物对这两项变化的作用，而我们知道，肥胖症这种慢性病的病原很大一部分就来自于环境因素。这说明，要"改变模式"，就必须不断在信息流通上作出努力，因为知识真的就是力量。

抗癌食品

在科研领域中，有两个学派常常互相忽视，而一切证明这两者其实是互为补充的：一方面，学者只研究慢性病的环境病因，即化学污染物的作用，也就是我这本书的重心；另一方面，研究者只关注"生活方式"，尤其是含脂含糖过高（包括白面粉）、缺乏植物产品的"垃圾食品"问题。而在我的长期调查中，我发现这两种观点实际上代表了同一个问题的两个方面，因为正是"绿色革命"和"粮食革命"从根本上颠覆了我们餐盘中的内容。

然而，如农学家皮埃尔·维尔在《所有人将来都是胖子？》一书中所言，"我们的基因是很'古老'的，并不是每一代都会发生改变。每个基因自主突变的频率大概是十万年一次"[3]。在大卫·谢尔万-施雷伯的大胆著作《抗癌——用天然防御来预防和抵抗》中，他解释了牛不再吃富含 $\Omega-3$ 脂肪酸的草和亚麻，而改吃富含 $\Omega-6$ 脂肪酸的玉米和大豆对我们的生理会产生怎样的影响："$\Omega-6$ 脂肪酸容易让脂肪堆积、细胞僵化、血液粘稠、以及容易对外部刺激产生炎症反应。它刺激脂肪细胞的生成。而 $\Omega-3$ 脂肪酸参与神经系统的形成，让细胞更柔软，还可以平息炎症反应。它还抑制脂肪细胞的生成。生理的平衡与这两种脂肪酸的平衡有着直接的关系。然而，五十年来，我们食物中最大的改变正是这两种脂肪酸的比例。"[4]的确，这两种脂肪酸的比例从过去的 1:1 变成了现在的 1:25 甚至 1:40。这可不是无足轻重的，癌症学家非常清楚：炎症就是癌症的温床。

的确，肿瘤的起源，总是有一个细胞先被外部因子刺激，这个外部因子可能是一种病毒、一种射线，或者是一种化学品。如果身体健康状况良好，自然杀伤细胞就会探测到这个受损的细胞，并迫使这个受损细胞"自杀"。这个现象被称为"细胞凋亡"。如果免疫系统因为慢性炎症和长期的化学刺激而被削弱了，细胞凋亡失败，被感染的细胞就会开始增生：这就是肿瘤的初期，肿瘤要继续增长则需要血管的滋养。这个现象被称为"血管生成"。

换言之，血管生成造成转移灶，也就是癌细胞在身体上的迁移。

"癌症就像是杂草。"理查德·贝利沃教授向我解释，"要发芽需要一颗种子。而种子则需要助长因素的滋养才能生长。例如，当我们吃下用富含 Ω-6 脂肪酸的氢化油或反式脂肪做的工业食品，我们就让自己的身体在代谢上和生理上处于一种发炎前的状态，有利于癌症种子的生长。反之，如果我们食用大量的蔬果，就会抑制杂草的生长。"理查德·贝利沃是位于蒙特利尔的魁北克大学的癌症预防与治疗课程主讲，他领导一个由 30 名学者组成的团队，研究水果和蔬菜的抗癌潜力。他在国际医学期刊上发表了超过 230 篇论文。

"近二十年的研究发现，一些蔬果因为其植物化学成分，含有一些在药理上与某些化疗药物有相同作用的物质。"2009 年 12 月 7 日，我在他位于蒙特利尔的实验室中与他见面时，他这样告诉我。[5] 这些物质中，某些是有细胞毒性的：它能够杀灭癌细胞。一些是能促细胞凋亡的：能够让癌细胞自杀。还有一些是抗炎的：它能够抑制癌细胞扩散所需的炎症反应。当癌症还处在童年期并打算慢慢成长时，我们通过食用这些物质，能够创造一个不利于它的环境，阻碍原发癌细胞——也就是二、三、四十年后会造成癌症的细胞——的克隆选择。因此，我们可以通过饮食来预防癌症。抗癌物质存在于十字花科（芸薹属）的植物中，如：卷心菜、花椰菜、芽甘蓝等，其中最好的是西兰花 [6]，它所含的芥子油苷能够促进细胞凋亡 [7]。还有葱属植物：大蒜、洋葱、韭菜和分葱等，其硫化成分能够形成很好的抗癌保护，尤其是抗前列腺癌 [8]。还有浆果类植物：蓝莓、黑莓、黑醋栗、草莓等，尤其是覆盆子，它们所含的鞣花酸能够抑制血管生成 [9]。不要忘了还有绿茶，茶多酚和儿茶素也能够抑制血管生成的萌发：我亲自在试管癌细胞上测试过它的作用，我发现它能够放慢白血病、乳腺癌、前列腺癌、肾癌、皮肤癌和唇癌等癌细胞的增长 [10]。还有黑巧克力 [11]、柑橘和红酒等含有白藜芦醇 [12]。

"为什么人们没有更好地了解这些信息呢？"

"因为我的研究结果无利可图！我必须不断争取才能获取资金。以姜黄的主要成分姜黄素为例：多项研究证明姜黄素是一种有效的抗炎药，能够作用于癌症的每个阶段。然而姜黄无法获得专利，因为有史以来它就被用于印度菜！"

姜黄的国度被慢性病威胁

2009 年圣诞前不久，我在姜黄的国家待了几天，这种微微辛辣的香料是咖喱中黄色的来源，至少有三千年历史的阿育吠陀医学里就描述了它的疗效。我参加了在印度东南部奥里萨邦的首府布巴内斯瓦尔举行的第三届国际转移性癌症研讨会。这次会议的组织者之一是 MD Anderson 癌症中心细胞因子实验室的主任巴拉特·艾嘉瓦。该中心在国际上享有盛名。会议召开前一个星期，艾嘉瓦在休斯敦接待了我。他向我介绍了他关于姜黄的研究，姜黄能够增强吉西他滨促进人类癌细胞凋亡的疗效，吉西他滨是一种治疗胰腺癌的常用药。然后，他还给我看了小鼠身上的胰腺肿瘤的图片，图片中可以看到，浸在姜黄中的血管逐渐干涸，最后完全消失[13]。这位印度裔美国学者告诉我："姜黄能够抑制核转录因子 NF Kappa B 的蛋白质表达，这种因子在发炎过程中起了关键作用。因此，姜黄可作用于细胞凋亡、血管生成和转移。我与 MD Anderson 癌症中心的主席约翰·门德尔松一起，正在几名病人身上进行尝试，他们看起来很有希望治愈。"

然而，当然了，布巴内斯瓦尔的研讨会上，科学家们讨论了姜黄、核转录因子、癌症的发炎机制等问题，但也谈到了正在消失中的"印度优势"，如新德里癌症研究所的阿尔温德·查图维迪所言。查图维迪教授用 PPT 幻灯片展示了位于里昂的国际癌症研究机构（参见第十章）所做的统计。2001 年，20 种主要癌症的发生率在印度比在美国低三至三十倍。两国乳腺癌和前列腺癌的发生率差异尤其明显。"很不幸，这个情况正在改变。"查图维迪教授警告道，"在（印度北部的）旁遮普邦，即绿色革命的摇篮，人们在密集型种植的小麦上施了很多农药，那里的癌症发生率显著增长。在大城市里也有同样的问题，因为人们生活方式和饮食习惯的改变，乳腺癌和前列腺癌的发生率迅猛增长。"

"如果我们不从别人犯下的错误中吸取教训，我们只会付出更高的代价。"这位教授在研讨会的间歇时间接受了我的采访，他对我说："答案很简单：不要化学污染物，不要加工食品，要健康的生活方式和运动，不吃或少吃红肉，不喝酒，不抽烟也不嚼烟，当然饮食要吃有机食品[14]……"

吃"有机食品"

"怎样才能避免化学污染物？"许多次在纪录片《孟山都眼中的世界》放映结束后，我被无数次地问过这个问题。这本书或这部纪录片面世后，我肯定还会再听到这个问题。我的答案不会改变："必须尽可能吃'有机'的食品。"我不会在这里讨论有机食品的价格问题，因为这不是讨论这个问题的地方（我将会专门为此做一个调查），但我需要谈一下最近的几项研究，这几项研究证明"有机食品"能够有效地保护儿童免受（低剂量）农药的危害。

第一项研究发表于 2003 年，作者是华盛顿大学和西雅图大学的几名学者。他们分析了 18 名只吃有机农产品的 2 至 5 岁儿童的尿液，和 21 名父母在普通超市购买食品的儿童的尿液。科学家发现了尿液中含有 5 种有机磷农药（及其代谢物），且第二组的儿童尿液中所含的平均残留水平比第一组高六倍。结论："使用有机农产品对父母来说，是一种相对简单的降低儿童农药暴露的方法。"[15]

另一项研究发表于三年后，证明改变饮食结构能够很快地让食用化学农产品的儿童尿液中的农药残留消失。这项研究是前面提到的这两所大学的学者与亚特兰大疾病防控中心合作进行的，他们让 23 名同一小学的孩子食用有机食品 5 天。结果他们体内的有机磷农药——如马拉硫磷和毒死蜱——的残留有所下降，到了第十天则降到了几乎测不到的水平。如这项研究的作者所说："这项研究证明，儿童的有机磷农药暴露主要就是来源于食物。"[16]

两年后的又一项研究也证实了同样的结果，这个实验进行了四个连续的季节，期间 23 名 3 到 11 岁的儿童好几次改变饮食结构。每一次的改变，不管是在哪个季节，在食物改成有机食品的第十天，他们尿液中测到的农药残留几乎消失 [17]。

禁用农药能够节省很多的钱

"这个系统之所以造成疾病，是因为政治、经济、监管和意识形态的规范都将利润放在比人类健康和环境状况更重要的地位上。"布朗大学的环境与职业医学教授大卫·埃吉尔曼和苏珊娜·兰金·伯梅在 2005 年这样写道，"企业完全不管他们的活动会带来的社会和环境成本，把这些代价外包或推卸给政府、邻居和工人。"他们还强调了这个"系统"的极端悖论："企业让其他人为他们造成的社会影响买的单越大额，他们自己获得的利润就越高。"[18]

只需查查这几年的法国国家医疗保险机构年报（网上可查阅），就知道，如世卫组织所言，"个人、企业和卫生系统的非传染性疾病开支已经难以承受"[19]。在法国，投保"长期疾病"全套方案的人数已经从 1994 年的 370 万（即 11.9% 的在职人员）上升为 2009 年 12 月 31 日的 860 万（即每七个人中有一个）①。这个数字在十五年内就翻了一番，而主要的加速是从 2004 年开始：仅 2006 年至 2007 年间，增长就达到了 4.2%。据估计，长期疾病在（总共 420 亿欧元的）医疗保险支出中占了 60%。国家医疗保险机构自己也在 2006 年 4 月 5 日的"月报"中承认：1994 年至 2004 年，"长期疾病保险覆盖的人数急剧增长（自 1994 年增长了 73.5%，如果考虑到这段时间内总人口的变化则是增长了 53.3%）"。

所有证据显示，长期疾病的剧增主要是由于环境的因素，这也造成了让

---

① "长期疾病"指的是通常治疗非常昂贵的慢性疾病，在该保险方案中，医疗费用 100% 由国家医疗保险支出，免去自费部分。

历届法国政府为之叹息的巨大"社会保险赤字"。的确，安德烈·西科莱拉说得很对："简单的三率法就可以证明：如果 2004 年的长期疾病保险比例还跟十年前是一样的，疾病的开支就应该减少，结余应该远远高出近几年的赤字，即使在考虑了患长期疾病者的寿命提高（和治疗总费用的增加）之后也应该是这样。"[20] 总之："总的经济算盘里几乎从来没有考虑过没有健康疾病可能带来的经济利益。"[21] 但也有例外：2001 年，加拿大安大略的一个研究组计算了 4 种疑与美国和加拿大环境有关的疾病的成本：糖尿病、帕金森病、神经发育疾病和甲状腺功能减退症。据他们的估计，根据环境因素对这些病的病原的重要性，"不患"这些疾病每年能够节省 570 至 3 970 亿美金 [22]。

这也是 2008 年欧洲议会上呈交的一份重要报告的观点，这份报告比较激进："与农药暴露相关的健康影响代价一旦消失，缩减农药使用所带来的健康利益就会增加。农药对健康的影响的代价包括医疗费用、个人生活质量下降所减去的价值、因农药暴露致死所减去的价值以及因农药畸形或慢性中毒所导致的生产力下降等。"[23] 这份厚厚的文件表示"目前仍在使用的被列为致癌物质、致突变物质、生殖毒性物质（即 CMR1 类或 2 类物质），以及被认为是内分泌干扰物的物质都应该被禁止"。该报告的作者还列举了一系列研究，证明简单彻底地禁用 CMR 类农药和内分泌干扰物可以带来可观的财政利润。

这些研究中的第一项完成于 1992 年，据该研究的保守估计，美国每年因农药暴露带来的健康成本高达 7.87 亿美金 [24]。欧洲在十五年后也做了一个类似的研究，该研究仅计算了癌症死亡的成本，估计禁用最危险的几种农药能够每年节省 260 亿欧元 [25]。欧洲理事会也在 2003 年估算了欧盟法规《化学品注册、评估、授权和限制》（REACH）实施后化学品使用的限制将会带来的健康利润：三十年内 500 亿欧元，其中 99% 来自于癌症死亡的降低 [26]。

不管从哪个观点看——例如有些研究只估算了孤独症增加的健康成

本[27]——欧盟这份报告所列举的研究都证明，与化工企业的宣传词相反，预防原则的使用不仅不会造成经济损失，还会**节省**许多的钱。但是，如在波士顿时流行病学家理查德·克拉普告诉我的那样，"预防原则有违制药工业的私己利益，对制药企业而言，癌症就是他们的'金爪蟹'"。他还带着会心的微笑补充道："然而，那些卖药给我们治慢性病的人，正是给我们带来污染并仍然在继续污染人。他们处处受益……"

"预防原则"，风险监管程序的必要民主化

"为了保护环境，各国应该尽其所能地运用预防原则。当存在严重的不可逆转的损失的风险时，即使缺乏完整确定的科学证据，也不应该以此作为将来再采取经济成本可承受的措施来预防环境退化的托辞。"这就是1992年在里约热内卢举行的联合国环境与发展会议上，用来第一次定义"预防原则"的话语。六年之后，欧洲理事会也给出了自己的定义，随后大部分欧洲国家都采纳了这个定义："预防原则是风险管理的一种手段，在缺乏科学确定性的情况下使用。其含义是：面对潜在的严重风险时，紧急采取行动，无须等待科学研究的结果。"[28]

要明白围绕着预防原则的讨论的关键点，则必须明白预防（管理不确定的风险）和防止（管理确定的危险）之间的区别。石棉的案例就很好地诠释了这个区别，法国社会学家米歇尔·卡隆、皮埃尔·拉斯库姆和雅尼克·巴尔特就在《在不确定的世界里行动》[29]一书中对此做出了解释。事实上，人类（至少）在20世纪30年代初就了解了石棉这种物质的危害，且"1975年起患肺病的风险已经被充分证实，因此能够采取实际的防护措施，最彻底的方法便是禁止"。各工业化国家都这样做了，除了法国，它一直等到1997年。"在这个日子（1975年）之前，所采取的措施都属于对已经认识到、却没有了解清楚的危险的预防。"[30]在这种情况下，"预防的前提是已有一个可能造成严重损失但还不确定的情况"。预防，需要把"零散的、混杂的信

息编织成一组集中的迹象。目的不在于寻找确定的证据，而是在于综合理论数据、经验观察、主观和客观的数据，逐渐建立起假设[31]"。

然而，这种新的化学品风险管理理念意味着彻底改变科学与政治的关系，以及科学与社会的关系。这样，米歇尔·卡隆所说的"闭门科学"[32]再也不能强迫人们接受他们所谓的真理了，这种关在实验室里的科学，"为了提高生产力而与世隔绝"，并宣称自己是唯一有资格对公民所遭受的化学风险给出意见的权威。而合理地运用预防原则却需要联合"户外科学"，这种科学的实施者是外行人士或实际操作者，他们的风险鉴定技能来源于他们在可能有环境或健康风险的情况中的具体经验。

同样地，监管机构再也不能保持沉默了，再也不能用荒谬的"商业机密"来隐藏信息，再也不能否认"科学界的少数派"和"鸣警钟者"的珍贵劳动成果了。预防的实施有赖于"民主的民主化"，民主建立在对话上，而不是建立在权威的说辞上，"风险的'可接受性'是一个社会进程，而不是一个可以预先定下的目标"[33]。因为，如美国食品药品监督管理局的毒理学家杰奎琳·维莱特所说："监管机构必须停止给化学品赋予种种权利。化学品没有任何权利，有权利的是人[34]……"

注释

前言

[1] Marie-Monique ROBIN, *Le Monde selon Monsanto. De la dioxine aux OGM, une multinationale qui vous veut du bien*, La Découverte/ArteÉditions, Paris, 2008.

[2] Marie-Monique ROBIN, *Les Pirates du vivant et Blé: chronique d'une mort annoncée?*, Arte, 15 novembre 2005. 3.

[3] Marie-Monique ROBIN, *Argentine: le soja de la faim*, Arte, 18 octobre 2005. 以及 Les Piratesdu vivant, 亦有 DVD 版本, 收录在 «Alerte verte».

第一章

[1] Joël ROBIN, *Au nom de la terre. La foi d'un paysan*, Presses de la Renaissance, Paris, 2001.

[2] Marie-Monique ROBIN, *Le suicide des paysans*, TF1, 1995(获昂热国际新闻节社会纪录片奖).

[3] Marie-Monique ROBIN, *Le Monde selon Monsanto. De la dioxine aux OGM, une multinationale qui vous veut du bien, op. cit.*.

[4] *François VEILLERETTE, Pesticides, le piège se referme, Terre vivante, Mens, 2007*; 另见: *Fabrice NICOLINO & François VEILLERETTE, pesticides, révélations sur un scandale français, Fayard, Paris, 2007.*

[5] ⟨www.victime-pesticide.org⟩ 另见 «un nouveau réseau pour défendre les victimes des pesticides», le monde.fr, 18 juin 2009.

[6] «Malade des pesticides, je brise la loi du silence», *Ouest France,* 27 mars 2009.

[7] «Alachlor», *WHO/FAO Data Sheets on Pesticides,* n° 86, ⟨www.inchem.org⟩ , juillet 1996.

[8] «Maïs: le désherbage en prélevée est recommandé», *Le Syndicat agricole,* ⟨www.syndicatagricole.com⟩ , 19 avril 2007.

[9] «Un agriculteur contre le géant de l'agrochimie», ⟨www.viva.presse.fr⟩ , 2 avril 2009.

[10] Jean-François BARRÉ, «Paul, agriculteur, "gazé" au désherbant!», *La Charente libre,* 17 juillet 2008.

[11] ⟨www.medichem2004.org/schedule.pdf⟩ , 该网页目前已无法查阅。

第二章

[1] Geneviève BARBIER et Armand FARRACHI, *La Société cancérigène. Lutte-t-on vraiment contre le cancer ?*, «Points» Seuil, Paris, 2007, p.51.

[2] *Ibid.,* p.58.

[3] PESTICIDE ACTION NETWORK UK, *Pesticides on a Plate. A Consumer Guide to Pesticide Issues in the Food Chain*, Londres, 2007.

［4］ «safe use of pesticides», Public Service Announcement, 1964（参见我的电影《毒从口入》*notre poison quotidien,* Arte, 2011）.

［5］ «Pesticides et santé des agriculteurs», 〈http://references-sante-securite.msa.fr〉, 26 avril 2010（此处是我做的标注）.

［6］ Julie MARC, *Effets toxiques d'herbicides à base de glyphosate sur la régulation du cycle cellulaire et le développement précoce en utilisant l'embryon d'oursin,* Université de biologie de Rennes, 10 septembre 2004.

［7］ 参见 Marie-Monique ROBIN, *Les Pirates du vivant, op. cit.*

［8］ ArthurHURST, «Gas poisoning», *in Medical Diseases of the War,* Edward Arnold, London, 1918, p.308—316(cité par Paul BLANC, *How Everyday Products Make People Sick. Toxins at Home and in the Workplace,* University of California Press, Berkeley/Los Angeles, 2007, p.116).

［9］ Hanspeter WITSCHI, «The story of the man who gave us Haber's law», *Inhalation Toxicology,* vol.9, n° 3, 1997, p.201—209.

［10］ *Ibid.,* p.203.

［11］ David GAYLOR, «The use of Haber's law in standard setting and risk assessment», Toxicology, vol.149, n° 1, 14 août 2000, p.17—19.

［12］ OMS/UNEP(United Nations Environment Programme), *Sound Management of Pesticides and Diagnosis and Treatment of Pesticides Poisoning. A Resource Tool,* 2006, p.58.

［13］ Karl WINNACKER et Ernst WEINGAERTNER, *Chemische Technologie-Organische Technologie II,* Carl Hanser Verlag, Munich, 1954, p.1005—1006.

［14］ 参见法国农业部网站〈e-phy.agriculture.gouv.fr〉上被取缔植物保护产品列表中齐克隆 B 的资料。

［15］ *Ibid.*

［16］ Hanspeter WITSCHI, «The story of the man who gave us Haber's law», *loc. cit.,* p.201—209.

［17］ Rachel Carson,《寂静的春天》*Silent Spring,* First Mariner Books Edition, New York, 2002, p.7, 18.（我接下来所引用到的关于这本书的内容均翻译自这一版本）。

［18］ 参见 «PCB, le crime en col blanc» 章节 ,Marie-Monique ROBIN, *Le Monde selon Monsanto, op. cit.,* p.19—40.

［19］ William BUCKINGHAM JR, *Operation Ranch Hand. The Air Force and Herbicides in Southeast Asia, 1961—1971,* Office of Air Force History, Washington, 1982, p.iii.

［20］ Georganne CHAPIN et Robert WASSERSTROM, «Agricultural production and malaria resurgence in Central America and India», *Nature,* n° 293, 17 septembre 1981, p.181—185.

［21］ INTERNATIONAL PROGRAMME ONCHEMICAL SAFETY, «DDT and its derivatives», World Health Organization, 〈www.inchem.org〉, Genève, 1979.

［22］ Rachel CARSON, *Silent Spring, op. cit.,* p.21.

［23］ James TROYER, «In the beginning: the multiple discovery of the first hormone herbicides», *Weed Science,* n° 49, 2001, p.290—297.

［24］ 参见 Marie-Monique ROBIN, *Le Monde selon Monsanto, op. cit.,* p.41—81(chapitre 2, «Dioxine: un polluer qui travaille pour le Pentagone»; et chapitre 3, «Dioxine: manipulations et corruption»).

［25］ Jean-Claude POMONTI, «Viêt-nam, les oubliés de la dioxine», *Le Monde,* 26 avril 2005.

[26]　已发表的最可靠的数据见 Jane Mager Stellman, «The extent and patterns of usage of Agent Orange and other herbicides in Vietnam», *Nature,* 17 avril 2003.

[27]　Paul Blanc, *How Everyday Products Make People Sick, op. cit.*

[28]　*Ibid.,* p.233.

[29]　Rachel Carson, *Silent Spring, op. cit.,* p.155.

第三章

[1]　Rachel Carson, 《寂静的春天》(法语版)Le printemps silencieux, Plon, Paris, 1963. 罗杰·海姆 (Roger Heim) 的主要著作为 Destruction et Protection de la nature, Armand Colin, Paris, 1952.

[2]　Rachel Carson, *Silent Spring, op. cit.,* p.16.

[3]　同上，另见 Linda LEAR & Rachel CARSON, *The life of the Author of «Silent Spring»,* Henry Holt and Company, New York, 1997.

[4]　特别参见 Gérald LEBLANC, «Are environmental sentinels signalling?», *Environmental Health Perspectives,* vol.103, n° 10, octobre 1995, p.888—890.

[5]　我请读者们也看一看蕾切尔·卡森的这次采访，这是一个非常难得的档案，可在 BBC 的网站上找到 :«Clip Bin: Rachel Carson», 〈www.bbcmotiongallery.com〉。

[6]　引自 Dorothy MCLAUGHIN «Silent Spring revisited», www.pbs.org.

[7]　The Monsanto Corporation, *The Desolate Year,* New York, 1963.

[8]　*Time Magazine,* 28 septembre 1962, p.45—46.

[9]　«The Time 100: Rachel Carson», *Time Magazine,* 29 mars 1999.

[10]　引自 Linda LEAR & Rachel CARSON, *The life of the Author of «Silent Spring», op.cit.,* p.429—430.

[11]　Presidential Science Advisory Committee, «Use of pesticides», 15 mai 1963.

[12]　David Greenberg, «Pesticides: White House advisory body issues report recommending steps to reduce hazard to public», *Science,* 24 mai 1963, p.878—879.

[13]　EPA, «DDT ban takes effect», 〈www.epa.gov〉, 31 décembre 1972.

[14]　Rachel Carson, *Silent Spring, op. cit.,* p.99.

[15]　«Indien: die chemische Apokalypse», *Der Spiegel,* n° 50, 10 décembre 1984.

[16]　*Ibid.*

[17]　Marie-Monique ROBIN, *Les pirates du vivant, op.cit.* 经过了长达六年的诉讼后，欧盟专营许可局最终取消了这一许可。

[18]　OMS, «Public health impact of pesticides used in agriculture», Genève, 1990.

[19]　参见本人的《孟山都眼中的世界》，我在其中谈到了一名服农药自杀的农民的葬礼，他自杀的原因是负债累累、且他种植的转基因棉花收成惨淡。另见 Ashish GOEL & Praveen AGGARWAL, «Pesticides poisoning», National Medical Journal of India, vol.20, n° 4, 2002, p.182—191.

[20]　Jerry JEYARATNAM 等 ,«Survey of pesticide poisoing in Sri Lanka», Bulletin of the World Health Organization, n° 60, 1982, p.615—619. 所有我在这一部分中所援引的研究均为世卫组织的档案室所收录。

[21]　Ania WASILEWSKI, «Pesticide poisoning in Asia», *IDRC Report,* janvier 1987. Lire aussi: Jerry JEYARATNAM *et alii,* «Survey of acute pesticide poisoning among agricultural workers in four Asian countries», *Bulletin of the World Health Organiztion,* n° 65, 1987, p.521—527; Robert

LEVINE, «Assessment of mortality and morbidity due to unintentional pesticide poisonings», unpublished WHO document, WHO/VBC/86 929. 另见 Mohamed Larbi BOUGUERRA 的先驱性著作 *,Les Poisons du tiers monde,* La Découverte, Paris, 1985.

[22] Edward BAKER *et alii,* «Epidemic malathion poisoning in Pakistan malaria workers», *The Lancet,* n° 1, 1978, p.31—34.

[23] OMS/UNEP, *Sound Management of Pesticides and Diagnosis and Treatment of Pesticides Poisoning, op. cit.*

[24] PESTICIDE ACTION NETWORK EUROPE et MDRGF, «*Message dans une bouteille». Étude sur la présence de résidus de pesticides dans le vin,* ⟨www.mdrgf.org⟩, 26 mai 2008.

[25] AFSSET, «L'Afsset recommande de renforcer l'évaluation des combinaisons de protection des travailleurs contre les produits chimiques liquides», ⟨www.afsset.fr⟩, 15 janvier 2010.

[26] 作者本人 2010 年 2 月 9 日于佩泽纳对让-吕克·杜普佩的采访。

第四章

[1] «Le métier d'Odalis: relier les fournisseurs aux distributeurs et agriculteurs», ⟨www.terrena.fr⟩.

[2] «Maladie professionnelle liée aux fongicides: première victoire», ⟨Nouvelobs.com⟩, 26 mai 2005; 另见 *Santé et Travail,* n° 30, janvier 2000, p.52.

[3] Brigitte BÈGUE, «Les pesticides sur la sellette», *Viva,* 14 août 2003.

[4] 作者本人 2010 年 2 月 9 日于佩泽纳对让-吕克·杜普佩的采访。

[5] Rachel CARSON, *Silent Spring, op. cit.,* p.188.

[6] Michel GÉRIN, Pierre GOSSELIN, Sylvaine CORDIER, Claude VIAU, Philippe QUÉNEL et Éric DEWAILLY, *Environnement et santé publique. Fondements et pratiques,* Edisem, Montréal, 2003.

[7] *Ibid.,* p.74.

[8] Fabrice NICOLINO et François VEILLERETTE, *Pesticides, révélations sur un scandale français, op. cit.,* p.289.

[9] INRS, *Tableaux des maladies professionnelles. Guide d'accès et commentaires,* ⟨http://inrsmp. konosphere.com⟩, p.216—218.

[10] Alice HAMILTON, «Lead poisoning in Illinois», *in* AMERICAN ASSOCIATION FOR LABOR LEGISLATION, *First National Conference on Industrial Diseases,* Chicago, 10 juin 1910.

[11] INRS, *Tableaux des maladies professionnelles. Guide d'accès et commentaires, op. cit.,* p.299.

[12] «A new domestic poison», *The Lancet,* vol.1, n° 105, 1862.

[13] «Chronic exposure to benzene», *Journal of Industrial Hygiene and Toxicology,* octobre 1939, p.321—377.

[14] Estelle SAGET, «Le cancer des pesticides», L'Express, 5 janvier 2007; 另见 Estelle SAGET, «Ces agriculteurs malades des pesticides», *L'Express,* 25 octobre 2004.

[15] 这封信是我从 Dominique Marchal 的档案中查到的。

[16] David MICHAELS, *Doubt is their Product. How Industry's Assault on Science threatens your Health,* Oxford University Press, New York, 2008, p.64.

[17] Geneviève BARBIER et Armand FARRACHI, *La Société cancérigène, op. cit.,* p.164.

[18] Devra DAVIS, *The Secret History of the War on Cancer,* Basic Books, New York, 2007, p.xii.

[19] Michel GÉRIN *et alii, Environnement et santé publique, op. cit.,* p.90.

[20] Geneviève BARBIER et Armand FARRACHI, *La Société cancérigène, op. cit.,* p.163—164.

第五章

[1] MichaelALAVANJA *et alii,* «Health effects of chronic pesticide exposure: cancer and neurotoxicity», *Annual Review of Public Health,* vol.25, 2004, p.155—197.

[2] David MICHAELS, *Doubt is their Product, op. cit.,* p.61.

[3] MichaelALAVANJA *et alii,* «Health effects of chronic pesticide exposure: cancer and neurotoxicity», *loc. cit.,* p.155—197.

[4] MargaretSANBORN, Donald COLE, Kathleen KERR, Cathy VAKIL, Luz Helena SANIN et Kate BASSIL, *Systematic Review of Pesticides Human Health Effects,* The Ontario College of Family Physicians, Toronto, 2004.

[5] Lennart HARDELL et Mikael ERIKSSON, «A case-control study of non-Hodgkin lymphoma and exposure to pesticides», *Cancer,* vol.85, 15 mars 1999, p.1353—1360.

[6] HoarZAHM *et alii,* «A case-control study of non-Hodgkin's lymphoma and the herbicide 2, 4-dichlorophenoxyacetic acid(2, 4-D) in eastern Nebraska», *Epidemiology,* vol.1, n° 6, septembre 1990, p.349—356. 这项研究对照了 201 名病人与 725 名非病人。

[7] Eva HANSEN *et alii,* «A cohort study on cancer incidence among Danish gardeners», *American Journal of Industrial Medicine,* 1992, vol.21, n° 5, p.651—660.

[8] Julie AGOPIAN *et alii,* «Agricultural pesticide exposure and the molecular connection to lymphomagenesis», *Journal of Experimental Medicine,* vol.206, n° 7, 6 juillet 2009, p.1473—1483.

[9] Aaron BLAIR *et alii,* «Clues to cancer etiology from studies of farmers», *Scandinavian Journal of Work and Environmental Health,* vol.18, 1992, p.209—215; Aaron BLAIR et Hoar ZAHM, «Agricultural exposures and cancer», *Environmental Health Perspectives,* vol.103, supplément 8, novembre 1995, p.205—208; Aaron BLAIR et Laura FREEMAN, «Epidemiologic studies in agricultural populations: observations and future directions», *Journal of Aeromedicine,* vol.14, n° 2, 2009, p.125—131.

[10] John ACQUAVELLA *et alii,* «Cancer among farmers: a meta-analysis», *Annals of Epidemiology,* vol.8, n° 1, janvier 1998, p.64—74. 这篇论文的引言中明确指出该荟萃分析是对艾伦·布莱尔的研究的回应。

[11] Samuel MILHAM, «Letter», *Annual of Epidemiology,* vol.9, 1999, p.71; Samuel Milham est l'auteur de «Leukemia and multiple myeloma in farmers», *American Journal of Epidemiology,* n° 94, 1971, p.307—310.

[12] Linda BROWN, Aaron BLAIR *et alii,* «Pesticide exposures and agricultural risk factors for leukemia among men in Iowa and Minnesota», *Cancer Research,* vol.50, 1990, p.6585—6591.

[13] Michael ALAVANJA *et alii,* «Health effects of chronic pesticide exposure: cancer and neurotoxicity», *loc. cit.;* Sadik KHUDER, «Metaanalyses of multiple myeloma and farming», *American Journal of Industrial Medicine,* vol.32, novembre 1997, p.510—516.

[14] Isabelle BALDI et Pierre LEBAILLY, «Cancers et pesticides», *La Revue du praticien,* vol.57, supplément, 15 juin 2007.

[15]　Dorothée Provost *et alii*, «Brain tumours and exposure to pesticides: a case-control study in South-Western France», *Occupational and Environmental Medicine,* vol.64, n° 8, 2007, p.509—514.

[16]　Jean-François Viel *et alii*, «Brain cancer mortality among French farmers: the vineyard pesticide hypothesis», *Archives of Environmental Health,* vol.53, 1998, p.65—70; Jean-François Viel, *Étude des associations géographiques entre mortalité par cancers en milieu agricole et exposition aux pesticides,* thèse de doctorat, Faculté de médecine Paris-Sud, 1992.

[17]　André Fougeroux, «Les produits phytosanitaires. Évaluation des surfaces et des tonnages par type de traitement en 1988 », *La Défense des végétaux,* vol.259, 1989, p.3—8. 安德烈·福治鲁目前是先正达公司生物多样性部门的负责任，先正达是一间瑞士扩跨国企业，专长为农药和转基因种子的生产。

[18]　Petter Kristensen *et alii*, «Cancer in offspring of parents engaged in agricultural activities in Norway: incidence and risk factors in the farm environment», *International Journal of Cancer,* vol.65, 1996, p.39—50.

[19]　Michael Alavanja, Aaron Blair *et alii*, «Use of agricultural pesticides and prostate cancer risk in the Agricultural Health Study cohort», *American Journal of Epidemiology,* vol.157, n° 9, 2003, p.800—814.

[20]　Agricultural Health Study, 〈http://aghealth.nci.nih.gov〉.

[21]　Michael Alavanja, Aaron Blair *et alii*, «Cancer incidence in the Agricultural Health Study», *Scandinavian Journal of Work and Environmental Health,* vol.31, supplément 1, 2005, p.39—45.

[22]　Geneviève Van Maele-Fabry et Jean-Louis Willems, «Prostate cancer among pesticide applicators: a meta-analysis », *International Archives of Occupational and Environmental Health,* vol.77, n° 8, 2004, p.559—570. 注意：选出的 22 项研究中得出的比值比从 0.63 至 2.77 不等。

[23]　Isabelle Baldi et Pierre Lebailly, «Cancers et pesticides», *loc. cit.*

第六章

[1]　Fabrice Nicolino et François Veillerette, *Pesticides, révélations sur un scandale français, op. cit.,* p.56.

[2]　«Le Gaucho retenu tueur officiel des abeilles. 450 000 ruches ont disparu depuis 1996», *Libération,* 9 octobre 2000.

[3]　关于 Catherine Geslain-Lanéelle 职业生涯的更多细节，请参见 Fabrice Nicolino et François Veillerette, *Pesticides, révélations sur un scandale français, op. cit.,* p.60.

[4]　MichaelAlavanja *et alii*, «Health effects of chronic pesticide exposure: cancer and neurotoxicity», *loc. cit.,* p.155—197.

[5]　Freya Kamel, Caroline Tanner, Michael Alavanja, Aaron Blair *et alii*, «Pesticide exposure and self-reported Parkinson's disease in the Agricultural Health Study», *American Journal of Epidemiology,* 2006, vol.165, n° 4, p.364—374.

[6]　由 Paul Blanc 援引，见 *How Everyday Products Make People Sick, op. cit.,* p.243.

[7]　*Ibid.*

[8]　Louis Casamajor *et alii*, «An unusual form of mineral poisoning affecting the nervous system:

manganese», *Journal of the American Medical Association,* vol.60, 1913, p.646—640(cité par Paul BLANC, *ibid.,* p.250).

[9]　Hugo MELLA, «The experimental production of basal ganglion symptomatology in macacus rhesus», *Archives of Neurology and Psychiatry,* vol.11, 1924, p.405—417(cité parPaul BLANC, *ibid.,* p.251).

[10]　Henrique B.FERRAZ *et alii,* «Chronic exposure to the fungicide maneb may produce symptoms and signs of CSN manganese intoxication», *Neurology,* vol.38, 1988, p.550—553.

[11]　Giuseppe MECO *et alii,* «Parkinsonism after chronic exposure to the fungicide maneb(manganese-ethylene-bis-dithiocarbamate)», *Scandinavian Journal of Work Environment and Health,* vol.20, 1994, p.301—305.

[12]　William LANGSTON, «The aetiology of Parkinson's disease with emphasis on the MPTP story», *Neurology,* vol.47, 1996, p.153—160.

[13]　«Maïs: le désherbage en prélevée est recommandé», *loc. cit.*

[14]　OMS/UNEP, *Sound Management of Pesticides and Diagnosis and Treatment of Pesticides Poisoning, op. cit.,* p.92.

[15]　Isabelle BALDI *et alii,* «Neuropsychologic effects of long-term exposure to pesticides: results from the French Phytoner study», *Environmental Health Perspective,* août 2001, vol.109, n° 8, p.839—844.

[16]　Isabelle BALDI, Pierre LEBAILLY *et alii,* «Neurodegenerative diseases and exposure to pesticides in the elderly», *American Journal of Epidemiology,* vol.1, n° 5, mars 2003, p.409—414.

[17]　Caroline TANNER *et alii,* «Occupation and risk of parkinsonism. A multicenter case-control study», *Archives of Neurology,* vol.66, n° 9, 2009, p.1106—1113. 该研究对比了 500 名病人和同样人数的控制组。

[18]　Alexis ELBAZ *et alii,* «CYP2D6 polymorphism, pesticide exposure and Parkinson's disease», *Annals of Neurology,* vol.55, mars 2004, p.430—434. 该研究获得的 Epidaure 奖由 《 医学日报 》（Le Quotidien du médecin）创办，用于鼓励医学和生态学研究。

[19]　Martine PEREZ, «Parkinson: le rôle des pesticides reconnu», *Le Figaro,* 27 septembre 2006.

[20]　Alexis ELBAZ *et alii,* «Professional exposure to pesticides and Parkinson's disease», *Annals of Neurology,* vol.66, octobre 2009, p.494—504.

[21]　Sadie COSTELLO *et alii,* «Parkinson's disease and residential exposure to maneb and paraquat from agricultural applications in the Central Valley of California», *American Journal of Epidemiology,* vol.169, n° 8, 15 avril 2009, p.919—926.

[22]　David PIMENTEL, «Amounts of pesticides reaching target pests: environmental impacts and ethics», *Journal of Agricultural and Environmental Ethics,* vol.8, 1995, p.17—29.

[23]　Hayo VAN DER WERF, «Évaluer l'impact des pesticides sur l'environnement», *Le Courrier de l'environnement,* n° 31, août 1997(traduction française de: «Assessing the impact of pesticides on the environment», *Agriculture, Ecosystems and Environment,* n° 60, 1996, p.81—96).

[24]　同上。更多信息请参见：Dwight GLOTFELTY *et alii,* «Volatilization of surfaceapplied pesticides from fallow soil», *Journal of Agriculture and Food Chemistry,* vol.32, 1984, p.638—643; et Dennis GREGOR et WilliamGUMMER, «Evidence of atmospheric transport and deposition of organochlorine pesticides and polychlorinated biphenyls in Canadian Arctic snow»,

Environmental Science and Technology, vol.23, 1989, p.561—565.

[25] David PIMENTEL, «Amounts of pesticides reaching target pests: environmental impacts and ethics», *loc. cit.*

[26] Beate RITZ, «Pesticide exposure raises risk of Parkinson's disease», 〈www.niehs.nih.gov〉.

[27] Robert REPETTO et Sanjay S.BALIGA, *Pesticides and the Immune System. The Public Health Risks,* World Resources Institute, Washington, 1996.

[28] 作者本人 2009 年 6 月 11 日对罗伯特·雷佩托的电话采访。

[29] Robert REPETTO et Sanjay S.BALIGA, *Pesticides and the Immune System. The Public Health Risks, op. cit.,* p.22—35.

[30] Michel FOURNIER *et alii,* «Limited immunotoxic potential of technical formulation of the herbicide atrazine(AAtrex) in mice», *Toxicology Letters,* vol.60, 1992, p.263—274.

[31] J.VOS *et alii,* «Methods for testing immune effects of toxic chemicals: evaluation of the immunotoxicity of various pesticides in the rat», in Junshi MIYAMOTO(dir.), *Pesticide Chemistry, Human Welfare and the Environment. Proceedings of the 5th International Congress of Pesticide Chemistry,* Pergamon Press, Oxford, 1983.

[32] A.WALSH et William E.RIBELIN, «The pathology of pesticide poisoning», *in* William E.RIBELIN et George MIGAKI(dir.), *The Pathology of Fishes,* The University of Wisconsin Press, Madison, 1975, p.515—557.

[33] SylvainDE GUISE *et alii,* «Possible mechanisms of action of environmental contaminants on St. Lawrence Beluga whales(*Delphinapterus leucas*)», *Environmental Health Perspectives,* vol.103, supplément 4, mai 1995, p.73—77.

[34] Marlise SIMONS, «Dead Mediterranean dolphins give nations pause», *The New York Times,* 2 février 1992.

[35] Alex AGUILAR, «The striped dolphin epizootic in the Mediterranean Sea», *Ambio,* vol.22, décembre 1993, p.524—528.

[36] Rik DE SWART, «Impaired immunity in harbour seals(*Phoca vitulina*) exposed to bioaccumulated environmental contaminants: review of a long-term feeding study», *Environmental Health Perspectives,* vol.104, n° 4, août 1996, p.823—828.

[37] Arthur HOLLEB *et alii,* «Principles of tumour immunology», *The America Cancer Society Textbook of Clinical Oncology,* Atlanta, 1991, p.71—79.

[38] Kenneth ABRAMS *et alii,* «Pesticide-related dermatoses in agricultural workers», *Occupational Medicine. State of the Art Reviews,* vol.6, n° 3, juillet-septembre 1991, p.463—492.

[39] OMS/UNEP, *Sound Management of Pesticides and Diagnosis and Treatment of Pesticides Poisoning, op. cit.,* p.94.

[40] John ACQUAVELLA *et alii,* «A critique of the World Resources Institute's report "Pesticides and the immune system: the public health risks"», *Environmental Health Perspectives,* vol.106, février 1998, p.51—54.

第七章

[1] 作者本人 2009 年 10 月 16 日于华盛顿对彼得·因凡特的采访。因凡特的研究成果中,特别参见:Peter INFANTE et Gwen K.POHL, «Living in a chemical world: actions and reactions to

industrial carcinogens», *Teratogenesis, Carcinogenesis and Mutagenesis,* vol.8, n°4, 1988, p.225—249. 他在该文中写道："化学分子的合成被演绎成了对社会的科技利益, 但是也增加了因化学暴露造成癌症的风险。"

[2] Geneviève BARBIER et Armand FARRACHI, *La Société cancérigène, op. cit.*

[3] *Ibid.,* p.16.

[4] JeanGUILAINE(dir.), *La Préhistoire française. Civilisations néolithiques et protohistoriques,* tome 2, Éditions du CNRS, Paris, 1976.

[5] John NEWBY et Vyvyan HOWARD, «Environmental influences in cancer aetiology», *Journal of Nutritional & Environmental Medicine,* 2006, p.1—59.

[6] *Ibid.,* p.9.

[7] Vilhjalmur STEFANSSON, *Cancer: Disease of Civilization? An Anthropological and Historical Study,* Hill and Wang, New York, 1960; 另见 Zac GOLDSMITH, «Cancer: a disease of industrialization», *The Ecologist,* n° 28, mars-avril 1998, p.93—99.

[8] John Lyman BULKLEY, «Cancer among primitive tribes», *Cancer,* vol.4, 1927, p.289—295(cité par Vilhjalmur STEFANSSON, *ibid.*).

[9] Zac GOLDSMITH, «Cancer: a disease of industrialization», *loc. cit.,* p.95.

[10] Weston A.PRICE, «Report of an interview with Dr Joseph Herman Romig: nutrition and physical degeneration», 1939(cité par Vilhjalmur STEFANSSON, *ibid.*).

[11] Alexander BERGLAS, «Cancer: nature, cause and cure», Institut Pasteur, Paris, 1957(cité par Vilhjalmur STEFANSSON, *ibid.*).

[12] Frederick HOFFMAN, «Cancer and civilization, speech to Belgian National Cancer Congress at Brussels», 1923(cité par Vilhjalmur STEFANSSON, *ibid.*).

[13] Albert SCHWEITZER, *Àl'orée de la forêt vierge,* La Concorde, 1923(cité par Geneviève BARBIER et Armand FARRACHI, *La Société cancérigène, op. cit.,* p.18).

[14] R.DE BOVIS, «L'augmentation de la fréquence des cancers. Sa prédominance dans les villes et sa prédilection pour le sexe féminin sont-elles réelles ou apparentes?», *La Semaine médicale,* septembre 1902(cité par Geneviève BARBIER et Armand FARRACHI, *ibid.,* p.19).

[15] Giuseppe TALLARICO, *La Vie des aliments,* Denoël, Paris, 1947, p.249.

[16] Pierre DARMON, «Le mythe de la civilisation cancérogène(1890—1970)», *Communications,* n° 57, 1993, p.73.

[17] *Ibid.,* p.71.

[18] Roger WILLIAMS, «The continued increase of cancer with remarks as to its causations», *British Medical Journal,* 1896, p.244(cité par Pierre DARMON, *ibid.,* p.71).

[19] Pierre DARMON, *ibid.*

[20] *Ibid.,* p.73.

[21] Bernardino RAMAZZINI, *Des maladies du travail,* AleXitère, Valergues, 1990. 此处是我做的标注。

[22] Paul BLANC, *How Everyday Products Make People Sick, op. cit.,* p.31.

[23] Karl MARX, *Le Capital. Livre premier,* Éditions sociales, Paris, 1976, p.263—264. '

[24] Kerrie SCHOFFER et John O'SULLIVAN, «Charles Dickens: the man, medicine and movement disorders», *Journal of Clinical Neuroscience,* vol.13, n° 9, 2006, p.898—901.

[25] Alex WILDE, «Charles Dickens could spot the shakes», *ABC Science on line,* 19 octobre 2006.

[26] Percivall POTT, *The Chirurgical Works of Percivall Pott,* Hawes Clark and Collins, Londres, 1775, vol.5, p.50—54(cité par Paul BLANC, *How Everyday Products Make People Sick, op. cit.,* p.228).

[27] Henry BUTLIN, «On cancer of the scrotum in chimney-sweeps and others: three lectures delivered at the Royal College of Surgeons of England», British Medical Association, 1892(cité par Paul BLANC, *ibid.,* p.228).

[28] Hugh CAMPBELL ROSS et John Westray CROPPER, «The problem of the gasworks pitch industry and cancer», *The John Howard Mc Fadden Researches,* John Murray, Londres, 1912.

[29] Paul BLANC, *How Everyday Products Make People Sick, op. cit.,* p.229.

[30] *Ibid.,* p.132.

[31] Auguste DELPECH, «Accidents que développe chez les ouvriers en caoutchouc l'inhalation du sulfure de carbone en vapeur», *L'Union médicale,* vol.10, n° 60, 31 mai 1856(cité par Paul BLANC, *ibid.,* p.142).

[32] Auguste DELPECH, «Accidents produits par l'inhalation du sulfure de carbone en vapeur: expériences sur les animaux», *Gazette hebdomadaire de médecine et de chirurgie,* 30 mai 1856, p.384—385(cité par Paul BLANC, *ibid.*).

[33] Auguste DELPECH, «Industrie du caoutchouc soufflé: recherches sur l'intoxication spéciale que détermine le sulfure de carbone», *Annales d'hygiène publique et de médecine légale,* vol.19, 1863, p.65—183(cité par Paul BLANC, *ibid.,* p.143).

[34] «Unhealthy trades», *London Times,* 26 septembre 1863.

[35] Jean-Martin CHARCOT, «Leçon de mardi à La Salpêtrière: Policlinique 1888—1889, notes de cours de MM. Blin, Charcot, Henri Colin», *Le Progrès médical,* 1889, p.43—53(cité par Paul BLANC, *How Everyday Products Make People Sick, op. cit.,* p.143).

[36] Thomas OLIVER, «Indiarubber: dangers incidental to the use of bisulphide of carbon and naphtha», *in Dangerous Trades,* Éditions Thomas Oliver, Londres, 1902, p.470—474(cité par Paul BLANC, *ibid.,* p.151).

[37] Paul BLANC, *How Everyday Products Make People Sick, op. cit.,* p.168.

[38] Isaac BERENBLUM, «Cancer research in historical perspective: an autobiographical essay», *Cancer Research,* janvier 1977, p.1—7.

[39] Devra DAVIS, *The Secret History of the War on Cancer, op. cit.,* p.18.

[40] «International Cancer Congress», *Nature,* vol.137, 14 mars 1936, p.426.

[41] Devra DAVIS, *The Secret History of the War on Cancer, op. cit.,* p.19—21.

[42] William CRAMER, «The importance of statistical investigations in the campaign against cancer», *Report of the Second International Congress of Scientific and Social Campaign against Cancer,* Bruxelles, 1936(cité par Devra DAVIS, *ibid.,* p.21).

[43] Devra DAVIS, *The Secret History of the War on Cancer, op. cit.,* p.23.

[44] BUREAU INTERNATIONAL DU TRAVAIL, «Cancer of the bladder among workers in aniline factories», *Studies and Reports,* Series F, n° 1, Genève, 1921.

[45] David MICHAELS, «When science isn't enough: Wilhelm Hueper, Robert A.M.Case and the limits of scientific evidence in preventing occupational bladder cancer», *International Journal of*

Occupational and Environmental Health, vol.1, 1995, p.278—288.

[46] Edgar E.Evans, «Causative agents and protective measures in the anilin tumor of the bladder», *Journal of Urology,* vol.38, 1936, p.212—215.

[47] Wilhelm Hueper, *Autobiographie non publiée,* National Library of Medicine, Washington(cité par David Michaels, *Doubt is their Product, op. cit.,* p.21).

[48] Wilhelm Hueper *et alii,* «Experimental production of bladder tumours in dogs by administration of beta-naphtylamine», *The Journal of Industrial Hygiene and Toxicology,* vol.20, 1938, p.46—84.

[49] Wilhelm Hueper, *Autobiographie non publiée, op. cit.*(cité par David Michaels, «When science isn't enough», *loc. cit.,* p.283).

[50] David Michaels, *Doubt is their Product, op. cit.,* p.24.

[51] *Ibid.,* p.19—20. Cette lettre est consultable sur le site de David Michaels: 〈www. defendingscience.org/upload/Evans_1947.pdf〉.

[52] Elizabeth Ward *et alii,* «Excess number of bladder cancers in workers exposed to orthotoluidine and aniline», *The Journal of the National Cancer Institute,* vol.3, 1991, p.501—506.

[53] David Michaels, «When science isn't enough», *loc. cit.,* p.286.

第八章

[1] Devra Davis, *The Secret History of the War on Cancer, op. cit.,* p.78.

[2] GeraldMarkowitz et David Rosner, *Deceit and Denial. The Deadly Politics of Industrial Pollution,* University of California Press, Berkeley/Los Angeles, 2002, p.15.

[3] *Ibid.,* p.137.

[4] William Kovarik, «Ethyl-leaded gasoline, how a classic occupational disease became an international public health disaster», *International Journal of Occupational and Environmental Health,* octobre-décembre 2005, p.384—439.

[5] GeraldMarkowitz et David Rosner, *Deceit and Denial, op. cit.* Le chapitre 2 est consacré à la «House of butterflies», p.12—25.

[6] GeraldMarkowitz et David Rosner, «A gift of God? The public health controversy over leaded gasoline in the 1920s», *American Journal of Public Health,* vol.75, 1985, p.344—351.

[7] William Kovarik, «Ethyl-leaded gasoline, how a classic occupational disease became an international public health disaster», *loc. cit.,* p.384.

[8] «Bar ethyl gasoline as 5th victim dies», *New York Times,* 31 octobre 1924.

[9] «Chicago issues ban on leaded gasoline», *New York Times,* 8 septembre 1984.

[10] «Bar ethyl gasoline as 5th victim dies», *loc. cit.*

[11] «Use of ethylated gasoline barred pending inquiry», *The World,* 31 octobre 1924.

[12] «No reason for abandonment», *New York Times,* 28 novembre 1924.

[13] *Kehoe Papers,* Université de Cincinnati(cité par Devra Davis, *The Secret History of the War on Cancer, op. cit.,* p.81).

[14] Devra Davis, *ibid.,* p.81.

[15] *Ibid.,* p.94.

[16] René Allendy, *Paracelse. Le médecin maudit,* Dervy-Livres, Paris, 1987.

[17] PARACELSUS, «Liber paragraphorum», *Sämtliche Werke,* Éditions K.Sudhoff, tome 4, p.1—4.

[18] Andrée MATHIEU, «Le 500$_e$ anniversaire de Paracelse», *L'Agora,* vol.1, n° 4, décembre 1993-janvier 1994.

[19] Michel GÉRIN *et alii, Environnement et santé publique, op. cit.,* p.120. 有人怀疑，这位最终是被杀手杀死的国王所服用的毒药其实是变质了……

[20] William KOVARIK, «Ethyl-leaded gasoline, how a classic occupational disease became an international public health disaster», *loc. cit.,* p.391.

[21] Témoignage de Robert Kehoe, 8 juin 1966, *Hearings before a Subcommittee on Air and Water Pollution of the Committee on Public Works,* GPO, 1966, p.222(cité par William KOVARIK, *ibid.*)

[22] Gerald MARKOWITZ et David ROSNER, *Deceit and Denial, op. cit.,* p.110.

[23] William KOVARIK, «Ethyl-leaded gasoline, how a classic occupational disease became an international public health disaster», *loc. cit.,* p.391.

[24] Wilhelm HUEPER, *Autobiographie non publiée, op. cit.,* p.222—223(cité par Devra DAVIS, *The Secret History of the War on Cancer, op. cit.,* p.98).

[25] 该书目前已出版:Devra DAVIS, *Disconnect. The Truth about Cell Phone Radiation, what the Industry Has Done to Hide it, and How to Protect Your Family,* Dutton Adult, New York, 2010.

[26] 这次经历启发了她的第一本书:*When Smoke Ran Like Water. Tales of Environmental Deception and the Battle against Pollution,* Basic Books, New York, 2002。

[27] 作者本人 2009 年 10 月 15 日于匹兹堡对德维拉·戴维斯的采访。

[28] 尤其参见 Gérard DUBOIS, *Le Rideau de fumée. Les méthodes secrètes de l'industrie du tabac,* Seuil, Paris, 2003。

[29] John HILL, *Cautions against the Immoderate Use of Snuff,* 1761, Londres, p.27—38.

[30] Étienne Frédéric BOUISSON, *Tribut à la chirurgie,* Baillière, Paris, 1858—1861, vol.1, p.259—303.

[31] Angel Honorio ROFFO, «Der Tabak als Krebserzeugendes Agens», *Deutsche Medizinische Wochenschrift,* vol.63, 1937, p.1267—1271.

[32] Franz Hermann MÜLLER, «Tabakmissbrauch und Lungencarcinom», *Zeitschrift für Krebsforschung,* vol.49, 1939, p.57—85. 缪勒所说的"重度吸烟者"指的是每日吸"10 至 15 支雪茄、超过 35 支香烟或 50 克烟草"的人。

[33] Robert N.PROCTOR, *The Nazi War on Cancer,* Princeton University Press, Princeton, 2000; 另见 Robert N.PROCTOR, «The Nazi war on tobacco: ideology, evidence and possible cancer consequences», *Bulletin of the History of Medicine,* vol.71, n° 3, 1997, p.435—488.

[34] Eberhard SCHAIRER et Erich SCHÖNIGER, «Lungenkrebs und Tabakverbrauch», *Zeitschrift für Krebsforschung,* vol.54, 1943, p.261—269. 这项研究的结果在 1995 年重新被最现代的统计学工具评估过；结论是：偶然性的概率为千万分之一 (George DAVEY *et alii,* «Smoking and death», *British Medical Journal,* vol. 310, 1995, p.396)。

[35] 该故事由 Richard Doll 于 1997 年向 Robert Proctor 汇报 (Robert N.PROCTOR, *The Nazi War on Cancer, op. cit.,* p.46).

[36] Richard DOLL et Bradford HILL, «Smoking and carcinoma of the lung», *British Medical Journal,* vol. 2, 30 septembre 1950, p.739—748.

[37] Devra DAVIS, *The Secret History of the War on Cancer, op. cit.,* p.146.

[38]　Cuyler Hammond et Daniel Horn, «The relationship between human smoking habits and death rates: a follow-up study of 187 766 men», *Journal of the American Medical Association,* 7 août 1954, p.1316—1328. Les autres études sont: Ernest Wynder et Evarts Graham, «Tobacco smoking as a possible etiologic factor in bronchiogenic carcinoma», *Journal of the American Medical Association,* vol.143, 1950, p.329—336; Robert Schrek *et alii,* «Tobacco smoking as an etiologic factor in disease. I.Cancer», *Cancer Research,* vol.10, 1950, p.49—58; Levin Morton *et alii,* «Cancer and tobacco smoking: a preliminary report», *Journal of the American Medical Association,* vol.143, 1950, p.336—338; Ernest Wynder *et alii,* «Experimental production of carcinoma with cigarette tar», *Cancer Research,* vol.13, 1953, p.855—864.

[39]　*Times Magazine,* 1937, n° 12.

[40]　*US News and World Report,* 2 juillet 1954.

[41]　Brown & Williamson Tobacco Corp., «Smoking and health proposal», Brown & Williamson document n° 68056, 1969, p.1778—1786, 〈http://legacy.library.ucsf. edu/tid/nvs40f00〉. 此处是该文作者所做的标注。

[42]　Robert N.Proctor, «Tobacco and health. Expert witness report filed on behalf of plaintiffs in the United States of America, plaintiff, v. Philip Morris, Inc., *et al.,* defendants», Civil Action n° 99-CV-02496(GK) (Federal case), *The Journal of Philosophy, Science & Law,* vol.4, mars 2004.

[43]　«Project Truth: the smoking/health controversy: a view from the other side(prepared for the *Courier-Journal* and *Louisville Times*)», 8 février 1971(document de Brown & Williamson Tobacco Corp., cité par David Michaels, *Doubt is their Product, op. cit.,* p.3).

[44]　*Le Nouvel Observateur,* 24 février 1975(cité par Gérard Dubois, *Le Rideau de fumée, op. cit.,* p.290).

[45]　特别参见 Nadia COLLOT 的电影《烟草：共犯》(*Tabac: La conspiration*)，2006。

[46]　Evarts Graham, «Remarks on the aetiology of bronchogenic carcinoma», *The Lancet,* vol.263, n° 6826, 26 juin 1954, p.1305—1308.

[47]　Christie Todd Whitman, «Effective policy making: the role of good science. Remarks at the National Academy of Science's symposium on nutrient over-enrichment of coastal waters», 13 octobre 2000(cité par David Michaels, *Doubt is their Product, op. cit.,* p.6).

[48]　引自 Elisa ONG 和 Stanton GLANTZ 的 «Constucting "sound science" and "good epidemiology"：tobacco, lawyer and pulic relations firms», *American Journal of Public Health,* vol.91, n° 11, novembre 2001, p.1749—1757(此处是我做的标记)。这份文件以及我在此章节中所援引的所有文件，都可以在菲利普·莫里斯在司法判决后开的一个网站上查到：www.pmdocs.com/Disclaimer.aspx。

[49]　Elisa Ong et Stanton Glantz, «Constructing "sound science" and "good epidemiology" », *loc. cit.*

[50]　André Cicolella et Dorothée Benoît Browaeys, *Alertes santé. Experts et citoyens face aux intérêts privés,* Fayard, Paris, 2005, p.301.

[51]　*Ibid.,* p.299.

[52]　David Michaels, *Doubt is their Product, op. cit.,* p.9.

第九章

[1] 作者本人 2009 年 10 月 16 日于华盛顿对彼得·因凡特的采访。

[2] Marie-Monique ROBIN, *Le Monde selon Monsanto, op. cit.,* p.61.

[3] David MICHAELS, *Doubt is their Product, op. cit.,* p.60.

[4] *Ibid.,* p.66.

[5] *Ibid.,* p.69—70. 此处是该书作者所做的标记。

[6] 作者本人 2009 年 10 月 15 日于匹兹堡对德维拉·戴维斯的采访。

[7] William RUCKELSHAUS, «Risk in a free society», *Environmental Law Reporter,* vol.14, 1984, p.10190(cité par David MICHAELS, *ibid.,* p.69).

[8] «Chronic exposure to benzene», *Journal of Industrial Hygiene and Toxicology,* octobre 1939, p.321—377.

[9] Paul BLANC, *How Everyday Products Make People Sick, op. cit.,* p.62.

[10] *Ibid.,* p.67.

[11] AMERICAN PETROLEUM INSTITUTE, «API Toxicological review: benzene», New York, 1948(cité par David MICHAELS, *Doubt is their Product, op. cit.,* p.70). 我推荐读者们阅读这份文件，可以在大卫·迈克尔斯的网站上找到：〈www.defendingscience.org〉。此处是我做的标注。

[12] Peter INFANTE, «The past suppression of industry knowledge of the toxicity of benzene to humans and potential bias in future benzene research», *The International Journal of Occupational and Environmental Health,* vol.12, 2006, p.268—272.

[13] Dante PICCIANO, «Cytogenic study of workers exposed to benzene», *Environmental Research,* vol.19, 1979, p.33—38.

[14] Peter INFANTE, Robert RINSKY *et alii,* «Leukemia in benzene workers», *The Lancet,* vol.2, 1977, p.76—78.

[15] «Industrial Union Department v. American Petroleum Institute», 2 juillet 1980, 44 US 607(可在 〈www.publicheqlthlaw.net〉上查到).

[16] Devra DAVIS, *The Secret History of the War on Cancer, op. cit.,* p.385.

[17] Robert RINSKY et alii, «Benzene and leukemia: an epidemiologic risk assessment», New England Journal of Medicine, vol.316, n° 17, 1987, p.1044—1050. 彼特·因凡特的团队制定了（每工作日）暴露水平的四个级别：低于 1 ppm、1—5 ppm、5—10 ppm、高于 10 ppm。第四个级别中的白血病发生率比第一个级别中高六十倍。

[18] OSHA, «Occupational exposure to benzene: final rule», *Federal Register,* vol.52, 1987, p.34460—34578.

[19] Peter INFANTE, «Benzene: epidemiologic observations of leukemia by cell type and adverse health effects associated with lowlevel exposure», *Environmental Health Perspectives,* vol.52, octobre 1983, p.75—82.

[20] David MICHAELS, *Doubt is their Product, op. cit.,* p.47.

[21] EXPONENT, *Rapport annuel 2003,* Form 10K SEC filing, 26 juin 2005.

[22] Susanna RANKIN BOHME, John ZORABEDIAN et David EGILMAN, «Maximizing profit and endangering health: corporate strategies to avoid litigation and regulation», *International Journal of Occupational and Environmental Health,* vol.11, 2005, p.338—348.

[23] *Ibid.*

［24］　Gerald MARKOWITZ et David ROSNER, *Deceit and Denial, op. cit.* 该书第六章名为《企业非法同谋的证据》, p.168—194.

［25］　*Ibid.*

［26］　Jian Dong ZHANG *et alii*, «Chromium pollution of soil and water in Jinzhou», *Chinese Journal of Preventive Medecine,* vol.2, n° 5, 1987, p.262—264.

［27］　Jian Dong ZHANG *et alii*, «Cancer mortality in a Chinese population exposed to hexavalent chromium», *The Journal of Occupational and Environmental Medicine,* vol.39, n° 4, 1997, p.315—319.

［28］　«Study tied pollutant to cancer; then consultants got hold of it», *Wall Street Journal,* 23 décembre 2005.

［29］　Paul BRANDT-RAUF, «Editorial retraction», *The Journal of Occupational and Environmental Medicine,* vol.48, n° 7, 2006, p.749.

［30］　Richard HAYES, Yin SONG-NIAN *et alii*, «Benzene and the dose-related incidence of hematologic neoplasm in China», *Journal of the National Cancer Institute,* vol. 89, n° 14, 1997, p.1065—1071.

［31］　Pamela WILLIAMS et Dennis PAUSTENBACH, «Reconstruction of benzene exposure for the Pliofilm cohort(1936—1976) using Monte Carlo techniques», *Journal of Toxicology and Environmental Health,* vol.66, n° 8, 2003, p.677—781.

［32］　David MICHAELS, *Doubt is their Product, op. cit.*, p.46.

［33］　Susanna RANKIN BOHME, John ZORABEDIAN et David EGILMAN, «Maximizing profit and endangering health», *loc. cit.*

［34］　Gerald MARKOWITZ et David ROSNER, *Deceit and Denial, op. cit.*

［35］　Qinq LAN, Luoping ZHANG *et alii*, «Hematotoxicity in workers exposed to low levels of benzene», *Science,* vol.306, 3 décembre 2004, p.1774—1776.

［36］　BENZENE HEALTH RESEARCH CONSORTIUM, «The Shanghai Health Study(Power-Point presentation)», 1er février 2003(引自 Lorriane TWERDOK 和 Patrick BEATTY 的 «Prosposed studies on the risk of benzene-induced diseases in China: costs and funding»; 文件可以在大卫・迈克尔斯的网站上找到：〈www.defendingscience.org〉).

［37］　Craig PARKER, «Memorandum to manager of toxicology and product safety(Marathon Oil). Subject: International leveraged research proposal», 2000(document consultable sur le site de David Michaels, 〈www.defendingscience.org〉).

［38］　Susanna RANKIN BOHME, John ZORABEDIAN et David EGILMAN, «Maximizing profit and endangering health», *loc. cit.*

［39］　Arnold RELMAN, «Dealing with conflicts of interest», *New England Journal of Medicine,* vol.310, 1984, p.1182—1183.

［40］　INTERNATIONAL COMMITTEE OF MEDICAL JOURNAL EDITORS, «Uniform requirements for manuscripts submitted to biomedical journals. Ethical considerations in the conduct and reporting of research: conflicts of interest», 2001(参见 Frank DAVIDOFF *et alii*, «Sponsorship, authorship and accountability», *The Lancet,* vol.358, 15 septembre 2001, p.854—856).

［41］　Merrill GOOZNER, «Unrevealed: non-disclosure of conflicts of interest in four leading medical and scientific journals», *Integrity in Science. Project of the Center of Science in the Public*

Interest, 12 juillet 2004.

[42] *Ibid.*

[43] Catherine DeAngelis *et alii,* «Reporting financial conflicts of interest and relationships between investigators and research sponsors», *Journal of the American Medical Association,* vol.286, 2001, p.89—91.

[44] Catherine DeAngelis, «The influence of money on medical science», *Journal of the American Medical Association,* vol.296, 2006, p.996—998.

[45] Phil Fontanarosa, Annette Flanagin et Catherine DeAngelis, «Reporting conflicts of interest, financial aspects of research and role of sponsors in funded studies», *Journal of the American Medical Association,* vol.294, n° 1, 2005, p.110—111.

[46] Catherine DeAngelis, «The influence of money on medical science», *loc. cit.*

[47] David Michaels, «Science and government: disclosure in regulatory science», *Science,* vol.302, n° 5653, 19 décembre 2003, p.2073.

[48] Justin Bekelman, Yan Li et Cary Gross, «Scope and impact of financial conflicts of interest in biomedical research. A systematic review», *Journal of the American Medical Association,* vol.289, 2003, p.454—465.

[49] Astrid James, «The *Lancet*'s policy on conflicts of interest», *The Lancet,* vol.363, 2004, p.2—3.

[50] Wendy Wagner et Thomas McGarity,«Regulatory reinforcement of journal conflict of interest disclosures: how could disclosure of interests work better in medicine, epidemiology and public health?», *Journal of Epidemiology and CommunityHealth,* vol.6, 2009, p.606—607.

[51] David Michaels, «Science and government: disclosure in regulatory science», *loc. cit.*

[52] Marie-Monique Robin, *Le Monde selon Monsanto, op. cit.,* p.341—344.

[53] David Michaels, *Doubt is their Product, op. cit.,* p.256—257.

第十章

[1] President's Cancer Panel, *Reducing Environmental Cancer Risk. What We Can Do Now. 2008—2009 Annual Report,* U.S.Department of Health and Human Services, National Institutes of Health, National Cancer Institute, avril 2010.

[2] *Les Causes du cancer en France,* 该报告由法兰西医学院、法兰西科学院、国际癌症研究机构、国家抗癌协会与国家癌症研究中心和国家健康监控中心协作发表。法文简版有 48 页，英文完整版 275 页。我所用的选摘来自法文版。

[3] *Ibid.,* p.4. 此处是我做的标注。

[4] *Ibid.,* p.6.

[5] 在植物保护产业协会（UIPP）的网站上，点击"农药信息"(infos pesticides) 板块，查看"卫生与农药"(santé et pesticides) 和"药产品与癌症"(produits pharmaceutiques et cancers)。

[6] *Les Causes du cancer en France, op. cit.,* p.42. 此处是我做的标记。

[7] 作者本人 2009 年 10 月 29 日于波士顿对理查德·克拉普的采访。

[8] André Cicolella et Dorothée Benoît Browaeys, *Alertes santé, op. cit.,* p.155.

[9] Académie des sciences/Comité des applications de l'Académie des sciences, *La Dioxine et ses analogues. Rapport commun n° 4,* Institut de France, septembre 1994.

[10] 作者本人 2009 年 6 月 2 日于巴黎对安德烈·皮寇的采访。

[11]　环境部发给各省省长的"1997 年 5 月 30 日关于二恶英和呋喃的通报"。

[12]　Centre international de recherche contre le cancer, *Monographie sur l'évaluation de l'effet cancérigène chez l'homme: PCDD et PCDF,* vol.69, juillet 1997.

[13]　尤其参见 Roger Lenglet, *l'affaire de l'amiante,* la Découverte, Paris, 1996。

[14]　Frédéric Denhez, *Les Pollutions invisibles. Quelles sont les vraies catastrophes écologiques?,* Delachaux et Niestlé, Paris, 2006, p.220.

[15]　Gérard Dériot et Jean-Pierre Godefroy, *Le Drame de l'amiante en France: comprendre, mieux réparer, en tirer des leçons pour l'avenir,* Rapport d'information n° 37, Sénat, Paris, 26 octobre 2005.

[16]　Étienne Fournier, «Amiante et protection de la population exposée à l'inhalation de fibres d'amiante dans les bâtiments publics et privés», *Bulletin de l'Académie nationale de médecine,* vol.180, n° 4—16, 30 avril 1996.

[17]　INSERM, *Effets sur la santé des principaux types d'exposition à l'amiante,* La Documentation française, Paris, janvier 1997.

[18]　Joseph LaDou, «The asbestos cancer epidemic», *Environmental Health Perspective,* vol.112, n° 3, mars 2004, p.285—290. 据估计,20 世纪期间被使用的石棉多达 3 000 万吨。

[19]　*Les Causes du cancer en France, op. cit.,* p.24.

[20]　作者本人 2010 年 2 月 10 日于里昂对文森特·科里亚诺的采访。

[21]　同上。在 2010 年 12 月我写下这几行字的同时,我得知文森特·科里亚诺已重获他在美国环境保护局局的职位。

[22]　Paolo Bofetta, Maurice Tubiana, Peter Boyle *et alii,* «The causes of cancer in France», *Annals of Oncology,* vol.20, n° 3, mars 2009, p.550—555.

[23]　作者本人 2010 年 2 月 10 日于里昂对克里斯托弗·王尔德的采访。

[24]　*Les Causes du cancer en France, op. cit.,* p.47.

[25]　«Time to strengthen public confidence at IARC», The Lancet, vol.371, n° 9623, 3 mai 2008, p.1478.

[26]　«Transparency at IARC», *The Lancet,* vol.361, n° 9353, 18 janvier 2003, p.189.

[27]　Lorenzo Tomatis, «The IARC monographs program: changing attitudes towards public health», *The International Journal of Occupational and Environmental Health,* vol.8, n° 2, avril-juin 2002, p.144—152. Lorenzo Tomatis est décédé en 2007.

[28]　«Letter to Dr Gro Harlem Brundtland, Director General WHO», 25 février 2002, publiée dans *The International Journal of Occupational and Environmental Health,* vol.8, n° 3, juillet-septembre 2002, p.271—273.

[29]　James Huff *et alii,* «Multiple-site carcinogenicity of benzene in Fischer 344 rats and B6C3F1 mice», *Environmental Health Perspectives,* 1989, vol.82, p.125—163; James Huff, «National Toxicology Program. NTP toxicology and carcinogenesis studies of benzene(CAS n° 71-43-2) in F344/N rats and B6C3F1 mice(gavage studies)», National Toxicology Program, *Technical Report Series,* vol.289, 1986, p.1—277.

[30]　作者本人 2009 年 10 月 27 日于三角工业园对詹姆斯·赫夫的采访。

[31]　Dan Ferber, «NIEHS toxicologist receives a "gag order" », Science, vol.297, 9 août 2002, p.215.

[32]　*Ibid.*

［33］ *Ibid.*

［34］ 作者本人 2009 年 10 月 27 日于三角工业园对詹姆斯·赫夫的采访。

［35］ James HUFF, «IARC monographs, industry influence, and upgrading, downgrading, and under-grading chemicals. A personal point of view», *The International Journal of Occupational and Environmental Health,* vol.8, n° 3, juillet-septembre 2002, p.249—270.

［36］ 作者本人 2010 年 2 月 10 日于里昂对文森特·科里亚诺的采访。

［37］ André CICOLELLA et Dorothée BENOÎT BROWAEYS, *Alertes santé, op. cit.,* p.203.

［38］ James HUFF, «IARC and the DEHP quagmire», *The International Journal of Occupational and Environmental Health,* vol.9, n° 4, octobre-décembre 2003, p.402—404(NATIONAL TOXICOLOGY PROGRAM, «Carcinogenesis bioassay of di(2-ethylhexyl) phthalate(CAS n° 117-81-7) in F344 rats and B6C3F1 mice(feed studies)», NTP TR 217, Research Triangle Park, 1982); William KLUWE, James HUFF *et alii,* «The carcinogenicity of dietary di-2-ethylhexyl phthalate(DEHP) in Fischer 344 rats and B6C3F1 mice», *Journal of Toxicology and Environmental Health,* vol.10, 1983, p.797—815.

［39］ Raymond DAVID *et alii,* «Chronic toxicity of di(2-ethylhexyl) phthalate in rats», *Toxicological Sciences,* vol.55, 2000, p.433—443.

［40］ Ronald MELNICK, «Suppression of crucial information in the IARC evaluation of DEHP», *International Journal of Occupational and Environmental Health,* vol.9, octobredécembre 2003, p.84—85.

［41］ Cité par Ronald MELNICK, James HUFF, Charlotte BRODY et Joseph DIGANGI, «The IARC evaluation of DEHP excludes key papers demonstrating carcinogenic effects», *The International Journal of Occupational and Environmental Health,* vol.9, octobredécembre 2003, p.400—401.

［42］ 作者本人 2009 年 10 月 15 日于匹兹堡对德维拉·戴维斯的采访。

［43］ 作者本人 2009 年 10 月 16 日对彼得·因凡特的采访。

［44］ David MICHAELS, *Doubt is their Product, op. cit.,* p.60—61.

［45］ 作者本人 2010 年 2 月 10 日于里昂对文森特·科里亚诺的采访。关于这个关键主题的更多信息，请参阅:Ronald MELNICK, Kristina THAYER et John BUCHER, «Conflicting views on chemical carcinogenesis arising from the design and evaluation of rodent carcinogenicity studies», *Environmental Health Perspectives,* vol.116, n° 1, janvier 2008, p.130—135.

第十一章

［1］ Devra DAVIS, *The Secret History of the War on Cancer, op. cit.,* p.262.

［2］ *Ibid.,* p.146.

［3］ *Ibid.,* p.255.

［4］ Richard DOLL et Richard PETO, «The causes of cancer: quantitative estimates of avoidable risks of cancer in the United States today», *The Journal of the National Cancer Institute,* vol.66, n° 6, juin 1981, p.1191—1308.

［5］ Geneviève BARBIER et Armand FARRACHI, *La Société cancérigène, op. cit.,* p.49.

［6］ Lucien ABENHAIM, *Rapport de la Commission d'orientation sur le cancer,* La Documentation française, Paris, 2003.

［7］ *Les Causes du cancer en France, op. cit.,* p.7.

［8］　Rory O'NEILL, Simon PICKVANCE et Andrew WATTERSON, «Burying the evidence: how Great Britain is prolonging the occupational cancer epidemic», *The International Journal of Occupational and Environmental Health,* vol.13, 2007, p.432—440.

［9］　André CICOLELLA, *Le Défi des épidémies modernes. Comment sauver la Sécu en changeant le système de santé,* LaDécouverte, Paris, 2007, p.48.

［10］　Eva STELIAROVA-FOUCHER *et alii,* «Geographical patterns and time trends of cancer incidence and survival among children and adolescents in Europe since the 1970s(The ACCIS project): an epidemiological study», *The Lancet,* vol.364, n° 9451, 11 décembre 2004, p.2097—2105.

［11］　这次采访拍摄于 2010 年 1 月 13 日。在此是逐字逐句的翻译⋯⋯

［12］　作者本人 2009 年 10 月 15 日于匹兹堡对德维拉·戴维斯的采访。

［13］　Devra DAVIS et Joel SCHWARTZ, «Trends in cancer mortality: US white males and females, 1968—1983», *The Lancet,* vol.331, n° 8586, 1988, p.633—636.

［14］　Devra DAVIS et David HOEL, «Trends in cancer in industrial countries», *Annals of the New York Academy of Sciences,* vol.609, 1990.

［15］　Devra DAVIS, *The Secret History of the War on Cancer, op. cit.,* p.257.

［16］　Devra DAVIS, Abraham LILIENFELD et Allen GITTELSOHN, «Increasing trends in some cancers in older Americans: fact or artifact?», *Toxicology and Industrial Health,* vol.2, n° 1, 1986, p.127—144.

［17］　PRESIDENT'S CANCER PANEL, *Reducing Environmental Cancer Risk, op. cit.,* p.4.

［18］　Philippe IRIGARAY, John NEWBY, Richard CLAPP, Lennart HARDELL, Vyvyan HOWARD, Luc MONTAGNIER, Samuel EPSTEIN, Dominique BELPOMME, «Lifestyle-related factors and environmental agents causing cancer: an overview», *Biomedicine & Pharmacotherapy,* vol.61, 2007, p.640—658.

［19］　参见 Johannes BOTHA *et alii,* «Breast cancer incidence and mortality trends in 16 European countries», *European Journal of Cancer,* vol.39, 2003, p.1718—1729.

［20］　Dominique BELPOMME, Philippe IRIGARAY, Annie SASCO, John NEWBY, Vyvyan HOWARD, Richard CLAPP, Lennart HARDELL, «The growing incidence of cancer: role of lifestyle and screening detection(review)», *The International Journal of Oncology,* vol.30, n° 5, mai 2007, p.1037—1049.

［21］　John NEWBY *et alii,* «The cancer incidence temporality index: an index to show temporal changes in the age of onset of overall and specific cancer(England and Wales, 1971—1999)», *Biomedicine & Pharmacotherapy,* vol.61, 2007, p.623—630.

［22］　André CICOLELLA, *Le Défi des épidémies modernes, op. cit.,* p.21—22. 患胃癌的风险则是女性减少了 5 倍，男性减少了 2.5 倍。风险的降低应归功于冰箱的使用，降低了对造成胃癌的腌制和熏制食品的消费。

［23］　Dominique BELPOMME *et alii,* «The growing incidence of cancer: role of lifestyle and screening detection(review)», *loc. cit.*

［24］　Catherine HILL et Agnès LAPLANCHE, «Tabagisme et mortalité: aspects épidémiologiques», *Bulletin épidémiologique hebdomadaire,* n° 22—23, 27 mai 2003.

［25］　Geneviève BARBIER et Armand FARRACHI, *La Société cancérigène, op. cit.,* p.38.

［26］　Lucien ABENHAIM, Rapport *de la Commission d'orientation sur le cancer, op. cit.*

[27] Geneviève Barbier et Armand Farrachi, *La Société cancérigène, op. cit.*, p.35.

[28] Geoffrey Tweedale, «Hero or Villain? Sir Richard Doll and occupational cancer», *The International Journal of Occupational and Environmental Health*, vol.13, 2007, p.233—235.

[29] Lennart Hardell et Anita Sandstrom, «Case-control study: soft tissue sarcomas and exposure to phenoxyacetic acids or chlorophenols», *The British Journal of Cancer*, vol.39, 1979, p.711—717; Mikael Eriksson, Lennart Hardell *et alii*, «Soft tissue sarcoma and exposure to chemical substances: a case referent study», *British Journal of Industrial Medicine*, vol.38, 1981, p.27—33; Lennart Hardell, Mikael Eriksson *et alii*, «Malignant lymphoma and exposure to chemicals, especially organic solvents, chlorophenols and phenoxy acids», British *Journal of Cancer*, vol.43, 1981, p.169—176; Lennart Hardell et Mikael Erikson, «The association between soft-tissue sarcomas and exposure to phenoxyacetic acids: a new case referent study», *Cancer*, vol.62, 1988, p.652—656.

[30] *Royal Commission on the Use and Effects of Chemical Agents on Australian Personnel in Viêtnam, Final Report*, vol.1—9, Australian Government Publishing Service, Canberra, 1985.

[31] «Agent Orange: the new controversy. Brian Martin looks at the Royal Commission that acquitted Agent Orange», *Australian Society*, vol.5, n° 11, novembre 1986, p.25—26.

[32] Monsanto Australia Ltd, «Axelson and Hardell. The odd men out. Submission to the Royal Commission on the use and effects on chemical agents on Australian personnel in Vietnam», 1985.

[33] Cité in Lennart Hardell, Mikael Eriksson et Olav Axelson, «On the misinterpretation of epidemiological evidence, relating to dioxin-containing phenoxyacetic acids, chlorophenols and cancer effects», *New Solutions*, printemps 1994.

[34] Chris Beckett, «Illustrations from the Wellcome Library. An epidemiologist at work: the personal papers of Sir Richard Doll», *Medical History*, vol.46, 2002, p.403—421.

[35] Marie-Monique Robin, *Le Monde selon Monsanto, op. cit.*, p.72.

[36] Sarah Boseley, «Renowned cancer scientist was paid by chemical firm for 20 years», *The Guardian*, 8 décembre 2006.

[37] Cristina Odone, «Richard Doll was a hero, not a villain», *The Observer*, 10 décembre 2006.

[38] Geoffrey Tweedale, «Hero or Villain?», *loc. cit.*

[39] Richard Peto, *The Times*, 9 décembre 2006.

[40] Richard Stott, «Cloud over Sir Richard», *The Sunday Mirror*, 10 décembre 2006.

[41] 朱利安·佩多 / 理查德·多尔, «Passive smoking», *British journal of Cancer*, vol.54, 1986, p.380—383. 朱利安·佩多是理查德·佩多的兄弟。

[42] Elizabeth Fontham, Michael J.Thun *et alii*, on behalf of ACS Cancer and the Environment Subcommittee, «American Cancer Society perspectives on environmental factors and cancer», *Cancer Journal for Clinicians*, vol.59, 2009, p.343—351.

[43] 作者本人 2009 年 10 月 25 日于亚特兰大对迈克尔·图恩的采访。

[44] Gerald Markowitz et David Rosner, *Deceit and Denial, op. cit.*, p.168.

[45] 引自 Marie-Monique Robin, *Le Monde selon Monsanto, op. cit.*, p.19.

[46] Henry Smyth à T.W.Nale, 24 novembre 1959(cité par Gerald Markowitz et David Rosner, *ibid.*, p.172).

[47]　由 Gerald MARKOWITZ 与 David ROSNER 援引, *ibid.,* p.173.

[48]　罗伯特·基欧 1965 年 2 月 2 日写给埃米特·凯利的信, 收录于美国化工协会档案。(出处同上, p.174)

[49]　埃米特·凯利 1966 年 1 月 7 日写给 A.G.Erdman, Pringfield 的信, 主题为"多氯联苯暴露", 收录于美国化工协会档案。(出处同上 p.174)

[50]　雷克斯·威尔逊于 1966 年 1 月 6 日写给纽曼医生的"机密"信件, 收录于美国化工协会档案。(出处同上, p.174)

[51]　Rex WILSON, John CREECH *et alii*, «Occupational acroosteolysis: report of 31 cases», *Journal of the American Medical Association,* vol.201, 1967, p.577—581.

[52]　维德拉·罗维于 1959 年 5 月 12 日写给古德里奇公司工业卫生与毒理学部门主任威廉·麦考密特的信。该文件可在网址 〈www.pbs.org/tradesecrets/docs〉上查到。

[53]　Pierluigi VIOLA, «Cancerogenic effect of vinyl chloride», article présenté au X$_e$ Congrès international sur le cancer, 22—29 mai 1970, Houston; Pierluigi VIOLA *et alii*, «Oncogenic response of rats, skin, lungs and bones to vinyl chloride», *Cancer Research,* vol.31, mai 1971, p.516—522.

[54]　L.B.Crider1969 年 3 月 24 日给威廉·麦考密特的备忘录, 收录于美国化工协会档案(引自杰拉德·马柯维兹与大卫·罗斯纳的《欺诈与否认》, 页 184)。尽管受到委托人的禁止, 马尔托尼的研究后来还是于 1975 年得以发表: Cesare MALTONI *et alii*, «Carcinogenicity bioassays of vinyl chloride: current results», *Annals of New York Academy of Sciences,* vol.246, 1975, p.195—218.

[55]　AC Siegel (田纳西化学公司)于 1972 年 11 月 16 日给 GI Rozland (田纳西化学公司)的备忘录, "主题: 氯乙烯技术组会议"(该文件可在大卫·迈克尔斯的网站〈www.defendingscience.org〉上查到)。

[56]　(帝国化学公司的溶剂和单体产品部门经理的)DM Elliott 于 1972 年 10 月 30 日写给(美国化工协会的)GE Best 的信: "会面时刻: 美国化工协会, 氯乙烯研究协调员", 1973 年 1 月 30 日(这些文件可在大卫·迈克尔斯的网站〈www.defendingscience.org〉上查到)。

[57]　这几次会议由陶氏化学的西奥多·托克尔森主持。参与者有联合碳化、尤尼罗亚尔(Uniroyal)、乙基公司、古德里奇、壳牌石油公司、埃克森美孚、田纳西化学公司、Diamond Shyrock 公司、联合化工、凡士通塑胶公司、大陆石油公司、空气产品与化学品公司。

[58]　«Meeting minutes: Manufacturing Chemists' Association, vinyl chloride research coordinators», 21 mai 1973, archives de la MCA(document consultable sur le site de David Michaels, 〈www.defendingscience.org〉).

[59]　H.L.KUSNETZ(Manager of Industrial Hygiene, Head Office, Shell Oil Co.), «Notes on the meeting of the VC committee», 17 juillet 1973, archives de la MCA(*ibid.*).

[60]　R.N.Wheeler(Union Carbide), «Memorandum to Carvajal JL, Dernehl CU, Hanks GJ, Lane KS, Steele AB, Zutty NL.Subject: vinyl chloride research: MCA report to NIOSH», 19 juillet 1973, archives de la MCA(*ibid.*).

[61]　John CREECH et alii, «Angiosarcoma of the liver among polyvinyl chloride workers», *Morbidity and Mortality Weekly Report,* vol.23, n° 6, 1974, p.49—50.

[62]　OSHA, «Press release. News: OSHA investigating Goodrich cancer fatalities», 24 janvier 1974(document consultable sur le site de David Michaels, 〈www.defendingscience. org〉).

[63]　*Markus, Key. Deposition in the United States District Court for the Western District of New York,*

in the matter of Holly M.Smith v. the Dow Chemical Company; PPG Industries, Inc., and Shell Oil Company v. the Goodyear Tire and Rubber Company. CA no. 94-CV-0393, 19 septembre 1995(*ibid.*). 64 David MICHAELS, *Doubt is their Product, op. cit.,* p.36.

[65] 我请读者们查看伟达法国分公司的网站：〈www.hillandknowlton.fr〉，该网站非常有教义。

[66] HILL AND KNOWLTON, «Recommendations for public affairs program for SPI's vinyl chloride committee. Phase 1: preparation for OSHA hearings», juin 1974(document consultable sur le site de David Michaels, 〈www.defendingscience.org〉).

[67] Paul H.WEAVER, «On the horns of vinyl chloride dilemma», *Fortune,* n° 150, octobre 1974.

[68] «PVC rolls out of jeopardy, into jubilation», *Chemical Week,* 5 septembre 1977.

[69] Chlorure de polyvinyle(PVC) [9002-86-2] (vol.19, suppl. 7, 1987).

[70] Richard DOLL, «Effects of exposure to vinyl chloride: an assessment of the evidence», *Scandinavian Journal of Work and Environment Health,* vol.14, 1988, p.61—78. 1981 年，彼得·因凡特也做了一个关于氯乙烯的荟萃分析，他得出的结论与理查德·多尔恰恰相反。见：Peter INFANTE, «Observations of the site-specific carcinogenicity of vinyl chloride to humans», *Environmental Health Perspectives,* vol.41, octobre 1981, p.89—94.（标注部分中文注释未译出。被替换的完整原文为 "En 1981, Peter Infante avait aussi conduit une métaanalyse sur le chlorure de vinyle où il était parvenu à des conclusions opposées à celles de Richard Doll."）

[71] Jennifer Beth SASS, Barry CASTLEMAN, David WALLINGA, «Vinyl chloride: a case study of data suppression and misrepresentation», *Environmental Health Perspectives,* vol.113, n° 7, juillet 2005, p.809—812.

[72] Richard DOLL, «Deposition of William Richard Shaboe Doll, Ross v. Conoco, Inc.», Case n° 90-4837, LA 14th Judicial District Court, Londres, 27 janvier 2000.

[73] Dominique BELPOMME, *Ces maladies créées par l'homme. Comment la dégradation de l'environnement met en péril notre santé,* Albin Michel, Paris, 2004.

[74] Geneviève BARBIER et Armand FARRACHI, *La Société cancérigène, op. cit.,* p.114.

[75] Jacques FERLAY, Philippe AUTIER, Mathieu BONIOL *et alii,* «Estimates of the cancer incidence and mortality in Europe in 2006», *Annals of Oncology,* vol.3, mars 2007, p.581—592.

[76] Eva STELIAROVA-FOUCHER *et alii,* «Geographical patterns and time trends of cancer incidence and survival among children and adolescents in Europe since the 1970s(The ACCIS project): an epidemiological study», *The Lancet,* vol.364, n° 9451, 11 décembre 2004, p.2097—2105.

[77] BUREAU RÉGIONAL DE L'OMS POUR L'EUROPE, «Des maladies chroniques qu'il est généralement possible de prévenir causent 86% des décès en Europe», Communiqué de presse EURO/05/06, Copenhague, 11 septembre 2006. 此处是我做的标注。

[78] AFSSET/INSERM, *Cancers et Environnement. Expertise collective,* octobre 2008.

[79] Suketami TOMINAGA, «Cancer incidence in Japanese in Japan, Hawaii, and Western United States», *National Cancer Institute Monograph,* vol.69, décembre 1985, p.83—92; 另见 Gertraud MASKARINEC, «The effect of migration on cancer incidence among Japanese in Hawaii», *Ethnicity & Disease,* vol.14, n° 3, 2004, p.431—439.

[80] André CICOLELLA et Dorothée BENOÎT BROWAEYS, *Alertes santé, op. cit.,* p.25.

[81] *Ibid.,* p.23.

[82]　Paul L‍ICHTENSTEIN *et alii*, «Environmental and heritable factors in the causation of cancer analyses of cohorts of twins from Sweden,Denmark and Finland», *New English Journal of Medicine,* vol.343, n° 2, 13 juillet 2000, p.78—85.

[83]　«Action against cancer», European Parliament resolution on the Commission communication on action against cancer: European Partnership, 6 mai 2010.

第十二章

[1]　作者本人 2010 年 1 月 12 日于布莱顿对埃里克·米尔斯顿的采访。

[2]　作者本人 2010 年 1 月 19 日于帕尔玛对赫尔曼·冯提耶的采访。此处是我做的标注。

[3]　Bruno L‍ATOUR, *La Science en action. Introduction à la sociologie des sciences,* La Découverte, Paris, 1989. 所有本人引用的引文来自于此书的第 59、64 和 107 页。

[4]　Léopold M‍OLLE, «Éloge du professeur René Truhaut», *Revue d'histoire de la pharmacie*, vol.72, n° 262, 1984, p.340—348.

[5]　Jean L‍ALLIER, *Le Pain et le Vin de l'an 2000,* 该纪录片于 1964 年 12 月 7 日于法国法国广播电视公司（O‍RTF）播放，该片是我这本书的同名电影 DVD 的附赠品。

[6]　René T‍RUHAUT, «Le concept de la dose journalière acceptable», *Microbiologie et Hygiène alimentaire,* vol.3, n° 6, février 1991, p.13—20.

[7]　René T‍RUHAUT,《食品添加剂专家联合委员会 25 年的成就》(«25 years of JECFA achievements»), 此文件为 1981 年 3 月 23 日至 4 月 1 日于日内瓦世卫组织举行的委员会上介绍的报告（世卫组织档案）。

[8]　René T‍RUHAUT,«Le concept de la dose journalière acceptable», *loc. cit.*

[9]　*Ibid.* （"注释"文档中本条的对应译文为"1974 年 6 月 3 日法国广播电视公司（ORTF）的电视新闻"，但据内容判断应为下面第十条的译文，已将其替换至第十条，本条未替换——译注）

[10]　1974 年 6 月 3 日法国广播电视公司（ORTF）的电视新闻。

[11]　René T‍RUHAUT, «Le concept de la dose journalière cceptable», *loc. cit.* 此处是我做的标注。

[12]　*Ibid.* 此处是我做的标注。

[13]　René T‍RUHAUT, «25 years of JECFA achievements», *loc. cit.*

[14]　*Ibid.*

[15]　René T‍RUHAUT, «Le concept de la dose journalière acceptable»*loc. cit.*

[16]　*Ibid.*

[17]　«The ADI concept. A tool for insuring food safety», ILSI Workshop, Limelette, Belgique, 18—19 octobre 1990.

[18]　〈www.ilsi.org/Europe〉.

[19]　«WHO shuts Life Sciences Industry Group out of setting health standards», *Environmental News Service,* 2 février 2006.

[20]　WHO/FAO, «Carbohydrates in human nutrition», *FAO Food and Nutrition Paper*, n° 66, 1998, Rome.

[21]　T‍OBACCO F‍REE I‍NITIATIVE, «The tobacco industry and scientific groups. ILSI: a case study», 〈www.who.int〉, février 2001.

[22]　Derek Y‍ACH et Stella B‍IALOUS, «Junking science to promote tobacco», *American Journal of Public Health,* vol.91, 2001, p.1745—1748.

[23] «WHO shuts Life Sciences Industry Group out of setting health standards», *loc. cit.*

[24] Environmental Working Group, «EPA fines Teflon maker DuPont for chemical coverup», 〈www.ewg.org〉, Washington, 14 décembre 2006. 另见：Amy Cortese, «DuPont, now in the frying pan», *The New York Times*, 8 août 2004.

[25] Michael Jacobson, «Lifting the veil of secrecy from industry funding of nonprofit health organizations», *International Journal of Occupational and Environmental Health*, vol.11, 2005, p.349—355.

[26] Diane Benford, «The acceptable daily intake, a tool for ensuring food safety», *ILSI Europe Concise Monographs Series*, International Life Sciences Institute, 2000.

[27] *Ibid.* 此处是我做的标注。

[28] René Truhaut, «Principles of toxicological evaluation of food additives», Joint FAO/WHO Expert Committee on Food Additives, OMS, Genève, 4 juillet 1973. 此处是我做的标注。

[29] 作者本人 2010 年 1 月 11 日于伦敦对戴安娜·本福德的采访。

[30] House of Representatives, *Problems Plague the EPA Pesticide Registration Activities,* U.S. Congress, House Report 98—1147, 1984.

[31] Office of Pesticides and Toxic Substances, *Summary of the IBT Review Program*, EPA, Washington, juillet 1983.

[32] «Data validation. Memo from K.Locke, Toxicology Branch, to R.Taylor, Registration Branch», EPA, Washington, 9 août 1978.

[33] Communications and Public Affairs, «Note to correspondents», EPA, Washington, 1er mars 1991.

[34] *The New York Times*, 2 mars 1991.

[35] Diane Benford, «The acceptable daily intake, a tool for ensuring food safety», *loc. cit.*

[36] René Truhaut, «Principles of toxicological evaluation of food additives», *loc. cit.*

[37] 作者本人 2009 年 10 月 17 日于华盛顿对奈德·格罗斯的采访。

[38] René Truhaut, «Principles of toxicological evaluation of food additives», *loc. cit.* 此处是我做的标注。

[39] Diane Benford, «The acceptable daily intake, a tool for ensuring food safety», *loc. cit.* 此处是我做的标注。

[40] 作者本人 2010 年 1 月 12 日于布莱顿对埃里克·米尔斯顿的采访。

[41] 作者本人 2009 年 10 月 17 日于华盛顿对詹姆斯·特纳的采访。

[42] 作者本人 2009 年 9 月 21 日于日内瓦对安吉莉卡·特里茨歇尔的采访。

[43] 作者本人 2010 年 1 月 19 日于帕尔玛对赫尔曼·冯提耶的采访。

[44] Rachel Carson, *Silent Spring, op. cit.*, p.242.

[45] Ulrich Beck, *La Société du risque*, Flammarion, Paris, 2008, p.35. C'est Ulrich Beck qui souligne.

[46] *Ibid.*, p.89.

[47] *Ibid.*, p.74.

[48] *Ibid.*, p.36.

[49] Diane Benford, «The acceptable daily intake, a tool for ensuring food safety», *loc. cit.* 此处是我做的标注。

［50］ René Tʀᴜʜᴀᴜᴛ, «Principles of toxicological evaluation of food additives», *loc. cit.*

［51］ 1991 年 7 月 15 日国会 91/414/CEE 号指令，关于植物保护产品的上市，journal officiel, n°L230, 1991 年 8 月 19 日，p.0001—0032. 此处是我做的标注。

［52］ Éliane Pᴀᴛʀɪᴀʀᴄᴀ, «Le texte des rapporteurs MP est révélateur du rétropédalage de la roite sur les objectifs du Grenelle», *Libération,* mai 2010.

［53］ Claude Gᴀᴛɪɢɴᴏʟ et Jean-Claude Éᴛɪᴇɴɴᴇ, *Pesticides et Santé*, Office parlementaire des choix scientifiques et technologiques, Paris, 27 avril 2010.

［54］ Federal Insecticide, Fungicide, and Rodenticide Act(FIFRA), 3(b) (5). 此处是我做的标注.

［55］ Michel Gᴇ́ʀɪɴ *et alii, Environnement et santé publique, op. cit.,* p.371.

第十三章

［1］ Hᴇᴀʟᴛʜ & Cᴏɴsᴜᴍᴇʀ Pʀᴏᴛᴇᴄᴛɪᴏɴ DɪʀᴇᴄᴛᴏʀᴀᴛᴇGᴇɴᴇʀᴀʟ, *Review Report for the Active Substance Chlorpyrifos-Methyl,* European Commission, SANCO/3061/99, 3 juin 2005. 该文件长达 66 页!

［2］ 作者本人 2009 年 9 月 22 日于日内瓦对贝尔纳黛特·奥森多尔的采访。

［3］ 作者本人 2009 年 10 月 27 日于三角工业园对詹姆斯·赫夫的采访。

［4］ Ulrich Bᴇᴄᴋ, *La Société du risque, op. cit,* p.107.

［5］ *Ibid.,* p.116, 117, 125 et 126. 此处是乌尔力希·贝克做的标注。

［6］ *Ibid.,* p.118 et 124.

［7］ Hᴇᴀʟᴛʜ & Cᴏɴsᴜᴍᴇʀ Pʀᴏᴛᴇᴄᴛɪᴏɴ DɪʀᴇᴄᴛᴏʀᴀᴛᴇGᴇɴᴇʀᴀʟ, «Review report for the active substance chlorpyrifos-methyl», European Commission, 3 juin 2005.

［8］ R.ᴛᴇᴀsᴅᴀʟᴇ, «Residues of chlorpyrifosmethyl in tomatoes at harvest and processed fractions(canned tomatoes, juice and puree) following multiple applications of RELDAN 22(EF-1066), Italy 1999», R99-106/GHE-P-8661, 2000, Dow GLP(unpublished).

［9］ A.Dᴏʀᴀɴ et A. B Cʟᴇᴍᴇɴᴛs, «Residues of chlorpyrifos-methyl in wine grapes at harvest following two applications of EF-1066(RELDAN 22) or GF-71, Southern Europe 2000», (N137) 19952/GHE-P-9441, 2002, Dow GLP(unpublished).

［10］ 作者本人 2009 年 9 月 21 日于日内瓦对安杰洛·莫莱托的采访。

［11］ 作者本人 2010 年 1 月 12 日于布莱顿对埃里克·米尔斯顿的采访。

［12］ Jᴏɪɴᴛ FAO/WHO Mᴇᴇᴛɪɴɢ ᴏɴ Pᴇsᴛɪᴄɪᴅᴇ Rᴇsɪᴅᴜᴇs 2009, «List of substances scheduled for evaluation and request for data. Meeting Geneva, 16—25 September 2009», octobre 2008.

［13］ 参见 Thomas Zᴇʟᴛɴᴇʀ *et alii,* «Tobacco companies strategies to undermine tobacco control activities at the World Health Organization», *Report of the Committee of Experts on Tobacco Industry Documents,* OMS, juillet 2000. 另见：Sheldon Kʀɪᴍsᴋʏ, «The funding effect in science and its implications for the judiciary», *Journal of Law and Policy,* 16 décembre 2005.

［14］ 作者本人 2009 年 9 月 21 日于日内瓦对安吉莉卡·特里茨歇尔的采访。

［15］ 此章节中引用的所有引文均来自本人仔细保存的信件。

［16］ 作者本人 2010 年 2 月 11 日对让—夏尔·博凯的采访。

［17］ 约 1.5 亿欧元（数据来源于苏·布里奇 2010 年 2 月 24 日的来信，但没有指名给出该"书面答复"的人的姓名）。

［18］ 更多的信息请参见：Deborah Cᴏʜᴇɴ et Philip Cᴀʀᴛᴇʀ, «WHO and the pandemic flu "conspiracies"», *British Medical Journal,* 3 juin 2010.

[19] 作者本人 2009 年 10 月 17 日于华盛顿对奈德·格罗斯的采访。

[20] Erik MILLSTONE, Eric BRUNNER et Ian WHITE, «Plagiarism or protecting public health?», *Nature,* vol.371, 20 octobre 1994, p.647—648.

[21] Erik MILLSTONE, «Science in trade disputes related to potential risks: comparative case studies», European Commission, Joint Research Centre Institute for Prospective Technological Studies, Eur21301/EN, août 2004; Erik MILLSTONE *et alii,* «Riskassessment policies: differences across jurisdictions», European Commission, Joint Research Centre Institute for Prospective Technological Studies, janvier 2008.

[22] FAO/WHO, «Principles and methods for the risk assessment of chemicals in food», *Environmental Health Criteria,* no 240, 2009. 此处是我做的标注。

[23] René TRUHAUT, «Principles of toxicological evaluation of food additives», Joint FAO/WHO Expert Committee on Food Additives, OMS, Genève, 4 juillet 1973.

[24] «Reasoned opinion of EFSA prepared by the Pesticides Unit (PRAPeR) on MRLs of concern for the active substance procymidone(revised risk assessment)», *EFSA Scientific Report,* n° 227, 21 janvier 2009, p.1—26. 此处是我做的标注.

[25] 作者本人 2009 年 9 月 21 日于日内瓦对安杰洛·莫莱托的采访。

[26] Ulrich BECK, *La Société du risque, op. cit.,* p.126. 此处是原文作者所做的标注。

[27] 作者本人 2010 年 1 月 19 日于帕尔玛对赫尔曼·冯提耶的采访。

[28] EUROBAROMETER, «Risk issues. Executive summary on food safety», février 2006.

[29] *Official Journal of the European Communities,* n° L 225/263, 21 août 2001.

[30] 作者本人 2009 年 10 月 5 日于汉堡对曼弗雷特·克劳特的采访。

[31] Lars NEUMEISTER, «Die unsicheren Pestizidhöchstmengen in der EU. Überprüfung der harmonisierten EU-Höchstmengen hinsichtlich ihres potenziellen akuten und chronischen Gesundheitsrisikos», Greenpeace et GLOBAL 2000, Les Amis de la Terre/Autriche, mars 2008.

[32] 作者本人 2010 年 1 月 19 日于帕尔玛对赫尔曼·冯提耶的采访。

[33] «2007 annual report on pesticide residues», *EFSA Scientific Report (2009),* n° 305, 10 juin 2009.

[34] 作者本人 2009 年 10 月 6 日于斯图加图对埃伯哈德·舒勒的采访。（本条已替换，但译文与原文时间有出入，原文"Entretien de l'auteure avec Eberhard Schüle, Stuttgart, 6 octobre 2009"）

[35] 作者本人 2010 年 1 月 19 日于帕尔玛对赫尔曼·冯提耶的采访。

第十四章

[1] Edgar MONSANTO QUEENY, *The Spirit of Enterprise,* Charles Scribner's Sons, New York, 1943.

[2] D.R.LUCAS et J.P.NEWHOUSE, «The toxic effect of sodium L-glutamate on the inner layers of the retina», *AMA Archivs of Ophtalmology,* vol.58, n° 2, août 1957, p.193—201.

[3] Dale PURVES, George J.AUGUSTINE, David FITZPATRICK, William C.HALL, Anthony-Samuel LAMANTIA, James O.MCNAMARA, Leonard E.WHITE, *Neurosciences,* De Boeck, Bruxelles, 2005, p.145.

[4] John OLNEY, «Brain lesions, obesity, and other disturbances in mice treated with monosodium glutamate», *Science,* vol.164, n° 880, mai 1969, p.719—721; John OLNEY *et alii,* «Glutamate-induced brain damage in infant primates», *Journal of Neuropathology and Experimental Neurology,* vol.31, n° 3, juillet 1972, p.464—488; John OLNEY, «Excitotoxins in foods»,

Neurotoxicology, vol.15, n° 3, 1994, p.535—544.

[5]　作者本人 2009 年 10 月 20 日于新奥尔良对约翰·奥尔尼的采访。

[6]　«Directive 89/107/CEE du Conseil du 21 décembre 1988 relative au rapprochement des législations des États membres concernant les additifs pouvant être employés dans les denrées destinées à l'alimentation humaine», *Journal officiel,* n° L 040, 11 février 1989, p.0027—0033. 此处是我做的标注。

[7]　«Directive 95/2/CE du Parlement européen et du Conseil concernant les additifs alimentaires autres que les colorants et les édulcorants», 20 février 1995, *Journal officiel de l'Union européenne,* n° L 61, 18 mars 1995.

[8]　BBC, «The early show, artificial sweeteners, new sugar substitute», 28 septembre 1982.

[9]　PatTHOMAS, «Bestselling sweetener», *The Ecologist,* septembre 2005, p.35—51.

[10]　John HENKEL, «Sugar substitutes: Americans opt for sweetness and lite», *FDA Consumer Magazine,* novembre-décembre 1999.

[11]　请看贝蒂·马蒂尼建立的组织"不可能的任务"的网站：www.dorway.com。

[12]　Ulrich BECK, *La Société du risque, op. cit.,* p.99.

[13]　Robert RANNEY *et alii,* «Comparative metabolism of aspartame in experimental animals and humans», *Journal of Toxicology and Environmental Health,* vol.2, 1976, p.441—451.

[14]　Herbert HELLING, «"Food and drug sweetener strategy. Memorandum confidential-Trade Secret Information" to Dr. Buzard, Dr. Onien, Dr. Jenkins, Dr. Moe, Mr. O'Bleness», 28 décembre 1970.

[15]　John OLNEY, «Brain damage in infant mice following oral intake of glutamate, aspartate or cysteine», *Nature,* vol.227, n° 5258, 8 août 1970, p.609—611; Bruce SCHAINKER et John OLNEY, «Glutamate-type hypothalamic-pituatary syndrome in mice treated with aspartate or cysteate in infancy», *Journal of Neural Transmission,* vol.35, 1974, p.207—215; John OLNEY *et alii,* «Brain damage in mice from voluntary ingestion of glutamate and aspartate», *Neurobehavioral Toxicology and Teratology,* vol.2, 1980, p.125—129.

[16]　James TURNER et Ralph NADER, *The Chemical Feast. The Ralph Nader Study Group Report on Food Protection and the Food and Drug Administration,* Penguin, Londres, 1970. 拉尔夫·纳德是一名著名的消费者维权律师，此外，他曾四次参加美国总统竞选，其中两次是作为绿党的候选人。

[17]　作者本人 2009 年 10 月 17 日于华盛顿对詹姆斯·特纳的采访。

[18]　阿德里安·格罗斯于 1987 年 10 月 30 日和 11 月 3 日写给参议员霍华德·梅岑鲍姆的信件。可于网站〈www.dorway.com〉上查到。

[19]　COMMITTEE ON LABOR AND PUBLIC HEALTH, «Record of hearings of April 8—9 and July 10, 1976, held by Sen. Edward Kennedy, Chairman, Subcommittee on Administrative Practice and Procedure, Committee on the Judiciary, and Chairman, Subcommittee on Health», p.3—4.

[20]　FDA, «Bressler Report», 1$_{er}$ août 1977.

[21]　作者本人 2009 年 10 月 20 日于新奥尔良对约翰·奥尔尼的采访。

[22]　Andy PASZTOR et Joe DAVIDSON, «Two ex-US prosecutors roles in case against Searle are questioned in probe», *The Wall Street Journal,* 7 février 1986.

[23]　John OLNEY, «Aspartame board of inquiry. Prepared statement», University School of Medicine

St Louis, Missouri, 30 septembre 1980.

[24] *Ibid.*

[25] Department Of Health and Human Services, «Aspartame: decision of the Public Board of Inquiry», Food and Drug Administration, docket n° 75F-0355, 30 septembre 1980.

[26] «Medical professor at Pennsylvania State is nominated to head Food and Drug Agency», *The New York Times,* 3 avril 1981.

[27] Florence Graves, «How safe if your diet soft drink?», *Common Cause Magazine,* juillet-août 1984.

[28] «Food additives permitted for direct addition to food for human consumption: Aspartame», *Federal Register,* 8 juillet 1983, docket n° 82F-0305.

[29] 阿德里安·格罗斯于 11 月 3 日写给参议员霍华德·梅岑鲍姆的信件。此处是我做的标注。

[30] Organisation mondiale de la santé, «Évaluation de certains additifs alimentaires(colorants, épaississants et autres substances). 19e rapport du comité mixte FAO/OMS d'experts des additifs alimentaires», *Série de rapports techniques,* n° 576, 1975.

[31] Organisation mondiale de la santé, «20$_e$ rapport du comité mixte FAO/OMS d'experts des additifs alimentaires», *Série de rapports techniques,* n° 599, 1976.

[32] Organisation mondiale de la santé, «21$_e$ rapport du comité mixte FAO/OMS d'experts des additifs alimentaires», *Série de rapports techniques,* n° 617, 1977.

[33] Organisation mondiale de la santé, «24$_e$ rapport du comité mixte FAO/OMS d'experts des additifs alimentaires», *Série de rapports techniques,* n° 653, 1980.

[34] Iroyuki Ishii *et alii,* «Toxicity of aspartame and its diketopiperazine for Wistar rats by dietary administration for 104 weeks», *Toxicology,* vol.21, n° 2, 1981, p.91—94.

[35] Organisation mondiale de la santé, «25$_e$ rapport du comité mixte FAO/OMS d'experts des additifs alimentaires», *Série de rapports techniques,* n° 669, 1981.

[36] 作者本人 2010 年 1 月 19 日于帕尔玛对雨果·肯尼斯瓦尔德的采访。

第十五章

[1] Congressional Record, «Proceedings and debates of the 99th Congress, first session», vol.131, Washington, 7 mai 1985.

[2] *Hearing before the Committee on Labor and Human Resources United States Senate One Hundredth Congress. Examining the Health and Safety Concerns of NutraSweet (Aspartame),* 3 novembre 1987.

[3] 更多关于阿斯巴甜"旋转门"的信息，请参阅：Gregory Gordon, «NutraSweet: questions swirl», *United Press International Investigative Report,* 12 octobre 1987.

[4] «FDA handling of research on NutraSweet is defended», *The New York Times,* 18 juillet 1987.

[5] Richard Wurtman et Timothy Maher, «Possible neurologic effects of aspartame, a widely used food additive», *Environmental Health Perspectives,* vol.75, novembre 1987, p.53—57; Richard Wurtman, «Neurological changes following high dose aspartame with dietary carbohydrates», *New England Journal of Medicine,* vol.309, n° 7, 1983, p.429—430.

[6] Richard Wurtman, «Aspartame: possible effects on seizures susceptibility», *The Lancet,* vol.2, n° 8463, 1985, p.1060.

[7] 该信件在 Gregory GORDON 的 «NutraSweet: questions swirl» 中公开。参见前揭。

[8] *Ibid.*

[9] Jacqueline VERRETT et Jean CARPER, *Eating May be Hazardous to your Health,* Simon and Schuster, New York, 1994, p.19—21.

[10] *Ibid.,* p.42 et 48.

[11] 作者本人 2009 年 10 月 19 日于华盛顿对大卫·哈坦的采访。

[12] Hyman J.ROBERTS, *Aspartame(NutraSweet), Is it Safe?,* The Charles Press, Philadelphie, 1990, p.4.

[13] Hyman J.ROBERTS, «Reactions attributed to aspartame-containing products: 551 cases», *Journal of Applied Nutrition,* vol.40, n° 2, 1988, p.85—94.

[14] Hyman J.ROBERTS, *Aspartame Disease. An Ignored Epidemic,* Sunshine Sentinel Press, West Palm Beach, 2001.

[15] 约翰·奥尔尼 1987 年 12 月 8 日写给梅岑鲍姆的信。

[16] Richard WURTMAN, *Dietary Phenylalanine and Brain Function,* Birkhauser, Boston, 1988.

[17] Ralph WALTON, Robert HUDAK et Ruth GREENWAITE, «Adverse reactions to aspartame: double-blind challenge in patients from vulnerable population», *Biological Psychiatry,* vol.34, n° 1, juillet 1993, p.13—17.

[18] 作者本人 2009 年 10 月 30 日于纽约对拉尔夫·沃顿的采访。

[19] John OLNEY et alii, «Increasing brain tumor rates: is there a link to aspartame?», *Journal of Neuropathology and Experimental Neurology,* vol.55, n° 11, 1996, p.1115—1123.

[20] David MICHAELS, *Doubt is their Product, op. cit.,* p.143.

[21] Paula ROCHON et alii, «A study of manufacturer-supported trials of nonsteroidal antiinflammatory drugs in the treatment of arthritis», *Archives of Internal Medicine,* vol.154, n° 2, 1994, p.157—163. 另见：Sheldon KRIMSKY, «The funding effect in science and its implications for the judiciary», *Journal of Law Policy*, vol.13, n° 1, 2005, p.46—68.

[22] Henry Thomas STELFOX et alii, «Conflict of interest in the debate over calcium-channel antagonists», *New England Journal of Medicine,* vol.338, n° 2, 1998, p.101—106.

[23] Justin BEKELMAN et alii, «Scope and impact of financial conflicts of interest in biomedical research», *Journal of the American Medical Association*, vol.289, 2003, p.454—465；Valerio GENNARO, Lorenzo TOMATIS, «Business bias: how epidemiologic studies may underestimate or fail to detect increased risks of cancer and other diseases», *International Journal of Occupational and Environmental Health,* vol.11, 2005, p.356—359.

[24] Bruno LATOUR, *La Science en action, op. cit.,* p.98.

[25] Harriett BUTCHKO et Frank KOTSONIS, «Acceptable daily intake *vs* actual intake: the aspartame example», *Journal of the American College of Nutrition,* vol.10, n° 3, 1991, p.258—266.

[26] Lewis STEGINK et Jack FILER, «Repeated ingestion of aspartame-sweetened beverage: effect on plasma amino acid concentrations in normal adults», *Metabolism,* vol.37, n° 3, mars 1988, p.246—251.

[27] Richard SMITH, «Peer review: reform or revolution?», *British Medical Journal,* vol.315, n° 7111, 1997, p.759—760. 另见：Richard SMITH, «Medical journals are an extension of the marketing arm of pharmaceutical companies», *PLoS Medicine,* vol.2, n° 5, 2005, p.138.

[28]　作者本人 2009 年 10 月 27 日于三角工业园对詹姆斯·赫夫的采访。

[29]　引自 Greg GORDON, «FDA resisted proposals to test aspartame for years», *Star Tribune,* 22 novembre 1996.

[30]　NATIONAL TOXICOLOGY PROGRAM, *Toxicology Studies of Aspartame(CAS No.22839-47-0) in Genetically Modified(FVB Tg.AC Hemizygous) and B6.129-Cdkn2atm1Rdp(N2) deficient Mice and Carcinogenicity Studies of Aspartame in Genetically Modified [B6.129-Trp53tm1Brd(N5) Haploinsufficient] Mice(Feed Studies),* octobre 2005.

[31]　Cesare MALTONI, «The Collegium Ramazzini and the primacy of scientific truth», *European Journal of Oncology,* vol.5, suppl. 2, 2000, p.151—152.

[32]　Morando SOFFRITTI, Cesare MALTONI *et alii,* «Mega-experiments to identify and assess diffuse carcinogenic risks», *Annals of the New York Academy of Sciences,* vol.895, décembre 1999, p.34—55.

[33]　参见 Morando SOFFRITTI, Cesare MALTONI *et alii,* «History and major projects, life-span carcinogenicity bioassay design, chemicals studied, and results», *Annals of the New York Academy of Sciences,* vol.982, 2002, p.26—45; Cesare MALTONI et Morando SOFFRITTI, «The scientific and methodological bases of experimental studies for detecting and quantifying carcinogenic risks», *Annals of the New York Academy of Sciences,* vol.895, 1999, p.10—26.

[34]　Morando SOFFRITTI *et alii,* «First experimental demonstration of the multipotential carcinogenic effects of aspartame administered in the feed to Sprague-Dawley rats», Environmental Health Perspectives, vol.114, n° 3, mars 2006, p.379—385; Fiorella BELPOGGI, Morando SOFFRITTI *et alii,* «Results of long-term carcinogenicity bioassay on Sprague-Dawley rats exposed to Aspartame administered in feed», *Annals New York Academy of Sciences,* vol.1076, 2006, p.559—577.

[35]　CENTER FOR FOOD SAFETY AND APPLIED NUTRITION, «FDA Statement on European Aspartame Study», 20 avril 2007.

[36]　«Opinion of the scientific panel on food additives, flavourings, processing aids and materials in contact with food(AFC) related to a new long-term carcinogenicity study on aspartame», EFSA-Q-2005-122, 3 mai 2006.

[37]　Morando SOFFRITTI *et alii,* «Life-Span exposure to low doses of aspartame beginning during prenatal life increases cancer effects in rats», *Environmental Health Perspectives,* vol.115, 2007, p.1293—1297.

[38]　«Mise à jour de l'avis formulé à la demande de la Commission européenne sur la seconde étude de carcinogénicité de l'ERF menée sur l'aspartame, tenant compte de données de l'étude soumises par la Fondation Ramazzini en février 2009», EFSA-Q-2009-00474, 19 mars 2009. 此处是我做的标注。

[39]　«Brèves et dépêches technologies et sécurité», 23 avril 2009. 此处不是我做得标记。就在我写下这段话的同时，我得知拉马齐尼学院发表了一项在妊娠小鼠身上做的新的研究，证明了阿斯巴甜会在雄性小鼠身上造成肝癌和肺癌。(Morando SOFFRITTI *et alii,* «Aspartame administered in feed, beginning prenatally through life-span, induces cancers of the liver and lung in male Swiss mice», *American Journal of Industrial Medicine*, vol.53, n° 12, décembre 2010, p.1197—1206).

[40]　参见 William REYMOND, «Coca-Cola serait-il bon pour la santé?», *Bakchich,* 19—20 avril 2008.

[41]　«Les boissons light? C'est le sucré … sans sucres», *La Dépêche,* 29 septembre 2009; «Souvent

accusé, le faux sucre est blanchi», 〈Libération.fr〉, 14 septembre 2009.

[42]　作者本人 2010 年 1 月 19 日于帕尔玛对卡特琳娜·杰斯兰-拉内艾尔的采访。

第十六章

[1]　作者本人 2009 年 10 月 28 日于波士顿塔夫茨大学对安娜·索托与卡洛斯·索南夏因的采访。

[2]　Ana Soto, Carlos Sonnenschein *et alii*, «P-Nonyl-phenol: an estrogenic xenobiotic released from "modified" polystyrene», *Environmental Health Perspectives,* vol.92, mai 1991, p.167—173.

[3]　作者本人 2009 年 10 月 28 日于波士顿塔夫茨大学对安娜·索托与卡洛斯·索南夏因的采访。

[4]　Rachel Carson, *Silent Spring, op. cit.,* p.207.

[5]　«Rachel Carson talks about effects of pesticides on children and future generations», *BBC Motion Gallery,* 1er janvier 1963.

[6]　Theo Colborn, Dianne Dumanoski et John Peterson Myers, *Our Stolen Future. Are we Threatening our Fertility, Intelligence and Survival? A Scientific Detective Story,* Plume, New York, 1996(traduction française: *L'Homme en voie de disparition?,* Terre vivante, Mens, 1998).

[7]　*Ibid.,* p.145.

[8]　*Ibid.,* p.106.

[9]　*Ibid.,* p.91.

[10]　Eric Dewailly *et alii*, «High levels of PCBs in breast milk of Inuit women from Arctic Quebec», *Bulletin of Environmental Contamination and Toxicology,* vol.43, n° 5, novembre 1989, p.641—646.

[11]　Joseph Jacobson *et alii*, «Prenatal exposure to an environmental toxin: a test of the multiple effects model», *Developmental Psychology,* vol.20, n° 4, juillet 1984, p.523—532.

[12]　Joseph Jacobson et Sandra Jacobson, «Intellectual impairment in children exposed to polychlorinated biphenyls *in utero*», *New England Journal of Medicine,* vol.335, 12 septembre 1996, p.783—789.

[13]　作者本人 2009 年 12 月 10 日于佩奥尼亚对西奥·科尔伯恩的采访。

[14]　在路易·吉耶特发表的多篇研究中，我推荐这一篇：Louis Guillette *et alii*, «Developmental abnormalities of the gonad and abnormal sex hormone concentrations in juvenile alligators from contaminated and control lakes in Florida», *Environmental Health Perspectives,* vol.102, n° 8, août 1994, p.680—688.

[15]　André Cicolella et Dorothée Benoît Browaeys, *Alertes Santé, op. cit.,* p.231.

[16]　Bernard Jégou, Pierre Jouannet et Alfred Spira, *La Fertilité est-elle en danger?,* La Découverte, Paris, 2009, p.54.

[17]　*Ibid.,* p.147.

[18]　Theo Colborn, Dianne Dumanoski et John Peterson Myers, *Our Stolen Future, op. cit.,* p.82.

[19]　Bernard Jégou, Pierre Jouannet et Alfred Spira, *La Fertilité est-elle en danger?, op. cit.,* p.60.

[20]　Elisabeth Carlsen, Niels Skakkebaek *et alii*, «Evidence for decreasing quality of semen during past 50 years», *British Medical Journal,* vol.305, n° 6854, 12 septembre 1992, p.609—613.

[21]　Jacques Auger, Pierre Jouannet *et alii*, «Decline in semen quality among fertile men in Paris during the last 20 years», *New England Journal of Medicine,* vol.332, 1995, p.281—285.

[22]　Bernard Jégou, Pierre Jouannet et Alfred Spira, *La Fertilité est-elle en danger?, op. cit.,* p.61.

[23] Shanna SWAN, «The question of declining sperm density revisited: an analysis of 101 studies published 1934—1996», *Environmental Health Perspectives,* vol.108, n° 10, octobre 2000, p.961—966.

[24] Bernard JÉGOU, Pierre JOUANNET et Alfred SPIRA, *La Fertilité est-elle en danger?, op. cit.,* p.71—74.

[25] Richard SHARPE et Niels SKAKKEBAEK, «Are oestrogens involved in falling sperm counts and disorders of the male reproductive tract?», *The Lancet,* vol.29, n° 341, 29 mai 1993, p.1392—1395.

[26] Niels SKAKKEBAEK *et alii,* «Testicular dysgenesis syndrome: an increasingly common developmental disorder with environmental aspects», *Human Reproduction,* vol.16, n° 5, mai 2001, p.972—978.

[27] Katharina MAIN, Niels SKAKKEBAEK *et alii,* «Human breast milk contamination with phthalates and alterations of endogenous reproductive hormones in infants three months of age», *Environmental Health Perspectives,* vol.114, n° 2, février 2006, p.270—276. 此外还有多项能够这一关联的研究，例如：Shanna SWAN *et alii,* «Decrease in anogenital distance among male infants with prenatal phthalate exposure», *Environmental Health Perspectives,* vol.113, n° 8, août 2005, p.1056—1061.

[28] «Alerte aux poêles à frire», ⟨Libération.fr⟩, 30 septembre 2009. 从 1954 年起持有特氟龙品牌的杜邦公司宣布将于 2015 年停止使用全氟辛酸铵。

[29] Ulla NORDSTRÖM, Niels SKAKKEBAEK *et alii,* «Do perfluoroalkyl compounds impair human semen quality?», *Environmental Health Perspectives,* vol.117, n° 6, juin 2009, p.923—927.

[30] 这份"草稿"的起草者为拜耳 Dave Fischer、美国氰胺公司的 Richard Balcomb、巴斯夫的 C.Holmes、山德士的 T.Hall、罗门哈斯公司的 K.Reinert 和 V.Lramer、罗纳普朗克的 Ellen Mihaich、美国作物保护协会的 R.McAllister 和 J.McCarthy。

第十七章

[1] NIEHS News, «Women's health research at NIEHS», *Environmental Health Perspectives,* vol.101, n° 2, juin 1993.

[2] Edward Charles DODDS *et alii,* «Oestrogenic activity of certain synthetic compounds», *Nature,* vol.141, février 1938, p.247—248.

[3] Howard BURLINGTON et Verlus Frank LINDERMAN, «Effect of DDT on testes and secondary sex characters of white leghorn cockerels», *Proceedings of the Society for Experimental Biology and Medicine,* vol.74, n° 1, mai 1950, p. 48—51.

[4] 这是基欧 1947 年 1 月在一份交给某个美国和英国的情报委员会的报告中所写到的（引自德维拉·戴维斯的《抗癌战秘史》，页 91）。

[5] *Ibid.,* p.90.

[6] Alan PARKES, Edward Charles DODDS et R.L. NOBLE, «Interruption of early pregnancy by means of orally active oestrogens», *British Medical Journal,* vol.2, n° 4053, 10 septembre 1938, p. 557—559.

[7] Sidney John FOLLEY *et alii,* «Induction of abortion in the cow by injection with stilboestrol diproporniate», *The Lancet,* vol.2, 1939.

[8]　Antoine LACASSAGNE, «Apparition d'adénocarcinomes mammaires chez des souris mâles traitées par une substance oestrogène synthétique», *Comptes rendus des séances de la Société de biologie,* vol.129, 1938, p.641—643.

[9]　R.GREENE *et alii,* «Experimental intersexuality. The paradoxical effects of estrogens on the sexual development of the female rat», *The Anatomical Record,* vol.74, n° 4, août 1939, p. 429—438.

[10]　«Estrogen therapy.A warning», *Journal of the American Medical Association,* vol.113, n° 26, 23 décembre 1939, p. 2323—2324.

[11]　引自杰奎琳·维莱特的《饮食可能对您的健康有害》，页 167。乙烯雌酚后来于 1959 年被禁止用于禽类，1980 年被禁止用于畜类。

[12]　Olive SMITH et George SMITH, «Diethylstilbestrol in the prevention and treatment of complications of pregnancy», *American Journal of Obstetrics and Gynecology,* vol.56, n° 5, 1948, p.821—834; Olive SMITH et George SMITH, «The influence of diethylstilbestrol on the progress and outcome of pregnancy as based on a comparison of treated with untreated primigravidas», *American Journal of Obstetrics and Gynecology,* vol.58, n° 5, 1949, p.994—1009.

[13]　SusanE.BELL, *DES Daughters.Embodied Knowledge and the Transformation of Women's Health Politics,* Temple University Press, Philadelphie, 2009, p.16.

[14]　JamesFERGUSON, «Effect of stilbestrol on pregnancy compared to the effect of a placebo», *American Journal of Obstetrics and Gynecology,* vol.65, n° 3, mars 1953, p. 592—601.

[15]　William DIECKMANN *et alii,* «Does the administration of diethylstilbestrol during pregnancy have therapeutic value?», *American Journal of Obstetrics and Gynecology,* vol.66, n° 5, novembre 1953, p.1062—1081.

[16]　Yvonne BRACKBILL *et alii,* «Dangers of diethylstilbestrol: review of a 1953 paper», *The Lancet,* vol.2, 1978, n° 8088, p.520.

[17]　Pat CODY, *DES Voices, from Anger to Action,* DES Action, Colombus, 2008, p.13.

[18]　WilliamGARDNER, «Experimental induction of uterine cervical and vaginal cancer in mice», *Cancer Research,* vol.19, n° 2, février 1959, p.170—176.

[19]　Alfred BONGIOVANNI *et alii,* «Masculinization of the female infant associated with estrogenic therapy alone during gestation: four cases», *Journal of Clinical Endocrinology and Metabolism,* vol.19, août 1959, p.1004.

[20]　Norman M.KAPLAN, «Male pseudohermaphroditism: report of a case, with observations on pathogenesis», *New England Journal of Medicine,* 1959, vol.261, p.641.

[21]　Theo COLBORN, Dianne DUMANOSKI et John PETERSON MYERS, *Our Stolen Future, op. cit.,* p.49.

[22]　*Ibid.,* p.50. 此处是原文作者所做的标注。

[23]　*Ibid.*

[24]　«The full story of the drug Thalidomide», *Life Magazine,* 10 août 1962.

[25]　«Rachel Carson talks about effects of pesticides on children and future generations», *BBC Motion Gallery,* 1er janvier 1963.

[26]　Theo COLBORN, Dianne DUMANOSKI et John PETERSON MYERS, *Our Stolen Future, op. cit.,* p.50.

[27]　ArthurHERBST, HowardULFELDER et David POSKANZER, «Adenocarcinoma of the vagina.

Association of maternal stilbestrol therapy with tumor appearance in young women», *The New England Journal of Medicine,* vol.284, n° 15, 22 avril 1971, p.878—881.

[28] Jacqueline VERRETT, *Eating May be Hazardous to your Health, op. cit.,* p.163.

[29] Theo COLBORN, Dianne DUMANOSKI et John PETERSON MYERS, *Our Stolen Future, op. cit.,* p.53.

[30] Susan E.BELL, *DES Daughters, op. cit.,* p.1.

[31] Pat CODY, *DES Voices. From Anger to Action,op. cit.,* p.4.

[32] *Ibid.,* p.43.

[33] *Ibid.,* p.93.

[34] *Ibid.,* p.85.

[35] *Ibid.,* p.90.

[36] *Ibid.,* p.97.

[37] *Ibid.,* p.96.

[38] Susan BELL, *DES Daughters, op. cit.,* p.23.

[39] *Ibid.,* p.27.

[40] Sheldon KRIMSKY, *Hormonal Chaos. The Scientific and Social Origins of the Environmental Hypothesis,* Johns Hopkins University Press, Baltimore, 2002, p.2.

[41] *Ibid.,* p.11.

[42] Susan BELL, *DES Daughters, op. cit.,* p.27.

[43] 此处无法列出约翰·迈克拉克兰所有关于乙烯雌酚的研究。我仅列出两项：Retha NEWBOLD et John McLACHLAN, «Vaginal adenosis and adenocarcinoma in mice exposed prenatally or neonatally to diethylstilbestrol», *Cancer Research,* vol.42, n° 5, mai 1982, p.2003—2011; John McLACHLAN et Retha NEWBOLD, «Reproductive tract lesions in male mice exposed prenatally to diethylstilbestrol», *Science,* vol.190, n° 4218, 5 décembre 1975, p.991—992.

[44] 作者本人 2009 年 10 月 22 日于新奥尔良对约翰·迈克拉克兰的采访。

[45] Retha NEWBOLD et John McLACHLAN, «Vaginal adenosis and adenocarcinoma in mice exposed prenatally or neonatally to diethylstilbestrol», *loc. cit.*

[46] Retha NEWBOLD, «Cellular and molecular effects of developmental exposure to diethylstilbestrol: implications for other environmental estrogens», *Environmental Health Perspectives,* vol.103, octobre 1995, p.83—87.

[47] Retha NEWBOLD *et alii,* «Increased tumors but uncompromised fertility in the female descendants of mice exposed developmentally to diethylstilbestrol», *Carcinogenesis,* vol.19, n° 9, septembre 1998, p.655—663.

[48] Retha NEWBOLD *et alii,* «Proliferative lesions and reproductive tract tumors in male descendants of mice exposed developmentally to diethylstilbestrol», *Carcinogenesis,* vol.21, n° 7, 2000, p.1355—1363.

[49] Retha NEWBOLD *et alii,* «Adverse effects of the model environmental estrogen diethylstilbestrol are transmitted to subsequent generations», *Endocrinology,* vol.147, Sup.6, juin 2006, p.11—17; Retha NEWBOLD, «Lessons learned from perinatal exposure to diethylstilbestrol», *Toxicology and Applied Pharmacology,* vol.199, n° 2, 1er septembre 2004, p.142—150.

[50] 这几项研究中，有一项是荷兰癌症研究中心所做的研究：Helen KLIP *et alii,* «Hypospadias in sons of women exposed to diethylstilbestrol *in utero*: a cohort study», *The Lancet,* vol.359, n°

9312, 30 mars 2002, p.1101—1107.

[51] Felix GRÜN et Bruce BLUMBERG, «Environmental obesogens: organotins and endocrine disruption *via* nuclear receptor signaling», *Endocrinology*, vol.47, n° 6, 2006, p.50—55.

[52] Retha NEWBOLD *et alii*, «Effects of endocrine disruptors on obesity», *International Journal of Andrology*, vol.31, n° 2, avril 2008, p.201—208; Retha NEWBOLD *et alii*, «Developmental exposure to endocrine disruptors and the obesity epidemic», *Reproductive Toxicology*, vol.23, n° 3, avril-mai 2007, p.290—296.

第十八章

[1] 〈www.bisphenol-a.org〉.

[2] Aruna KRISHNAN, David FELDMAN *et alii*, «Bisphenol-A: an estrogenic substance is released from polycarbonate flasks during autoclaving», *Endocrinology*, vol.132, n° 6, juin 1993, p.2279—2286.

[3] 引自 Theo COLBORN, Dianne DUMANOSKI et John PETERSON MYERS, *Our Stolen Future, op. cit.*, p.130.

[4] Liza GROSS, «The toxic origins of disease», *PLoS Biology*, vol.5, n° 7, 26 juin 2007, p.193. 唐氏综合征又被称为"21-三体综合征"。

[5] Patricia HUNT *et alii*, «Bisphenol A exposure causes meiotic aneuploidy in the female mouse», *Current Biology*, vol.13, n° 7, avril 2003, p.546—553; Martha SUSIARJO, Patricia HUNT *et alii*, «Bisphenol A exposure *in utero* disrupts early oogenesis in the mouse», *PLoS Genetics*, vol.3, n° 1, 12 janvier 2007, p.5.

[6] Nena BAKER, *The Body Toxic*, North Point Press, New York, 2008, p.151.

[7] Elizabeth GROSSMAN, «Two words: bad plastic», 〈Salon.com〉, 2 août 2007.

[8] Caroline MARKEY, Enrique LUQUE, Monica MUÑOZ DE TORO, Carlos SONNENSCHEIN et Ana SOTO, «*In utero* exposure to bisphenol A alters the development and tissue organization of the mouse mammary gland», *Biology of Reproduction*, vol.65, n° 4, 1er octobre 2001, p.1215—1223.

[9] Theo COLBORN, Dianne DUMANOSKI et John PETERSON MYERS, *Our Stolen Future, op. cit.*, p.30.

[10] *Ibid.*, p.31.

[11] FrederickVOM SAAL et Franklin BRONSON, «Sexual characteristics of adult female mice are correlated with their blood testosterone levels during prenatal development», *Science*, vol.208, n° 4444, 9 mai 1980, p.597—599(cité *in Our Stolen Future, ibid.*, p.34).

[12] FrederickVOM SAAL *et alii*, «The intra-uterine position(IUP) phenomenon», *in* Ernst KNOBIL et Jimmy NEILL(dir.), *Encyclopedia of Reproduction*, Academic Press, New York, vol.2, 1999, p.893—900; «Science watch: prenatal womb position and supermasculinity», *The New York Times*, 31 mars 1992.

[13] Theo COLBORN, Dianne DUMANOSKI et John PETERSON MYERS, *Our Stolen Future, op. cit.*, p.35.

[14] *Ibid.*, p.38.

[15] *Ibid.*, p.39.

[16] *Ibid.*, p.42.

[17] Bernard JÉGOU, Pierre JOUANNET et Alfred SPIRA, *La Fertilité est-elle en danger?*, *op. cit.*, p.10—12.

[18] CENTER FOR DISEASE CONTROL AND PREVENTION, *Fourth National Report on Human Exposure to*

Environmental Chemicals,〈www.cdc.gov〉, Atlanta, 2009. 我在第十九章中会再次谈到这份介绍了千万美国人"化学身体负担"的报告。

[19] Antonia CALAFAT, «Exposure of the U.S. population to bisphenol A and 4-tertiaryoctylphenol: 2003—2004», *Environmental Health Perspectives,* vol.116, 2008, p.39—44.

[20] Antonia CALAFAT *et alii,* «Exposure to bisphenol A and other phenols in neonatal intensive care unit premature infants», *Environmental Health Perspectives,* vol.117, n° 4, avril 2009, p.639—644.

[21] 作者本人 2009 年 10 月 22 日于新奥尔良对弗雷德·冯萨尔的采访。

[22] Frederickvom SAAL *et alii,* «Prostate enlargement in mice due to foetal exposure to low doses of estradiol or diethylstilbestrol and opposite effects at low doses», *Proceedings of the National Academy of Sciences of the USA,* vol.94, n° 5, mars 1997, p.2056—2061.

[23] Susan NAGEL, Frederick vom SAAL *et alii,* «Relative binding affinity-serum modified access(RBA-SMA) assay predicts the relative *in vivo* bioactivity of the xenoestrogens bisphenol A and octylphenol», *Environmental Health Perspectives,* vol.105, n° 1, janvier 1997, p.70—76.

[24] Liza GROSS, «The toxic origins of disease», *PLoS Biology,* vol.5, n° 7, 2007, p.193.

[25] Frederickvom SAAL *et alii,* «A physiologically based approach to the study of bisphenol A and other estrogenic chemicals on the size of reproductive organs, daily sperm production, and behavior», *Toxicoly and Industrial Health,* vol.14, n° 1—2, janvier-avril 1998, p.239—260.

[26] Liza GROSS, «The toxic origins of disease», *loc. cit.*

[27] *Ibid.*

[28] *Ibid.*

[29] Channda GUPTA, «Reproductive malformation of the male offspring following maternal exposure to estrogenic chemicals», *Proceedings of the Society for Experimental Biology and Medicine,* vol.224, 1999, p.61—68. 昌达·古普塔的研究发表不久后，该期刊发表了一篇社论，强调弗雷德·冯萨尔的"原始数据被证实了"：Daniel SHEEHAN, «Activity of environmentally relevant low doses of endocrine disruptors and the bisphenol A controversy: initial results confirmed», *Proceedings of the Society for Experimental Biology and Medicine,* vol.224, n° 2, 2000, p.57—60.

[30] Liza GROSS, «The toxic origins of disease», *loc. cit.*

[31] Barbara ELSWICK, Frederick MILLER et Frank WELSCH, «Comments to the editor concerning the paper entitled "Reproductive malformation of the male offspring following maternal exposure to estrogenic chemicals" by C.Gupta», *Proceedings of the Society for Experimental Biology and Medicine,* vol.226, 2001, p.74—75.

[32] Channda GUPTA, «Response to the letter by B.Elswick *et alii* from the Chemical Industry Institute of Toxicology», *Proceedings of the Society for Experimental Biology and Medicine,* vol.226, 2001, p.76—77.

[33] 尤其参见：Derek YACH et Stella AGUINAGA BIALOUS, «Tobacco, lawyers and public health, junking science to promote tobacco», *American Journal of Public Health,* vol.91, n° 11, novembre 2001, vol.91, p.1745—1748.

[34] 引自 Cindy SKRZYCKI, «Nominee's business ties criticized», *The Washington Post,* 15 mai 2001.

[35] «George M.Gray», 〈www.sourcewatch.org〉.

[36] Lorenz RHOMBERG, «Needless fear drives proposed plastics ban», *San Francisco Chronicle,* 17

janvier 2006.

[37]　George GRAY *et alii*, «Weight of the evidence evaluation of low-dose reproductive and developmental effects of bisphenol A», *Human and Ecological Risk Assessment,* vol.10, octobre 2004, p.875—921.

[38]　Frederickvom SAAL et Claude HUGHES, «An extensive new literature concerning lowdose effects of bisphenol A shows the need for a new risk assessment», *Environmental Health Perspectives,* vol.113, août 2005, p.926—933.

[39]　参见 John PETERSON MYERS et Frederick VOM SAAL, «Should public health standards for endocrine-disrupting compounds be based upon 16_{th} century dogma or modern endocrinology?», *San Francisco Medicine,* vol.81, n° 1, 2008, p.30—31.

[40]　Evanthia DIAMANTI-KANDARAKIS *et alii*, «Endocrine-disrupting chemicals: an Endocrine Society scientific statement», *Endocrine Reviews,* vol.30, n° 4, juin 2009, p.293—342.

[41]　«Opinion of the scientific panel on food additives, flavourings, processing aids and materials in contact with food on a request from the Commission related to 2, 2-bis(4-hydroxyphenyl) propane (bisphenol A)», Question no EFSA-Q-2005-100, 29 novembre 2006.

[42]　Rochelle TYL *et alii*, «Three-generation reproductive toxicity study of dietary bisphenol A in CD Sprague-Dawley rats», *Toxicological Sciences,* vol.68, 2002, p.121—146.

[43]　在评估双酚 A 的时候，欧洲食品安全局手上只有一份季尔的研究的初步报告，发表于 2008 年：Rochelle TYL *et alii*, «Two-generation reproductive toxicity evaluation of bisphenol A in CD-1(Swiss mice)», *Toxicological Sciences,* vol.104, n° 2, 2008, p.362—384.

[44]　John PETERSON MYERS *et alii*, «Why public health agencies cannot depend on good laboratory practices as a criterion for selecting data: the case of bisphenol A», *Environmental Health Perspectives,* vol.117, n° 3, mars 2009, p.309—315. 作者中有安娜·索托、卡洛斯·索南夏因、路易·吉耶特、西奥·科尔伯恩、约翰·迈克拉克兰。

[45]　Meg MISSINGER et Susanne RUST, «Consortium rejects FDA claim of BPA's safety. Scientists say 2 studies used by U.S. agency overlooked dangers», *Journal Sentinel,* 11 avril 2009.

[46]　John PETERSON MYERS *et alii*, «Why public health agencies cannot depend on good laboratory practices ...», *loc. cit.*

[47]　这个故事是约翰·彼得森·梅尔斯（John Peterson Myers）报告的，他是《我们被盗走的未来》的合作者之一，参加了这次听证会。(John PETERSON MYERS, «The missed electric moment», *Environmental Health News*, 18 septembre 2008)

[48]　Meg MISSINGER et Susanne RUST, «Consortium rejects FDA claim of BPA's safety ...», *loc. cit.*

[49]　«Opinion of the scientific panel on food additives, flavourings, processing aids and materials in contact with food on a request from the Commission related to 2, 2-bis(4-hydroxyphenyl) propane(bisphenol A)», *loc. cit.*

[50]　John PETERSON MYERS *et alii*, «Why public health agencies cannot depend on good laboratory practices ...», *loc. cit.*

[51]　*Ibid.*

[52]　Frederickvom SAAL *et alii*, «Chapel Hill bisphenol A expert panel consensus statement: integration of mechanisms, effects in animals and potential to impact human health at current levels of exposure», *Reproductive Toxicology,* vol.24, 2007, p.131—138. 签署者中有安娜·索

托、卡洛斯·索南夏因、瑞莎·纽伯德、约翰·彼得森·梅尔斯、路易·吉耶特、以及约翰·迈克拉克兰。

[53]　NATIONAL TOXICOLOGY PROGRAM, «NTPCERHR monograph on the potential human reproductive and developmental effects of bisphenol A», septembre 2008. 此处并非我做的标注。

[54]　SANTÉ CANADA, «Draft screening assessment for phenol, 4, 4' -(1-methylethylidene) bis-(80-05-7)», avril 2008.

[55]　Xu-Liang CAO, «Levels of bisphenol A in canned liquid infant formula products in Canada and dietary intake estimates», *Journal of Agricultural and Food Chemistry,* vol.56, n° 17, 2008, p.7919—7924; Xu-Liang CAO et Jeannette CORRIVEAU, «Migration of bisphenol A from polycarbonate baby and water bottles into water under severe conditions», *Journal of Agricultural and Food Chemistry,* vol.56, n° 15, 2008, p.6378—6381. 第三项研究证明了汽水罐里也有同样的逸出现象：Xu-Liang CAO *et alii,* «Levels of bisphenol A in canned soft drink products in Canadian markets», *Journal of Agricultural and Food Chemistry,* vol.57, n° 4, 2009, p.1307—1311.

[56]　«Toxicokinetics of bisphenol A.Scientific opinion of the Panel on food additives, flavourings, processing aids and materials in contact with food(AFC)», Question n° EFSAQ-2008-382, 9 juillet 2008.

[57]　AFSSA, «Avis de l'Agence française de sécurité sanitaire des aliments relatif au bisphénol A dans les biberons en polycarbonate susceptibles d'être chauffés au four à micro-ondes. Saisine n° 2008-SA-0141», 24 octobre 2008.

[58]　⟨www.plasticseurope.org⟩.

第十九章

[1]　WuQiang FAN, Tyrone HAYES *et alii,* «Atrazine-induced aromatase expression is SF-1 dependent: implications for endocrine disruption in wildlife and reproductive cancers in humans», *Environmental Health Perspectives,* vol.115, mai 2007, p.720—727.

[2]　Décision 2004/141/CE du 12 février 2004.

[3]　«Pesticide atrazine can turn male frogs into females», *Science Daily,* 1er mars 2010.

[4]　Nena BAKER, *The Body Toxic. How the Hazardous Chemistry of Everyday Things Threatens our Health and Well-being,* North Point Press, New York, 2008, p.67.

[5]　WWF, *Gestion des eaux en France et politique agricole: un long scandale d'État,* 15 juin 2010. 受莠去津（以及硝酸盐）污染最严重的两个法国省是厄尔-卢瓦尔省和塞纳-马恩省。

[6]　«Regulators plan to study risks of atrazine», *New York Times,* 7 octobre 2009.

[7]　Nena BAKER, *The Body Toxic, op. cit.,* p.67.

[8]　A.DONNA *et alii,* «Carcinogenicity testing of atrazine: preliminary report on a 13-month study on male Swiss albino mice treated by intraperitoneal administration», *Giornale italiano di medicina del lavoro,* vol.8, n° 3—4, mai-juillet 1986, p.119—121; A.DONNA *et alii,* «Preliminary experimental contribution to the study of possible carcinogenic activity of two herbicides containing atrazine-simazine and trifuralin as active principles», *Pathologica,* vol.73, n° 1027, septembreoctobre 1981, p.707—721.

[9]　A.Pinter *et alii,* «Long-term carcinogenicity bioassay of the herbicide atrazine in F344 rats», *Neoplasma,* vol.37, n° 5, 1990, p.533—544.

[10]　«Occupational exposures in insecticide application and some pesticides», *IARC Monographs on the Evaluation of Carcinogenic Risks to Humans,* vol.53, WHO/IARC, 1991.

[11]　Lawrence Wetzel, «Chronic effects of atrazine on estrus and mammary tumor formation in female Sprague-Dawley and Fischer 344 rats», *Journal of Toxicology and Environmental Health,* vol.43, n° 2, 1994, p.169—182; James Stevens, «Hypothesis for mammary tumorigenesis in Sprague-Dawley rats exposed to certain triazine herbicides», *Journal of Toxicology and Environmental Health,* vol.43, n° 2, 1994, p.139—153; J. Charles Eldridge, «Factors affecting mammary tumor incidence in chlorotriazinetreated female rats: hormonal properties, dosage, and animal strain», *Environmental Health Perspectives,* vol.102, suppl. 1, décembre 1994, p.29—36.

[12]　M.Kettles *et alii,* «Triazine exposure and breast cancer incidence: an ecologic study of Kentucky counties», *Environmental Health Perspectives,* vol.105, n° 11, 1997, p.1222—1227.

[13]　«Some chemicals that cause tumours of the kidney or urinary bladder in rodents and some other substances», *IARC Monographs on the Evaluation of Carcinogenic Risks to Humans,* vol.73, WHO/IARC, 1999. 2010 年 2 月我与国际癌症研究机构专题论文集项目主任文森特・科里亚诺会面时，他告诉我莠去津在优先重新评估产品的列表内。

[14]　Paul Maclennan, «Cancer incidence among triazine herbicide manufacturing workers», *Journal of Occupational and Environmental Medicine,* vol.44, n° 11, novembre 2002, p.1048—1058. 需注意，两年后，毅博科技咨询公司（见第九章）的科学家在同一本期刊上发表了另一项研究，证明该工厂里的莠去津暴露与工人前列腺癌没有关联！(Patrick Hessel *et alii,* «A nested case-control study of prostate cancer and atrazine exposure», *Journal of Occupational and Environmental Medicine,* vol.46, n° 4, 2004, p.379—385)

[15]　Tyrone Hayes *et alii,* «Hermaphroditic, demasculinized frogs after exposure to the herbicide atrazine at low ecologically relevant doses», *Proceedings of the National Academy of Sciences USA,* vol.99, 2002, p.5476—5480; Tyrone Hayes *et alii,* «Feminization of male frogs in the wild», *Nature,* vol.419, 2002, p.895—896; Tyrone Hayes *et alii,* «Atrazine-induced hermaphroditism at 0.1 ppb in American leopard frogs*(Rana pipiens)*: laboratory and field evidence», *Environmental Health Perspectives,* vol.111, 2002, p.568—575.

[16]　William Brand, «Research on the effects of a weedkiller on frogs pits hip Berkeley professor against agribusiness conglomerate», *The Oakland Tribune,* 21 juillet 2002.

[17]　EPA, «Potential for atrazine to affect amphibian gonadal development», octobre 2007(Docket ID: EPA-HQ-OPP-2007-0498).

[18]　Tyrone Hayes, «There is no denying this: defusing the confusion about atrazine», *BioScience,* vol.5, n° 12, 2004, p.1138—1149.

[19]　Robert Gilliom *et alii,* «The quality of our Nation's waters. Pesticides in the Nation's streams and ground water, 1992—2001», US Geological Survey, mars 2006.

[20]　Tyrone Hayes, «Pesticide mixtures, endocrine disruption and amphibian declines: are we underestimating the impact?», *Environmental Health Perspectives,* vol.114, n° 1, avril 2006, p.40—50. 泰隆・海耶斯在这项研究中报告，1980 年起，32% 的青蛙物种消失了，且 43% 濒临绝种。

[21] DEPARTMENT OF HEALTH AND HUMAN SERVICES, *Fourth National Report on Human Exposure to Environmental Chemicals,* Center for Disease Control and Prevention, Atlanta, 2009.

[22] 引自 Nena BAKER, *The Body Toxic, op. cit.,* p.25.

[23] «La chimie ronge le sang des députés européens», *Libération,* 22 avril 2004.

[24] «Une cobaye verte et inquiète», *Libération,* 22 avril 2004.

[25] WWF/GREENPEACE, «A present for life, hazardous chemicals in umbilical cord blood», septembre 2005.

[26] Robin WHYATT et Dana BARR, «Measurement of organophosphate metabolites in postpartum meconium as a potential biomarker of prenatal exposure: a validation study», *Environmental Health Perspectives,* vol.109, n° 4, 2001, p.417—420.

[27] Robin WHYATT *et alii,* «Contemporary-use pesticides in personal air samples during pregnancy and blood samples at delivery among urban minority mothers and newborns», *Environmental Health Perspectives,* vol.111, 2003, p.749—756. 婴儿的整个童年时期都被跟踪调查，以测量农药对他们的神经认知发育可能造成的影响。

[28] Cécile CHEVRIER *et alii,* «Biomarqueurs urinaires d'exposition aux pesticides des femmes enceintes de la cohorte Pélagie réalisée en Bretagne, France(2002—2006)», *Bulletin épidémiologique hebdomadaire,* Hors série, 16 juin 2009, p.23—28.

[29] John ADGATE *et alii,* «Measurement of children's exposure to pesticides: analysis of urinary metabolite levels in a probability-based sample», *Environmental Health Perspectives,* vol.109, 2001, p.583—590. 爱荷华州也测出了相似的结果：Brian CURWIN, Michael ALAVANJA *et alii,* «Urinary pesticide concentrations among children, mothers and fathers living in farm and non-farm households in Iowa», *Annals of Occupational Hygiene,* vol.51, n° 1, 2007, p.53—65.

[30] PESTICIDE ACTION NETWORK NORTH AMERICA, «Chemical trespass: pesticides in our bodies and corporate accountability», mai 2004.

[31] «Enquête sur les substances chimiques présentes dans notre alimentation», Générations futures avec Health & Environmental Alliance, le Réseau environnement santé et WWF France, 2010.

[32] «Une association alerte sur les substances chimiques contenues dans les repas des enfants», 〈LeMonde.fr〉, 1ᵉʳ décembre 2010.

[33] «Des résidus chimiques dans l'assiette des enfants», *Le Monde,* 1ᵉʳ décembre 2010.

[34] Ulla HASS *et alii,* «Combined exposure to anti-androgens exacerbates disruption of sexual differentiation in the rat», *Environmental Health Perspectives,* vol.115, Suppl. 1, décembre 2007, p.122—128; Stine Broeng METZDORFF, Ulla HASS *et alii,* «Dysgenesis and histological changes of genitals and perturbations of gene expression in male rats after *in utero* exposure to antiandrogen mixtures», *Toxicological Science,* vol.98, n° 1, juillet 2007, p.87—98.

[35] Sofie CHRISTIANSEN, Ulla HASS *et alii,* «Synergistic disruption of external male sex organ development by a mixture of four antiandrogens», *Environmental Health Perspectives,* vol.117, n° 12, décembre 2009, p.1839—1846.

[36] Ulrich BECK, *La Société du risque, op. cit.,* p.121—123.

[37] Andreas KORTENKAMP, «Breast cancer and exposure to hormonally active chemicals: an appraisal of the scientific evidence», Health & Environment Alliance, 〈www.envhealth. org〉, avril 2008.

[38] 尤其参见：Warren PORTER, James JAEGER et Ian CARLSON, «Endocrine, immune and behavioral effects of aldicarb

(carbamate), atrazine(triazine) and nitrate(fertilizer) mixtures at groundwater concentrations», *Toxicology and Industrial Health,* vol.15, n° 1—2, 1999, p.133—150.

[39] Jesus IBARLUZEA *et alii,* «Breast cancer risk and the combined effect of environmental oestrogens», *Cancer Causes and Control,* vol.15, 2004, p.591—600.

[40] Andreas KORTENKAMP *et alii,* «Low-level exposure to multiple chemicals: reason for human health concerns?», *Environmental Health Perspectives,* vol.115, Suppl. 1, décembre 2007, p.106—114.

[41] Philippe GRANDJEAN et Philippe LANDRIGAN, «Developmental neurotoxicity of industrial chemicals. A silent pandemic», *The Lancet,* 8 novembre 2006; Philippe LANDRIGAN, «What causes autism? Exploring the environmental contribution», *Current Opinion in Pediatrics,* vol.22, n° 2, avril 2010, p.219—225; Philippe LANDRIGAN *et alii,* «Environmental origins of neurodegenerative disease in later life», *Environmental Health Perspectives,* vol.113, n° 9, septembre 2005, p.1230—1233.

[42] Mark BLAINEY *et alii,* «The benefits of strict cut-off criteria on human health in relation to the proposal for a regulation concerning plant protection products», Comité de l'environnement, de la santé publique et de la sécurité alimentaire du Parlement européen, octobre 2008, IP/A/ENVI/ ST/2008-18.

[43] Francesca VALENT *et alii,* «Burden of disease attributable to selected environmental factors and injury among children and adolescents in Europe», *The Lancet,* vol.363, 2004, p.2032—2039.

[44] Vincent GARRY, «Pesticides and children», *Toxicology and Applied Pharmacology,* vol.198, 2004, p.152—163.

[45] Deborah RICE et Stan BARONE, «Critical periods of vulnerability for the developing nervous system: evidence from humans and animal models», *Environmental Health Perspectives,* vol.108, Suppl. 3, 2000, p.511—533.

[46] Patricia M.RODIER, «Developing brain as a target of toxicity», *Environmental Health Perspectives,* vol.103, Suppl. 6, septembre 1995, p.73—76.

[47] Gary GINSBERG, Dale HATTIS et Babasaheb SONAWANE, «Incorporating pharmacokinetic difference between children and adults in assessing children's risk to environmental toxicants», *Toxicology and Applied Pharmacology,* vol.198, 2004, p.164—183.

[48] Cynthia F. BEARER, «How are children different from adults?», *Environmental Health Perspectives,* vol.103, Suppl. 6, 1995, p.7—12.

[49] M.LACKMANN, K.H.SCHALLER, J.ANGEREL, «Organochlorine compounds in breastfed *vs* bottle-fed infants: preliminary results at six weeks of age», *Science of the Total Environment,* vol.329, 2004, p.289—293; G.SOLOMON et P.WEISS, «Chemical contaminants in breast milk: time trends and regional variability», *Environmental Health Perspectives,* vol.110, n° 6, 2002, p.339—347.

[50] 作者本人 2010 年 1 月 6 日于维勒瑞夫（Villejuif）对雅克琳娜·克拉维尔的采访。

[51] Jérémie RUDANT *et alii,* «Household exposure to pesticides and risk of childhood hematopoietic malignancies: the ESCALE study(SFCE)», *Environmental Health Perspectives,* vol.115, n° 12, décembre 2007, p.1787—1793.

[52] Donald WIGLE *et alii,* «A systematic review and meta-analysis of childhood leukemia and parental occupational pesticide exposure», *Environmental Health Perspectives,* vol.117, n° 5,

mai 2009, p.1505—1513. 另一项参考研究是：Claire INFANTE-RIVARD *et alii*, «Risk of chilhood leukemia associated with exposure to pesticides and with gene polymorphisms», *Epidemiology*, vol.10, septembre 1999, p.481—487.

[53] Marie-Monique ROBIN, *Le Monde selonMonsanto, op. cit.*, p.75—79.

[54] Vincent GARRY *et alii*, «Pesticide appliers, biocides, and birth defects in rural Minnesota», *Environmental Health Perspectives*, vol.104, n° 4, 1996, p.394—399; Vincent GARRY *et alii*, «Birth defects, season of conception, and sex of children born to pesticide applicators living in the Red River valley of Minnesota, USA», *Environmental Health Perspectives*, vol.110, sup.3, 2002, p.441—449; Vincent GARRY *et alii*, «Male reproductive hormones and thyroid function in pesticide applicators in the Red River Valley of Minnesota», *Journal of Toxicology and Environmental Health*, vol.66, 2003, p.965—986.

[55] 多项研究证明了母亲的农药暴露和婴儿生殖器官畸形之间的关联：AnaMaria GARCIA *et alii*, «Parental agricultural work and selected congenitalmalformations», *American Journal of Epidemiology*, vol.149, 1999, p.64—74; Petter KRISTENSEN *et alii*, «Birth defects among offspring of Norwegian farmers 1967—1991», *Epidemiology*, vol.8, 1997, p.537—554.

结语

[1] Stéphane FOUCART, «Pourquoi on vit moins vieux aux États-Unis», *Le Monde*, 27 janvier 2011.

[2] CatherineVINCENT, «Une personne sur dix est obèse dans le monde», *Le Monde*, 7 février 2011.

[3] PierreWEILL, *Tous gros demain?*, Plon, Paris, 2007, p.21.

[4] DavidSERVAN-SCHREIBER, *Anticancer. Prévenir et lutter grâce à nos défenses naturelles*, Robert Laffont, Paris, 2007, p.114.

[5] 参见 Richard BÉLIVEAU et Denis GINGRAS, *Les Aliments contre le cancer*, Solar, Paris, 2005.

[6] Jed FAHEY, «Broccoli sprouts: an exceptionally rich source of inducers of enzymes that protect against chemical carcinogens», *Proceedings of the National Academy of Sciences USA*, vol.94, n° 19, septembre 1997, p.10367—10372.

[7] Denis GINGRAS et Richard BÉLIVEAU, «Induction of medulloblastoma cell apoptosis by sulforaphane, a dietary anticarcinogen from Brassica vegetables», *Cancer Letters*, vol.203, n° 1, janvier 2004, p.35—43.

[8] Michel DEMEULE et Richard BÉLIVEAU, «Diallyl disulfide, a chemopreventive agent in garlic, induces multidrug resistance-associated protein 2 expression», *Biochemical and Biophysical Research Communications*, vol.324, n° 2, novembre 2004, p.937—945.

[9] Lyne LABRECQUE et Richard BÉLIVEAU, «Combined inhibition of PDGF and VEGF receptors by ellagic acid, a dietary-derived phenolic compound», *Carcinogenesis*, vol.26, n° 4, avril 2004.

[10] Borhane ANNABI et Richard BÉLIVEAU *et alii*, «Radiation induced-tubulogenesis in endothelial cells is antagonized by the antiangiogenic properties of green tea polyphenol(-) epigallocatechin-3-gallate», *Cancer Biology & Therapy*, vol.6, novembre-décembre 2003, p.642—649; Anthony PILORGET et Richard BÉLIVEAU, «Medulloblastoma cell invasion is inhibited by green tea epigallocatechin-3-gallate», *Journal of Cellular Biochemistry*, vol.90, n° 4, novembre 2003, p.745—755.

[11] John WEISBURGER, «Chemopreventive effects of cocoa polyphenols on chronic diseases»,

Experimental Biology and Medicine, vol.226, n° 10, novembre 2001, p.891—897.

[12]　Meishiang JANG *et alii,* «Cancer chemopreventive activity of resveratrol, a natural product derived from grapes», *Nature,* vol.25, n° 2, 1999, p.65—77.

[13]　Bharat AGGARWAL *et alii,* «Anticancer potential of curcumin: preclinical and clinical studies», *Anticancer Research,* vol.23, 2003, p.363—98; Bharat AGGARWA, «Prostate cancer and curcumin add spice to your life», *Cancer Biology & Therapy,* vol.7, n° 9, septembre 2008, p.1436—1440; S.AGGARWAL, Bharat AGGARWAL *et alii,* «Curcumin(diferuloylmethane) downregulates expression of cell proliferation and antiapoptotic and metastatic gene products through suppression of IkappaBalpha kinase and Akt activation», *Molecular Pharmacology,* vol.69, 2006, p.195—206; Ajaikumar KUNNUMAKKARA, Preetha ANAND, Bharat AGGARWAL, «Curcumin inhibits proliferation, invasion, angiogenesis andmetastasis of different cancers through interaction with multiple cell signaling proteins», *Cancer Letters,* vol.269, n° 2, octobre 2008, p.199—225.

[14]　作者本人 2009 年 12 月 21 日于巴布内斯瓦尔对阿尔温德·查图维迪的采访。

[15]　Cynthia CURL *et alii,* «Organophosphorus pesticide exposure of urban and suburban preschool children with organic and conventional diets», *EnvironmentalHealth Perspectives,* vol.111, 2003, p.377—382.

[16]　Chensheng LU *et alii,* «Organic diets significantly lower children's dietary exposure to organophosphorus pesticides», *Environmental Health Perspectives,* vol.114, n° 2, 2006, p.260—263.

[17]　Chensheng LU *et alii,* «Dietary intake and its contribution to longitudinal organophosphorus pesticide exposure in urban/suburban children», *Environmental Health Perspectives,* vol.116, n° 4, avril 2008, p.537—542.

[18]　David EGILMAN et Susanna RANKINBOHME, «Over a barrel: corporate corruption of science and its effects on workers and the environment», *International Journal of Occupational and Environmental Health,* vol.11, 2005, p.331—337.

[19]　Cité par André CICOLELLA, *Le Défi des épidémies modernes, op. cit.,* p.5.

[20]　*Ibid.,* p.17.

[21]　*Ibid.,* p.29.

[22]　Tom MUIR et Marc ZEGARAC, «Societal costs of exposure to toxic substances: economic and health costs of four case studies that are candidates for environmental causation», *Environmental Health Perspectives,* vol.109, suppl. 6, décembre 2001, p.885—903.

[23]　Mark BLAINEY, CatherineGANZLEBEN, Gretta GOLDENMAN, Iona PRATT, «The benefits of strict cut-off criteria on human health in relation to the proposal for a regulation concerning plant protection products», 2008, IP/A/ENVI/ST/2008-18.

[24]　David PIMENTEL *et alii,* «Environmental and economic costs of pesticide use», *Bioscience,* vol.42, n° 10, 1992, p.750—760.

[25]　Jacques FERLAY *et alii,* «Estimates of the cancer incidence and mortality in Europe in 2006», *Annals of Oncology,* vol.18, n° 3, 2007, p.581—592.

[26]　COMMISSION EUROPÉENNE, *Commission Staff Working Paper,* 2003.

[27]　Michael GANZ, «The lifetime distribution of the incremental societal costs of autism», *Archives of Pediatrics and Adolescent Medicine,* vol.161, n° 4, avril 2007, p.343—349; Krister JÄRBRINK,

«The economic consequences of autistic spectrum disorder among children in a Swedish municipality», *Autism,* vol.11, n° 5, septembre 2007, p.453—463.

[28] Commission européenne DG XXIV(consommation, santé), décembre 1998. 此处是我做的标注。

[29] Michel CALLON, Pierre LASCOUMES et Yannick BARTHES, *Agir dans un monde incertain. Essai sur la démocratie technique,* Seuil, Paris, 2001.

[30] *Ibid.,* p.270.

[31] *Ibid.,* p.289.

[32] 接下来所引用的说法均来自米歇尔·卡隆、皮埃尔·拉斯库姆和雅尼克·巴尔特合著的《在不确定的世界里行动》一书中米歇尔·卡隆所著的章节"闭门科学"。

[33] Michel GÉRIN *et alii, Environnement et santé publique, op. cit.,* p.79.

[34] Jacqueline VERRETT, *Eating May be Hazardous to your Health, op. cit.*

附录：译名对照表

专有名词

Agent Orange　橙剂

Alachlore　甲草胺

Atrazine　莠去津

Chlorothalonil　百菌清

Chlorpyriphos　毒死蜱

Cyperméthrine　氯氰菊酯

DDT　滴滴涕

Dichlorodiphényltrichloroéthane　双对氯
苯基三氯乙烷（滴滴涕）

Dichlorvos　敌敌畏

Dieldrine　狄氏剂

Diméthoate　乐果

Dioxine　二恶英

Glyphosate　草甘膦

Heptachlore　七氯

Isocyanate De Méthyle　甲基异氰酸酯

Lasso　拉索

Malathion　马拉硫磷

Mancozeb　代森锰锌

Maneb　代森锰

MCPA　二甲四氯

Méthomyl　灭多威

Monochlorobenzène　氯苯

Monoethylamine　一乙胺

Paraquat　百草枯

Parathion　对硫磷

PBC　多氯联苯

PBDE　多溴二苯醚

Procymidone　腐霉利

Régent　锐劲特

Roundup　农达

Sarin　沙林

Sévin　西维因

Triclosaw　三氯生

Zyklon B　齐克隆 B

人　名

Acquavella, John　约翰·阿卡维拉

Adami, Hans-Olav　汉斯-奥拉夫·阿达米

Aggarwal, Bharat　巴拉特·艾嘉瓦

Alavanja, Michael　迈克尔·阿拉万贾

Aldrich, Robert　罗伯特·阿尔德里奇

Allègre, Claude　克洛德·阿莱格尔

Auchter, Thorne　索恩·奥克特

Auger, Jacques　雅克·欧杰

Cody, Pat　帕特·科迪

Cogliano, Vincent　文森特·科里亚诺

Coiffier, Bertrand　贝尔特朗·科瓦菲耶

Colborn, Theo　西奥·科尔伯恩

Colin, Marc-Edouart　马克-爱德华·柯林

Collins, Michael　迈克尔·柯林斯

Comte, Auguste　奥古斯特·孔德

Conlon, William　威廉·康伦

Cook, James　詹姆士·库克

Corouge, Liliane　莉莉安娜·柯鲁治

Costello, Sadie　赛迪·科斯特洛

Cottineau, Stéphane　斯蒂法尼·柯提诺

Couderc, Gilbert　吉尔伯特·库德尔克

Cramer, William　威廉·克拉默

Creech, John　约翰·克里奇

Crick, Francis　弗朗西斯·克里克

Criou, Ingrid　英格丽·克里乌

Darmon, Pierre　皮埃尔·达尔蒙

David, Raymond　雷蒙·大卫

Davis, Devra　德维拉·戴维斯

Davy, Humphry　汉弗里·戴维

de Cacqueray, Jean-Marc

　　　　　　让-马克·德卡克莱

de Guise, Sylvain　西尔万·德吉斯

de Lestrade, Thierry　蒂埃里·德莱斯特拉德

de Tocqueville, Alexis　亚历西斯·托克维尔

DeAngelis, Catherine　凯瑟琳·德安吉利斯

Dekant, Wolfgang　沃尔夫冈·德坎

Delacroix, Victor　维克多·德拉克洛瓦

Delpech, Auguste　奥古斯特·德尔佩奇

Denhez, Frédéric　弗雷德里克·丹赫兹

Desdion, Jean-Marie　让-玛丽·戴迪昂

Desdion, Jean-Michel　让-米歇尔·戴迪昂

Dieckmann, William　威廉·迪克曼

Dodds, Charles　查尔斯·多兹

Doll, Richard　理查德·多尔

Donelson, Maureen　莫琳·多纳尔森

Drinker, Philip　菲利普·德林科

Dubos, René　勒内·杜博

Dupont, Irénée　伊雷内·杜邦

Dupupet, Jean-Luc　让-吕克·杜普佩

Edwards, Charles　查尔斯·爱德华兹

Egilman, David　大卫·埃吉尔曼

Eisenhower, Dwight　怀特·艾森豪威尔

Elbaz, Alexis　亚丽克西斯·艾尔巴兹

Elsas, Louis　路易斯·艾尔萨斯

Eriksson, Mikael　迈克尔·埃里克森

Esparza, Alejandro　亚历杭德罗·埃斯帕扎

Etienne, Jean-Claude　让-克洛德·艾提安

Evans, Edgar　埃德加·埃文斯

Evatt, Phillip　菲利普·伊瓦特

Facemire, Charles　查尔斯·菲斯米尔

Fajardo, Edita　艾迪塔·法哈多

Farrachi, Armand　阿尔芒·法拉希

Favrot, Marie　玛丽·法夫罗

Feigenbaum, Alexandre

　　　　　　亚历山大·费根鲍姆

Feldman, David　大卫·费尔德曼

Ferguson, James　詹姆斯·弗格森

Fernandez, Karen　凯伦·费尔南德斯

Fernstrom, John　约翰·芬斯特洛姆

Filer, Jack　杰克·菲勒

Fitzhugh, Garth　加斯·菲茨休

Flaherty, Dennis　德尼·弗拉赫提

Flury, Ferdinand　费丁南德·弗路里

Fontier, Herman　赫尔曼·冯提耶

Ford, Gerald　杰拉尔德·福特

Forsythe, Dawn　多恩·福赛斯

Fougeroux, André　安德烈·福治鲁

Fournier, Etienne　艾提安·富尼耶

Fox, Glen　格伦·福克斯

François, Paul　保罗·弗朗索瓦

François, Sylvie　西尔维·弗朗索瓦

Gaffey, William　威廉·加菲

Gains, Toulmin　图尔明·盖因斯

Galef, Bennett　贝内特·加勒夫

Jensen, Genon　婕农·金森

Jeyaratnam, Jerry　杰里·惹耶勒南

Jonas, Hans　汉斯·约纳斯

Jouannet, Pierre　皮埃尔·茹阿奈

Juppé, Alain　阿兰·朱佩

Kanarek, Stephanie　斯蒂芬妮·卡纳瑞克

Karpiuk, Peter　彼得·卡皮尤克

Kehoe, Robert　罗伯特·基欧

Kelly, Emmet　埃米特·凯莉

Kenigswald, Hugues　雨果·肯尼斯瓦尔德

Kennaway, Ernest　欧内斯特·肯纳维

Kennedy, Edward　爱德华·肯尼迪

Kettering, Charles　查尔斯·柯特林

Key, Markus　马库斯·奇

Kleihues, Paul　保罗·克莱修斯

Konig, Jurgen　约尔根·柯尼希

Kortenkamp, Andreas　安德烈斯·柯滕坎普

Kotsonis, Krank　克兰克·科措尼斯

Kovarik, William　威廉·科瓦里克

Krautter, Manfred　曼弗雷德·克劳特

Krimsky, Sheldon　谢尔顿·克林斯基

Kripke, Margaret　玛格丽特·克里普克

Kucinich, Dennis　丹尼斯·库西尼奇

Lacassagne, Antoine　安东尼·拉卡萨涅

Lachâtre, Gérard　杰拉德·拉夏特

Lacombe, Etienne　艾提安·拉孔布

Ladou, Joseph　约瑟夫·拉杜

Lafforgue, François　弗朗索瓦·拉佛格

Laforest　拉佛莱斯特

Lagarde, Jean-Christophe
　　　　　让-克里斯托弗·拉加德

Lallier, Jean　让·拉里耶

Lanaud, Maud　穆德·拉诺

Landrigan, Philippe　菲利普·兰德里根

Langston, William　威廉·兰斯顿

Laplanche, Agnès　艾格尼丝·拉普朗什

Larsen, John Christian
　　　　　约翰·克里斯蒂安·拉尔森

Lascoumes, Pierre　皮埃尔·拉斯库姆

Latour, Bruno　布鲁诺·拉图尔

Leakey, Louis　路易·李基

Lear, Linda　琳达·李尔

Lebailly, Pierr　皮埃尔·勒巴伊

Ledoux, Michel　米歇尔·勒杜

Lefall, LaSalle　拉萨尔·勒佛尔

Lehman, Arnold　阿诺德·雷曼

Leslie, Joseph　约瑟夫·莱斯利

Letelier, Juan　胡安·勒特里尔

Lévi-Strauss, Claude
　　　　　克洛德·列维-斯特劳斯

Lilienfeld, Abe　亚伯·利林菲尔德

Lister, Charles　查尔斯·李斯特

Little, Clarence　克拉伦斯·里特尔

Loriot, Jean　让·洛里欧

Loubry, Michel　米歇尔·卢布里

Lyall, Thomas　托马斯·莱尔

Macherey, Anne-Christine
　　　　　安娜-克里斯汀·马歇雷

Maltoni, Cesare　切萨雷·马尔托尼

Mangelsdorff, Arthur　亚瑟·曼杰斯多夫

Manguy, Yves　伊夫·曼居易

Marc, Julie　朱莉·马克

Marker, Craig　克雷格·马克

Markowitz, Gerald　杰拉德·马柯维兹

Marshall, Dominique　多米尼克·马夏尔

Martin, Brian　布莱恩·马丁

Martineau, Harriet　哈丽叶·马蒂诺

Martini, Betty　贝蒂·马蒂尼

Maryanski, James　詹姆斯·马里昂斯基

Matta, Rima　芮玛·玛塔

Mayer, Jean　让·梅耶

McCormick, William　威廉·麦考密特

McGarity, Thomas　托马斯·麦嘉利蒂

McGregor, Douglas　道格拉斯·麦格雷戈

Mclachlan, John　约翰·迈克拉克兰

Médard, Sylvain　西尔万·梅达尔

Mella, Victoria　维多利亚·梅拉

Melnick, Ronald　罗纳德·梅尔尼克

Mendelsohn, John　约翰·门德尔松

Merlo, Ellen　艾伦·梅尔洛

Mermet, Gabriel　加布里埃尔·梅尔梅

Mermet, Laurence　劳伦斯·梅尔梅

Merrill, Richard　理查德·梅里尔

Metzenbaum, Howard　霍华德·梅岑鲍姆

Michaels, David　大卫·迈克尔斯

Midgely, Thomas　托马斯·米吉利

Milham, Samuel　萨缪尔·弥尔汉

Miller, Margaret　玛格丽特·米勒

Milloy, Steven　史蒂芬·米洛伊

Millstone, Erik　埃里克·米尔斯顿

Molle, Léopold　利奥波德·莫尔

Monsanto Queeny, Edgar

　　　　埃德加·孟山都·昆尼

Montagnier, Luc　吕克·蒙塔尼

Moretto, Angelo　安杰洛·莫莱托

Morin, Edgar　埃德加·莫兰

Muller, Paul　保罗·穆勒

Müller, France　弗朗兹·穆勒

Munoz, Adriana　阿德里安娜·穆诺兹

Murphy, Robert　罗伯特·墨菲

Nader, Ralph　拉尔夫·纳德

Narbonne, Jean-François

　　　　让-弗朗索瓦·纳博尼

Nasterlack, Michael　迈克尔·纳斯特拉克

Nessel　尼塞尔

Newbold, Retha　瑞莎·纽伯德

Newby, John　约翰·纽比

Newman　纽曼

Newton, Phil　菲尔·纽顿

Nguyen Thi, Ngoc Phuong　玉芳·阮

Nicolino, Fabrice　法布里斯·尼可利诺

Oliver, Thomas　托马斯·奥利弗

Olney, John　约翰·奥尔尼

Ominetti, Pierrette　皮耶莱特·欧米奈提

Ossendorp, Bernadette

　　　　贝尔纳黛特·奥森多尔

Osterhaus, Albert　阿尔伯特·奥斯特豪斯

Owens, William　威廉·欧文斯

Pailler, Isabelle　伊莎贝尔·巴耶

Palma, Olivia　奥利维亚·巴勒玛

Paracelse　帕拉塞尔苏斯

Pardridge, William　威廉·帕德里奇

Parent-Massin, Dominique

　　　　多米尼克·帕朗-马森

Park, Roswell　罗斯威尔·帕克

Parkinson, James　詹姆士·帕金森

Pasteur　巴斯德

Paustenbach, Dennis　丹尼斯·波斯滕巴赫

Payne, Eugene　欧仁·佩恩

Perkin, William Henry　威廉·亨利·珀金

Peterson Myers, John

　　　　约翰·彼得森·迈尔斯

Peto, Richard　理查德·佩多

Picciqno, Dante　但丁·彼奇阿诺

Picot, André　安德烈·皮寇

Pimentel, David　大卫·皮门特尔

Pinochet, Augusto　奥古斯托·皮诺切特

Planck, Max　马克思·普朗克

Poletti, Bérengère　贝朗杰尔·波莱蒂

Poncelet, Christian　克里斯蒂安·蓬斯莱

Pontal, Pierre-Gérard

　　　　皮埃尔-杰拉德·彭塔尔

Poole, Roy　罗伊·普尔

Poskanzer, David　大卫·博斯坎瑟

Pott, Percivall　珀西瓦尔·波特

Press, Frank　弗兰克·普雷斯

Proctor, Robert　罗伯特·普罗克托

Purves, Dale　戴尔·帕维斯

Rabelais　拉伯雷

Rall, David　大卫·拉尔

Ramazzini, Bernardino

　　　　贝纳迪诺·拉马齐尼

Rankin Bohme, Susanna
苏珊娜·兰金·伯梅

Reagan, Ronald 罗纳德·里根

Regnault, Henri Victor
亨利·维克多·雷诺

Régnier, Jean-François
让-弗朗索瓦·雷尼尔

Rehn, Ludwig 路德维希·雷恩

Relman, Arnold 阿诺德·雷尔曼

Repetto, Robert 罗伯特·雷佩托

Reynolds, Ann 安·雷诺兹

Rhomberg, Lorenz 洛伦茨·隆伯格

Rice, Jerry 杰里·里斯

Rietjens, Ivonne 伊冯娜·李特金斯

Riley, Ana 安娜·莱利

Ringer, Robert 罗伯特·林格

Rinsky, Robert 罗伯特·林斯基

Ripoll, Louise 路易·李博尔

Ritz, Beate 贝亚特·丽兹

Roberts, Hyman 海曼·罗伯茨

Robin, Marie-Monique
玛丽-莫尼克·罗宾

Rochon, Paula 宝拉·罗雄

Roffo, Honorio 欧诺里奥·罗佛

Rojas, Antonio 安东尼奥·罗哈斯

Romig, Joseph 约瑟夫·罗米格

Rosas, Maria 玛利亚·罗莎

Rosner, David 大卫·罗斯纳

Rossi, Jean-François 让-弗朗索瓦·罗西

Rostand, Jean 让·罗斯坦

Roth, Cheryl 谢丽尔·罗斯

Rowe, Verald 维拉德·罗维

Ruckelshaus, William
威廉·鲁克尔斯豪斯

Rumsfeld, Donald
唐纳德·拉姆斯菲尔德

Saillard, Philippe 菲利普·萨亚尔

Sanborn, Margaret 玛格丽特·桑伯恩

Sandermann, Wilhelm 威廉·桑德曼

Sass, Jennifer 詹妮弗·萨斯

Schairer, Eberhard 埃伯哈德·谢勒

Schatter, James 詹姆斯·斯查特

Scheele, Carl Wilhelm 卡尔·威廉·舍勒

Schmidt, Alexander 亚历山大·施密特

Schoffer, Kerrie 凯莉·斯科菲尔

Schöniger, Erich 埃里希·薛尼格

Schüle, Eberhard 埃伯哈德·舒勒

Schultz, Karl 卡尔·舒尔兹

Schwartz, Joel 乔尔·施瓦茨

Schweitzer, Albert 阿尔伯特·史怀泽

Semon, Waldo 沃尔多·塞蒙

Servan-Schreiber, David
大卫·谢尔万-施雷伯

Shainwald, Sybil 西比尔·谢恩瓦尔德

Shapiro, Robert 罗伯特·夏皮罗

Sharfstein, Joshua 约书亚·沙夫斯坦

Sharpe, Richard 理查德·夏普

Shipman, Bob 鲍勃·希普曼

Shiva, Vandana 纨坦娜·希瓦

Sindell, Judith 朱迪思·辛德尔

Skakkebaek, Niel 尼尔斯·斯卡克贝克

Skinner, Samuel 塞缪尔·斯金纳

Smith, Edwin 埃德温·史密斯

Smith, George 乔治·史密斯

Smith, Holly 霍莉·史密斯

Smith, Olive 奥利弗·史密斯

Smith, Richard 理查德·史密斯

Smyth, Henry 亨利·史密斯

Soderbergh, Steven 史蒂芬·索德伯格

Soffritti, Morando 莫兰多·索弗里蒂

Sonnenschein, Carlos 卡洛斯·索南夏因

Soto, Ana 安娜·索托

Souk, Henriette 亨利叶特·苏克

Spinoza 史宾诺莎

Spira, Alfred 阿尔弗雷德·斯皮拉

Stavanger 斯塔万格

地　名

Auvergne　奥维涅（大区），法国
Avon Lake　埃文莱克（城市），美国
Beauce　博斯（地区），法国
Bentivogtio　本蒂沃利奥（镇），意大利
Bernac　贝尔纳克（镇），法国
Bethesda　贝塞斯塔（地区），美国
Bophal　博帕尔（市），印度
bouches-du-rhône　罗讷河口（省），法国
Brighton　布莱顿（市），英国
Caroline du nord　北卡罗来纳（州），美国
Carpi　卡尔皮（市），意大利
Centre　中央（大区），法国
Charente　夏朗德（省），法国
Cher　歇尔（省），法国
Dammarie-les-Lys
　　　　达马里莱利斯（镇），法国
Denora　德诺拉（镇），美国
Descartes　笛卡尔（市），法国
Follingsbro　弗林斯布罗（市），瑞典
Fort Detrick　德特里克堡（地区），美国
Gard　加尔（省），法国
Gâtine　伽迪纳（镇），法国
Gironde　纪龙德（省），法国
Griesheim　格里斯海姆（镇），德国
Herault　埃罗（省），法国

Hinkley　辛克利（镇），美国
Iéna　耶拿（市），德国
Ipres　伊珀尔（市），比利时
languedoc　朗格多克（地区），法国
Les deux-Sèvres　双塞夫勒（省），法国
Limoges　利摩日（市），法国
Lunéville　吕内维勒（镇），法国
Manizales　马尼萨莱斯（市），哥伦比亚
Maule　马乌莱（大区），智利
Meurthe-et-moselle
　　　　默尔特-摩泽尔（省），法国
Myélome　孚日（省），法国
Navarre　纳瓦拉（自治区），西班牙
Padoue　帕多瓦（市），意大利
Pézenas　佩泽纳（市），法国
Poitiers　普瓦捷（市），法国
Rockville　罗克维尔（市），美国
Roussillon　鲁西荣（地区），法国
Ruffec　吕费克（镇），法国
Saujon　叟戎（镇），法国
Seveso　塞维索（镇），意大利
Sèvres　塞夫勒（镇），法国
Sunnyvale　桑尼维尔（市），美国
Tours　图尔（市），法国
Vaucluse　沃克吕兹（省），法国

机构名称

Académie américaine des arts et des lettres
　　美国艺术暨文学学会
Académie des science　法国科学院
ACC　美国化学理事会
ACPA　美国作物保护协会

ACS　美国癌症协会
AFFSA　法国食品卫生安全署
AFSSAPS　法国保健品卫生安全署
AFSSET　法国环境与职业卫生安全署
American chemical council　美国化工理事会

American petroleum institute　美国石油学会

Amnesty International　国际特赦组织

ANAMUR　全国农村妇女联合会

Andeva　石棉受害者保护协会

ANSES　食品、环境与劳动卫生保障局

Association américaine de la santé publique　美国公共卫生协会

Association américaine de l'hygiène industrielle　美国工业卫生协会

Association citizens for health　公民健康协会

Association de toxicologie-chimie　化学毒理学协会

Association des paysans victimes des pesticides　农药受害者农民协会

AVEN　退伍军人反核试验协会

Bureau international du travail　国际劳工局

CADAS　法兰西科学院应用委员会

CDC　亚特兰大疾病防控中心

CECOS　卵子精子储存中心

CEFIC　欧洲化工理事会

Centre antipoison　中毒防治中心

Centre de la guerre biologique　生化战研究中心

Chambre d'agriculture　农业联合会

CIIT　化学工业毒理学研究所

CIRC　国际癌症研究机构

CMA　化学品制造商协会

CMR　农村基督徒协会

CNRS　法国国家科学研究中心

Comité scientifique de l'alimentation humaine　人类食品科学委员会

Commission d'orientation sur le cancer　癌症指导委员会

Commission internationale permanente des maladies professionnelles　国际职业病常委会

Confédération paysanne　农民联盟

Conseil pour la recherche agricole du Royaume-Uni　英国农业研究委员会

CPA　石棉常委会

CropLife International　国际植保协会

CRRMP　职业病认定区域委员会

CSPI　公共利益科学中心

CSPRP　职业风险预防高级委员会

CTCPA　农产品保存技术中心

DGRL　食品总局

DRTEFP　劳动与职业培训中心

ECPA　欧洲作物保护协会

EFSA　欧洲食品安全局

EPA　美国国家环境保护局

EUFIC　欧洲食品信息委员会

Europe Ecologie　欧洲生态联盟

European Science and Environmental Movement　欧洲科学与环境运动

FAO　粮农组织

FDA　美国食品药品监督管理局

FEMA　香料香精生产商协会

FSA　英国食品标准局

FWS　美国鱼类和野生动物管理局

GAEC　合作农耕组

GAO　政府问责局

GRECAN　卡昂大学癌症研究集团

Green College d'Oxford　牛津大学格林学院

HCRA　哈佛风险分析中心

HEAL　健康与环境联盟

Health and Safety Executive　卫生与安全执行局

ILSI　国际生命科学学会

INA　国家视听研究所

INMA　国家农业医学研究所

INRA　法国国家农学研究所

INRS　法国国家安全研究所

Insee　法国国家统计与经济研究所

Inserm　法国国家健康与医学研究院

Institut de l'industrie du bois　木业研究所

Institut Kaiser Wilhelm　凯撒威廉研究院

Institut Karolinska　卡罗林斯卡研究所

Institut National du cancer de Bethesda
　美国贝塞斯塔国家癌症研究中心

Institut Ramazzini　拉马齐尼研究院

Institut Rockefeller　洛克菲勒研究所

Irstea　环境与农业科技研究所

ISA　国际甜味剂协会

JAC　天主教农业青年协会

JAMA　美国医学会杂志

JECFA　食品添加剂专家联合委员会

JMPR　农药残留联席会议

Laboratoire santé travail environnement
　波尔多大学劳动环境卫生实验室

Laboratoires Craven　克拉文实验室

MCA　美国化工协会

MDRGF　后代权益保护运动组织

Medichem　化学医学学会

MIT　麻省理工学院

MSA　农民医疗保险互助协会

NIEHS　美国国家环境卫生研究中心

NIOSH　国家职业安全与健康研究所

Observatoire des résidus de pesticides
　农药残留监测站

OCDE　经济合作与发展组织

Office of information and regulatory
　affairs　信息与监管事务办公室

OSHA　美国职业安全与健康管理局

PAN　国际农药行动网

PCP　总统癌症研究小组

Plastics Europe　欧洲塑料工业协会

PNUE　联合国环境署

RES　环境健康网络

Réseau pour défendre les victimes des
　pesticides　农药受害者保护组织

REVEP　国家农药流行病学监测网络

Société américaine du cancer　美国癌症
　协会

Société des industriels du plastique　塑料
　产业协会

Société Royale　英国皇家学会

Société royale de protection des oiseaux
　英国皇家鸟类保护局

SPI　塑料工业协会

TASS　社会保障法庭

TASSC　健康科学进步同盟

Templeton college　坦普尔顿学院

TIRC　烟草工业研究委员会

Tufts université　塔夫茨大学

UCLA　加州大学洛杉矶分校

UIPP　植物保护产业协会

UMP　人民运动联盟

Université Syracuse　雪城大学

US Geological Survey　美国地质勘探局

WRI　世界资源研究所

WWF　世界自然基金会

公司名称

Arkema　阿科马

Atochem　阿托化学

Aventis　安万特

BASF　巴斯夫

Bayer　拜耳

Cika-Geigy　汽巴-嘉基

Corning　康宁

Degesch　德国害虫防治公司

Dow AgroScience　陶氏益农

Dow Chemical　陶氏化学

Dupont　杜邦
Eden vert　绿色伊甸园
Eternit　埃特尼特
Everit　埃弗里特
Exponent　毅博科技咨询公司
Geigy　嘉基
Goodyear　固特异
Hill and Knowlton　伟达公共关系顾问
Hoechst　赫斯特
Hoffman la Roche　罗氏
Honeywell　霍尼韦尔
Hooker Chemical　胡克尔化学
ICI　帝国化学工业
IG Farben　法本
Imperial Chemical Industries Limited　帝国化学工业有限公司

Monsanto　孟山都
Montedison　蒙特爱迪生
Norvatis　诺华制药
Phyteurop　欧洲植保
Rhône-Poulenc　罗纳普朗克
Saint-Gobain　圣戈班
Sandoz Agro　山德士
Seita　烟草火柴工业公司
Solvay & Cie　索尔维
Syngenta　先正达
Texas Instruments　德州仪器
Union Carbide　联合碳化物
W.R.Grace　格雷斯
Weinberg Group　温伯格集团
Wellcome Trust　维康信托基金

译者后记

《毒从口入》这本书，法语标题为 Notre poison quotidien，直译为"我们日常接触的毒药"，副标题为"谁，如何，在我们的餐盘里'下毒'？"，在法国也同时发行同名纪录片。

在中国人对食品安全的讨论日益激烈的今天，这本书告诉我们：食品安全是一个世界性的问题。如今癌症、帕金森病等慢性病的大流行，食品生产的工业化要负大部分的责任；尤其是工业企业对食品安全监管系统的控制，更是将人类健康置于非常危险的境地。

这本书涉及科学和政治，但并不是一本学术型的著作，也不是一本讨论政治观点的著作。作者玛丽—莫尼克·罗宾是一名法国记者和电视制片人，同时她也是一名公民、一位出身农家的女子，以及三个女孩的母亲。她对食品安全的关注，以及她讲述这个问题的方式，全部都从一个充满忧患意识的普通消费者的角度出发。这位普通消费者，为了探求真相，走遍世界各地，做了无数次采访和调查，搜集了大量翔实的资料。在她这个单薄的个体的对立面，是资本雄厚的化工企业和大权在握的各国监管机构。在翻译这本书的过程中，我不禁为她孜孜不倦的精神和顽强的抗压能力肃然起敬。

正是因为作者有着这样的身份和看待问题的角度，这本书是写给你和我这样的普通消费者看的。她用通俗易懂的语言把食品工业中那些晦涩难懂的、专业性强的、甚至是被隐瞒的事情告诉你我。她用她的良知和她的辛苦，让我们清楚我们所身处的环境，了解我们所吃下的食物，并获得一些能够保护自己和家人的知识。

中文版中保留了原版中的注释。正如作者在前言中所说，"详尽的解释及大量的注释和引文"是为了让每个人"都能成为自己的专家"。为了更加适应中国读者的知识结构、方便大家的理解，译文在目录部分稍作了改动，将目录中一些法语语境的、或是专业性较强的语句改成了能让中国读者一目了然的语句。特此说明。

2013 年 9 月 25 日于广州

NOTRE POISON QUOTIDIEN La responsabilité de l'industrie chimique dans l'épidémie des maladies chroniques By MARIE-MONIQUE ROBIN

© Editions LA DECOUVERTE/ARTE Editions, Paris, France, 2011

Current Chinese translation rights arranged through Divas International,

Paris 巴黎迪法国际版权代理(www. divas-books. com)

Simplified Chinese Edition Copyright

© 2013 by Shanghai Century Literature Publishing Company

of SHANGHAI CENTURY PUBLIHING GROUP

All rights reserved.

图书在版编目(CIP)数据

毒从口入:谁,如何,在我们的餐盘里"下毒"? /
(法)罗宾(Robin,M. M.)著;黄琰译. —上海:上
海人民出版社,2013
ISBN 978 - 7 - 208 - 11788 - 4

Ⅰ. ①毒… Ⅱ. ①罗… ②黄… Ⅲ. ①食品化学-食
品安全-普及读物 Ⅳ. ①TS201.6-49

中国版本图书馆 CIP 数据核字(2013)第 235700 号

世纪文景出品
Century Literature

出品人 邵 敏
责任编辑 林 岚 任 柳
封面设计 赵为群
版式设计 回归线视觉传达

毒从口入:谁,如何,在我们的餐盘里"下毒"?

(法)玛丽-莫尼克·罗宾 著

黄琰(HUANG Yan) 译

世纪出版集团
上海人民出版社出版
(200001 上海福建中路 193 号 www. ewen. cc)
世纪出版集团发行中心发行
上海市北印刷(集团)有限公司印刷
开本 720×1000 1/16 印张 28.5 插页 2 字数 395 千
2013 年 12 月第 1 版 2013 年 12 月第 1 次印刷
ISBN 978 - 7 - 208 - 11788 - 4/G·1635
定价 45.00 元